中国通信学会 2023 年信息通信教育精品

北京理工大学“双一流”建设精品出版工程

6G 前沿技术丛书

大规模MIMO通信稀疏信号处理

高 镇 / 著

北京理工大学出版社
BEIJING INSTITUTE OF TECHNOLOGY PRESS

图书在版编目(CIP)数据

大规模MIMO通信稀疏信号处理／高镇著. -- 北京：北京理工大学出版社，2022.5(2024.7重印)

ISBN 978-7-5763-1328-4

Ⅰ.①大… Ⅱ.①高… Ⅲ.①无线电通信-通信系统-信号处理-研究 Ⅳ.①TN92

中国版本图书馆CIP数据核字(2022)第083253号

出版发行／北京理工大学出版社有限责任公司
社　　址／北京市海淀区中关村南大街5号
邮　　编／100081
电　　话／(010) 68914775 (总编室)
　　　　　(010) 82562903 (教材售后服务热线)
　　　　　(010) 68944723 (其他图书服务热线)
网　　址／http://www.bitpress.com.cn
经　　销／全国各地新华书店
印　　刷／廊坊市印艺阁数字科技有限公司
开　　本／710毫米×1000毫米　1/16
印　　张／14.5
字　　数／260千字
版　　次／2022年5月第1版　2024年7月第2次印刷
定　　价／78.00元

责任编辑／王玲玲
文案编辑／王玲玲
责任校对／刘亚男
责任印制／李志强

主要符号对照表

4G	第四代（Fourth Generation）
5G	第五代（Fifth Generation）
6G	第六代（Sixth Generation）
ACS	自适应压缩感知（Adaptive Compressive Sensing）
ADC	模拟数字转换器（Analog – to – Digital – Converter）
AI	人工智能（Artificial Intelligence）
AoA	入射角（Angle of Arrival）
AoD	出射角（Angle of Departure）
ASE	平均频谱效率（Average Spectral Efficiency）
ASP	自适应子空间追踪（Adaptive Subspace Pursuit）
ASSP	自适应结构化子空间追踪（Adaptive Structured Subspace Pursuit）
AUD	活跃用户检测（Active User Detection）
AWGN	加性白高斯噪声（Additive White Gaussian Noise）
B5G	超第五代（Beyond Fifth Generation）
BER	误比特率（Bit Error Rate）
bpcu	比特每信道使用（bit per channel use）
BPDN	基追踪去噪（Basis Pursuit De – Noising）
BS	基站（Base Station）
CDT – 8	中国数字电视测试第八频道模型（China Digital Television Test 8th Channel Model）
CE	信道估计（Channel Estimation）
CIR	信道冲激响应（Channel Impulse Response）
CoSaMP	压缩采样匹配追踪（Compressive Sampling Matching Pursuit）
CP	循环前缀（Cyclic – Prefix）
CPSC	循环前缀单载波（Cyclic – Prefix Single – Carrier）
CS	压缩感知（Compressive Sensing）

CSI	信道状态信息（Channel State Information）
DFT	离散傅里叶变换（Discrete Fourier Transformation）
DGMP	分布式格点匹配追踪（Distributed Grid Matching Pursuit）
DPC	脏纸编码（Dirty Paper Coding）
DPN – OFDM	双伪噪声 OFDM（Dual Pseudo – Noise OFDM）
DSAMP	分布式稀疏自适应基追踪（Distributed Sparsity Adaptive Matching Pursuit）
DTMB	中国数字地面多媒体广播标准（Digital Terrestrial Multimedia Broadcasting Standard）
DTTB	数字电视地面广播（Digital Television Terrestrial Broad-casting）
DVB – T2	欧洲第二代数字视频广播标准（European Second Generation Digital Video Broadcasting Standard）
EE	能量效率（Energy Efficiency）
ESPRIT	借助旋转不变技术估计信号参数（Estimating Signal Parameters via Rotational Invariance Techniques）
FDD	频分双工（Frequency Division Duplexing）
FDM	频分复用（Frequency Division Multiplexing）
FRI	有限新息率（Finite Rate of Innovation）
FSF	频率选择性衰落（Frequency – Selective Fading）
GMMV	广义多矢量观测（General Multiple Measurement Vectors）
Gb/s	吉比特每秒（GigaBit – Per – Second）
GMD	几何平均分解（Geometric Mean Decomposition）
GSP	分组子空间追踪（Group Subspace Pursuit）
IBI	块间干扰（Inter – Block – Interference）
IHT	迭代硬阈值（Iterative Hard Threshold）
IoT	物联网（Internet – of – Things）
ITU – VA	国际电信联盟车载 A（International Telecommunication Union Vehicular A）
ITU – VB	国际电信联盟车载 B（International Telecommunication Union Vehicular B）
J – OMP	联合正交匹配追踪（Joint Orthogonal Matching Pursuit）
LEO	近地轨道（Low – Earth Orbit）
LMMSE	线性最小均方误差（Linear Minimum Mean Square Error）
LMR	低秩矩阵重构（Low – Rank Matrix Reconstruction）

LoS	直射（Line – of – Sight）
LS	最小二乘（Least Squares）
LTE	长期演进技术（Long Term Evolution）
LTE – Advanced	长期演进技术升级版（Long Term Evolution Advanced）
MAP	镜像激活模式（Mirror Activation Patterns）
METIS	2020 信息社会的移动和无线通信推动者（Mobile and Wireless Communications Enablers for the Twenty – twenty Information Society）
MF	匹配滤波（Matched Filter）
MIMO	多输入多输出（Multiple – Input Multiple – Output）
ML	最大似然（Maximum Likelihood）
MMSE	最小均方误差（Minimum Mean Square Error）
mMTC	海量机器类型通信（Massive Machine – type Communications）
MMV	多矢量观测（Multiple – Vector – Measurement）
MSE	均方误差（Mean Square Error）
MTD	机器类型设备（Machine – Type Devices）
MUD	多用户检测器（Multi – User Detector）
NCPE	归一化信道扰动误差（Normalized Mean Square Error）
NLoS	非直射（Non – Line – of – Sight）
NMSE	归一化均方误差（Normalized Channel Perturbation Error）
NOMA	非正交多址（Non – Orthogonal Multiple Access）
OFDM	正交频分复用（Orthogonal Frequency Division Multiplexing）
OMP	正交匹配追踪（Orthogonal Matching Pursuit）
OTFS	正交时频空（Orthogonal Time Frequency Space）
PA – IHT	先验信息辅助的迭代硬阈值（Priori – Information Aided Iterative Hard Threshold）
PCA	主成分分析（Principal Component Analysis）
PN	伪噪声（Pseudo – Noise）
QPSK	正交相移键控（Quadrature Phase Shift Keying）
RF	射频（Radio Frequency）
RIP	约束等距性（Restricted Isometry Property）
RIS	可重构智能表面（Reconfigurable Intelligent Surface）
RMT	随机矩阵理论（Random Matrix Theory）
SAMP	稀疏自适应匹配追踪（Sparsity Adaptive Matching Pursuit）

SatCons	卫星星座（Satellite Constellations）
SCMA	稀疏码多址接入（Sparse Code Multiple Access）
SCS	结构化压缩感知（Structured Compressive Sensing）
SCSER	空间星座符号错误率（Spatial Constellation Symbol Error Rate）
SD	球形译码（Sphere Decoding）
SE	频谱效率（Spectrum Efficiency）
SIC	串行干扰消除（Successive Interference Cancellation）
SIC - SSP	基于串行干扰消除的结构化子空间追踪（Successive Interference Cancellation based Structured Subspace Pursuit）
SINR	信号干扰噪声比（Signal - to - Interference - plus - Noise Ratio）
SM	空间调制（Spatial Modulation）
SMV	单观测矢量（Single - Measurement - Vector）
SNR	信号噪声比（Signal - to - Noise Ratio）
SOMP	同步正交匹配追踪（Simultaneous Orthogonal Matching Pursuit）
SP	子空间追踪（Subspace Pursuit）
SRIP	结构化约束等距性（Structured Restricted Isometry Property）
SSD	同时 Schur 分解（Simultaneous Schur Decomposition）
SSP	结构化子空间追踪（Structured Subspace Pursuit）
StrOMP	结构化正交匹配追踪（Structured Orthogonal Matching Pursuit）
SV	信号矢量（Signal Vector）
SVD	奇异值分解（Singular Value Decomposition）
SW - OMP	同时加权正交匹配追踪（Simultaneous Weighted Orthogonal Matching Pursuit）
THz	太赫兹（Terahertz）
TDD	时分双工（Time Division Duplexing）
TDM	时分复用（Time Division Multiplexing）
TDS	时域同步（Time - Domain Synchronous）
TFJ	时频联合（Time - Frequency Joint）
TLS - ESPRIT	总体最小二乘借助旋转不变技术估计信号参数法（Total Least Square Estimating Signal Parameters via Rotational Invariance Techniques）
TLSSC	基于两级稀疏结构的 CS（Two - Level Sparse Structure based CS）
TS	训练序列（Training Sequence）
TS - HP	两阶段混合预编码（Two - Stage Hybrid Precoding）

TTDL　　真实延时线（True－Time Delay Line）

TTOP　　基于时域训练序列的正交导频（Time－Domain Training based Orthogonal Pilot）

UE　　用户设备（User Equipment）

ULA　　线性阵列天线（Uniform Linear Array）

UPA　　均匀平面阵列（Uniform Planar Array）

ZF　　迫零（Zero－Forcing）

前言

PREFACE

前言党的二十大报告指出，要加快建设网络强国、数字中国。以5G和6G为代表的新一代移动通信技术是建设中国成为网络强国的重要基石，是数字时代推进中国式现代化的重要引擎，是构筑国家竞争新优势的有力支撑。

作为5G和6G物理层关键技术之一，大规模MIMO在近十年引起了学术界和工业界的高度重视。大规模MIMO技术是MIMO技术的进一步演进，可以广泛应用于低频段、毫米波、太赫兹等多种频段。通过对空间维度资源的深度挖掘，大规模MIMO系统带来的空间自由度使基站可以在同一时频资源上为多个用户提供服务，显著提高系统频谱效率。此外，大规模MIMO带来的阵列增益可以将能量集中辐射在很小的空间区域内，这一方面为系统提供了较强的抗干扰能力，另一方面可以减少高频段带来的强路径损耗，从而减少了基站的发射功率损耗，是构建未来通信高谱效、高可靠、高能效的核心驱动力。

虽然大规模MIMO技术可以为移动通信系统的容量、能效等关键性能指标提供显著增益，但如何充分挖掘大规模MIMO系统的特性，设计低复杂度、高性能的通信算法，仍是未来大规模MIMO应用的挑战性难题。传统的MIMO信道估计和反馈技术带来的导频和反馈开销是难以承受的，如何在导频受限约束条件下探索信道的获取与反馈方案具有重要的实用意义。除此之外，在智慧城市等海量接入场景中存在大量传感器设备需要上传零星突发的短包数据，如果基于传统的授权接入，通过多次握手建立连接并传输数据，则其信令开销将远大于净数据量，最终造成频谱利用效率低下、通信时延极高。此外，如何设计低复杂度的波束赋形，充分利用大规模 MIMO 的空间复用增益，为多个用户同时提供鲁棒的信号传输服务，也是亟需解决的问题。

针对上述问题，挖掘并利用大规模 MIMO 信道的特性，可以为上述问题提供全新的解决方案。具体而言，在大规模 MIMO 系统中，设备与基站间的传输路径由直射径和若干个重要散射体决定，信道呈现簇稀疏特性或多载波下的结构化稀疏特性；在海量接入场景中，同一时间段内只有极少的设备处于激活状态并传输数据，信道在用户域中存在稀疏特性。由此，可以利用这些内生的信道稀疏特性，借助压缩感知等理论体系，设计高效的信道估计、信道反馈、信号检测、波束赋形等通信信号处理方案。

本书对大规模 MIMO 稀疏信号处理进行了全面的梳理和总结，内容涵盖了大规模 MIMO 系统信道特性与理论性能分析、大规模 MIMO 系统压缩感知信道估计与反馈技术、毫米波 MIMO 系统压缩感知信道估计与波束赋形技术、毫米波稀疏信道谱估计技术、空间调制信号检测技术、基于媒介调制的海量接入技术、TDS – OFDM 系统的时变信道估计技术等研究。本书通过结合大规模 MIMO 系统的多种典型场景，深入浅出地开展基础理论和典型应用研究，通过大规模 MIMO 信道模型论述、通信算法设计和仿真评估等多个维度，揭示大规模 MIMO 系统的技术前沿与应用前景，以帮助读者学习和掌握大规模 MIMO 技术。

本书由高镇撰写，是作者多年以来研究工作的凝练和总结，同时参考了大量文献和行业标准，在此向本书所引用文献的作者以及制定相关标准的机构致以崇高的敬意和感谢。鉴于作者水平有限，书中疏漏和不妥之处难免，恳请各位读者批评指正。

高　镇

2024 年 7 月

目 录

CONTENTS

第 1 章
引　言

移动互联网技术和物联网技术将带来几何式增长的流量业务需求 [1,2]。可以预期的是，未来这种几何式增长的容量需求将极大地挑战现有的 4G 移动蜂窝网络系统 [1]。为了应对这种爆炸式的容量需求提升，世界各大通信公司及相关组织把研究对象集中在对 SE 和 EE 要求更高的 5G 移动通信系统。譬如，2013 年，欧盟成立了针对未来 5G 研究的 METIS 项目。中国工信部、发改委和科技部也联合推动成立了 IMT-2020（5G）以及后续的 IMT-2030（6G）。这些组织是推动中国 5G/B5G/6G 关键技术研究和对外交流的重要平台。

为了实现未来 5G/B5G 挑战性的愿景，目前公认的三大物理层技术路线分别是 [3]：

• 小蜂窝（Small Cell），也就是说，通过缩小每个蜂窝的覆盖面积，增加单位面积内的小区数目来服务更多的终端，从而提高无线网络的容量，这一技术路线可以通过超密集组网来实现 [1]。

• 频谱扩展，这一技术路线可以通过开发尚未被充分利用的更高频段来获得更大的系统带宽和更高的系统容量，譬如 V-Band（57~67 GHz）和 E-Band（71~76 GHz 和 81~86 GHz）[2]。

• 更高的频谱利用率，这一技术路线可以利用基站端大量天线引入的大量空间自由度来显著地提高系统的频谱效率和能量效率，即大规模 MIMO 技术 [4−7]。

5G/B5G 的这三大物理层技术路线，如图 1.1 所示，可以由著名的香农容量式推演出 [3]：

$$C \approx \sum_i \sum_j R_i W_j M_j \log_2(1+\gamma_{i,j}) \tag{1–1}$$

式中，C 是系统网络的容量；R_i 是单位面积内频率复用因子；W_j 是系统所使用的传输带宽；M_j 是系统所采用的天线数目；$\gamma_{i,j}$ 是接收端的 SINR。结合图 1.1 和式（1–1），可以看出，通过增加单位面积内频率复用因子 R_i，即增加单位面积蜂窝小区的数目，可以通过提高系统的频谱资源复用进而提高整个网络的容量；通过增加系统传输带宽 W_j，系统网络的容量也会得到提高，然而，现有 6 GHz

以下的频谱资源非常稀缺，利用大量尚未被开发的高频段资源，尤其是毫米波频段，成为提高系统容量的有效途径；通过增加系统使用的天线数目 M_j 所引入大量的空间自由度可以提高系统的频谱效率，同时，由于对空间资源更加充分的利用，也可以有效提高式（1–1）中信号干扰噪声比 $\gamma_{i,j}$。

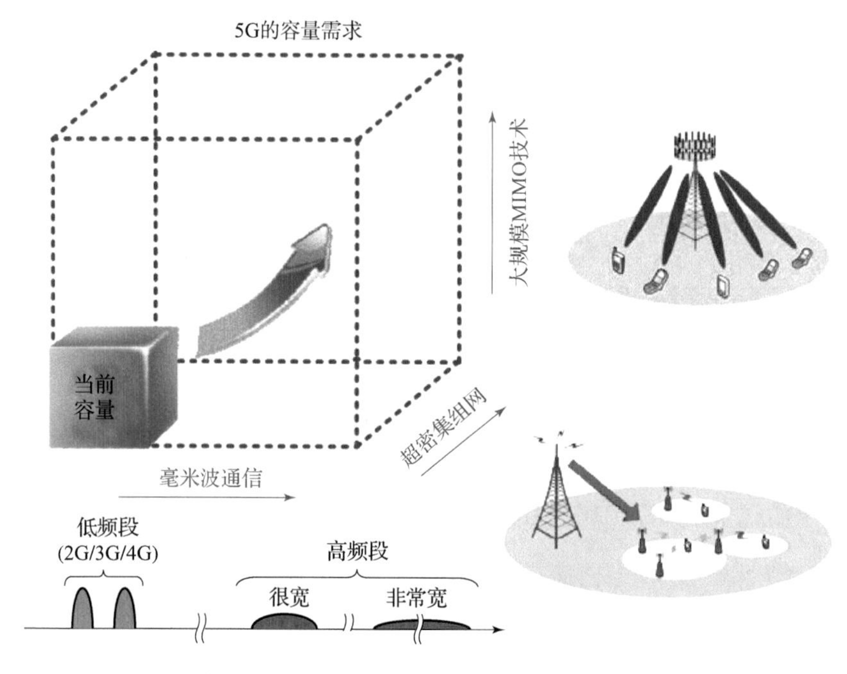

图 1.1　未来 5G/B5G 无线网络的三大物理层关键技术路线

然而，小蜂窝的面积不可能无限制地缩小，因为超密集组网会带来小区间干扰，进而降低 $\gamma_{i,j}$，这反而会抑制系统容量的进一步提高。与此同时，连接各个微基站的无线回传网络也会消耗系统可用的频谱资源和成本。更高的频段虽然可以引入大量可以使用的频谱资源，但是高频段下（如毫米波）高的信道路损和近乎直射的信道传播特性（直射径易于被遮挡，进而导致严重的信号衰减）也会降低实际系统有效的信干噪比 $\gamma_{i,j}$，从而导致有限的系统容量提升。相比之下，大规模 MIMO 技术可以有效地和上述两个技术路线结合，优势互补，共同完成未来 5G/B5G 十年千倍容量提升的美好愿景。对于超密集组网来说，大规模 MIMO 技术可以利用基站处大规模天线阵列的波束赋形实现信号有方向性的传输，同时，显著提高的天线阵列增益可以有效降低小区间的干扰来改善 $\gamma_{i,j}$，进而弥补超密集组网在小区间干扰方面的劣势 [1]。对于高频段，尤其是毫米波技术而言，将毫米波和大规模 MIMO 相结合的毫米波大规模 MIMO 技术可以利用天线阵列的波束赋形来弥补高频段的高信道路损，同时，高频段通信的天线尺寸较小，毫米波大规模 MIMO 设备尺寸可以更加小巧而便于部署 [2]。可以预见，如图 1.2 所示，大规模 MIMO 技术可以作为桥梁将 5G 另外两个技术路线“超密集组网技术”和“高频段技术”结合，从而互利互补地实现未来 5G 的美好蓝图。

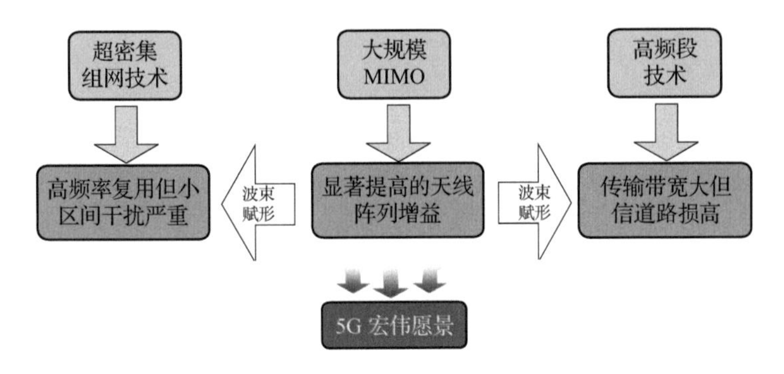

图 1.2 大规模 MIMO 技术作为桥梁，可以有效地与超密集组网技术及高频段技术结合，从而互利互补地实现未来 5G 的宏伟愿景

1.1 大规模 MIMO 技术简介

理论和实践证明，MIMO 技术可以提高通信系统的吞吐率和传输可靠性。目前，新兴的无线技术标准如 LTE、LTE-Advanced、IEEE 802.11n 等都广泛采用 MIMO 技术 [8]。然而，这些新兴的无线通信技术标准通常只考虑小规模的 MIMO 系统（譬如，4G 标准下行链路最多可以支持 8 根发射天线，而上行链路最多可支持 4 根发射天线），其最多可提供的频谱效率大约为 10 b/(s・Hz)，难以满足迅猛发展的移动互联网和物联网所带来的未来“十年千倍”容量提升的需求 [9,10]。

1.1.1 大规模 MIMO 技术基本原理

为了适应未来爆发式增长的无线流量需求，Thomas L. Marzetta 于 2010 年在通信领域顶级期刊 *IEEE Transactions on Wireless Communications* 发表的 *Noncooperative Cellular Wireless with Unlimited Numbers of Base Station Antennas* 一文中首次提出了大规模 MIMO 技术并引起了通信领域的广泛研究 [11]。如图 1.3 所示，大规模 MIMO 技术通过在基站处使用数以百计的天线，可以在同一个时频资源服务十几个用户 [11]。从随机矩阵理论的视角来看，大规模 MIMO 技术的优势在于，当基站处的天线数目远大于同时服务的用户数且趋于无穷大时，不同用户的信道矢量彼此正交，传统低复杂度的线性预编码和线性信号检测器可以获得逼近最优的性能 [7]。具体而言，考虑在典型的大规模 MIMO 系统中，基站部署 M 个发射天线来同时服务 K 个单天线用户。通常 M 很大，并且远远大于 K，例如，$M=128$，$K=16$[7]。在下行链路传输阶段，基站通过预编码后的下行传输信号 $\boldsymbol{x}\in\mathbb{C}^M$ 来同时服务 K 个单天线用户，在接收端，K 个用户的信号 $\boldsymbol{y}\in\mathbb{C}^K$ 可以表达为

$$\boldsymbol{y}=\sqrt{\rho_d}\boldsymbol{G}\boldsymbol{x}+\boldsymbol{n}=\sqrt{\rho_d}\boldsymbol{D}^{1/2}\boldsymbol{H}\boldsymbol{x}+\boldsymbol{n} \tag{1–2}$$

式中，ρ_d 是基站端信号发射功率；$\boldsymbol{G}\in\mathbb{C}^{K\times M}$ 是下行链路信道矩阵；$\boldsymbol{n}\in\mathbb{C}^K$ 是用户侧加性白高斯噪声矢量；对角矩阵 $\boldsymbol{D}^{1/2}\in\mathbb{C}^K$ 中的第 k 个元素 $\sqrt{\beta_k}$ 是由于阴影和路损所导致的大尺度衰落；$\boldsymbol{H}\in\mathbb{C}^{K\times M}$ 是信道变化引起的小尺度信道衰落矩阵。需要注意的是，当大规模 MIMO 采用 OFDM 的传输方式时，式（1–2）对每一个频域上的子载波信道都是有效的。

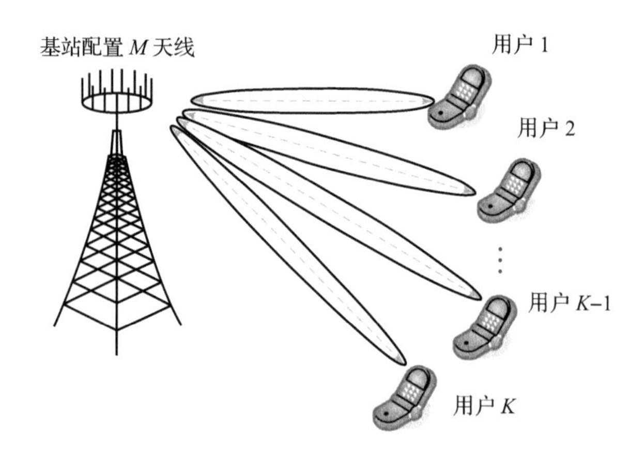

图 1.3　大规模 MIMO 系统示意图

为了充分利用大规模 MIMO 在空间自由度的优势，基站需要下行链路的信道状态信息来做预编码、用户调度等。而大规模 MIMO 系统中下行链路信道矩阵的传播条件决定了大规模 MIMO 系统在下行链路可达的容量。大规模 MIMO 系统在下行链路可达的容量可以表达为

$$C=\log_2\det\left(\boldsymbol{I}_K+\rho_d\boldsymbol{G}\boldsymbol{G}^{\mathrm{H}}\right) \tag{1–3}$$

式中，$\boldsymbol{I}_K\in\mathbb{C}^{K\times K}$ 是单位矩阵；$(\cdot)^{\mathrm{H}}$ 是共轭转置操作符。从式（1–3）可以看出，大规模 MIMO 下行链路容量主要取决于信道矩阵 $\boldsymbol{G}$ 的特性。

在理想的高斯信道矩阵下，$\boldsymbol{G}$ 可以提供良好的信道传播条件，其中小尺度衰落矩阵 $\boldsymbol{H}$ 中的每一个元素服从独立同分布的循环对称复高斯分布 $\mathcal{CN}(0,1)$。文

献 [7] 已经证明了 $\boldsymbol{G}$ 的列矢量具有渐近正交性，即

$$\lim_{M\to\infty} \boldsymbol{G}\boldsymbol{G}^{\mathrm{H}}/M = \lim_{M\to\infty} \boldsymbol{D}^{1/2}\boldsymbol{H}\boldsymbol{H}^{\mathrm{H}}\boldsymbol{D}^{1/2}/M = \boldsymbol{D} \tag{1–4}$$

在这种理想的高斯信道矩阵假设下，大规模 MIMO 系统可达的下行链路容量可以具有如下简单的渐近形式

$$\log_2 \det\left(\boldsymbol{I}_K + \rho_d \boldsymbol{G}\boldsymbol{G}^{\mathrm{H}}\right) \overset{M\gg K}{\approx} \sum_{k=1}^{K} \log_2\left(1 + \rho_d M \beta_k\right) \tag{1–5}$$

这种良好的信道传播特性可以保证当 $M\to\infty$ 时，用户间干扰消失 [7]。进而，大规模 MIMO 系统在频谱效率上的优势得以保证。对于实际具有有限天线数目 M 的大规模 MIMO 系统而言，这种良好的信道传播条件意味着矩阵 $\boldsymbol{G}$ 的条件数越小越好 [7]。

进一步，考虑基站处采用简单的 MF 预编码，则用户接收的信号可以表达为

$$\begin{aligned}\boldsymbol{y} &= \sqrt{\rho_d}\boldsymbol{G}\boldsymbol{W}^{\mathrm{H}}\boldsymbol{s} + \boldsymbol{n} = \sqrt{\rho_d}\boldsymbol{G}\boldsymbol{G}^{\mathrm{H}}\boldsymbol{s} + \boldsymbol{n} \\ &= \sqrt{\rho_d}\boldsymbol{D}^{1/2}\boldsymbol{H}\boldsymbol{H}^{\mathrm{H}}\left(\boldsymbol{D}^{1/2}\right)^{\mathrm{H}}\boldsymbol{s} + \boldsymbol{n} \overset{M\gg K}{\approx} \sqrt{\rho_d}M\boldsymbol{D}\boldsymbol{s} + \boldsymbol{n}\end{aligned} \tag{1–6}$$

式中，$\boldsymbol{W} = \boldsymbol{G}$ 是匹配滤波预编码矩阵；$\boldsymbol{s} \in \mathbb{C}^K$ 是未经预编码的下行链路传输信号。从式（1–6）可以看出，当 $M\to\infty$ 时，经过传统低复杂度的匹配滤波预编码后的等效信道矩阵是一个对角矩阵 $\boldsymbol{D}$，这意味着简单的匹配滤波预编码在 $M\to\infty$ 时也能获得无用户间干扰的性能。

此外，考虑上行链路传输中，基站采用简单的匹配滤波多用户检测器，则基站处的信号检测结果为

$$\begin{aligned}&\boldsymbol{P}\left(\sqrt{\rho_u}\boldsymbol{G}^{\mathrm{H}}\boldsymbol{f} + \boldsymbol{w}\right) = \boldsymbol{G}\left(\sqrt{\rho_u}\boldsymbol{G}^{\mathrm{H}}\boldsymbol{f} + \boldsymbol{w}\right) \\ &\quad \overset{M\gg K}{\approx} \sqrt{\rho_u}M\boldsymbol{D}\boldsymbol{f} + \boldsymbol{G}\boldsymbol{w} = \sqrt{\rho_u}M\boldsymbol{D}\boldsymbol{f} + \boldsymbol{w}'\end{aligned} \tag{1–7}$$

式中，ρ_u 是用户的上行信号发射功率（这里为方便起见，本章假设所有用户信号发射功率相同）；$\boldsymbol{P} = \boldsymbol{G}$ 是基站侧的匹配滤波多用户信号检测器；$\boldsymbol{G}^{\mathrm{H}}$ 是上行链路的信道矩阵（为不失一般性，这里考虑上下行链路信道具有互易性）；$\boldsymbol{f} \in \mathbb{C}^K$ 是上行多用户信号；$\boldsymbol{w}$ 是基站处的加性白高斯噪声；$\boldsymbol{w}' = \boldsymbol{G}\boldsymbol{w}$ 是等效噪声。从式（1–7）易看出，由于大规模 MIMO 信道不同用户信道矢量渐近正交性，在基站天线数目趋于无穷大时，简单的匹配滤波多用户信号检测器就可以获得优秀的信号检测性能。

最后，相比于传统小规模 MIMO 技术，大规模 MIMO 技术这些优越的性能还可以从波束赋形的视角得以解释：由于基站采用数以百计的天线，大规模

MIMO 系统具有巨大的天线阵列增益，并通过波束赋形使信号以高的方向性传输至用户，进而显著提高下行链路中用户侧信噪比并提高系统整体的能量效率。同时，由于大量天线导致窄的波束宽度，大规模 MIMO 系统同时服务的多个用户间的干扰可以得到有效控制 [7]。

1.1.2 大规模 MIMO 技术的研究进展

大规模 MIMO 技术在理论上可以提高系统的频谱效率和能量效率数个数量级 [11]，因此，其在 2010 年提出后，已经受到了工业界和学术界的广泛认可，并被认为是未来 5G 的一项关键物理层技术 [9]。迄今为止，已有大量的高校、运营商、设备商等对大规模 MIMO 技术开展了研究并取得了一些成果。

在大规模 MIMO 技术的理论研究方面，瑞典的隆德大学（Lund University）、林雪平大学（Linkoping University）、贝尔实验室（Bell Labs）及美国的莱斯大学（Rice University）等学术机构展开了对大规模 MIMO 技术在系统容量、信道估计、预编码及信号检测等关键技术的研究和探索 [5,6,9,11,12]，并于 2011 年在 Green Touch 研讨会上给出了大规模 MIMO 系统的原型机来进一步验证大规模 MIMO 技术在能效和谱效的巨大潜力 [13]。2012 年，贝尔实验室、隆德大学、林雪平大学合作实现了天线数为 128 的大规模 MIMO 原型平台。如图 1.4（a）和（b）所示，该原型机的工作频率为 2.6 GHz，包括圆柱形天线阵列和线性天线阵列两种。该实验表明，当基站处的天线数目大于同时服务用户数目的 10 倍以上时，低复杂度的线性预编码方案如 ZF 预编码或 LMMSE 预编码可以逼近最优的 DPC 98% 的性能 [13]。同年，由莱斯大学、耶鲁大学（Yale University）和贝尔实验室合作研发的 Argos 天线系统在土耳其举行的移动计算与网络大会（MobiCom'12）首次公开 [14]。Argos 系统通过在基站处配置 64 根天线，可以同时服务 15 个用户，是世界上第一台真正意义上的多用户大规模 MIMO 系统 [14]。实测结果表明，相比于传统的单天线系统，Argos 系统可提高 6.7 倍的频谱效率，大幅降低系统总功耗。次年，莱斯大学又进一步开发了基站处配置 96 根天线的 Argos V2 系统 [15]。Argos 系统和其升级版的 Argos V2 系统如图 1.5 所示。2014 年，隆德大学推出了更加先进的大规模 MIMO 测试平台 Lund University Massive MIMO（LuMaMi）[6]。如图 1.6 所示，该系统通过 100 根天线在 20 MHz 系统带宽同时服务 10 个用户。除了上述机构外，韩国的三星公司、瑞典的爱立信公司也在大规模 MIMO 技术上展开了对原型展示平台的研发，这些都进一步推进了大规模 MIMO 技术的实用化进程。

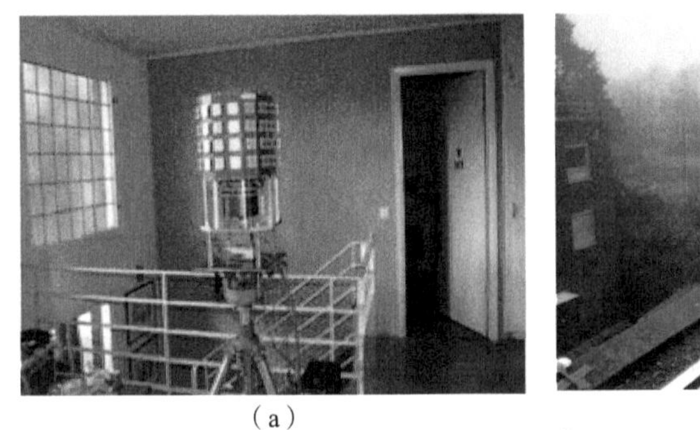

（a）　　　　　　　　　　　　（b）

图 1.4　贝尔实验室、隆德大学和林雪平大学实现的天线数目为 128 的天线阵列

（a）圆柱形天线阵列；（b）线性天线阵列

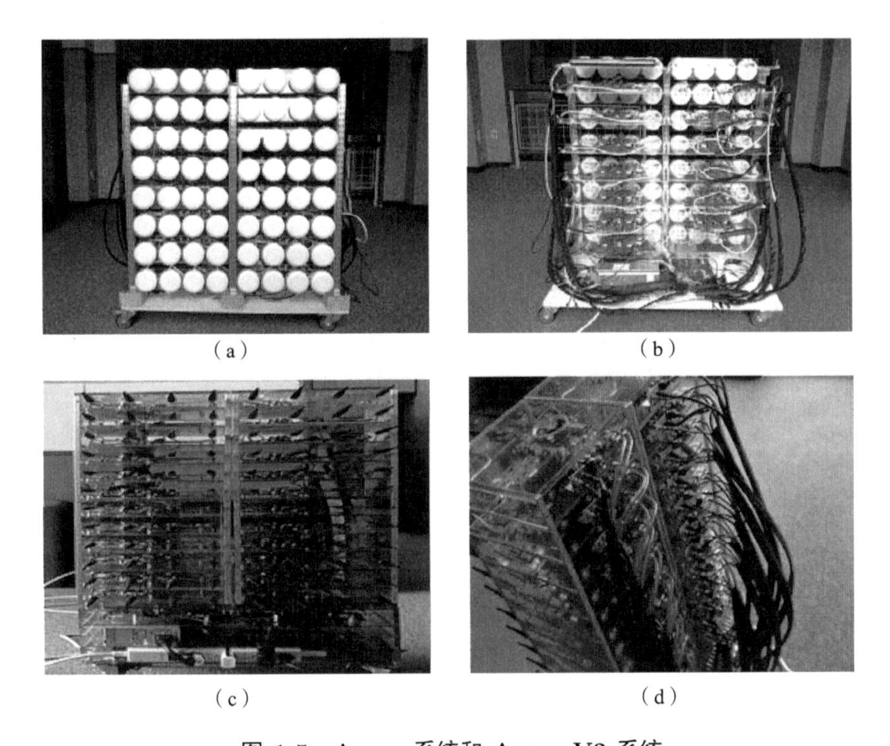

图 1.5　Argos 系统和 Argos V2 系统

（a）Argos 正面；（b）Argos 背面；（c）Argos V2 正面；（d）Argos V2 背面

与此同时，中国对大规模 MIMO 技术的研究也相当重视。为了能在未来的 5G 标准化国际角逐中争夺更多的话语权，由中国科技部、发改委、工信部牵头的中国 5G 标准化组织 IMT-2020 于 2013 年 4 月在北京成立，其中，大规模 MIMO 标准组是一个重要的组成部分。在学术界，国内的清华大学、东南大学、

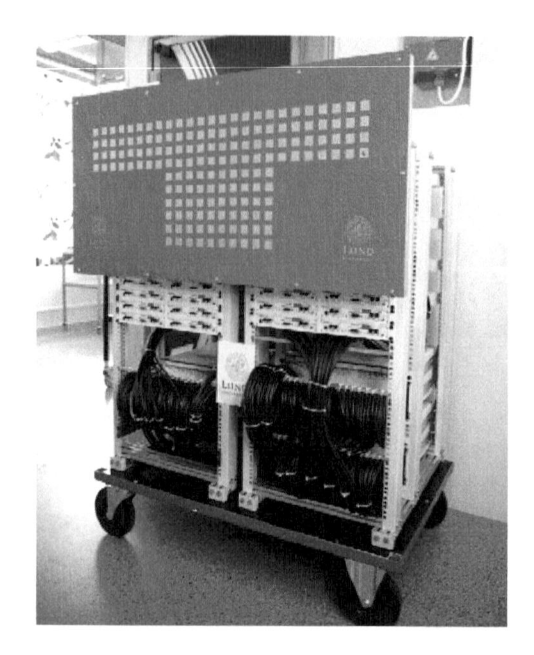

图 1.6　2014 年，由隆德大学研发的大规模 MIMO 测试平台 LuMaMi 系统

北京邮电大学、电子科技大学等高校都展开了对大规模 MIMO 理论方面的广泛研究。在大规模 MIMO 原型机研发方面，中国也有一些成果。2013 年，大唐电信启动了对三维 MIMO 技术理论研究和原型验证的国家科技重大专项，该项目采用了 64 通道的三维平面天线阵列。2015 年 9 月，中国移动和华为在上海成功地在现有 4G 商用网上开通了全球首个大规模 MIMO 基站并完成场外测设。如图 1.7 所示，在该测试系统中，布置 128 根天线的基站用 20 MHz 的频段服务现有 4G 商用智能终端，其下行链路的吞吐率可达 630 Mb/s。2016 年 3 月，中兴公司和中国移动在世界移动通信大会联合展示了 5G 三维/Massive MIMO 预商用基站，并获得了“最佳移动技术突破奖”和“CTO 选择奖”。

1.1.3　从理论走向实践面临的挑战

尽管目前对大规模 MIMO 技术的研究已经有了丰硕的成果，包括大规模 MIMO 系统原型平台在内的研发甚至已经迈入了实测的环节，但是这与大规模 MIMO 技术广泛商用化还有很大的差距。具体来说，目前的大规模 MIMO 技术从理论走向实践仍面临如下几个挑战：

• 现有的大规模 MIMO 技术的理论研究和实践方案大多采用 TDD。通过利用 TDD 系统中上下行链路信道的互易性，大规模 MIMO 下行链路高维度的信

图 1.7　2015 年 9 月，中国移动和华为于上海在现有的 4G 商用网开通了全球首个大规模 MIMO 基站

道状态信息可以通过上行链路获得，而上行链路信道估计的训练开销仅和少量的用户数目呈正比。相比之下，FDD 仍然占据现有主要的蜂窝网络，而如何将现有 FDD 蜂窝网络平滑升级至 FDD 大规模 MIMO 是一个重要的问题。在 FDD 大规模 MIMO 系统中，用户需要估计基站处大量天线的下行链路信道，其所需的导频开销难以承受 [16]。进一步，用户端估计的下行链路信道还需反馈至基站端做后续包括波束赋形等在内的信号处理，因而高维度下行链路信道状态信息的反馈也会造成难以承受的信道反馈开销 [17]。

• 理论上，大规模 MIMO 技术可以显著提高系统的能量效率，然而这种理论上优秀的性能仅考虑大规模 MIMO 系统信号发射功率，却忽视了系统收发机结构中射频链路的功耗和成本 [18]。现有的大规模 MIMO 技术的研究通常考虑全数字阵列结构，也就是说，每个发射或接收天线对应一个发射或接收射频链路，因而采用大规模天线阵列的大规模 MIMO 系统在基站处需要配备数以百计的射频链路，而这会导致实际系统不可避免的高功耗和高成本，进而制约大规模 MIMO 技术的商用化。因此，如何使大规模 MIMO 技术在能量效率、成本效率和频谱效率三者之间做到更好的折中是一个重要的挑战 [19]。

• 体积较大的低频段（6 GHz 以下）大规模 MIMO 基站和超密集组网对微基站小体量易部署的要求不能很好兼容。为了解决这个问题，将毫米波技术和大规模 MIMO 技术结合的毫米波大规模 MIMO 技术成为一个重要的研究方向 [10]。由于毫米波频段高，天线阵列可以做得更加小型化，这种小型化的毫米波大规模 MIMO 基站易于和超密集组网兼容部署。然而，为了在能耗、成本和空间复用进行折中，毫米波大规模 MIMO 系统通常采用混合模拟数字结构，这会导致系统中有效的射频链路数目远小于天线的数目 [20]。显然，在这种毫米波大规模 MIMO 系统中，从较小数目的射频链路估计数以百计天线的毫米波高维度信道十分具有挑战性 [21]。

需要指出的是，现有包括 1G/2G/3G/4G 在内的无线通信网络都是基于经典的香农-奈奎斯特采样框架设计的。该框架指出，对于一个带宽受限的信号，可以以不小于两倍系统带宽的采样率将该信号重构出来。目前，大规模 MIMO 技术在走向实践的过程中所面临的上述诸如难以承受的训练开销、计算复杂度、成本和功耗大多源于基于传统香农-奈奎斯特采样定律下的设计。另外，大规模 MIMO 系统中存在着信号或信道的稀疏性，这促使本书在 CS 理论框架 [22] 下挖掘和利用这些稀疏性，来有效解决传统基于香农-奈奎斯特采样框架设计的方案所面临的挑战性问题。接下来的 1.2 节将简单介绍压缩感知理论。

1.2 压缩感知理论简介

本质上，绝大多数来自真实世界的连续信号都具有内在的冗余性或相关性，并且这些信号对应的离散信号的有效自由度也远远小于它们的维度 [22]。这表明这些信号在某些变换域上呈现稀疏性 [22]。在这一背景下，压缩感知理论被提出并不断发展。压缩感知理论表明，可以利用信号的稀疏性从远小于经典香农-奈奎斯特采样定律所需的采样样本重构出原始的高维度稀疏信号。

为了简单明了地介绍压缩感知理论，考虑如下稀疏度为 k 的稀疏信号 $\boldsymbol{x} \in \mathbb{C}^N$（也就是说，$\boldsymbol{x}$ 只有 $k \ll N$ 个非零元素），$\boldsymbol{\Phi} \in \mathbb{C}^{M\times N}$ 是观测矩阵（$M \ll N$），$\boldsymbol{y} = \boldsymbol{\Phi}\boldsymbol{x} \in \mathbb{C}^M$ 是观测信号。在压缩感知理论中，给定 $\boldsymbol{y}$ 和 $\boldsymbol{\Phi}$ 求解欠定的问题 $\boldsymbol{y} = \boldsymbol{\Phi}\boldsymbol{x}$ 中的 $\boldsymbol{x}$ 十分重要。一般而言，$\boldsymbol{x}$ 本身并不呈现稀疏性，但是它在某些变换域上呈现稀疏性，即 $\boldsymbol{x} = \boldsymbol{\Psi}\boldsymbol{s}$，其中 $\boldsymbol{\Psi}$ 是变换矩阵，$\boldsymbol{s}$ 是稀疏度为 k 的稀疏信号。进而可得标准的压缩感知模型 [22]：

$$\boldsymbol{y} = \boldsymbol{\Phi}\boldsymbol{x} = \boldsymbol{\Phi}\boldsymbol{\Psi}\boldsymbol{s} = \boldsymbol{\Theta}\boldsymbol{s} \tag{1–8}$$

式中，$\boldsymbol{\Theta} = \boldsymbol{\Phi}\boldsymbol{\Psi}$。在上述标准的压缩感知模型中，有三个压缩感知理论的重要组成部分：

• 稀疏变换域：在压缩感知理论中如何找到合适的变换矩阵 $\boldsymbol{\Psi}$ 十分重要。该变换矩阵 $\boldsymbol{\Psi}$ 可以将原始非稀疏的信号 $\boldsymbol{x}$ 变换成稀疏信号 $\boldsymbol{s}$。

• 稀疏信号压缩：投影矩阵 $\boldsymbol{\Phi}$ 或 $\boldsymbol{\Theta}$ 的设计应尽可能减少原始高维稀疏信号信息的损失并降低观测维度。可以通过相关性或 RIP 来评估 $\boldsymbol{\Phi}$ 或 $\boldsymbol{\Theta}$ 的性能 [22]。

• 稀疏信号恢复：从低维度的观测信号 $\boldsymbol{y}$ 可靠地重构出高维度的 $\boldsymbol{x}$ 或 $\boldsymbol{s}$ 需

要可靠的稀疏信号恢复算法，这也是压缩感知理论的一个重要组成部分。

此外，基于式（1–8）中标准的压缩感知模型，本书还引入如下几个压缩感知理论的扩展模型，这些模型可以通过挖掘和利用实际应用场景中稀疏信号独特的稀疏结构来获得更加可靠的稀疏信号压缩或恢复性能。本书列举了以下几种常用的压缩感知扩展模型：

• 结构化稀疏信号：该模型可以表述为 $\boldsymbol{y}=\boldsymbol{\Theta s}$，其中，$\boldsymbol{s}$ 呈现结构化稀疏性，即 [22]

$$\boldsymbol{s}=[\underbrace{s_1\cdots s_d}_{\boldsymbol{s}^{\mathrm{T}}[1]}\underbrace{s_{d+1}\cdots s_{2d}}_{\boldsymbol{s}^{\mathrm{T}}[2]}\cdots\underbrace{s_{N-d+1}\cdots s_N}_{\boldsymbol{s}^{\mathrm{T}}[L]}]^{\mathrm{T}} \tag{1–9}$$

式中，$L=N$；$\boldsymbol{s}^{\mathrm{T}}[l]$（$1\leqslant l\leqslant L$）具有至多 k 个非零的欧式范数。可以在结构化压缩感知理论下，利用 $\boldsymbol{s}$ (如式（1–9）) 具有的结构化稀疏性来提高稀疏信号的恢复性能 [22]。

• MMV 模型 [22]：

$$[\boldsymbol{y}_1,\boldsymbol{y}_2,\cdots,\boldsymbol{y}_P]=\boldsymbol{\Theta}[\boldsymbol{s}_1,\boldsymbol{s}_2,\cdots,\boldsymbol{s}_P] \tag{1–10}$$

式中，$\{\boldsymbol{s}_p\}_{p=1}^{P}$ 具有完全相同或者部分相同的稀疏支撑集；$\boldsymbol{s}_p$ 和 $\boldsymbol{y}_p$（$1\leqslant p\leqslant P$）分别是与第 p 个观测相关的稀疏信号和观测信号。如果该模型的观测矩阵各不相同，即 $\boldsymbol{y}_p=\boldsymbol{\Theta}_p\boldsymbol{s}_p$ 且 $\{\boldsymbol{\Theta}_p\}_{p=1}^{P}$ 各不相同，就可以在分布式压缩感知理论框架下，利用多样化 $\{\boldsymbol{\Theta}_p\}_{p=1}^{P}$ 所带来的分集增益来提高稀疏信号的恢复性能 [22]。

• 分块稀疏信号：该模型可用如下数学式表达 [22]：

$$\tilde{\boldsymbol{y}}=\sum_{p=1}^{P}\boldsymbol{\Theta}_p\boldsymbol{s}_p=\boldsymbol{\Theta s} \tag{1–11}$$

式中，$\boldsymbol{\Theta}=[\boldsymbol{\Theta}_1,\boldsymbol{\Theta}_2,\cdots,\boldsymbol{\Theta}_P]$；$\boldsymbol{s}=\left[\boldsymbol{s}_1^{\mathrm{T}},\boldsymbol{s}_2^{\mathrm{T}},\cdots,\boldsymbol{s}_P^{\mathrm{T}}\right]^{\mathrm{T}}$；$\boldsymbol{s}_p$ 和 $\boldsymbol{\Theta}_p$ 分别是第 p 个稀疏信号和第 p 个观测矩阵。可以利用 $\{\boldsymbol{s}_p\}_{p=1}^{P}$ 中的分块稀疏信息来提高稀疏信号 $\boldsymbol{s}$ 的恢复精度。

自从 2004 年压缩感知理论首次提出后，该理论得以不断发展、改善和延扩。迄今为止，除了传统的压缩感知理论，一些从经典的压缩感知理论发展的诸如 FRI、Xampling 及 LMR 等理论可以用来解决传统压缩感知理论所不能解决的问题 [22]。目前，压缩感知理论及其衍生的如 FRI、Xampling 及 LMR 等理论提供了革命性的工具，可以以亚奈奎斯特采样率重构出高维度的信号 [22]。

压缩感知理论的出现已经在学术界和工业界引起了广泛的研究，该理论也为如何设计有效的 5G 网络，尤其是大规模 MIMO 技术中的具体解决方案提供了全新的视角。因此，如何凭借压缩感知理论来解决现有大规模 MIMO 技术中挑战性的难题已经成为最近的研究热点。

1.3 本书内容安排

如图 1.8 所示，本书通过对大规模 MIMO 技术中信号或信道的稀疏特性进行挖掘，借助全新的压缩感知理论工具，提出了一系列基于压缩感知理论的技术方案。相比于传统基于香农-奈奎斯特采样框架设计的方案，本书提出的基于压缩感知理论的方案可以获得更优的系统性能。具体来说，本书的内容安排如下：

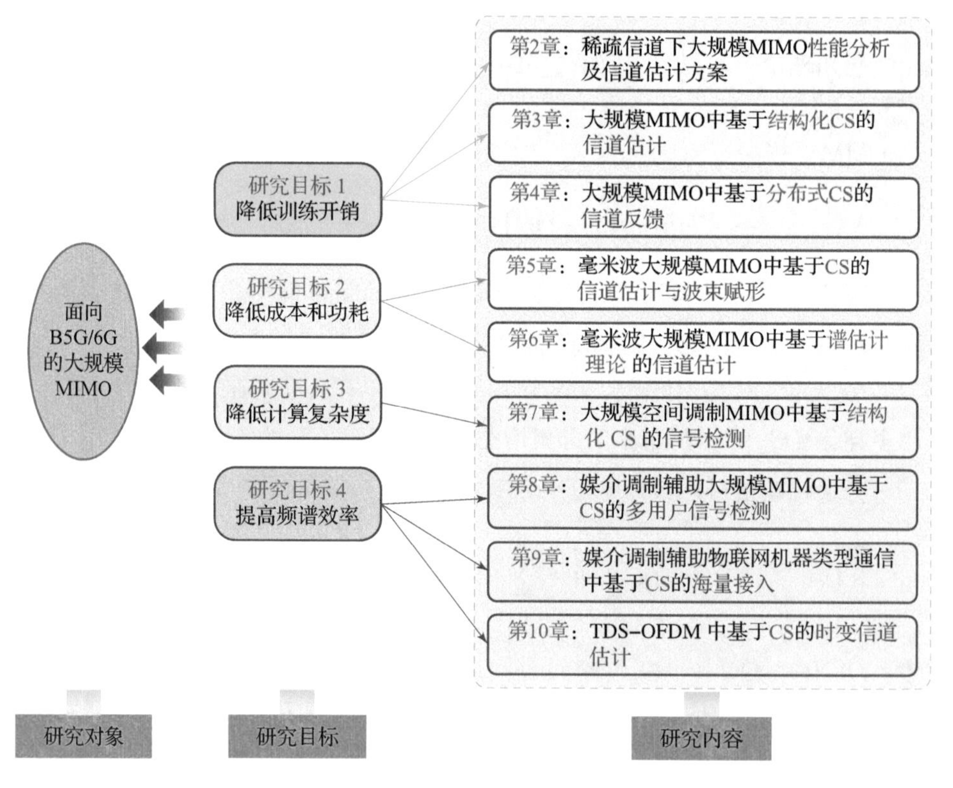

图 1.8 本书内容安排

第 2 章讨论了有限散射体信道下大规模 MIMO 信道矩阵的渐近正交性，进而讨论了基于有限新息率理论框架下的稀疏信道估计方案。已有大规模 MIMO 的理论分析通常基于信道传播中具有丰富散射体的假设。在这种假设下，大规模 MIMO 信道矩阵每个元素服从独立同分布的零均值高斯分布，并且不同用户信道矢量具有渐近正交性。然而，这种信道假设与实际信道中由于有限散射体所导致的稀疏大规模 MIMO 信道不同。这促使本书去研究有限散射体信道下，稀疏大规模 MIMO 信道是否仍然能保证不同用户信道矢量的渐近正交性。为此，本章首先推导出稀疏信道下，任意两个用户信道矢量的一阶矩和二阶矩，进而理论并数值论证了有限散射体信道下，大规模 MIMO 系统不同用户的信道矢量仍然具有渐近正交性。进一步，通过利用这种信道的稀疏性，在有限新息率理论框架下，本章讨论了低开销的稀疏信道估计方案。相比于传统的信道估计方通常考虑整数采样间隔的信道多径延时，本书讨论的方案可以获得对信道多径延时超分辨率的估计。

第 3 章讨论了 FDD 大规模 MIMO 系统中用户侧基于结构化压缩感知理论的低开销下行链路信道估计方案。已有关于大规模 MIMO 的大量理论研究基于 TDD 的假设，其中信道估计的导频开销仅和用户数目呈正比。相比之下，在 FDD 大规模 MIMO 系统中，每个用户需要估计基站处大量天线的下行链路信道。为了估计下行链路的信道，传统信道估计由于需要估计高维度的信道，会造成极大的导频开销。另外，现有大部分商用的蜂窝网络采用了 FDD，为了将现有基于 FDD 的蜂窝网络平滑升级至 FDD 大规模 MIMO，FDD 大规模 MIMO 下行链路信道估计成为一个研究难点。为了解决这一难点，通过利用延时域大规模 MIMO 信道空域结构化稀疏性，本章在结构化压缩感知理论框架下讨论了基站处重叠导频方案和用户处可靠的信道估计算法。仿真结果表明，讨论的信道估计方案相比传统的方案，可以以更低的导频开销获得更优的下行链路信道估计性能。同时，相比于传统 FDD 大规模 MIMO 信道估计方案仅考虑单小区场景而不能直接用于多小区场景，本章方案还考虑了多小区 FDD 大规模 MIMO 下行链路的信道估计问题。

第 4 章讨论了一种 FDD 大规模 MIMO 系统下基于分布式压缩感知理论的自适应信道反馈方案。在 FDD 大规模 MIMO 系统中，用户处估计的下行链路信道还要反馈至基站做包括预编码、资源分配等在内的信号处理。传统基于码本的信道反馈方案需要对 MIMO 信道进行量化、存储和匹配。对于高维度的大规模 MIMO 信道，这种信道反馈方案是难以实现的。为了解决这一问题，本章讨论了基于分布式压缩感知理论的自适应信道反馈方案。该种方案包括基于压缩感知理论的自适应信道反馈和闭环的信道追踪。具体来说，在基于压缩感知理论的自适应信道反馈阶段，通过利用角度域大规模 MIMO 信道在频域的共同稀疏性，本章在分布式压缩感知框架下讨论了非正交训练序列和相应可靠的信道状态信息重构算法。在闭环追踪阶段，通过利用信道时域相关性和前一阶段基站端信道重构的先验信息，本章推导了基站处信道估计的克拉美罗下界，并在这一克拉美罗下界下指导自适应的训练序列设计，以进一步降低信道反馈开销并提高精度。

第 5 章讨论了工作在毫米波频段采用模数混合预编码架构的大规模 MIMO-OFDM 系统中一种新的混合预编码算法，包括基站和用户终端的混合预编码器/合并器设计。更具体地说，对于数字基带预编码器/合并器的设计，考虑 GMD 算法，这已被证明是避免复杂比特/功率分配的有效方法，并且可以实现比 SVD 预编码更好的 BER 性能。对于模拟部分，则采用 SOMP 算法，以利用毫米波信道的稀疏特性提升性能，它是经典 OMP 算法的扩展，用于从预定义码本中选择多个最佳波束。由于假设 BS 和用户均采用 UPA，因此选择采用过采样二维 DFT 码本，该码本可有效避免传统基于 CS 的混合波束赋形设计所需的所有 MIMO 信道导向矢量的实际先验信息。仿真结果表明，相比于现有基于 PCA 混合预编码方案，提出的混合预编码方案方法具有更好的性能。此外，第 5 章还讨论了多用户毫米波大规模 MIMO 系统上行链路中基于自适应压缩感知的频率选择性衰落信道估计问题。毫米波大规模 MIMO 系统通常采用远小于天线数目的射频链路来获得信道复用、功耗和成本之间的折中。由于大量天线所导致信道的高维度和少量射频链路所导致观测的低维度，传统大规模 MIMO 系统的信道估计方案不能直接用于毫米波大规模 MIMO 系统。传统毫米波大规模 MIMO 系统信道估计方案只考虑窄带平衰落信道的估计，并对信道入射角和出射角做了离散化的假设。然而，实际的毫米波大规模 MIMO 由于大的传输带宽和不同多径延时，毫米波信道呈现宽带频率选择性衰落，并且实际信道入射角和出射角是连续分布的。为了解决这些问题，通过对毫米波近直射传播特性的利用，在自适应压缩感知理论下设计了毫米波信道估计算法的参考信号和接收端自适应格点匹配追踪算法。提出的信道估计算法可以有效解决由于连续分布的入射角和出射角所导致的能量扩散问题，并以低的参考信号开销精确地估计宽带频率选择性衰落信道。

第 6 章讨论了毫米波大规模 MIMO 系统基于谱估计理论的稀疏信道估计问题。当前基于压缩感知理论的信道估计方案通过利用毫米波 MIMO 信道在角度域上的稀疏性，可以降低毫米波大规模 MIMO 系统中信道估计所需的导频/训练开销，但这些方案均会将连续的到达角/离开角量化为离散化网格角度，这样就不可避免地引入量化误差，在高信噪比下，这种量化误差会被放大。为此，本章通过引入经典的诸如 ESPRIT 之类的空间谱估计算法来实现准确地获得毫米波 MIMO 信道的稀疏多径成分（诸如到达角/离开角等信息），可以极大地降低所需导频开销。具体来说，对于窄带平坦衰落信道，提出了基于二维酉 ESPRIT 的窄带稀疏信道估计方案。首先，对信道估计问题进行数学建模，并在发射端和接收端分别设计出合适的波束赋形矩阵，以便能在较低的导频开销下获得一个保留有阵列响应移不变性的低维等效信道。其次，设计了改进的二维酉 ESPRIT 算法。

接着，根据该低维等效信道中阵列响应的移不变性以及设计的算法，可以获得已配对好的到达角和离开角的超分辨率估计值。然后，通过最小二乘估计器便可计算出对应于各路径的信道复增益。最后，由估计到的到达角、离开角及相应的路径增益，可以重构出高维度的毫米波 MIMO 信道。仿真结果表明，与基于压缩感知的信道估计方案相比，这里设计的信道估计方案能在更少的导频开销下获得更好的信道估计性能。此外，对于宽带频率选择性衰落信道，通过对窄带信道中稀疏多径成分的角度估计进行扩展，设计了基于三维酉 ESPRIT 的宽带稀疏信道估计方案。具体来说，首先，对信道估计问题进行数学建模，以便能用三维酉 ESPRIT 算法来估计其中的信道参数。其次，在收发端分别设计出窄带情形中的波束赋形矩阵，并对其中模拟波束赋形矩阵的相位值进行量化处理。接着，利用三维酉 ESPRIT 算法来估计该低维等效信道中已配对好的到达角、离开角以及多径时延的超分辨率估计值。然后，通过最小二乘估计器便可计算出对应于各路径的信道复增益。最后，由估计到的信道参数重构出高维度的宽带毫米波 MIMO 信道。仿真结果表明，所提信道估计方案在相同导频开销下能获得比现有基于压缩感知的信道估计方案更好的信道估计性能。

第 7 章讨论了大规模 SM-MIMO 系统下行链路中基于结构化压缩感知的信号检测问题。为了解决传统大规模 MIMO 每根天线需要配备一个射频链路导致开销巨大的问题，大规模 SM-MIMO 技术被提出。利用较小数目的射频链路，空间调制大规模 MIMO 可以通过激活部分天线来在空域传输额外的信息。在大规模 SM-MIMO 系统中，由于用户接收天线数量少，而基站发射天线数量多，信号检测是一个具有挑战性的大规模欠定问题。发射天线数量变大时，最优 ML 信号检测器会面临极高的复杂度。为此，通过将多个连续的 SM 信号分组携带共同的空间星座符号，从而引入结构化稀疏性，提出的基于准最优 SCS 的低复杂度大规模 SM-MIMO 信号检测器能够以低计算复杂度逼近最优的 ML 信号检测器性能。

第 8 章讨论了大规模媒介调制 MIMO 系统中上行链路的传输方案。其中，基站处布置大量的天线和相对少量的射频链路，其中简单的接收天线选择方案用来提高系统的性能。每个用户采用媒介调制来提高上行链路的吞吐率，采用 CPSC 传输方案来对抗多径信道。由于基站处布置较小数目的射频链路和所需同时服务的大量多个信道维度的用户，在该系统中，上行链路多用户信号检测是一个挑战性的大规模欠定问题。为此，本章提出了用户端的联合媒介调制方案来引入多个等效媒介调制信号的成组稀疏特性。进一步，本章还提出了基站处与之对应的基于压缩感知的多用户信号检测器，利用等效媒介调制信号的分块稀疏性和多个等效媒介调制信号的成组稀疏性来获得可靠的多用户信号检测性能，同时，该方案具有较低的计算复杂度。

第 9 章讨论了媒介调制辅助的 mMTC 中基于压缩感知的海量接入技术。传统的基于授权的接入方法在数据传输之前依赖复杂的时域和频域资源分配，这会对大规模 mMTC 造成巨大的信令开销和延迟。为了在低延迟下支持低功耗 MTD，新兴的免授权海量接入方法吸引了大量的关注，因为它通过直接发送数据而无须调度来简化接入过程。通过利用上行接入信号在连续时隙中的块稀疏性和媒介调制符号的结构化稀疏性，首先提出了一种用于活跃用户检测的 StrOMP 算法。然后提出了一种 SIC-SSP 算法，用于解调检测到的活跃 MTD，其中利用了每个时隙中媒介调制符号的结构化稀疏性来提高解调性能。通过利用 mMTC 的零星流量和块稀疏性以及媒介调制符号的结构化稀疏性，提出的基于 CS 的活跃用户和数据检测解决方案能在低复杂度下获得接近最优的性能。

第 10 章讨论了 TDS-OFDM 系统基于压缩感知理论的时变信道估计问题。与经典的基于 CP 的 OFDM 相比，TDS-OFDM 在快速同步和 CE 方面具有优越的性能，并且它还实现了更高的频谱效率。由于 TDS-OFDM 的良好性能，DTMB 已被正式批准为国际 DTTB 标准，并已在中国和其他几个国家成功部署。然而，由于 TS 和 OFDM 数据块之间的相互干扰，TDS-OFDM 系统中需要使用迭代干扰消除来解耦 TS 和 OFDM 数据块，以进行信道估计和频域解调。在时频双选择性衰落信道下，这种迭代干扰消除将会导致性能恶化，因此 IBI 的完美消除是很难实现的。为了解决这个问题，首先提出了 TS 的重叠加法，以获得无线信道的信道长度、路径延迟和路径增益的粗略估计，从而利用多个连续 TDS-OFDM 符号之间的多径延迟和多径增益的时间相关性。此外，多个连续 TDS-OFDM 符号之间的多径延迟和增益的时间相关性被联合利用，以提高信道粗估计的鲁棒性和准确性。借助于重叠加法获得的无线信道的先验粗估计信息，提出的基于 CS 的信道估计方法能够获得准确的信道估计，同时仅呈现较低的计算复杂度。

第 11 章对本书进行了总结性的概括，并展望了未来的研究方向。

第 2 章

稀疏信道下大规模 MIMO 性能分析及信道估计方案

2.1 本章简介与内容安排

大规模 MIMO 系统被认为是未来第五代移动通信系统的关键物理层技术。大规模 MIMO 通过在基站处架设上百根天线，可以在同一个时频资源上同时服务十几个用户。理论上，大规模 MIMO 系统可以显著地提高系统的频谱效率和能量效率。然而，大规模 MIMO 系统的理论分析依赖于良好的信道传播条件，这等效于不同用户的信道矢量具有渐近正交性 [7]。在理论分析方面，大规模 MIMO 信道通常建模为理想的高斯信道矩阵，信道矩阵中每个元素服从彼此独立的高斯分布。为此，不同用户的信道矢量具有渐近正交性，并可以为大规模 MIMO 系统提供良好的传播条件 [7,23]。

最近的研究表明，由于无线传播信道有限数目的散射体和基站处紧凑的天线阵列，实际的大规模 MIMO 信道呈现空时二维结构化稀疏特性 [24−29]。然而，在文献 [27-29] 中讨论的信道估计方案仅仅考虑大规模 MIMO 系统信道在延时域的稀疏性，而文献 [24] 和文献 [26] 仅仅考虑大规模 MIMO 系统信道在角度域上的稀疏性。对于大规模 MIMO 系统来说，延时域上的多径延时和角度域上的 AoD 及 AoA 都是表征信道的重要参数。因此，本章将联合考虑大规模 MIMO 系统在延时域和角度域的结构化稀疏性。显然，实际的大规模 MIMO 系统所经历的信道和理论分析中假设的理想高斯信道矩阵是完全不同的。这种差异性促使本章去研究实际具有稀疏性的大规模 MIMO 信道可提供的传播条件，并揭示经历实际稀疏信道的大规模 MIMO 系统和其在理想的高斯信道矩阵假设下的容量差距。

另外，在大规模 MIMO 系统中，精确的信道估计对于系统性能起着十分重要的作用 [30]。对于现有的 MIMO-OFDM 系统来说，有两类信道估计方案：第一种是非参数化的信道估计方案，该方案通过采用时域正交导频或者频域正交导频将 MIMO 系统的信道估计转变为单天线系统的信道估计 [30]。然而，这种信道估计方案在天线数目很大时会具有很大的导频开销。第二种方案是参数化的信道估计方案，该方案可以利用无线信道的稀疏性来降低导频开销 [31]。对于未来的无线通信，参数化的信道估计可能更有前景，因为它可以通过降低导频开销带来更高的频谱效率。然而，无线信道的多径延时往往被假设位于采样间隔的整数点上，这通常是不现实的。

本章首先讨论了有限散射体信道下大规模 MIMO 系统的渐近正交性。具体来说，本章首先介绍了大规模 MIMO 系统信道在延时域和角度域的结构化稀疏性，并阐述了稀疏大规模 MIMO 信道和频域信道矩阵之间的关联。接着，本章证明了在稀疏信道下不同用户信道矢量的渐近正交性，这里本章的理论分析是基于广泛使用的 ULA [24–26]。不同用户信道矢量的渐近正交性表明，具有空时二维结构化稀疏性的大规模 MIMO 信道也可以提供良好的信道传播特性，而这在仿真中也得以证明。

本章进一步讨论了基于信道稀疏性的参数化信道估计。具体来说，首先，本章讨论的信道估计方案可以获得对任意多径延时的超分辨率估计，这对实际的稀疏无线信道估计具有重要的意义。其次，相比于大的无线信号传输距离而言，发射天线阵列和接收天线阵列的尺寸较小，不同发射天线接收天线对的延时域信道冲激响应具有近似相同的多径延时 [27]。同时，由于无线信道的时域相关性，这种结构化稀疏性在相邻多个 OFDM 符号内是近似保持不变的 [32,33]。因此，相比于已有的工作要么仅仅利用 MIMO 信道的空域相关性将单天线系统下稀疏信道估计扩展到 MIMO 系统 [27]，要么仅仅利用单天线系统信道时域相关性 [32,33]，本章讨论的信道估计方案同时利用了无线信道的空域相关性和时域相关性来提高信道估计精度。最后，有限新息率理论表明，对于一个模拟的稀疏信号，可以以很低的采样率将其重构 [34]。通过利用有限新息率理论，本章讨论的信道方案所需的平均每个天线导频开销仅仅依赖于信道的稀疏度，而非信道多径延时扩展。

2.2 系统模型

本章考虑大规模 MIMO 系统在基站处部署 M 个发射天线来同时服务 K 个单天线用户，其中 $M \gg K$[7]。如图 2.1 所示，由于信道传播环境中有限数目的散射体，对于延时域信道冲激响应而言，尽管在典型的宽带无线通信系统中信道的多径延时扩展很大，但只有少数的信道抽头占据了主要的信道能量 [25]。那么本章考察大规模 MIMO 系统下行链路第 k 个用户和第 m 个基站天线间的延时域信道冲激响应，其可表达为 [27]

$$h_{km}(t)=\sum_{s_{km}=1}^{S_{km}}\alpha_{km}^{s_{km}}\delta\left(t-\tau_{km}^{s_{km}}\right),\ S_{km}\ll\tau_{\max}f_s \tag{2-1}$$

式中，$\alpha_{km}^{s_{km}}$ 和 $\tau_{km}^{s_{km}}$ 分别代表第 s_{km} 个径的增益和延时；S_{km} 是可分辨多径的个数；$\tau_{\max}$ 是最大的多径延时扩展；f_s 是系统带宽；$\tau_{\max}f_s$ 是归一化的信道最大多径延时扩展。

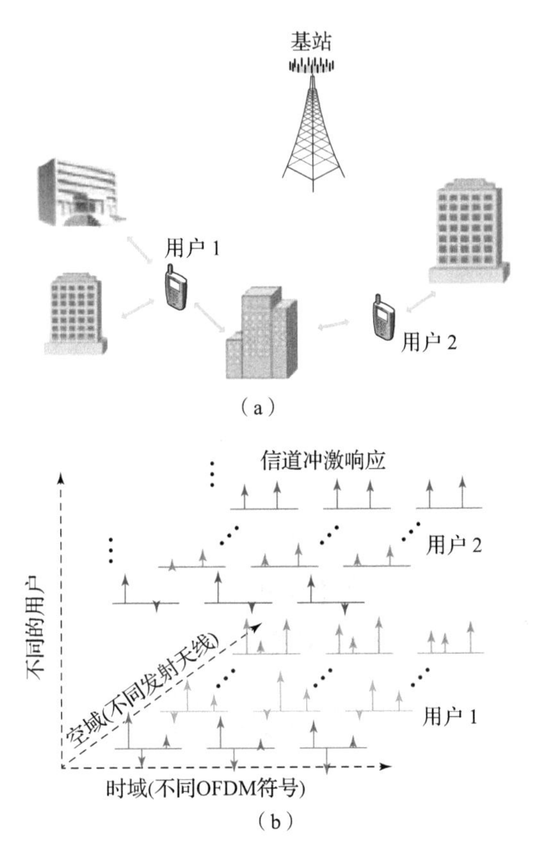

图 2.1　延时域大规模 MIMO 信道空时二维结构化稀疏性

（a）由于信道传播环境中有限散射体，尽管大规模 MIMO 系统信道的多径延时扩展很长，但是占据主要信道能量的多径分量数目是相对小的；（b）由于紧凑的基站天线阵列，用户与基站数百天线间的信道经历近似相同的散射体，因而具有空时二维结构化稀疏性

进一步，大量的实验表明，在大规模 MIMO 系统中，用户与不同基站天线间的延时域信道冲激响应具有近似的多径延时 [7]，即 $\tau_k^{s_k}=\tau_{km}^{s_{km}}$，其中，$s_{km}=s_k$，$S_{km}=S_k$，$0\leqslant m\leqslant M-1$。这是因为基站处紧密部署的天线阵列（图 2.1 ）的尺寸远远小于信号传输的距离，而这导致了不同发射天线、接收天线间的信道经历近似相同的散射体。上述讨论中，大规模 MIMO 系统信道在延时域的内在稀

疏性被称为大规模 MIMO 系统信道在延时域的结构化稀疏性。

进一步，对于某一个信道多径分量来说，从基站端来看，M 个天线的出射角是相似的，并且由于无线信道有限数目的多径成分，大规模 MIMO 系统信道呈现角度域的结构化稀疏性。由于这种角度域的结构化稀疏性，与 M 个基站天线相关的、经历第 s_k 个散射体的信道可以表示为一个导引矢量，即

$$\left[\alpha_{k0}^{s_{k0}}, \alpha_{k1}^{s_{k1}}, \cdots, \alpha_{k(M-1)}^{s_{k(M-1)}}\right] = \alpha_k^{s_k}\left[1, \mathrm{e}^{\mathrm{j}\frac{2\pi d\sin(\theta_k^{s_k})}{\lambda}}, \mathrm{e}^{\mathrm{j}\frac{2\pi 2d\sin(\theta_k^{s_k})}{\lambda}}, \cdots, \mathrm{e}^{\mathrm{j}\frac{2\pi(M-1)d\sin(\theta_k^{s_k})}{\lambda}}\right] \tag{2-2}$$

这里，为不失一般性，本章考虑了相邻天线间隔为 d 的各向同性的线性天线阵列，$\alpha_{k0}^{s_{k0}} = \alpha_k^{s_k}$ 是与第一个（$m=0$）基站天线相关的信道增益；$\theta_k^{s_k}$ 是第 s_k 个多径分量的 AoD；λ 是电磁波的波长。

显然，在有限散射体下，大规模 MIMO 系统信道在延时域和角度域具有空时二维结构化稀疏特性，而这与在大规模 MIMO 系统理论分析中广泛使用的基于富散射体信道的理想高斯信道矩阵并不相同。这促使本章去研究在实际的有限散射体信道下大规模 MIMO 系统信道是否仍然具有良好的信道传播条件，并揭示了在实际有限散射体信道下和理想富散射信道下（理想的高斯信道矩阵）大规模 MIMO 系统的容量差距。

2.3 有限散射体信道下大规模 MIMO 系统信道的渐近正交性分析

本节将阐述有限散射体条件下，大规模 MIMO 信道在延时域和角度域的结构化稀疏特性，然后推导不同用户信道矢量内积的一阶矩和二阶矩，进而从理论上证明了不同用户的信道矢量具有渐近正交性。

2.3.1 稀疏大规模 MIMO 信道和频域信道矩阵的对偶关系

根据式（2–1），信道在第 n 个子载波的频域响应记为 $g_{km}[n]$，可以表达为

$$\begin{aligned} g_{km}[n] &= \sum_{s_{km}=1}^{S_{km}} \alpha_{km}^{s_{km}} \exp\left(-\frac{\mathrm{j}2\pi n f_s \tau_{km}^{s_{km}}}{N}\right) \\ &= \sum_{s_{km}=1}^{S_{km}} \alpha_{km}^{s_{km}} \exp\left(-\mathrm{j}2\pi\gamma_n\tau_{km}^{s_{km}}\right), 1 \leqslant n \leqslant N \end{aligned} \tag{2-3}$$

式中，N 是 OFDM 符号的大小；$\gamma_n = nf_s/N$。

这里，式（2–3）建立了延时域大规模 MIMO 系统信道矩阵和频域信道矩阵之间的联系。对于一个多用户 MIMO-OFDM 系统来说，$g_{km}[n]$ 是第 n 个子载波上的信道矩阵 $\boldsymbol{G}[n]$ 中的第 k 行和第 m 列对应的元素。这里

$$\boldsymbol{G}[n] = \left[(\boldsymbol{g}_1[n])^{\mathrm{T}}, (\boldsymbol{g}_2[n])^{\mathrm{T}}, \cdots, (\boldsymbol{g}_K[n])^{\mathrm{T}}\right]^{\mathrm{T}} \tag{2–4}$$

式中

$$\boldsymbol{g}_k[n] = [g_{k1}[n], g_{k2}[n], \cdots, g_{kM}[n]] \tag{2–5}$$

$(\cdot)^{\mathrm{T}}$ 是转置操作符。它们对应的关系可以如图 2.2 所示阐释。基于式（2–3）, 本节进一步考察在有限散射体环境下大规模 MIMO 频域信道矩阵行矢量的渐近正交性。

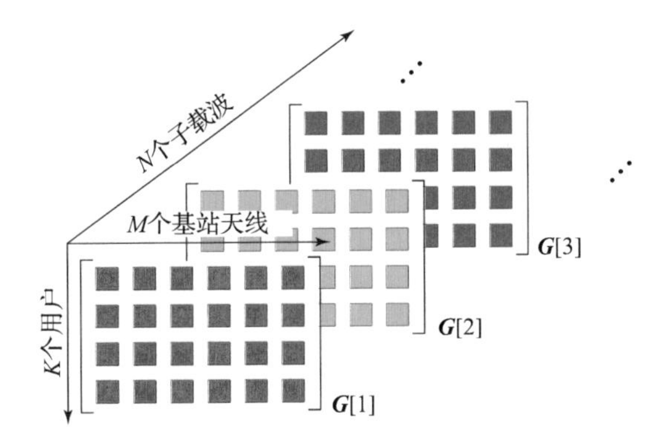

图 2.2　大规模 MIMO-OFDM 系统中不同子载波对应的信道状态信息矩阵

由于如式（2–2）所示的角度域结构化稀疏性，对于第 s_k 个多径成分而说，与第 m 个基站天线对应的多径增益 $\alpha_{km}^{s_{km}}$ 可以表达为

$$\alpha_{km}^{s_{km}} = \alpha_k^{s_k} \mathrm{e}^{\mathrm{j}2\pi m d \sin(\theta_k^{s_k})/\lambda},\ 0 \leqslant m \leqslant M-1 \tag{2–6}$$

进一步，由于大规模 MIMO 系统信道在延时域的结构化稀疏性，在远场假设下，经历第 s_k 个散射体与第 m 个基站天线对应的延时可以表达为 [27]

$$\tau_{km}^{s_{km}} = \tau_k^{s_k} + m d \sin(\theta_k^{s_k})/c,\ 0 \leqslant m \leqslant M-1 \tag{2–7}$$

式中，$\tau_k^{s_k}$ 是第一个（$m=0$）基站天线所对应的多径延时；c 是电磁波的传播速度。

最后，通过将式（2–6）和式（2–7）代入式（2–3）中，可得

$$g_{km}[n]=\sum_{s_k=1}^{S_k}\alpha_k^{s_k}\mathrm{e}^{\mathrm{j}2\pi\frac{md\sin(\theta_k^{s_k})}{\lambda}(1-\frac{\lambda\gamma_n}{c})-\mathrm{j}2\pi\gamma_n\tau_k^{s_k}}$$
$$=\sum_{s_k=1}^{S_k}\alpha_k^{s_k}\mathrm{e}^{\mathrm{j}2\pi\frac{md\sin(\theta_k^{s_k})}{\lambda}(1-\frac{\lambda\gamma_n}{c})}\mu_{nk}^{s_k} \tag{2–8}$$

式中，$\mu_{nk}^{s_k}=\mathrm{e}^{-\mathrm{j}2\pi\gamma_n\tau_k^{s_k}}$。

2.3.2 信道矢量内积的一阶矩、二阶矩推导及渐近正交性分析

在大规模 MIMO 系统中，由于基站同时服务的多个用户之间的距离通常比较大，它们各自的延时域信道冲激响应通常彼此独立 [7]。同时，本节假设不同用户的 AoD 服从独立同分布的均匀分布 $\mathcal{U}[0,2\pi)$ [35]。进而，基于式（2–8）并根据式（1–4）中的渐近正交性定义，可得

$$\frac{\boldsymbol{g}_p[n]\boldsymbol{g}_q[n]^{\mathrm{H}}}{M}=\frac{1}{M}\sum_{m=0}^{M-1}[\sum_{s_p=1}^{s_p}\alpha_p^{s_p}\mu_{np}^{s_p}\mathrm{e}^{\mathrm{j}2\pi\frac{md\sin(\theta_p^{s_p})}{\lambda}(1-\frac{\lambda\gamma_n}{c})}$$
$$\sum_{s_q=1}^{S_q}(\alpha_q^{s_q}\mu_{nq}^{s_q})^{\mathrm{H}}\mathrm{e}^{-\mathrm{j}2\pi\frac{md\sin(\theta_q^{s_q})}{\lambda}(1-\frac{\lambda\gamma_n}{c})}] \tag{2–9}$$

式中，p 和 q 是任意两个用户的索引，其中 $1\leqslant p<q\leqslant K$。根据式（2–9），可以推导出 $\boldsymbol{g}_p[n]\boldsymbol{g}_q[n]^{\mathrm{H}}/M$ 的一阶矩和二阶矩。通过对式（2–9）取关于随机变量 AoD 的统计平均，可得

$$E_\theta\left\{\boldsymbol{g}_p[n]\boldsymbol{g}_q[n]^{\mathrm{H}}/M\right\}=\frac{1}{M}\sum_{m=0}^{M-1}\sum_{s_p=1}^{S_p}\alpha_p^{s_p}\mu_{np}^{s_p}\frac{1}{2\pi}\int_0^{2\pi}\mathrm{e}^{\mathrm{j}2\pi\frac{md\sin(\theta_p^{s_p})}{\lambda}\left(1-\frac{\lambda\gamma_n}{c}\right)}\mathrm{d}\theta_p^{s_p}\times$$
$$\sum_{s_q=1}^{S_q}\left(\alpha_q^{s_q}\mu_{nq}^{s_q}\right)^{\mathrm{H}}\frac{1}{2\pi}\int_0^{2\pi}\mathrm{e}^{-\mathrm{j}2\pi\frac{md\sin(\theta_q^{s_q})}{\lambda}\left(1-\frac{\lambda\gamma_n}{c}\right)}\mathrm{d}\theta_q^{s_q}$$
$$=\sum_{s_p=1}^{S_p}\sum_{s_q=1}^{S_q}z_{np}^{s_p}(z_{nq}^{s_q})^{\mathrm{H}}\frac{1}{M}\sum_{m=0}^{M-1}J_0\left[2\pi\frac{md}{\lambda}\left(1-\frac{\lambda\gamma_n}{c}\right)\right]^2$$
$$=\frac{v_{pqn}}{M}\sum_{m=0}^{M-1}J_0(am)^2 \tag{2–10}$$

式中，$E_{\boldsymbol{\theta}}\{\cdot\}$ 是对服从独立同分布 $\mathcal{U}[0,2\pi)$ 的随机变量 $\left\{\theta_p^{s_p}\right\}_{s_p=1}^{S_p}$ 和 $\left\{\theta_q^{s_q}\right\}_{s_q=1}^{S_q}$ 取期望操作；$J_0(\cdot)$ 是第一类零阶贝塞尔函数；$z_{np}^{s_p}=\alpha_p^{s_p}\mu_{np}^{s_p}$；$a=2\pi\frac{d}{\lambda}\left(1-\frac{\lambda\gamma_n}{c}\right)$；

$\upsilon_{pqn} = \sum_{s_p=1}^{S_P}\sum_{s_q=1}^{S_q}\alpha_p^{s_p}\mu_{np}^{s_p}\left(\alpha_q^{s_q}\mu_{nq}^{s_q}\right)^{\mathrm{H}}$。这里第一类零阶贝塞尔函数的定义为 $J_0(x)=\dfrac{1}{2\pi}\displaystyle\int_0^{2\pi}\mathrm{e}^{\pm \mathrm{j}x\sin\theta}\mathrm{d}\theta$[36]。此外，在典型的大规模 MIMO 系统中，由于 $f_c \gg f_s$，可得 $\dfrac{\lambda\gamma_n}{c}=\dfrac{nf_s}{Nf_c}\ll 1$（$1\leqslant n\leqslant N$）和 $a>0$，其中 f_c 是载波频率。

根据式（2–10），$\boldsymbol{g}_p[n]\boldsymbol{g}_q[n]^{\mathrm{H}}/M$ 的一阶矩可以表达为

$$E\left\{\frac{\boldsymbol{g}_p[n]\boldsymbol{g}_q[n]^{\mathrm{H}}}{M}\right\}=E_\alpha\left\{E_\theta\left\{\frac{\boldsymbol{g}_p[n]\boldsymbol{g}_q[n]^{\mathrm{H}}}{M}\right\}\right\}=\frac{E_\alpha\{\upsilon_{pqn}\}\sum\limits_{m=0}^{M-1}J_0(am)^2}{M} \tag{2–11}$$

式中，$E\{\cdot\}$ 是对所有随机变量取期望的操作符；$E_{\boldsymbol{\alpha}}\{\cdot\}$ 是对随机变量 $\left\{\alpha_p^{s_p}\right\}_{s_p=1}^{S_p}$ 和 $\left\{\alpha_q^{s_q}\right\}_{s_q=1}^{S_q}$ 取期望的操作符，信道多径分量的增益和 AoD 是彼此独立的。

由于信道的大尺度衰落对信道矢量的渐近正交性没有影响，为不失一般性，这里考虑能量归一化的信道，即 $\sum_{s_p=1}^{S_p}\left|\alpha_p^{s_p}\right|^2=1$ 和 $\sum_{s_q=1}^{S_q}\left|\alpha_q^{s_q}\right|^2=1$。然后，可得

$$|\upsilon_{pqn}|\leqslant\sum_{s_p=1}^{S_p}\sum_{s_q=1}^{S_q}\left|\alpha_p^{s_p}\mu_{np}^{s_p}\right|\left|\left(\alpha_q^{s_q}\mu_{nq}^{s_q}\right)^{\mathrm{H}}\right|\leqslant\sqrt{S_pS_q} \tag{2–12}$$

其中，第二个不等式用到了 Cauchy-Schwarz 不等式 [36]。

最后，基于上述讨论，并结合 $J_0(x)$ 的有界性及其包络在 $x>0$ 的情况下随着 x 增加正比于 $1/\sqrt{x}$ 的衰减，可得

$$\begin{aligned}\lim_{M\to\infty}\left|E\left\{\frac{\boldsymbol{g}_p[n]\boldsymbol{g}_q[n]^{\mathrm{H}}}{M}\right\}\right| &= \lim_{M\to\infty}\frac{|E_\alpha\{\upsilon_{pqn}\}|\sum\limits_{m=0}^{M-1}J_0(am)^2}{M}\\ &\leqslant \lim_{M\to\infty}\frac{E_\alpha\{|\upsilon_{pqn}|\}\sum\limits_{m=0}^{M-1}J_0(am)^2}{M}\\ &\leqslant\sqrt{S_pS_q}\lim_{M\to\infty}\frac{\sum\limits_{m=0}^{M-1}J_0(am)^2}{M}=0\end{aligned} \tag{2–13}$$

其中，上式第一个不等式是基于 Jensen 不等式。

进一步，本节考察了 $\boldsymbol{g}_p[n]\boldsymbol{g}_q[n]^{\mathrm{H}}/M$ 的二阶矩，即

$$\operatorname{var}\left\{\frac{\boldsymbol{g}_p[n]\boldsymbol{g}_q[n]^{\mathrm{H}}}{M}\right\}=E\left\{\frac{\left|\boldsymbol{g}_p[n]\boldsymbol{g}_q[n]^{\mathrm{H}}\right|^2}{M^2}\right\}-E\left\{\frac{\boldsymbol{g}_p[n]\boldsymbol{g}_q[n]^{\mathrm{H}}}{M}\right\}^2 \tag{2–14}$$

式中，var $\{\cdot\}$ 是一个随机变量的方差。进一步，可得

$$\frac{\left|\boldsymbol{g}_p[n]\boldsymbol{g}_q[n]^{\mathrm{H}}\right|^2}{M^2}=\frac{\sum\limits_{m=0}^{M-1}\sum\limits_{s_p=1}^{S_p}\sum\limits_{s_q=1}^{S_q} z_{np}^{s_p}\mathrm{e}^{\mathrm{j}am\sin\left(\theta_p^{s_p}\right)}\left(z_{nq}^{s_q}\mathrm{e}^{\mathrm{j}am\sin\left(\theta_q^{s_q}\right)}\right)^{\mathrm{H}}}{M}\times\frac{\sum\limits_{m'=0}^{M-1}\sum\limits_{s_p'=1}^{S_p}\sum\limits_{s_q'=1}^{S_q} z_{nq}^{s_q'}\mathrm{e}^{\mathrm{j}am'\sin\left(\theta_q^{s_q'}\right)}\left(z_{np}^{s_p'}\mathrm{e}^{\mathrm{j}am'\sin\left(\theta_p^{s_p'}\right)}\right)^{\mathrm{H}}}{M} \tag{2-15}$$

及其如下对于随机变量 AoD 的期望

$$\begin{aligned}E_\theta\left\{\frac{\left|\boldsymbol{g}_p[n]\boldsymbol{g}_q[n]^{\mathrm{H}}\right|^2}{M^2}\right\}=&\frac{1}{M^2}\sum_{m=0}^{M-1}\sum_{m'=0}^{M-1}\left\{\sum_{s_p=1}^{S_p}\sum_{s_q=1}^{S_q}\left|z_{np}^{s_p}\right|^2\left|z_{nq}^{s_q}\right|^2 J_0\left(a(m-m')\right)^2+\right.\\&\sum_{s_p=1}^{S_p}\sum_{s_q=1}^{S_q}\sum_{s_q'=1,s_q'\neq s_q}^{S_q}\left|z_{np}^{s_p}\right|^2\left(z_{nq}^{s_q}\right)^{\mathrm{H}}z_{nq}^{s_q'}J_0\left(a(m-m')\right)J_0\left(am\right)J_0\left(am'\right)+\\&\sum_{s_q=1}^{S_q}\sum_{s_p=1}^{S_p}\sum_{s_p'=1,s_p'\neq s_p}^{S_p}\left|z_{nq}^{s_q}\right|^2\left(z_{np}^{s_p'}\right)^{\mathrm{H}}z_{np}^{s_p}J_0\left(a(m'-m)\right)J_0\left(am\right)J_0(am')+\\&\left.\sum_{s_p=1}^{S_p}\sum_{s_p'=1,s_p'\neq s_p}^{S_p}\sum_{s_q=1}^{S_q}\sum_{s_q'=1,s_q'\neq s_q}^{S_q}\left(z_{np}^{s_p'}\right)^{\mathrm{H}}z_{np}^{s_p}\left(z_{nq}^{s_q}\right)^{\mathrm{H}}z_{nq}^{s_q'}J_0(am)^2J_0(am')^2\right\}\end{aligned} \tag{2-16}$$

类似于式（2–12），可得到接下来的不等式

$$\begin{aligned}E\left\{\frac{\left|\boldsymbol{g}_p[n]\boldsymbol{g}_q[n]^{\mathrm{H}}\right|^2}{M^2}\right\}&=E_\alpha\left\{E_\theta\left\{\frac{\left|\boldsymbol{g}_p[n]\boldsymbol{g}_q[n]^{\mathrm{H}}\right|^2}{M^2}\right\}\right\}\\&\leqslant\frac{1}{M^2}\sum_{m=0}^{M-1}\sum_{m'=0}^{M-1}\left\{J_0\left(a(m-m')\right)^2+(S_q+S_p-2)J_0\left(a(m-m')\right)J_0\left(am\right)J_0\left(am'\right)+\right.\\&\left.(S_p-1)(S_q-1)J_0(am)^2J_0(am')^2\right\}\end{aligned} \tag{2-17}$$

类似于式（2–11）和式（2–12），可进一步得到

$$\lim_{M\to\infty}E\left\{\frac{\left|\boldsymbol{g}_p[n]\boldsymbol{g}_q[n]^{\mathrm{H}}\right|^2}{M^2}\right\}=\lim_{M\to\infty}E_\alpha\left\{E_\theta\left\{\frac{\left|\boldsymbol{g}_p[n]\boldsymbol{g}_q[n]^{\mathrm{H}}\right|^2}{M^2}\right\}\right\}=0 \tag{2-18}$$

显然，将式（2–13）和式（2–18）代入式（2–15），可得

$$\lim_{M\to\infty}\mathrm{var}\left\{\boldsymbol{g}_p[n]\boldsymbol{g}_q[n]^{\mathrm{H}}/M\right\}=0 \tag{2-19}$$

至此，信道矩阵 $\boldsymbol{G}[n]$ 行矢量的渐近正交性得到证明。

需要指出的是，可以进一步利用信道增益的统计特性来化简式（2–11）和式（2–15）。具体来说，如果考虑与第 S_k 个多径成分相关的增益 $\{\alpha_k^{s_k}\}_{s_k=1}^{S_k}$ 服从独立同分布的 $\mathcal{CN}(0,1/S_k)$，可得 $E\left\{\sum_{s_k=1}^{S_k}|\alpha^{s_k}|^2\right\}=1$，$E_\alpha\{\upsilon_{pqn}\}=0$，$E\left\{z_{np}^{s_p}\right\}=0$ 和 $E\left\{z_{nq}^{s_q}\right\}=0$。因此，式（2–11）和式（2–15）可以进一步表达为

$$E\left\{\boldsymbol{g}_p[n]\boldsymbol{g}_q[n]^{\mathrm{H}}/M\right\}=\sum_{m=0}^{M-1}J_0(am)^2E_\alpha\{\upsilon_{pqn}\}/M=0 \tag{2–20}$$

$$\begin{aligned}\operatorname{var}\left\{\boldsymbol{g}_p[n]\boldsymbol{g}_q[n]^{\mathrm{H}}/M\right\}&=E_\alpha\left\{E_\theta\left\{\left|\boldsymbol{g}_p[n]\boldsymbol{g}_q[n]^{\mathrm{H}}\right|^2/M^2\right\}\right\}\\&=\sum_{m=0}^{M-1}\sum_{m'=0}^{M-1}J_0\left[a(m-m')\right]^2/M^2\end{aligned} \tag{2–21}$$

上述分析表明，在有限散射体的稀疏多径信道下，大规模 MIMO 系统不同用户信道矢量具有渐近正交性，即稀疏信道也可以为大规模 MIMO 系统提供良好的信道传播条件。接下来的部分将利用大规模 MIMO 信道的稀疏性提高系统的性能。

2.4　延时域稀疏信道下基于有限新息率理论的稀疏信道估计方案

这一节将考虑参数化的稀疏 MIMO-OFDM 信道估计问题。本节考虑一个 $N_t\times N_r$ 的点对点 MIMO 系统，第 i 个发射天线和第 j 个接收天线间的延时域冲激响应可以表达为

$$h^{(i,j)}(t)=\sum_{p=1}^{P}\alpha_p^{(i,j)}\delta(t-\tau_p^{(i,j)}),\ 1\leqslant i\leqslant N_t,\ 1\leqslant j\leqslant N_r \tag{2–22}$$

式中，$\delta(\cdot)$ 是 Dirac 函数; P 是可分辨的多径个数；$\tau_p^{(i,j)}$ 和 $\alpha_p^{(i,j)}$ 分别代表第 p 个多径的延时和增益。传统信道估计方案中，导频开销与发射天线和信道多径延时扩展的乘积呈正比。因此，当天线数目很大或多径延时扩展很大时，传统信道估计所需的导频开销很大。另外，可以观察到，由于信道传播环境中有限散射体所导致的信道稀疏性及多径延时的连续分布，可以利用有限新息率理论来降低信道估计所需的导频开销 [37]。该理论指出，可以以亚奈奎斯特采样率的样本可靠

地重构出原始的高维度模拟稀疏信号。譬如，一个脉冲流仅由脉冲的多径延时和对应的增益决定，那么这个信号的自由度远小于该信号在奈奎斯特采样框架下所需的样本数。根据有限新息率理论，可以利用亚奈奎斯特采样率获得的样本先估计脉冲的多径延时和对应的增益，进而重构出原始的高维度模拟稀疏信号。

2.4.1 导频设计

如图 2.3所示，考虑 MIMO-OFDM 系统中广泛采用的正交导频。在频域，N_p 个导频以相邻导频间隔 D 均匀布置（例如图 2.3 中 $D=4$）。与此同时，每一个导频分配一个导频索引 l，其中 $0 \leqslant l \leqslant N_p-1$。该导频索引随着子载波的索引号增加而增加。进一步，为了区分与不同发射天线相关的 MIMO 信道，每个发射天线采用了各不相同的子载波初始相移 θ_i，其中 $1 \leqslant i \leqslant N_t$，$(N_t-1)N_p$ 个零导频用来保证导频间的正交性。因此，对于第 i 个发射的导频，与第 l 个导频相关的子载波可以表示为

$$I_{\text{pilot}}^{i}(l)=\theta_i+lD,\ 0 \leqslant l \leqslant N_p-1 \tag{2-23}$$

因此，信道估计总体的导频开销为 $N_{p\_\text{total}}=N_tN_p$，而平均每发射天线所需的平均导频开销为 N_p。

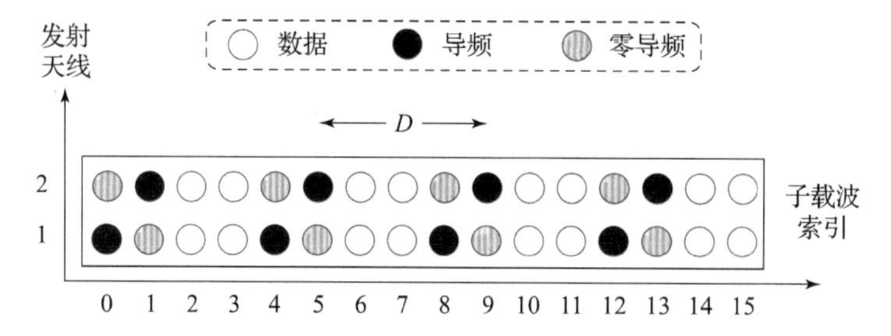

图 2.3 导频图案（注意，这里采用 $N_t=2$，$D=4$，$N_p=4$，$N_{p\_\text{total}}=8$ 的具体参数来做示意）

2.4.2 超分辨率多径延时的信道估计方案

在接收端，等效的基带信道频域响应 $H(f)$ 可以表示为

$$H(f)=\sum_{p=1}^{P}\alpha_p \mathrm{e}^{-\mathrm{j}2\pi f\tau_p},\ -f_s/2 \leqslant f \leqslant f_s/2 \tag{2-24}$$

其中，为方便起见，式（2–24）中的上标 i 和 j 省略；$f_s=1/T_s$，是系统的带宽，T_s 是采样间隔。同时，延时域等效基带信道的 N 点离散傅里叶变换可以表

达为 [27]

$$H[k] = H\left(\frac{kf_s}{N}\right),\ 0 \leqslant k \leqslant N-1 \tag{2-25}$$

因此，对于第 (i,j) 个发射接收天线对来说，根据式（2–23）$\sim$ 式（2–25），导频信号所获得信道频域响应可以表达为

$$\hat{\mathcal{H}}^{(i,j)}[l] = H[I_{\text{pilot}}^{i}(l)] = H\left(\frac{(\theta_i + lD)f_s}{N}\right) = \sum_{p=1}^{P} \alpha_p^{(i,j)} \mathrm{e}^{-\mathrm{j}2\pi \frac{(\theta_i + lD)f_s}{N} \tau_p^{(i,j)}} + W^{(i,j)} \tag{2-26}$$

式中，$\hat{\mathcal{H}}^{(i,j)}[l]$（$0 \leqslant l \leqslant N_p - 1$）可以通过传统的 MMSE 估计器或 LS 估计器获得 [30]，而 $W^{(i,j)}[l]$ 是加性高斯白噪声。

式（2–26）也可以写成矢量形式

$$\hat{\mathcal{H}}^{(i,j)}[l] = (\boldsymbol{v}^{(i,j)}[l])^{\mathrm{T}} \boldsymbol{a}^{(i,j)} + W^{(i,j)}[l] \tag{2-27}$$

其中

$$\boldsymbol{v}^{(i,j)}[l] = [\gamma^{lD\tau_1^{(i,j)}}, \gamma^{lD\tau_2^{(i,j)}}, \cdots, \gamma^{lD\tau_P^{(i,j)}}]^{\mathrm{T}} \tag{2-28}$$

$$\boldsymbol{a}^{(i,j)} = [\alpha_1^{(i,j)} \gamma^{\theta_i \tau_1^{(i,j)}}, \alpha_2^{(i,j)} \gamma^{\theta_i \tau_2^{(i,j)}}, \cdots, \alpha_P^{(i,j)} \gamma^{\theta_i \tau_P^{(i,j)}}]^{\mathrm{T}} \tag{2-29}$$

而 $\gamma = \mathrm{e}^{-\mathrm{j}2\pi \frac{f_s}{N}}$。

由于无线信道在有限散射体下具有的稀疏性和无线 MIMO 信道的空域相关性 [27]，不同发射接收天线对的延时域信道冲激响应具有近似相同的多径延时，而这可以被等效地认为是不同延时域信道冲激响应的结构化稀疏性，即 $\tau_p^{(i,j)} = \tau_p$，$\boldsymbol{v}^{(i,j)}[l] = \boldsymbol{v}[l]$，$1 \leqslant p \leqslant P$，$1 \leqslant i \leqslant N_t$，$1 \leqslant j \leqslant N_r$。因此，通过利用这种与第 i 个发射天线相关的不同接收天线间信道空域结构化稀疏特性，可得

$$\hat{\boldsymbol{H}}^{i} = \boldsymbol{V}\boldsymbol{A}^{i} + \boldsymbol{W}^{i},\ 1 \leqslant i \leqslant N_t \tag{2-30}$$

这里维度为 $N_p \times N_r$ 的观测矩阵 $\hat{\boldsymbol{H}}^{i}$ 是

$$\hat{\boldsymbol{H}}^{i} = \begin{bmatrix} \hat{\mathcal{H}}^{(i,1)}[0] & \hat{\mathcal{H}}^{(i,2)}[0] & \cdots & \hat{\mathcal{H}}^{(i,N_r)}[0] \\ \hat{\mathcal{H}}^{(i,1)}[1] & \hat{\mathcal{H}}^{(i,2)}[1] & \cdots & \hat{\mathcal{H}}^{(i,N_r)}[1] \\ \vdots & \vdots & \ddots & \vdots \\ \hat{\mathcal{H}}^{(i,1)}[N_p-1] & \hat{\mathcal{H}}^{(i,2)}[N_p-1] & \cdots & \hat{\mathcal{H}}^{(i,N_r)}[N_p-1] \end{bmatrix} \tag{2-31}$$

$\boldsymbol{V}=[\boldsymbol{v}[0],\boldsymbol{v}[1],\cdots,\boldsymbol{v}[N_p-1]]^{\mathrm{T}}$ 是一个维度为 $N_p\times N_p$ 的范德蒙矩阵；$\boldsymbol{A}^i=[\boldsymbol{a}^{(i,1)},\boldsymbol{a}^{(i,2)},\cdots,\boldsymbol{a}^{(i,N_r)}]$ 的维度为 $N_p\times N_r$；$\boldsymbol{W}^i$ 是一个维度为 $N_p\times N_r$ 的矩阵，其中第 j 列和第 $(l+1)$ 行对应的元素为 $W^{(i,j)}[l]$。

基于式（2–30），当考虑所有 N_t 个发射天线时，可得

$$\hat{\boldsymbol{H}}=\boldsymbol{V}\boldsymbol{A}+\boldsymbol{W} \tag{2–32}$$

式中，矩阵 $\hat{\boldsymbol{H}}=[\hat{\boldsymbol{H}}^1,\hat{\boldsymbol{H}}^2,\cdots,\hat{\boldsymbol{H}}^{N_t}]$，$\boldsymbol{A}=[\boldsymbol{A}^1,\boldsymbol{A}^2,\cdots,\boldsymbol{A}^{N_t}]$，其维度为 $N_p\times N_tN_r$，$\boldsymbol{W}=[\boldsymbol{W}^1,\boldsymbol{W}^2,\cdots,\boldsymbol{W}^{N_t}]$。

通过将式（2–32）中的问题和经典的 AoA 估计问题 [38] 对比，可以发现它们在数学表达上是等价的。具体来说，传统的 AoA 估计是从一组时域观测中估计 P 个源的 AoA，这个可以从 N_p 个传感器在 N_tN_r 个不同的时隙获得。相比之下，式（2–32）的问题是从一组频域观测来估计 P 个多径的延时，这个可以通过 N_tN_r 个不同天线对的 N_p 个导频来获得。文献 [37] 已经证明，TLS-ESPRIT[38] 可以直接用于式（2–32）中估计连续的多径延时。

基于 TLS-ESPRIT 算法，可以对多径延时获得超分辨率的估计，即 $\hat{\tau}_p$，$1\leqslant p\leqslant P$，进而 $\hat{\boldsymbol{V}}$ 可以相应地估计出来。最后，多径增益也可以通过 LS 方法估计出来 [33]

$$\hat{\boldsymbol{A}}=\hat{\boldsymbol{V}}^{\dagger}\hat{\boldsymbol{H}}=(\hat{\boldsymbol{V}}^{\mathrm{H}}\hat{\boldsymbol{V}})^{-1}\hat{\boldsymbol{V}}^{\mathrm{H}}\hat{\boldsymbol{H}} \tag{2–33}$$

式中，$(\cdot)^{\dagger}$ 和 $(\cdot)^{-1}$ 分别是 Moore-Penrose 矩阵伪逆操作符和矩阵求逆操作符。在上式中，对于矩阵 $\hat{\boldsymbol{A}}$ 中的某一个元素，例如 $\hat{\alpha}_p^{(i,j)}\gamma^{\theta_i\hat{\tau}_p}$，由于 θ_i 在接收机是已知的，$\hat{\tau}_p$ 可以通过使用 TLS-ESPRIT 算法来估计，可以容易地获得路径增益 $\hat{\alpha}_p^{(i,j)}$，$1\leqslant p\leqslant P$，$1\leqslant i\leqslant N_t$，$1\leqslant j\leqslant N_r$ 的估计。最后，对于整个 OFDM 子载波的完整信道频域响应，可以通过式（2–24）和式（2–25）来估计。

进一步，可利用无线信道时域相关性来提高信道估计精度。首先，相邻多个 OFDM 符号的延时域信道冲激响应的多径延时近似保持不变 [32,33]，这可以被等效地认为是由于 MIMO 信道时域相关性所导致的信道冲激响应结构化稀疏性。因此，式（2–32）中的范德蒙矩阵 $\boldsymbol{V}$ 在相邻多个 OFDM 符号近似保持不变。此外，由于信道冲激响应时变性，信道增益在相邻多个 OFDM 符号上是连续变化的。因此，当估计第 q 个 OFDM 符号的延时域信道冲激响应时，基于式（2–32），可以联合利用相邻多个 OFDM 符号的 $\hat{\boldsymbol{H}}$ 来提高性能，即

$$\frac{\sum\limits_{\rho=q-R}^{q+R}\hat{\boldsymbol{H}}_\rho}{2R+1}=\boldsymbol{V}_q\frac{\sum\limits_{\rho=q-R}^{q+R}\boldsymbol{A}_\rho}{2R+1}+\frac{\sum\limits_{\rho=q-R}^{q+R}\boldsymbol{W}_\rho}{2R+1} \tag{2–34}$$

式中，下标 ρ 是 OFDM 符号的索引，假设 $2R+1$ 个相邻 OFDM 符号的延时域信道冲激响应具有近似相同的多径延时 [33]。因此，等效的噪声可以降低，信道估计精度可以提高。

相比之下，已有的非参数化信道估计方案根据导频上估计的信道通过插值或预测来获取非导频子载波上的信道估计 [30,39]。而本节讨论的方案通过利用无线信道延时域的稀疏性和无线 MIMO 信道的空域与时域相关性来先估计包括信道增益和延时的信道参数，然后再根据式（2–24）和式（2–25）来估计信道的频域响应。

2.4.3 导频开销讨论

与基于有限新息率理论的多滤波器组模型对比 [37]，可以发现 N_tN_r 个发射接收天线对的延时域信道冲激响应等效于 N_tN_r 半周期稀疏子空间，N_p 个导频等效于 N_p 个多信道滤波器。因此，通过利用有限新息率理论，在无噪声场景下，每一个发射天线所需的最小导频数目是 $N_p = 2P$。对于具有最大多径延时扩展为 $\tau_{\max}$ 的实际信道来说，尽管归一化的信道长度 $L = \tau_{\max}/T_s$ 通常非常大，但是信道的稀疏度 P 是很小的，即 $P \ll L$ [31]。因此，相比于非参数化信道估计方案中所需的导频开销依赖于 L，本章讨论的参数化信道估计方案在理论上仅仅需要 $2P$ 个导频。需要注意的是，本章讨论的方案中，实际信道估计所需的导频数目通常大于 $2P$, 以提高加性高斯白噪声信道下信道估计的精度。

2.5 仿真结果

在仿真中，考虑基站采用广泛使用的线性阵列天线，系统载频是 $f_c = 2$ GHz，系统带宽是 $f_s = 10$ MHz，OFDM 符号大小为 $N = 4\,096$，$N_g = \tau_{\max} f_s = 64$ 的保护间隔用来对抗最大多径延时扩展为 $\tau_{\max} = 6.4$ μs 的多径信道 [35]。此外，本章采用了瑞利衰落稀疏多径信道模型，其中多径数目为典型的 6 径模型 [35]，归一化的最大延时扩展为 $N_g = 64$，信道增益服从独立同分布的 $\mathcal{CN}(0, 1/S)$ 分布。对于理想的高斯信道矩阵，不考虑大尺度信道衰落，即 $\boldsymbol{D} = \boldsymbol{I}_K$，其小尺度衰落信道矩阵 $\boldsymbol{H}$ 中的每个元素服从独立同分布的 $\mathcal{CN}(0,1)$ 分布。

图 2.4 给出了在不同 M 和 d 下仿真结果和理论分析的 $\left|E\left\{\boldsymbol{g}_p[n]\boldsymbol{g}_q[n]^{\mathrm{H}}/M\right\}\right|$ 和 $\operatorname{var}\left\{\boldsymbol{g}_p[n]\boldsymbol{g}_q[n]^{\mathrm{H}}/M\right\}$。显然，理论分析的式（2–20）和式（2–21）与仿真结果具有很高的匹配度，这证明了本章对信道矢量内积一阶矩和二阶矩理论分析的正确性。进一步，$\operatorname{var}\{\boldsymbol{g}_p[n]\boldsymbol{g}_q[n]^{\mathrm{H}}/M\}$ 会随着 d 的增加而减小，这意味着更大的

相邻天线间隔 d 可以获得更小的用户间干扰。此外，理论分析和仿真结果的曲线也证明了在有限散射体信道下大规模 MIMO 系统任意两个信道矢量的渐近正交性。

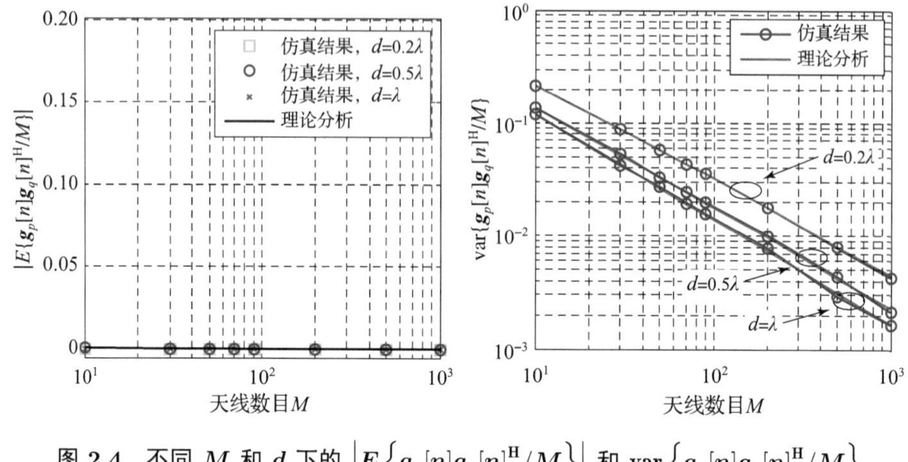

图 2.4　不同 M 和 d 下的 $\left|E\left\{g_p[n]g_q[n]^{\mathrm{H}}/M\right\}\right|$ 和 $\mathrm{var}\left\{g_p[n]g_q[n]^{\mathrm{H}}/M\right\}$

图 2.5 分别给出了小规模 MIMO 系统（$M = K = 6$）下和大规模 MIMO 系统（$M = 128$，$K = 6$）下矩阵 $\boldsymbol{GG}^{\mathrm{H}}$ 最小和最大奇异值的累计概率密度分布。同时，本章也给出了可作为对比基准的理想高斯信道矩阵下 $\boldsymbol{GG}^{\mathrm{H}}$ 的最大和最小奇异值的累计概率密度分布。显然，$\boldsymbol{GG}^{\mathrm{H}}$ 在有限散射体的稀疏信道下和丰富散射体的高斯信道矩阵假设下，奇异值分布的差距是可以忽略不计的，并且这种差距随着 d 的增加而减小。此外，$\boldsymbol{GG}^{\mathrm{H}}$ 在有限散射体的稀疏信道下仿真的奇异值累计概率密度分布也和文献 [7] 中图 2.6 的实验结果是一致的。

图 2.6 给出了基站天线数目为 $M = 128$，$K = 16$ 的大规模 MIMO 系统在实际有限散射体下的稀疏多径信道和理想的丰富散射体信道下（高斯信道矩阵）的容量。从图中可以看出，大规模 MIMO 系统在实际的稀疏多径信道下和理想的高斯信道矩阵下的容量差距很小，而且这种差距随着 d 的增加而变小。这是因为随着 d 的变大，多用户间的干扰将降低，该结论在图 2.4 中也得到验证。需要指出的是，这里没有考虑天线间的耦合现象，因为当 d 很小的时候，这种天线间的耦合可能进一步降低系统的容量。这种可以忽略的容量损失也和现有的大规模 MIMO 系统的实验结果相一致：大规模 MIMO 系统在实测中的容量总是逼近良好信道传播条件下的容量 [7]。此外，这种小的容量损失也启示，如果天线间的耦合可以很好地解决，则可以付出较低的信道容量损失来实现具有较小形状因子的大规模 MIMO 天线阵列（即 $d < 0.5\lambda$）。

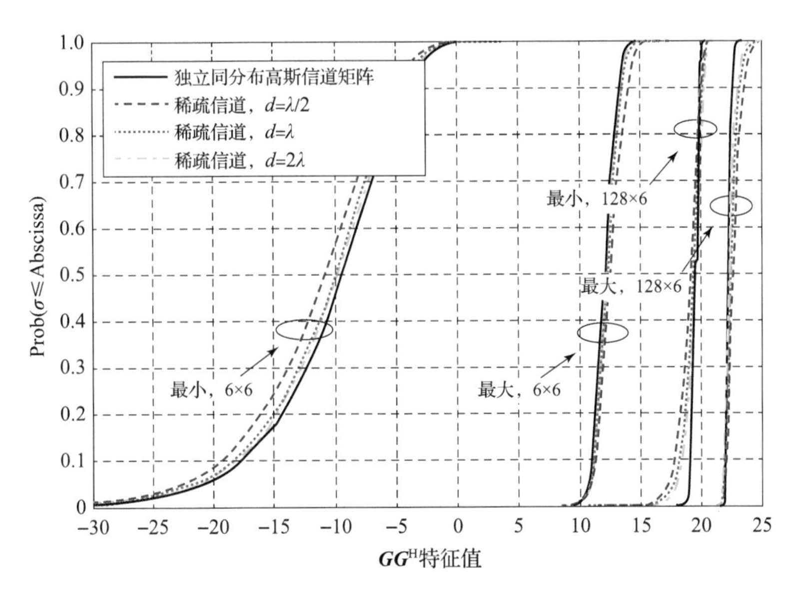

图 2.5　大规模 MIMO 系统中 GG^{H} 最大和最小奇异值的累计概率密度函数

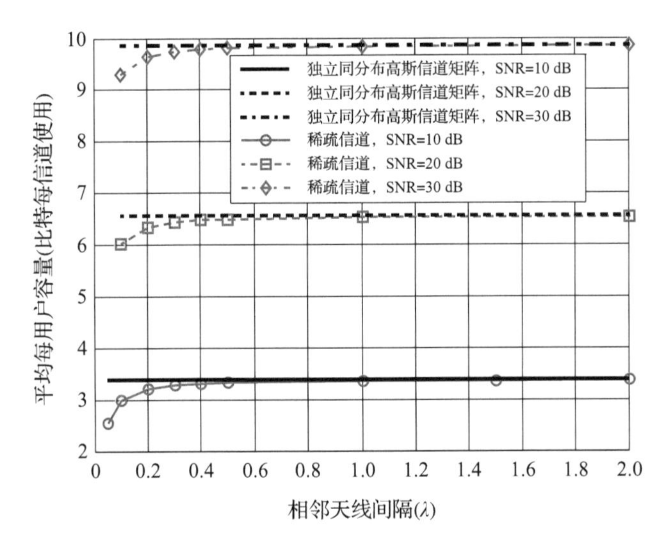

图 2.6　大规模 MIMO 系统（$M = 128$ 和 $K = 16$）在不同相邻天线间隔的平均每用户容量的对比（比特/信道使用）

进一步，本节通过仿真对比了讨论的信道估计方案和已有信道估计方案在 MIMO-OFDM 系统下的性能。传统的梳状导频和 TTOP [30] 方案被用来选作非参数化信道估计方案的典型例子，而 TFJ 信道估计方案 [40] 被用来选作传统参数化的信道估计方案。仿真中采用了最大信道延时扩展为 20 μs 和 6 径的 ITU-VB

信道模型。

图 2.7 对比了不同信道估计方案的 MSE 性能。这里考虑了 4×4 MIMO 系统下静态的 ITU-VB 信道和移动速度为 90 km/h 的时变 ITU-VB 信道。基于梳状导频的信道估计方案采用的导频数为 $N_p = 256$。采用导频数为 $N_p = 64$ 的 TTOP 方案联合利用 T 个相邻 OFDM 符号来做信道估计，这里时变信道下采用 $T = 4$，静态信道下采用 $T = 8$，以获得更好的信道估计性能。TFJ 方案采用了导频数为 $N_p = 64$，长度为 256 的时域训练序列。为了公平对比，所提方案使用的导频数目为 $N_p = 64$，采用了相邻 $R = 4$ 个 OFDM 符号做联合信道估计。从图 2.7 可以观测到传统参数化的 TFJ 方案明显劣于其他三种信道估计方案。同时，在静态的 ITU-VB 信道模型下，本章提出的参数化信道估计方案的 MSE 性能比 TTOP 方案和基于梳状导频的方案分别有 2 dB 和 5 dB 的性能增益。此外，在时变的 ITU-VB 信道下，本章提出的参数化方案相比于传统非参数化信道估计方案优势更加明显。现有的稀疏信道估计方案 [40] 不能很好地工作，这是因为实际信道多径延时并非总是处于系统采样间隔的整数倍。TTOP 方案在静态信道下工作较好，但它在快时变信道下性能很差。这是因为该方案假设相邻几个 OFDM 符号的信道是不变的。最后，基于梳状导频的信道估计方案性能劣于本章提出的信道估计方案，并且它所需的导频开销更大。

图 2.8 对比了在 4×4、8×8 和 12×12 MIMO 系统下所提方案的 MSE 性能。可以观察到，在使用相同的 N_p 下, 所提信道估计方案在 12×12 MIMO 系统下的 MSE 性能以 5 dB 的优势优于在 8×8 MIMO 系统下的性能，并且以更低的导频开销 N_p 优于在 4×4 MIMO 系统下的性能。这些仿真表明，随着天线数目的增加并保持导频开销 N_p 不变的情况下，提出的信道估计方案性能随着天线数目的增加而增加。同理，为了获得相同的信道估计精度，所需的导频开销 N_p 可以降低。因此，在本章讨论的信道估计方案中，总体导频开销 N_{p_total} 并非随着发射天线数目 N_t 的增加而线性增加。这是因为随着 N_t 的增加，所需的 N_p 也会随着 N_t 的增加而相应减少。原因是随着天线数目的增加，TLS-ESPRIT 算法中观测矩阵（例如，式（2–32）中的 $\hat{\boldsymbol{H}}$）的维度或者说是多滤波器组模型中样本的数目增加 [37]，因而多径延时估计的精度也会相应提高。

本章提出的信道估计方案的优越性能归功于如下几个原因。首先，讨论的方案利用了不同发射接收天线对的延时域信道冲激响应具有空域结构化稀疏性，因而可以利用 TLS-ESPRIT 算法来获得具有任意多径延时的超分辨率的估计。与此同时，有限新息率理论表明，在无噪条件下，最小所需导频开销为 $N_p = 2P$。因此，相比于传统非参数化的信道估计方案，本章讨论的信道估计方案的导频开销可以明显降低。其次，本章的方案利用了无线信道的时域相关性，即相邻多个

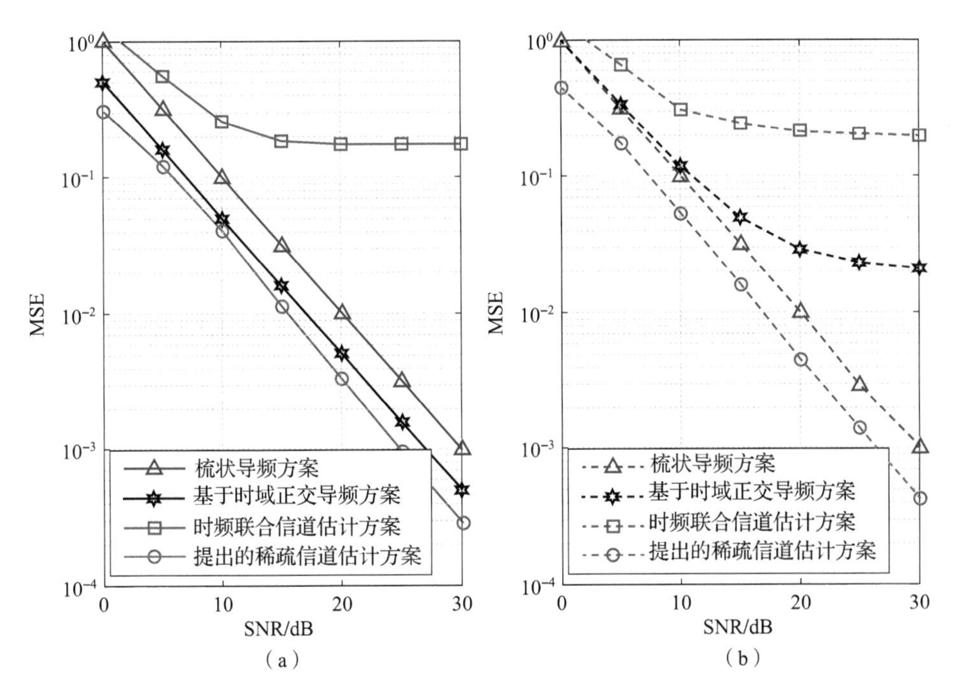

图 2.7　在 4×4 MIMO 系统下不同信道估计方案的 MSE 性能对比

（a）静态信道;（b）时变信道，接收机移动速度为 90 km/h

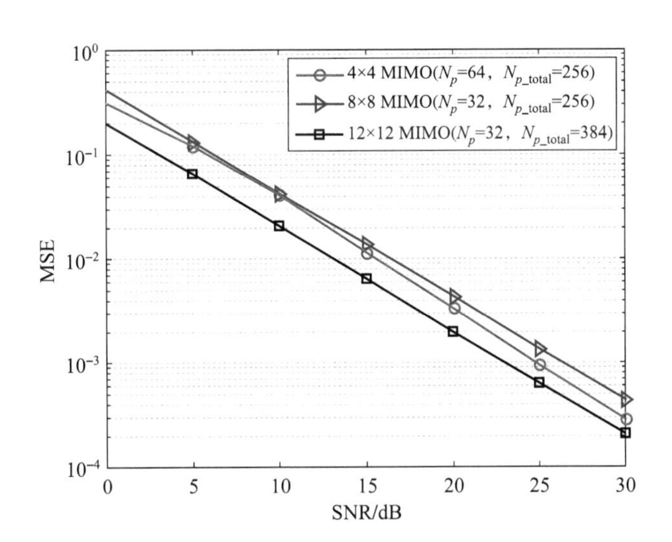

图 2.8　在 4×4, 8×8 和 12×12 MIMO 系统下提出的信道估计方案的 MSE 性能对比

OFDM 符号间的延时域信道冲激响应的多径延时近似保持不变，而多径增益具有相关性。相比之下，通过式（2–34）联合多个 OFDM 符号的信号进行处理，接收端等效噪声可以降低，因而信道估计精度可以得到进一步提高。

2.6 本章小结

本章讨论了大规模 MIMO 系统在实际有限散射体下信道的传播条件和系统容量，并论证了有限散射体下的稀疏多径信道也可以为大规模 MIMO 提供良好的信道传播特性。具体来说，本章导出了稀疏多径信道下，不同信道矢量内积的一阶矩和二阶矩。进一步，本章理论证明了在这种空时二维结构化稀疏多径信道下大规模 MIMO 系统信道矢量的渐近正交性。本章的理论指出，大规模 MIMO 系统在基站天线数目趋于无穷大时，实际的空时二维结构化稀疏信道的容量可以逼近理想高斯信道矩阵下的容量。信道矢量的渐近正交性可以通过对比仿真结果和理论分析的信道矢量内积的一阶矩与二阶矩而验证。进一步，大规模 MIMO 系统在稀疏多径信道下，其信道矩阵的仿真条件数和信道容量与现有实测结果是匹配的。大规模 MIMO 系统在实际的稀疏多径信道下和理想的高斯信道矩阵假设下可忽略的容量差距，为后续通过利用这种信道的稀疏特性来获得更好的系统性能提供了重要的指导意义。本章还讨论了稀疏 MIMO 信道超分辨率多径延时的信道估计方案。该方案具有比传统信道估计方案更高的信道估计精度。在有限新息率理论的框架下，本章提出的信道估计方案所需的导频开销明显少于传统非参数化的信道估计方案。此外，仿真表明，就每个发射天线而言，平均所需的导频开销也会随着天线数目的增加而相应地降低。

第 3 章 FDD 大规模 MIMO 系统中基于结构化压缩感知理论的信道估计

3.1 本章简介与内容安排

在大规模 MIMO 系统中，精确的信道状态信息获取对于信号检测、波束赋形、资源分配等有着重要的意义。然而，由于基站端大量的天线，每个用户需要估计与上百个发射天线相关的信道，这会导致过高的导频开销。因此，如何以可以接受的导频开销来实现精确的信道估计是一个挑战性的问题，尤其是对 FDD 大规模 MIMO 系统而言 [7]。

目前为止，涉及大规模 MIMO 系统的大多数研究通过假设 TDD 制式来回避这一问题。在 TDD 大规模 MIMO 系统中，由于用户数目较少且基站处天线数目很大，基站更容易估计上行链路的信道状态信息。进而，利用信道的互易性，可以根据上行链路估计的信道状态信息获取下行链路的信道状态信息 [41]。然而，由于射频链路的校正误差和有限的信道相干时间，根据上行链路估计的信道状态信息获得的下行链路信道状态信息可能并不精确 [42,43]。更重要的是，相比于 TDD 大规模 MIMO 系统，FDD 大规模 MIMO 系统可以提供更低的系统延时 [44]。进一步，目前大部分蜂窝系统采用 FDD。因此，如何有效地解决 FDD 大规模 MIMO 系统的信道估计问题以便于后向兼容现有的 FDD 系统是一个极具挑战性的难题。

迄今为止，在传统的 FDD 小规模 MIMO 系统方面，已经有大量关于信道估计的研究成果 [30,35,45−49]。文献 [47] 证明了为了在一个 OFDM 符号中估计非相关的瑞利衰落信道，等间隔等功率的正交导频是最优的，这里信道估计所需的导频开销随着发射天线数目的增加而增加。通过利用无线 MIMO 信道的空域相关性，估计莱斯 MIMO 信道的导频开销可以降低 [48]。进一步，通过利用无线信道时域相关性，估计与多个 OFDM 符号相关的 MIMO 信道所需的导频可以进一步降低 [30,45]。目前，由于较小数目的发射天线（例如，LTE-Advanced 系统最多支持八根发射天线），正交导频已经广泛地应用于现有的 MIMO 系统 [35,46,49]。然而，对于在基站处有大量天线的大规模 MIMO 系统而言，导频开销问题是十分严重的 [4]。

文献 [40] 提出了一种适用 FDD 大规模 MIMO 系统的信道估计方案。该方案可以利用无线信道在延时域上的稀疏性和时域相关性来降低导频开销。然而，当发射天线数目较大时，不同发射天线的训练序列的互相干扰将会十分严重，进而降低系统性能。文献 [28,29,50] 利用延时域 MIMO 信道的空域相关性和稀疏性来降低信道估计的导频开销，但是这种信道估计方案需要已知信道稀疏度这一先验信息。通过利用信道的空域相关性，文献 [16,51,52] 提出了基于压缩感知的信道估计方案。但是由于非理想的天线阵列，这种相关性可能会被削弱 [7,42]。文献 [53] 提出了一种低导频开销的开环和闭环信道估计方案，但是这种方案假定用户端已知信道长期统计特性，而这在实际上是十分困难的。

另外，对于典型的宽带无线通信系统，由于传播环境中有限数目的散射体和大的信道多径延时扩展，延时域信道呈现固有的稀疏特性 [29,31,40,54,55]。同时，对于基站处紧凑布置的 MIMO 系统，由于传播环境中相似的散射体，用户与基站处不同发射天线的信道呈现相似的多径延时。这表明用户和基站处不同天线间的延时域信道具有空域结构化稀疏性 [7]。进一步，由于多径延时的变化速率远小于对应多径增益的变化速率，这种稀疏性在相干时间内近似保持不变 [32]。在本章中，MIMO 信道这种特性被称为空时二维结构化稀疏性，而现有大多数文献中并没有考虑这种信道特性。

本章通过利用延时域 MIMO 信道的空时结构化稀疏性，提出了基于结构化压缩感知的空时联合信道估计方案，这种信道估计方案可以明显降低 FDD 大规模 MIMO 系统所需的导频开销。具体而言，在基站端，本章在压缩感知理论框架下提出了重叠导频，这种导频与传统基于香农-奈奎斯特采样框架下设计的正交导频完全不同。相比于传统的正交导频，本章提出的非正交导频可以显著降低信道估计所需的导频开销。在用户端，本章提出了用于信道估计的 ASSP 算法。ASSP 算法通过利用延时域 MIMO 系统的空时结构化稀疏性，可以从有限数目的导频获得高精度的信道估计。进一步，通过利用时域信道相关性，本章提出的空时自适应导频方案可以进一步以更低的导频开销实现精确的信道估计。这里具体的导频信号设计需要考虑基站处天线阵列的几何形态和服务用户的移动性。此外，本章进一步将提出的信道估计方案从单小区场景扩展到多小区场景。最后，仿真结果验证了提出的信道估计方案确实可以以更低的导频开销优于传统的方案，并且提出的基于结构化压缩感知信道估计方案的性能可以逼近先验的最小二乘估计器的性能。

3.2　系统模型

由于无线信道传播环境中有限数目的散射体，无线信道在延时域呈现稀疏特性 [29,31,40,54,55]。具体而言，在下行链路中，第 m 个基站天线和用户间的延时域信道冲激响应可以表达为

$$\boldsymbol{h}_{m,r}=[h_{m,r}[1],h_{m,r}[2],\cdots,h_{m,r}[L]]^{\mathrm{T}},1\leqslant m\leqslant M \tag{3-1}$$

式中,r 是 OFDM 符号在时域上的索引;L 是等效信道长度;$D_{m,r}=\mathrm{supp}\{\boldsymbol{h}_{m,r}\}=\{l:|h_{m,r}[l]|>p_{\mathrm{th}},1\leqslant l\leqslant L\}$ 是 $\boldsymbol{h}_{m,r}$ 的支撑集；p_{th} 是噪声门限 [56]。无线信道的稀疏度可以记为 $P_{m,r}=|D_{m,r}|_c$，$|\cdot|_c$ 是取集合中元素个数的操作符。由于延时域信道的稀疏特性，可得 $P_{m,r}\ll L$[31,40,54]。

进一步，不同发射天线和用户间的延时域信道冲激响应呈现非常相似的多径延时 [7]。这是因为，在典型的大规模 MIMO 系统中，基站端紧凑天线阵列的尺寸远小于信号传播的距离，与不同发射接收天线对相关的信道经历相同的散射体。因此，不同发射接收天线对的延时域信道冲激响应的稀疏图案具有很大程度的重合。对于 M 不是很大的 MIMO 系统，这些延时域信道冲激响应具有完全相同的稀疏图案 [7,28]，即

$$D_{1,r}=D_{2,r}=\cdots=D_{M,r} \tag{3-2}$$

这也被称为无线 MIMO 信道的空域结构化稀疏性。这里考虑一个相邻天线间隔为半波长的线性阵列天线，载波频率为 $f_c=2$ GHz，系统带宽为 $f_s=10$ MHz。对于两个相距为 8 个半波长的天线，来自同一散射体的多径延时最大差异为 $\frac{8\lambda/2}{c}=4/f_c=0.002$ μs，这里 λ 和 c 分别是波长和电磁波的传输速度。需要指出的是，由于非各向同性的天线阵列，来自同一散射体不同发射接收天线对的多径增益可能是不同的，甚至是不相关的 ①[42]。

最后，实际的无线信道甚至在快时变信道下也呈现时域相关性 [32]。文献 [32] 证实了无线信道多径延时的变化速率通常远小于对应增益的变化速率。换句话说，尽管多径增益从一个 OFDM 符号到另一个 OFDM 符号的变化很大，但是其多径延时在相邻多个 OFDM 符号内几乎保持不变。这是因为多径增益的相干时间反比于系统载波频率，而多径延时的相干时间反比于系统带宽 [32]。譬如，在 $f_c=2.6$ GHz，$f_s=10$ MHz 的 LTE-Advanced 系统中，信道多径延时的变化率是多径增益的变化率的几百分之一 [40]。也就是说，在多径延时的相干时间内，由

①对于实际的大规模 MIMO 系统，基站端不同发射天线具有不同的方向性，可以破坏来自同一散射体的不同发射接收天线的多径增益相关性，但能提高系统的容量 [7]。然而，在传统的信道估计方案中，这种过于理想的信道空域相关性经常被用于降低导频开销。

于近似不变的多径延时，在 R 个连续 OFDM 符号内的延时域信道冲激响应具有相同的稀疏度，即

$$D_{m,r} = D_{m,r+1} = \cdots = D_{m,r+R-1}, 1 \leqslant m \leqslant M \tag{3-3}$$

这种无线信道的时域相关性也被称为无线信道的时域结构化稀疏性。

上述讨论的信道空域和时域相关性可统称为延时域 MIMO 信道的空时二维结构化稀疏性。本章将利用信道的这种特性来解决 FDD 大规模 MIMO 系统中挑战性的信道估计问题。

3.3 基于结构化压缩感知理论的空时联合信道估计方案

本节提出了 FDD 大规模 MIMO 系统下基于结构化压缩感知理论的空时联合信道估计方案。首先，本节提出了基站端的重叠导频方案，以降低导频开销。其次，本节提出了用户端的 ASSP 算法，以做可靠的信道估计。此外，本节提出的空时自适应导频方案可以进一步降低导频开销。最后，本节简要讨论了多小区下的信道估计方案。

3.3.1 基站端的重叠导频方案

传统的正交导频是基于经典的香农-奈奎斯特采样框架设计的，这种导频方案广泛应用于已有的 MIMO 系统。正交导频如图 3.1（a）所示，与不同发射天线相关的导频占据不同的子载波。对于具有成百发射天线的大规模 MIMO 系统而言，这种正交导频将会导致过分高的导频开销。

相比之下，提出的重叠导频设计方案，如图 3.1（b）所示，是基于压缩感知理论框架设计的。该重叠导频允许不同发射天线的导频占用完全相同的子载波。通过利用无线信道固有的稀疏性，提出的导频方案可以显著降低导频开销。对于提出的重叠导频方案，本节首先考虑一个 OFDM 符号下的 MIMO 信道估计。具体而言，将分配给导频的子载波下标集记为 ξ，该 ξ 中的元素是从集合 $\{1,2,\cdots,N\}$ 互不重复地选出来的，并且对于每一个发射天线，ξ 是完全相同的。这里 $N_p = |\xi|_c$ 是一个 OFDM 符号导频子载波的数目，N 是一个 OFDM 符号的所有子载波数目。此外，本节还定义了第 m 个发射天线的导频序列 $\boldsymbol{p}_m \in \mathbb{C}^{N_p}$。具体的导频设计 ξ 和 $\{\boldsymbol{p}_m\}_{m=1}^{M}$ 将会在 3.4.1 节介绍。

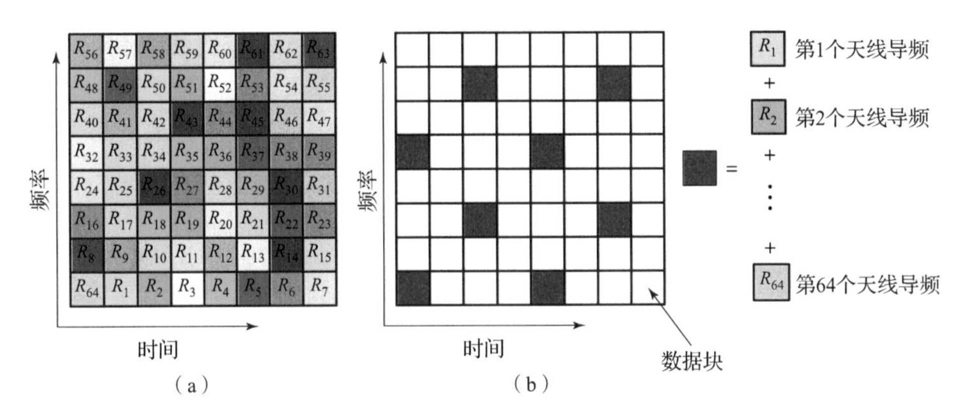

图 3.1　基站端采用发射天线数为 $M=64$ 的大规模 MIMO 系统中一个时频资源块内的导频设计

（a）传统的正交导频；（b）提出的重叠导频

3.3.2　用户端基于结构化压缩感知理论的信道估计算法

在用户端，在去掉保护间隔和 DFT 后，第 r 个 OFDM 符号对应的接收导频序列 $\boldsymbol{y}_r \in \mathbb{C}^{N_p}$ 可以表示为

$$\begin{aligned}\boldsymbol{y}_r &= \sum_{m=1}^{M} \operatorname{diag}\{\boldsymbol{p}_m\}\boldsymbol{F}|_{\xi}\left[\quad \boldsymbol{h}_{m,r}\boldsymbol{0}_{(N-L)\times 1} \quad\right] + \boldsymbol{w}_r \\ &= \sum_{m=1}^{M} \boldsymbol{P}_m \boldsymbol{F}_L|_{\xi}\boldsymbol{h}_{m,r} + \boldsymbol{w}_r = \sum_{m=1}^{M} \boldsymbol{\Phi}_m \boldsymbol{h}_{m,r} + \boldsymbol{w}_r \end{aligned} \tag{3-4}$$

式中，$\boldsymbol{P}_m = \operatorname{diag}\{\boldsymbol{p}_m\}$；$\boldsymbol{F} \in \mathbb{C}^{N\times N}$ 是一个 DFT 矩阵；$\boldsymbol{F}_L \in \mathbb{C}^{N\times L}$ 是一个包含 $\boldsymbol{F}$ 前 L 列的部分 DFT 矩阵；$\boldsymbol{F}|_{\xi} \in \mathbb{C}^{N_p\times N}$ 和 $\boldsymbol{F}_L|_{\xi} \in \mathbb{C}^{N_p\times L}$ 是根据 ξ 分别对矩阵 $\boldsymbol{F}$ 和 $\boldsymbol{F}_L$ 选取行的子矩阵；$\boldsymbol{w}_r \in \mathbb{C}^{N_p}$ 是第 r 个 OFDM 符号的加性高斯白噪声矢量；$\boldsymbol{\Phi}_m = \boldsymbol{P}_m \boldsymbol{F}_L|_{\xi}$。进而，式（3–4）可以被重新写成如下更加简洁的形式

$$\boldsymbol{y}_r = \boldsymbol{\Phi}\tilde{\boldsymbol{h}}_r + \boldsymbol{w}_r \tag{3-5}$$

式中，$\boldsymbol{\Phi} = [\boldsymbol{\Phi}_1, \boldsymbol{\Phi}_2, \cdots, \boldsymbol{\Phi}_M] \in \mathbb{C}^{N_p\times ML}$；$\tilde{\boldsymbol{h}}_r = [\boldsymbol{h}_{1,r}^{\mathrm{T}}, \boldsymbol{h}_{2,r}^{\mathrm{T}}, \cdots, \boldsymbol{h}_{M,r}^{\mathrm{T}}]^{\mathrm{T}} \in \mathbb{C}^{ML}$，是等效延时域信道冲激响应矢量。

对于大规模 MIMO 系统，由于大量数目的发射天线 M 和有限数目的导频 N_p，通常有 $N_p \ll ML$。这意味着不能可靠地从 $\boldsymbol{y}_r$ 通过传统的信道估计方法来估计 $\tilde{\boldsymbol{h}}_r$，因为式（3–5）是一个欠定系统。然而，通过观察发现，由于 $\{\boldsymbol{h}_{m,r}\}_{m=1}^{M}$ 的稀疏性，$\tilde{\boldsymbol{h}}_r$ 也是一个稀疏信号，这意味着可以在压缩感知理论的框架下从低

维度的导频序列 $\boldsymbol{y}_r$ 来估计高维度的稀疏信号 $\tilde{\boldsymbol{h}}_r$[22]。进一步，无线 MIMO 信道固有的空域结构化稀疏性也可以被用来提高性能。具体来说，将等效延时域信道冲激响应矢量 $\tilde{\boldsymbol{h}}_r$ 重新排列，以获得新的等效延时域信道冲激响应 $\tilde{\boldsymbol{d}}_r \in \mathbb{C}^{ML}$。

$$\tilde{\boldsymbol{d}}_r = [\boldsymbol{d}_{1,r}^{\mathrm{T}}, \boldsymbol{d}_{2,r}^{\mathrm{T}}, \cdots, \boldsymbol{d}_{L,r}^{\mathrm{T}}]^{\mathrm{T}} \tag{3-6}$$

式中，$\boldsymbol{d}_{l,r} = [h_{1,r}[l], h_{2,r}[l], \cdots, h_{M,r}[l]]^{\mathrm{T}}$（$1 \leqslant l \leqslant L$）。同理，$\boldsymbol{\Phi}$ 可以相应地重新排列为 $\boldsymbol{\Psi}$，即

$$\boldsymbol{\Psi} = [\boldsymbol{\Psi}_1, \boldsymbol{\Psi}_2, \cdots, \boldsymbol{\Psi}_L] \in \mathbb{C}^{N_p \times ML} \tag{3-7}$$

式中，$\boldsymbol{\Psi}_l = \left[\boldsymbol{\Phi}_1^{(l)}, \boldsymbol{\Phi}_2^{(l)}, \cdots, \boldsymbol{\Phi}_M^{(l)}\right] = [\boldsymbol{\Psi}_{1,l}, \boldsymbol{\Psi}_{2,l}, \cdots, \boldsymbol{\Psi}_{M,l}] \in \mathbb{C}^{N_p \times M}$。至此，式（3–5）可以被重新表达为

$$\boldsymbol{y}_r = \boldsymbol{\Psi}\tilde{\boldsymbol{d}}_r + \boldsymbol{w}_r \tag{3-8}$$

从式（3–5）可以观察到，由于无线 MIMO 信道的空域结构化稀疏特性，等效延时域信道冲激响应 $\tilde{\boldsymbol{d}}_r$ 呈现结构化的稀疏性 [22]。

此外，无线信道的时域相关性也表明，这种 MIMO 系统中信道空域结构化稀疏性在相邻 R 个 OFDM 符号是近似保持不变的，其中 R 是由多径延时的相干时间决定的 [40]。因此，无线 MIMO 信道在 R 个连续的 OFDM 符号呈现空时结构化稀疏性。考虑式（3–8）在 R 个相邻 OFDM 符号具有相同的导频图案，可得

$$\boldsymbol{Y} = \boldsymbol{\Psi}\boldsymbol{D} + \boldsymbol{W} \tag{3-9}$$

式中，$\boldsymbol{Y} = [\boldsymbol{y}_r, \boldsymbol{y}_{r+1}, \cdots, \boldsymbol{y}_{r+R-1}] \in \mathbb{C}^{N_p \times R}$ 是观测矩阵；$\boldsymbol{D} = \left[\tilde{\boldsymbol{d}}_r, \tilde{\boldsymbol{d}}_{r+1}, \cdots, \tilde{\boldsymbol{d}}_{r+R-1}\right] \in \mathbb{C}^{ML \times R}$ 是等效延时域信道冲激响应矩阵；$\boldsymbol{W} = [\boldsymbol{w}_r, \boldsymbol{w}_{r+1}, \cdots, \boldsymbol{w}_{r+R-1}] \in \mathbb{C}^{N_p \times R}$ 是加性高斯白噪声矩阵。需要指出的是，$\boldsymbol{D}$ 可以表达为

$$\boldsymbol{D} = [\boldsymbol{D}_1^{\mathrm{T}}, \boldsymbol{D}_2^{\mathrm{T}}, \cdots, \boldsymbol{D}_L^{\mathrm{T}}]^{\mathrm{T}} \tag{3-10}$$

式中，$\boldsymbol{D}_l$（$1 \leqslant l \leqslant L$）的维度为 $M \times R$，矩阵 $\boldsymbol{D}_l$ 的第 m 行和第 r 列的元素是在第 r 个 OFDM 符号中与第 m 个发射天线相关的第 l 个多径延时的信道增益。

显然，由于无线 MIMO 信道空时结构化稀疏特性，式（3–9）中等效的延时域信道冲激响应 $\boldsymbol{D}$ 呈现结构化的稀疏性，而 $\boldsymbol{D}$ 中固有的稀疏性可以被利用获得更好的信道估计性能。因此，可以通过联合处理 R 个相邻 OFDM 符号的接收导频来联合估计 R 个 OFDM 符号内与 M 个发射天线相关的信道。

通过利用式（3–9）中矩阵 $\boldsymbol{D}$ 的结构化稀疏性提出的 ASSP 算法，如算法 1 所示，可用于大规模 MIMO 系统的信道估计。相比于经典的 SP 算法 [57]，提出的 ASSP 算法可以利用矩阵 $\boldsymbol{D}$ 的结构化稀疏性来提高稀疏信号恢复的性能。

算法 1: 提出的 ASSP 算法

输入： 有噪的观测矩阵 $\boldsymbol{Y}$ 和感知矩阵 $\boldsymbol{\Psi}$

输出： 信道的估计 $\{\boldsymbol{h}_{m,t}\}_{m=1,t=r}^{m=M,t=r+R-1}$

- **步骤 1**（初始化）初始的信道稀疏度 $s=1$，迭代索引 $k=1$，支撑集 $\Omega^{k-1}=\varnothing$，残差矩阵为 $\boldsymbol{R}^{k-1}=\boldsymbol{Y}$，$\|\boldsymbol{R}_{s-1}\|_F=+\inf$
- **步骤 2**（求解式（3–9）中结构化稀疏矩阵）

  repreat

  1.（相关） $\boldsymbol{Z}=\boldsymbol{\Psi}^{\mathrm{H}}\boldsymbol{R}^{k-1}$

  2.（支撑集估计） $\tilde{\Omega}'^k=\Omega^{k-1}\cup\Pi^s\left(\{\|\boldsymbol{Z}_l\|_F\}_{l=1}^L\right)$

  3.（支撑集精简） $\breve{\boldsymbol{D}}_{\tilde{\Omega}'^k}=\boldsymbol{\Psi}_{\tilde{\Omega}'^k}^{\dagger}\boldsymbol{Y}$；$\breve{\boldsymbol{D}}_{(\tilde{\Omega}'^k)^c}=\boldsymbol{0}$；$\tilde{\Omega}^k=\Pi^s\left(\left\{\left\|\breve{\boldsymbol{D}}_l\right\|_F\right\}_{l=1}^L\right)$

  4.（矩阵估计） $\breve{\boldsymbol{D}}_{\tilde{\Omega}^k}=\boldsymbol{\Psi}_{\tilde{\Omega}^k}^{\dagger}\boldsymbol{Y}$；$\breve{\boldsymbol{D}}_{(\tilde{\Omega}^k)^c}=\boldsymbol{0}$

  5.（矩阵更新） $\boldsymbol{R}^k=\boldsymbol{Y}-\boldsymbol{\Psi}\breve{\boldsymbol{D}}$

  6.（矩阵估计） $\breve{\boldsymbol{D}}^k=\breve{\boldsymbol{D}}$

  if $\left\|\boldsymbol{R}^{k-1}\right\|_F>\left\|\boldsymbol{R}^k\right\|_F$

  7.（以固定的稀疏度迭代） $\Omega^k=\tilde{\Omega}^k$；$k=k+1$

  else

  8.（更新稀疏度） $\breve{\boldsymbol{D}}_s=\breve{\boldsymbol{D}}^{k-1}$；$\boldsymbol{R}_s=\boldsymbol{R}^{k-1}$；$\Omega_s=\Omega^{k-1}$；$s=s+1$

  end if

  until 当终止条件满足时
- **步骤 3**（获取信道估计） $\widehat{\boldsymbol{D}}=\breve{\boldsymbol{D}}_{s-1}$ 并根据式（3–4）～式（3–9）获得信道的估计$\{\boldsymbol{h}_{m,t}\}_{m=1,t=r}^{m=M,t=r+R-1}$

在算法 1 中, 一些标记需要进一步详细说明。首先，集合 Ω 的补集记为 Ω^c，而 $\|\cdot\|_F$ 是 Frobenius 范数操作符。其次，$\boldsymbol{Z}\in\mathbb{C}^{ML\times R}$ 和 $\breve{\boldsymbol{D}}\in\mathbb{C}^{ML\times R}$ 由 L 个维度为 $M\times R$ 的子矩阵构成，即 $\boldsymbol{Z}=[\boldsymbol{Z}_1^{\mathrm{T}},\boldsymbol{Z}_2^{\mathrm{T}},\cdots,\boldsymbol{Z}_L^{\mathrm{T}}]^{\mathrm{T}}$，$\breve{\boldsymbol{D}}=[\breve{\boldsymbol{D}}_1^{\mathrm{T}},\breve{\boldsymbol{D}}_2^{\mathrm{T}},\cdots,\breve{\boldsymbol{D}}_L^{\mathrm{T}}]^{\mathrm{T}}$。再次，$\breve{\boldsymbol{D}}_{\tilde{\Omega}}=\left[\breve{\boldsymbol{D}}_{\tilde{\Omega}(1)}^{\mathrm{T}},\breve{\boldsymbol{D}}_{\tilde{\Omega}(2)}^{\mathrm{T}},\cdots,\breve{\boldsymbol{D}}_{\tilde{\Omega}(|\tilde{\Omega}|_c)}^{\mathrm{T}}\right]^{\mathrm{T}}$，$\boldsymbol{\Psi}_{\tilde{\Omega}}=\left[\boldsymbol{\Psi}_{\tilde{\Omega}(1)},\boldsymbol{\Psi}_{\tilde{\Omega}(2)},\cdots,\boldsymbol{\Psi}_{\tilde{\Omega}(|\tilde{\Omega}|_c)}\right]$，其中 $\tilde{\Omega}(1)<\tilde{\Omega}(2)<\cdots<\tilde{\Omega}(|\tilde{\Omega}|_c)$ 是集合 $\tilde{\Omega}$ 中的元素。再次，$\Pi^s(\cdot)$ 是一个集合，其元素是绝对值中最大 s 个元素所对应的下标。最后，为了可靠地估计信道的稀疏度，如果 $\left\|\boldsymbol{R}^k\right\|_F>\|\boldsymbol{R}_{s-1}\|_F$ 或 $\left\|\breve{\boldsymbol{D}}_{\tilde{l}}\right\|_F\leqslant\sqrt{MR}p_{\mathrm{th}}$，算法迭代终止，其中 $\left\|\breve{\boldsymbol{D}}_{\tilde{l}}\right\|_F$ 是最小的 $\left\|\breve{\boldsymbol{D}}_l\right\|_F$（$l\in\tilde{\Omega}^k$），而 p_{th} 则是根据文献 [56] 采用的噪声门限。所提出的算法迭代终止准则将在下文进一步详细阐述。

本节将进一步解释算法 1 中的主要步骤。首先，在步骤 2.1~2.7 中，ASSP 算法旨在以贪婪的方式用固定的稀疏度 s 来获取式（3–9）中的解，这和经典的 SP 算法是类似的。其次，$\left\|\boldsymbol{R}^{k-1}\right\|_F\leqslant\left\|\boldsymbol{R}^k\right\|_F$ 表明稀疏度为 s 的解 $\boldsymbol{D}$ 已经被求

解，并且稀疏度 s 需要更新，以寻找稀疏度为 $s+1$ 的解。最后，如果迭代终止条件满足，算法停止迭代，并且认为前一个稀疏度的解是式（3–9）问题的最终解，即 $\widehat{\boldsymbol{D}} = \breve{\boldsymbol{D}}_{s-1}$。

相比于经典的 SP 算法和基于模型的 SP 算法 [58]，提出的 ASSP 算法有如下几个特点：

• 经典的 SP 算法可以从低维度的观测矢量来重构高维度的稀疏矢量，但没有利用信道的结构化稀疏性。基于模型的 SP 算法从一个低维度观测矢量重构出高维度的稀疏矢量，通过利用结构化稀疏性来提高性能。相比之下，提出的 ASSP 算法从低维度的矩阵来重构具有内在结构化稀疏性的高维度稀疏矩阵，其中稀疏矩阵的内在结构化稀疏性被用来提高矩阵重构的性能。

• 经典的 SP 算法和基于模型的 SP 算法需要稀疏度为先验信息，以可靠地重构稀疏信道。相比之下，提出的 ASSP 算法并没有利用这种先验信息，因为它可以自适应地感知结构化稀疏矩阵的稀疏度。通过利用无线信道实际的物理特性，提出的迭代终止条件可以获得优异的信道估计 MSE 性能。具体的解释将在后文呈现。此外，后文的仿真结果也验证了提出的 ASSP 算法在自适应感知信道稀疏性方面的优越性能。

因此，经典的 SP 算法和基于模型的 SP 算法可以被认为是提出的 ASSP 算法的两种特殊情况。

需要指出的是，目前大多数先进的基于压缩感知的信道估计方案通常需要信道的稀疏度作为先验信息来可靠估计信道 [28,40,54]。相比之下，提出的 ASSP 算法则没有这个假设，因为 ASSP 算法可以自适应地获取无线 MIMO 信道的稀疏度。

3.3.3 空时自适应导频方案

由于基站端紧凑的天线阵列，MIMO 信道呈现空域结构化稀疏性。然而，对于具有大量天线阵列的大规模 MIMO 系统而言，这种结构化稀疏性可能会由于天线间较大的间隔而被破坏。为了解决这个问题，将 N 个发射天线分成 N_G 个天线组，这样无线 MIMO 信道的空域结构化稀疏性就得到保证。譬如，考虑一个如图 3.2（a）所示的 $M=128$ 的面阵。根据上述准则，该面阵被分为两个子阵。如果考虑 $f_c = 2$ GHz，$f_s = 10$ MHz，则在各自天线组中任意两个天线的最大天线距离为 $4\sqrt{2}\lambda$。因而对于经历同一个散射体的多径，它们最大的多径延时差为 $\dfrac{4\sqrt{2}\lambda}{c} = 4\sqrt{2}/f_c = 0.002\ 8\ \mu\text{s}$，而这相比于系统的采样间隔 $T_s = 1/f_s = 0.1\ \mu\text{s}$ 来说是可忽略的。对于某一个天线组，不同发射天线的导频是重叠的且占据相同的子载波，而不同天线组的导频在时域或频域上是彼此正交的，这可以通过图 3.2（b）说明。对于具体的参数 N_G，需要考虑基站端天线阵列的几何形状和尺寸、f_c 及 f_s。

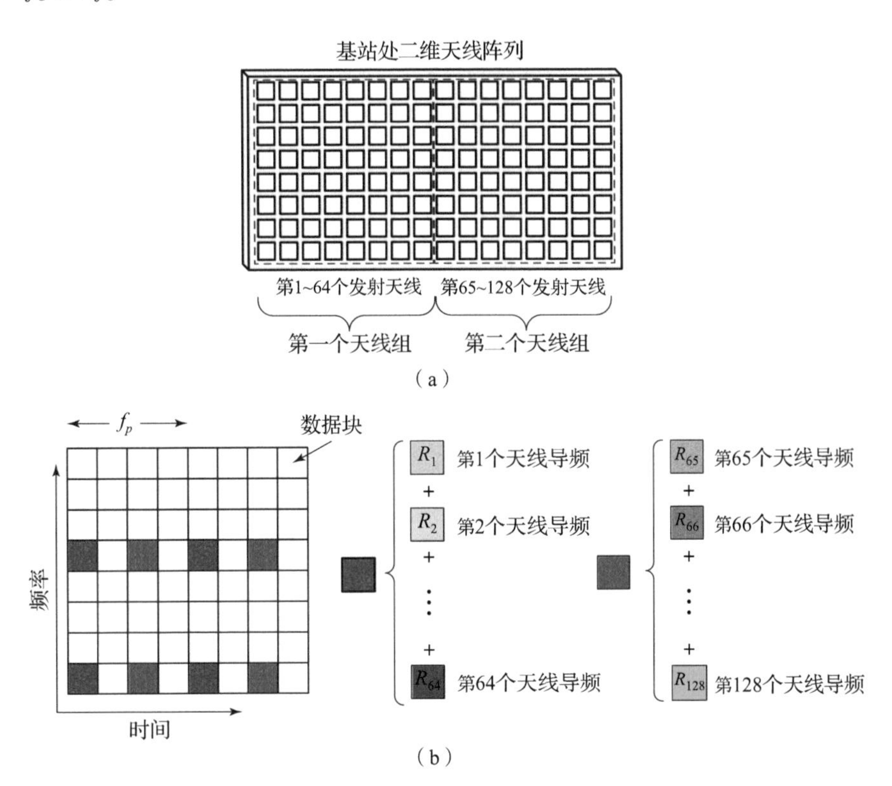

图 3.2　空时自适应导频，其中 $M=128$，$N_G=2$，$f_p=4$，相邻天线间隔为 $\lambda/2$

（a）基站端二维天线阵列；（b）空时自适应导频

另外，无线 MIMO 信道呈现时域相关性。这种时域相关性表明，在信道多径延时的相干时间内，相邻多个 OFDM 符号的信道可以被认为是准静态的。因此，一个 OFDM 符号内的信道估计可以被用来估计多个相邻 OFDM 符号的信道。这促使本节利用信道的时域相关性来进一步降低导频开销，提高可用的时频资源，用于传输更多有效的数据。具体而言，如图 3.2 所示，每 f_p 个相邻的 OFDM 符号共用导频，其中，f_p 是由信道多径增益的相干时间或用户的移动性来决定的。

通过利用这种信道时域相关性，可以使用更大的 f_p 来降低导频开销。同时，可根据相邻具有导频 OFDM 符号的信道估计利用插值算法来获得没有导频 OFDM 符号的信道估计。例如，可以利用如下的线性插值算法

$$\hat{\boldsymbol{h}}_{m,r}=[(f_p+1-r)\hat{\boldsymbol{h}}_{m,1}+(r-1)\hat{\boldsymbol{h}}_{m,f_p+1}]/f_p \tag{3-11}$$

式中，$1 < r \leqslant f_p$；$\hat{\boldsymbol{h}}_{m,1}$ 和 $\hat{\boldsymbol{h}}_{m,f_p+1}$ 分别是基于第一个和第（f_p+1）个 OFDM 符号估计的信道；$\hat{\boldsymbol{h}}_{m,r}$ 是第 r 个 OFDM 符号通过插值获得的信道估计。

提出的空时自适应导频方案统筹考虑了基站端的天线阵列形态和用户的移动速度，这样既可以获得可靠的信道估计，又可以进一步降低所需的导频开销。对于空时自适应导频方案来说，提出的 ASSP 算法在用户端被用来估计每个天线组中与不同发射天线相关的信道，其中不同天线组的接收导频是分别处理的。在 3.5 节的仿真中，可以看到提出的空时自适应导频方案可以在用户移动速度高达 60 km/h 的高速移动场景下，以可忽视的性能损失显著降低所需的导频开销。

3.3.4 FDD 大规模 MIMO 多小区系统下的信道估计

本小节将提出的信道估计方案从单小区场景扩展到多小区场景。考虑一个包括 $\mathcal{L}=7$ 个六边形小区的蜂窝网络，每个小区包括一个中心布置 M 个天线的基站和使用同一带宽的 K 个单天线用户，其中中心目标小区的用户会受到周围 $\mathcal{L}-1$ 个相邻小区的干扰。为了解决小区间干扰，一个直观的解决方案是采用 FDM，即在频域上，不同小区的导频是彼此正交的。如果用于信道估计的训练时间小于信道相干时间，频分复用方案可以完美地消除小区间干扰，但是这会导致多小区下相比于单小区下 $\mathcal{L}$ 倍的导频开销。一个可替代的方案是 TDM 方案 [59]，其中相邻小区的导频是在不同的时隙上发射的。TDM 方案在多小区下的导频开销和单小区下是相同的。然而，来自相邻小区的下行链路预编码数据可能会恶化中心目标小区用户的信道估计性能。3.5 节的仿真将验证，由于明显降低的导频开销和相比于 FDM 方案轻微的性能损失，TDM 方案在多小区 FDD 大规模 MIMO 系统下是一个可以有效解决导频污染的途径。

3.4 性能分析

本节首先在压缩感知的理论框架下提出了用于可靠信道估计的重叠导频。然后，分析了所提出的 ASSP 算法的收敛性和复杂度。

3.4.1 压缩感知框架下的重叠导频设计

在压缩感知理论中，式（3–9）中感知矩阵 $\boldsymbol{\Psi}$ 的设计对有效和可靠地压缩高维度稀疏信号 $\boldsymbol{D}$ 十分重要。对于信道估计问题，$\boldsymbol{\Psi}$ 的设计可以转变为对导频位置 ξ 和导频序列 $\{\boldsymbol{p}_m\}_{m=1}^{M}$ 的设计，因为感知矩阵 $\boldsymbol{\Psi}$ 仅仅由参数 ξ 和 $\{\boldsymbol{p}_m\}_{m=1}^{M}$ 决定。根据压缩感知理论，$\boldsymbol{\Psi}$ 需要满足尽可能小的列相关性来可靠恢复稀疏信号 [22]，这需要合理地设计 ξ 和 $\{\boldsymbol{p}_m\}_{m=1}^{M}$。

对于具体的导频，首先考虑设计 $\{\boldsymbol{p}_m\}_{m=1}^M$ 来获得给定任意 l 下小的列相关性，因为这种互相关仅仅由 $\{\boldsymbol{p}_m\}_{m=1}^M$ 来决定，即

$$
\begin{aligned}
(\boldsymbol{\psi}_{m_1,l})^{\mathrm{H}}\boldsymbol{\psi}_{m_2,l} &= (\boldsymbol{\Psi}_l^{(m_1)})^{\mathrm{H}}\boldsymbol{\Psi}_l^{(m_2)} = (\boldsymbol{\Phi}_{m_1}^{(l)})^{\mathrm{H}}\boldsymbol{\Phi}_{m_2}^{(l)} \\
&= (\boldsymbol{p}_{m_1}\circ\boldsymbol{F}_p^{(l)})^{\mathrm{H}}(\boldsymbol{p}_{m_2}\circ\boldsymbol{F}_p^{(l)}) = (\boldsymbol{p}_{m_1})^{\mathrm{H}}\boldsymbol{p}_{m_2}
\end{aligned}
\tag{3-12}
$$

式中，$\boldsymbol{F}_p = \boldsymbol{F}_L|_\xi$；$1 \leqslant m_1 < m_2 \leqslant M$；$\boldsymbol{\Phi}^{(l)}$ 代表矩阵 $\boldsymbol{\Phi}$ 的第 l 个列矢量。

通过实现小的 $\left|(\boldsymbol{\psi}_{m_1,l})^{\mathrm{H}}\boldsymbol{\psi}_{m_2,l}\right|$，考虑 $\{\theta_{\kappa,m}\}_{\kappa=1,m=1}^{N_p,M}$ 来自独立同均匀分布 $\mathcal{U}[0,2\pi)$ 的一次具体实现，其中 $\mathrm{e}^{\mathrm{j}\theta_{\kappa,m}}$ 是 $\boldsymbol{p}_m \in \mathbb{C}^{N_p}$ 的第 κ 个元素。对于提出的导频序列，$\boldsymbol{\Psi}$ 的每个列的 ℓ_2-范数是一个常数，即 $\|\boldsymbol{\psi}_{m,l}\|_2 = \sqrt{N_p}$，其中 $\|\cdot\|_2$ 是 ℓ_2-范数操作符。此外，有

$$
\lim_{N_p\to\infty}\frac{\left|(\boldsymbol{\psi}_{m_1,l})^{\mathrm{H}}\boldsymbol{\psi}_{m_2,l}\right|}{\|\boldsymbol{\psi}_{m_1,l}\|_2\|\boldsymbol{\psi}_{m_2,l}\|_2} = \lim_{N_p\to\infty}\frac{(\boldsymbol{p}_{m_1})^{\mathrm{H}}\boldsymbol{p}_{m_2}}{N_p} = 0
\tag{3-13}
$$

根据 RMT，上式表明在有限大小的 N_p 下，提出的导频序列可以获得 $\boldsymbol{\Psi}$ 中小的列相关性。

给定提出的 $\{\boldsymbol{p}_m\}_{m=1}^M$ 下，本节进一步考察了对于 $l_1 \neq l_2$，$\boldsymbol{\psi}_{m_1,l_1}$ 和 $\boldsymbol{\psi}_{m_2,l_2}$ 的互相关性。这指导本节设计 ξ 来获得小的 $\left|(\boldsymbol{\psi}_{m_1,l_1})^{\mathrm{H}}\boldsymbol{\psi}_{m_2,l_2}\right|$。在典型的大规模 MIMO 系统中（例如，$M \geqslant 64$），通常有 $N_p > L$。这是由于以下两个原因：第一，估计与一个发射天线相关的导频数目至少为 1，那么整体导频开销 N_p 至少为 64；第二，信道最大多径延时扩展为 $3 \sim 5$ μs，以及典型的系统带宽为 10 MHz（如果考虑 LTE-Advanced 的系统参数），可得 $L \leqslant 64$ [35]。基于条件 $N_p > L$，本节采用广泛使用的均匀导频来获得小的 $\left|(\boldsymbol{\psi}_{m_1,l_1})^{\mathrm{H}}\boldsymbol{\psi}_{m_2,l_2}\right|$，这里导频的间隔为 $\left\lfloor\dfrac{N}{N_p}\right\rfloor$，而 $\lfloor\cdot\rfloor$ 是下取整操作符。具体来说，考虑 ξ 是从集合 $\{1,2,\cdots,N\}$ 等间隔地选取出的，$\boldsymbol{\psi}_{m_1,l_1}$ 和 $\boldsymbol{\psi}_{m_2,l_2}$ 的内积可以表达为

$$
\begin{aligned}
(\boldsymbol{\psi}_{m_1,l_1})^{\mathrm{H}}\boldsymbol{\psi}_{m_2,l_2} &= (\boldsymbol{\Phi}_{m_1}^{(l_1)})^{\mathrm{H}}\boldsymbol{\Phi}_{m_2}^{(l_2)} = (\boldsymbol{p}_{m_1}\circ\boldsymbol{F}_p^{(l_1)})^{\mathrm{H}}(\boldsymbol{p}_{m_2}\circ\boldsymbol{F}_p^{(l_2)}) \\
&= \sum_{\kappa=1}^{N_p}\exp\left(\mathrm{j}\frac{2\pi}{N}l_1 I(\kappa)+\mathrm{j}\theta_{\kappa,m_1}\right)^{\mathrm{H}}\exp\left(\mathrm{j}\frac{2\pi}{N}l_2 I(\kappa)+\mathrm{j}\theta_{\kappa,m_2}\right) \\
&= \sum_{\kappa=1}^{N_p}\exp\left(\mathrm{j}\frac{2\pi}{N}\tilde{l}I(\kappa)+\mathrm{j}\Delta\theta_{\kappa,m}\right)
\end{aligned}
\tag{3-14}
$$

式中，$\{I(\kappa)\}_{\kappa=1}^{N_p} = \xi$ 是导频子载波的索引集合；$1 \leqslant \tilde{l} = l_2 - l_1 \leqslant L-1$；$\Delta\theta_{\kappa,m}=\theta_{\kappa,m_2}-\theta_{\kappa,m_1}$。进一步，由于 $\{I(\kappa)\}_{\kappa=1}^{N_p}$ 是从集合 $\{1,2,\cdots,N\}$ 以 $\left\lfloor\dfrac{N}{N_p}\right\rfloor$

等间隔地选取出来的，可得 $I(\kappa)=I_0+(\kappa-1)\left\lfloor\frac{N}{N_p}\right\rfloor$，其中 $1\leqslant\kappa\leqslant N_p$，$I_0$ 是第一个导频的子载波索引，$1\leqslant I_0<\left\lfloor\frac{N}{N_p}\right\rfloor$。因此，式（3–14）也可以表达为

$$(\boldsymbol{\psi}_{m_1,l_1})^{\mathrm{H}}\boldsymbol{\psi}_{m_2,l_2}=\sum_{\kappa=1}^{N_p}\exp\left[\mathrm{j}\frac{2\pi}{N}\tilde{l}\left(I_0+(\kappa-1)\left\lfloor\frac{N}{N_p}\right\rfloor\right)+\mathrm{j}\Delta\theta_{\kappa,m}\right] \tag{3–15}$$

令 $\varepsilon=\frac{N}{N_p}-\left\lfloor\frac{N}{N_p}\right\rfloor$，这里 $\varepsilon\in[0,1)$，可进一步得到

$$(\boldsymbol{\psi}_{m_1,l_1})^{\mathrm{H}}\boldsymbol{\psi}_{m_2,l_2}=c_0\sum_{\kappa=1}^{N_p}\exp\left[\mathrm{j}\frac{2\pi}{N}\tilde{l}\kappa\left(\frac{N}{N_p}-\varepsilon\right)+\mathrm{j}\Delta\theta_{\kappa,m}\right] \tag{3–16}$$

式中，$c_0=\exp\left[\mathrm{j}\frac{2\pi}{N}\tilde{l}\left(I_0-\left\lfloor\frac{N}{N_p}\right\rfloor\right)\right]$。为了研究 $\left|(\boldsymbol{\psi}_{m_1,l_1})^{\mathrm{H}}\boldsymbol{\psi}_{m_2,l_2}\right|$（$l_1\neq l_2$），考虑如下两种情况：

在第一种情况中，如果 $m_1=m_2$，则 $\Delta\theta_{\kappa,m}=0$，并且式（3–16）可以被简化为

$$(\boldsymbol{\psi}_{m_1,l_1})^{\mathrm{H}}\boldsymbol{\psi}_{m_2,l_2}=c_0\sum_{\kappa=1}^{N_p}\exp\left[\mathrm{j}\frac{2\pi}{N_p}\tilde{l}\kappa\left(1-\eta\varepsilon\right)\right] \tag{3–17}$$

式中，$\eta=\frac{N_p}{N}<1$ 是导频占用比。因此，$\eta\varepsilon\approx0$，并且可以得到

$$\lim_{N_p\to\infty}\frac{(\boldsymbol{\psi}_{m_1,l_1})^{\mathrm{H}}\boldsymbol{\psi}_{m_2,l_2}}{N_p}=\lim_{N_p\to\infty}\frac{c_0\left[1-\mathrm{e}^{\mathrm{j}2\pi\tilde{l}(1-\eta\varepsilon)}\right]}{N_p\left[1-\mathrm{e}^{\mathrm{j}\frac{2\pi}{N_p}\tilde{l}(1-\eta\varepsilon)}\right]}=0 \tag{3–18}$$

其中，由于 $1\leqslant\tilde{l}\leqslant L-1$ 和 $L<N_p$，$\mathrm{e}^{\mathrm{j}\frac{2\pi}{N_p}\tilde{l}(1-\eta\varepsilon)}\approx\mathrm{e}^{\left(\mathrm{j}\frac{2\pi}{N_p}\tilde{l}\right)}\neq1$，保证了式（3–18）的有效性。

对于第二种情况，如果 $m_1\neq m_2$，则式（3–17）可以表达为

$$(\boldsymbol{\psi}_{m_1,l_1})^{\mathrm{H}}\boldsymbol{\psi}_{m_2,l_2}=\sum_{\kappa=1}^{N_p}\exp\left(\mathrm{j}\tilde{\theta}_\kappa\right) \tag{3–19}$$

式中，$\tilde{\theta}_\kappa=\frac{2\pi}{N}\tilde{l}I(\kappa)+\Delta\theta_{\kappa,m}$（$1\leqslant\kappa\leqslant N_p$），服从独立同分布的 $\mathcal{U}[0,2\pi)$。类似于式（3–13），可进一步得到

$$\lim_{N_p\to\infty}\frac{(\boldsymbol{\psi}_{m_1,l_1})^{\mathrm{H}}\boldsymbol{\psi}_{m_2,l_2}}{N_p}=\lim_{N_p\to\infty}\frac{\sum\limits_{\kappa=1}^{N_p}\exp\left(\mathrm{j}\tilde{\theta}_\kappa\right)}{N_p}=0 \tag{3–20}$$

根据随机矩阵理论，式（3–13）、式（3–18）和式（3–20）的渐近正交性表明，提出的 ξ 和 $\{\boldsymbol{p}_m\}_{m=1}^{M}$ 可以在实际有限大小的 N_p 下获得 $\boldsymbol{\Psi}$ 矩阵中任意两个列的良好互相关性。进一步，相比于在传统的基于压缩感知理论的信道估计方案中采用的随机导频方案 [31]，提出的均匀导频方案在实际系统中由于其相对规则的导频图案而更易于实现。此外，由于均匀导频已经被广泛应用于现有的蜂窝网络，这种均匀的导频方案也可以方便大规模 MIMO 后向兼容于现有的蜂窝网络 [46]。最后，在 3.5 节的仿真中，提出的导频方案的可靠稀疏信号恢复性能也得到了验证。

3.4.2　ASSP 算法的收敛性分析

对于提出的算法 1（即 ASSP 算法），本节首先给出了其在正确稀疏度 $s=P$ 的情况下的收敛性分析。进而，给出了在 $s\neq P$ 情况下的收敛性分析，其中本节也讨论了提出算法的终止条件。需要指出的是，传统的 SP 算法和基于模型的 SP 算法分析了在单个稀疏矢量恢复条件下的收敛性。相比之下，本节给出了结构化稀疏矩阵重构的收敛性分析。

对情况为 $s=P$ 时的收敛性分析，可以通过如下的定理得到保证。

定理 3.1: 对于 $\boldsymbol{Y}=\boldsymbol{\Psi}\boldsymbol{D}+\boldsymbol{W}$ 和在稀疏度 $s=P$ 情况下的 ASSP 算法，有

$$\left\|\boldsymbol{D}-\hat{\boldsymbol{D}}\right\|_F \leqslant c_P\|\boldsymbol{W}\|_F \tag{3–21}$$

$$\left\|\boldsymbol{R}^k\right\|_F < c'_P\left\|\boldsymbol{R}^{k-1}\right\|_F + c''_P\|\boldsymbol{W}\|_F \tag{3–22}$$

式中，$\hat{\boldsymbol{D}}$ 是在 $s=P$ 情况下 $\boldsymbol{D}$ 的估计；c_P、c'_P、c''_P 是常数。

这里 c_P，c'_P 和 c''_P 是由 SRIP 常数 δ_P，δ_{2P} 和 δ_{3P} 来确定的。δ_P，δ_{2P} 和 δ_{3P} 会在附录 A 中进一步说明。定理 3.1 的证明也将在附录 A 中给出。

进一步，本节考察了在 $s\neq P$ 情况下提出的 ASSP 算法的收敛性。考虑 $\boldsymbol{D}=\boldsymbol{D}\rangle_s+(\boldsymbol{D}-\boldsymbol{D}\rangle_s)$，其中矩阵 $\boldsymbol{D}\rangle_s$ 根据其 F-范数保留其最大 s 个子矩阵 $\{\boldsymbol{D}_l\}_{l=1}^{L}$，并将其他子矩阵置为 $\boldsymbol{0}$。这样，式（3–9）可进一步表达为

$$\boldsymbol{Y}=\boldsymbol{\Psi}\boldsymbol{D}\rangle_s+\boldsymbol{\Psi}\left(\boldsymbol{D}-\boldsymbol{D}\rangle_s\right)+\boldsymbol{W}=\boldsymbol{\Psi}\boldsymbol{D}\rangle_s+\boldsymbol{W}' \tag{3–23}$$

式中，$\boldsymbol{W}'=\boldsymbol{\Psi}\left(\boldsymbol{D}-\boldsymbol{D}\rangle_s\right)+\boldsymbol{W}$。

在 $s\neq P$ 的情况下，并不能可靠地重构出 P-稀疏的信号 $\boldsymbol{D}$，即便 s-稀疏的信号 $\breve{\boldsymbol{D}}_s$ 已经估计出来。然而，在合适的 SRIP 下，定理 3.1 表明，可以从估计的 s-稀疏矩阵来获取部分正确的支撑集，即 $\Omega_s\cap\Omega_T\neq\varnothing$，其中 Ω_s 是估计的 s-稀疏矩阵的支撑集，Ω_T 是矩阵 $\boldsymbol{D}$ 的真实支撑集，$\varnothing$ 是空集。因此，$\Omega_s\cap\Omega_T\neq\varnothing$

可以在稀疏度为 $s+1$ 时降低收敛的迭代次数。需要指出的是，定理 3.1 的证明并非依赖于前一个稀疏度阶段所估计的支撑集。

此外，通过利用实际信道的特性，提出的算法终止条件可以使 ASSP 算法获得更好的 MSE 性能。本章将在下面讨论提出的迭代终止准则。迭代终止准则 $\left\|\boldsymbol{R}^k\right\|_F > \left\|\boldsymbol{R}_{s-1}\right\|_F$ 表明，如果当前稀疏度下的残差大于上一个稀疏度下的残差，则终止迭代可以使算法获得更好的 MSE 性能。另外，迭代终止准则 $\left\|\breve{\boldsymbol{D}}_{\tilde{l}}\right\|_F \leqslant \sqrt{M_G R} p_{\text{th}}$ 表明，第 $\tilde{l}$ 个径是由加性高斯白噪声所主导的。这就是说，信道的稀疏度被过高地估计了，尽管当前稀疏度下 MSE 的性能比前一稀疏度下的 MSE 性能好。实际上，这种 MSE 性能的改善是由于对噪声的“重构”。

3.4.3 ASSP 算法的计算复杂度

在提出的 ASSP 算法的每次迭代中，其计算复杂度主要来源于如下几个操作，这里考虑每个天线组为 M_G 个发射天线的空时自适应导频。对于步骤 2.1，相关操作的复杂度为 $\mathcal{O}(RLM_GN_p)$。对于步骤 2.2，支撑集合并和 $\Pi^s(\cdot)$ 的复杂度都是 $\mathcal{O}(L)$ [60]，而范数操作的复杂度是 $\mathcal{O}(RLM_G)$。对于步骤 2.3，矩阵伪逆操作的复杂度是 $\mathcal{O}(2N_p(M_Gs)^2+(M_Gs)^3)$ [61]，$\Pi^s(\cdot)$ 的复杂度是 $\mathcal{O}(L)$，范数操作复杂度为 $\mathcal{O}(RLM_G)$。对于步骤 2.4，矩阵伪逆操作的复杂度为 $\mathcal{O}(2N_p(M_Gs)^2+(M_Gs)^3)$。对于步骤 2.5，残差更新的复杂度为 $\mathcal{O}(RLM_GN_p)$。为了量化地对比不同操作的复杂度，考虑图 3.3 中当提出的 ASSP 算法逼近先验的最小二乘算法性能时所使用的参数。在这种情况下，相关操作，支撑集合并或 $\Pi^s(\cdot)$ 操作、范数操作、残差更新和矩阵伪逆操作的比分别为 2.3×10^{-2}、1.7×10^{-6}、5.7×10^{-5} 和 2.3×10^{-2}。因此，所提出 ASSP 算法的计算复杂度主要源于矩阵伪逆操作，其复杂度为 $\mathcal{O}(2N_p(M_Gs)^2+(M_Gs)^3)$。

3.5 仿真结果

在本节中，通过仿真来考察提出的信道估计方案在 FDD 大规模 MIMO 系统下的信道估计性能。为了给性能对比提供基准，考虑了先验的 LS 算法。该算法假设用户端已知真实的信道支撑集作为先验信息。本节也考虑了先验的 ASSP 算法，该算法是提出的 ASSP 算法的特例，其中信道初始稀疏度 s 设置为信道真实的稀疏度，步骤 2.8 没有执行，终止条件为 $\left\|\boldsymbol{R}^{k-1}\right\|_F \leqslant \left\|\boldsymbol{R}^k\right\|_F$，在步骤 3 中，$\widehat{\boldsymbol{D}}=\breve{\boldsymbol{D}}^{k-1}$。此外，为了考察来自对延时域信道冲激响应空域结构化稀疏性利用的性能增益，本节也提供了 ASP 算法的性能。该算法可以被认为是提出的

ASSP 算法在没有利用延时域信道冲激响应空域结构化稀疏性的特例。仿真的系统参数设置如下：系统载波为 $f_c = 2$ GHz，系统带宽为 $f_s = 10$ MHz，DFT 尺寸为 $N = 4\ 096$，系统保护间隔长度为 $N_g = 64$，以对抗最大多径延时扩展为 6.4 μs 的信道 [35]。考虑 4×16 的面阵（$M = 64$），$M_G = 32$ 用于保证不同天线组信道的空域结构化稀疏性。对于每个天线组而言，估计信道所需的导频为 N_p，导频的开销为 $\eta_p = (N_pM)/(Nf_pM_G)$。仿真采用了 ITU-VA 信道模型 [35]。最后，在 SNR = 10 dB、15 dB、20 dB、25 dB 和 30 dB 下，p_{th} 被分别设置为 0.1、0.08、0.06、0.05 和 0.04。

图 3.3 对比了 ASSP 算法、先验的 ASSP 算法、ASP 算法和先验的 LS 算法在 ITU-VA 信道模型下的 MSE 性能。从图 3.3 可以看到，ASP 算法的工作性能很差。提出的 ASSP 算法优于 ASP 算法，这是因为 MIMO 信道的空域结构化稀疏性可以用来提高信道估计的性能。此外，对于 $\eta_p \geqslant 19.04\%$，提出的 ASSP 算法和先验的 ASSP 算法也有相似的 MSE 性能，并且它们的性能逼近先验的 LS 算法的性能。这表明提出的 ASSP 算法在 $\eta_p \geqslant 19.04\%$ 下可以可靠地获取信道的稀疏度和支撑集。进一步，低的导频开销也意味着估计与某一个发射天线相关信道的平均导频开销是 $N_{p\_\text{avg}} = N_p/M_G = 12.18$，这逼近了可靠恢复 P-稀疏信号所需的最小观测数，即 $2P = 12$ [22]。因此，提出的重叠导频方案优异的稀疏信号恢复性能和提出的 ASSP 算法逼近最优的信道估计性能得到了验证。

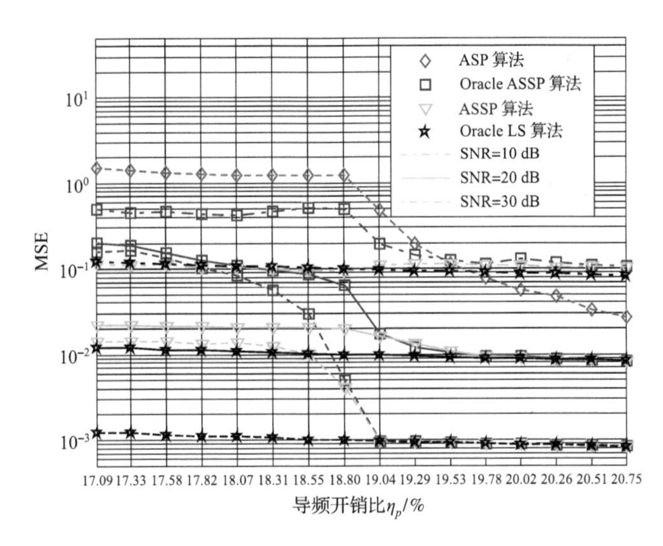

图 3.3　不同信道估计算法在不同导频开销和信噪比下 MSE 性能对比

由图 3.3 可以看出，在 $\eta_p < 19.04\%$ 时，ASSP 算法优于先验的 ASSP 算法，其性能甚至在 $N_{p\_\text{avg}} < 2P$ 和 SNR = 10 dB 下，比先验的 LS 算法还要好。这是

因为 ASSP 算法可以自适应地感知信道的等效稀疏度 P_{eff}，而非 P，因此可以获取更好的信道估计性能。以 $\mathrm{SNR}=10$ dB 和 $\eta_p=17.09\%$ 为例，可以发现 ASSP 算法会以很高的概率获得 $P_{\mathrm{eff}}=5$（具体可以参考图 3.4）。因此，每个发射天线的平均导频开销 $N_{p\_\mathrm{avg}}=N_p/M_G=10.9$ 仍然大于 $2P_{\mathrm{eff}}=10$。从上述分析，可以得到如下结论，当导频开销 N_p 对于稀疏度为 P 的信道估计来说并非充分时，ASSP 算法将以 $P_{\mathrm{eff}}<P$ 来估计信道，这里占据绝大多数信道能量的多径增益将被估计，而那些较小能量对应的多径增益则被视为噪声。需要指出的是，ASSP 算法在 $\mathrm{SNR}=10$ dB 下的 MSE 性能波动是由于随着 η_p 的增加，P_{eff} 也相应增加，这导致较强的噪声被错误地估计为信道多径成分，从而降低 MSE 性能。

图 3.4 描述了提出的 ASSP 算法在不同信噪比和导频开销比下所估计的信道稀疏度，其中纵轴和横轴分别代表使用的导频开销和自适应估计的信道稀疏度，色度是估计信道稀疏度的概率。在仿真中，考虑 $R=1$ 和 $f_p=1$，即没有利用信道时域相关性。显然，随着信噪比和导频开销增加，提出的 ASSP 算法可以以高概率获得真实的信道稀疏度。进一步，即便在导频数目不充分，不能获得真实的稀疏度时，所提出的 ASSP 算法仍然能可靠地以与真实信道稀疏度轻微偏差的稀疏度估计信道。

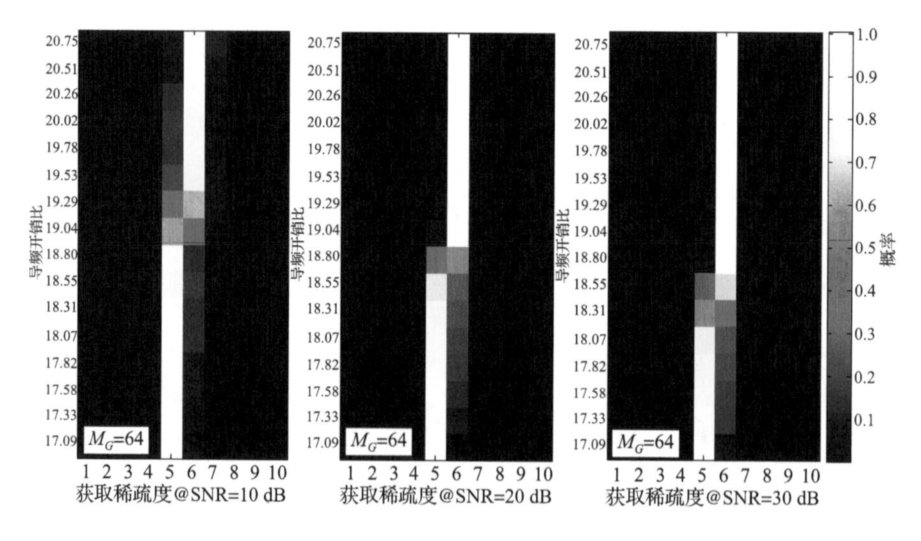

图 3.4　提出的 ASSP 算法在不同信噪比和导频开销比下估计的信道稀疏度

图 3.5 对比了提出的导频排列方案和传统的随机导频排列方案 [31]，其中提出的 ASSP 算法和先验的 LS 算法用来考察信道估计的 MSE 性能。在仿真中，考虑 $R=1$，$f_p=1$ 和 $\eta_p=19.53\%$。显然，提出的导频排列方案和传统的随机导频排列方案具有相似的性能。由于规则性，提出的均匀排列的导频方案在实

际系统中可以更加容易地使用。进一步，由于均匀的导频排列方案已经被用在 LTE-Advanced 系统，这可以方便大规模 MIMO 系统后向兼容于现有的蜂窝网络 [46]。

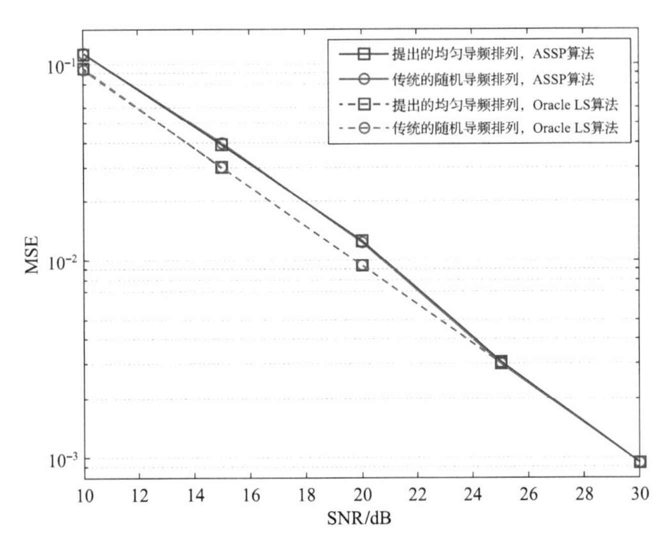

图 3.5　提出的导频排列方案和传统的随机导频排列方案信道估计 MSE 性能对比

图 3.6 给出了提出的 ASSP 算法在使用（$R=4$）和不使用（$R=1$）无线信道延时域结构化稀疏性两种情况下信道估计的 MSE 性能，这里考虑用户移动速度为 60 km/h 的时变 ITU-VA 信道模型。仿真中，$f_p=1$，而 $R=1$ 或 4 是指联合利用 R 个连续 OFDM 符号来进行处理。可以看出，由于用了更多的观测，提出的方案可利用时域信道相关性来显著提高信道估计性能。此外，通过利用多个 OFDM 符号来联合估计 MIMO 信道，可以进一步降低所需的计算复杂度。具体来说，算法主要的复杂度来源于矩阵伪逆操作，在 R 个 OFDM 符号联合下处理接收的导频信号可以共享矩阵伪逆操作，这表明通过利用信道时域相关性，信道估计复杂度可降低为 $1/R$ 倍。

图 3.7 考察了在实际大规模 MIMO 系统中所提出的空时自适应导频在不同 f_p 下的性能，其中 $R=1$，采用用户接收端移动速度为 60 km/h 的时变 ITU-VA 信道，并提供了不同 f_p 的导频开销比。仿真考虑了 $f_p=1$ 和 $f_p=5$，线性插值算法用来估计没有导频 OFDM 符号的信道。从图 3.7可以看出，SNR = 30 dB 下，提出算法在 $f_p=5$ 的情况下受到的性能损失相比于情况 $f_p=1$ 是可以忽略不计的。然而对于 SNR $\leqslant$ 20 dB 的情况，提出的算法在 $f_p=5$ 情况下优于 $f_p=1$ 的情况，这是因为线性插值算法可以降低等效噪声。通过利用信道时域相关性，提出的空时自适应导频方案可以极大地降低用于信道估计所需的导频开

销，并且不带来明显的性能损失。

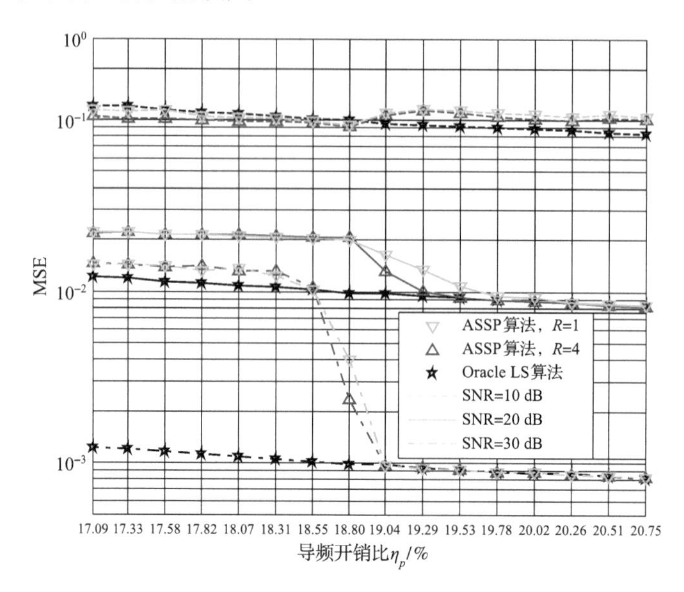

图 3.6　在移动接收端为 60 km/h 的时变 ITU-VA 信道模型下，提出的 ASSP 算法在不同 R 下的 MSE 性能

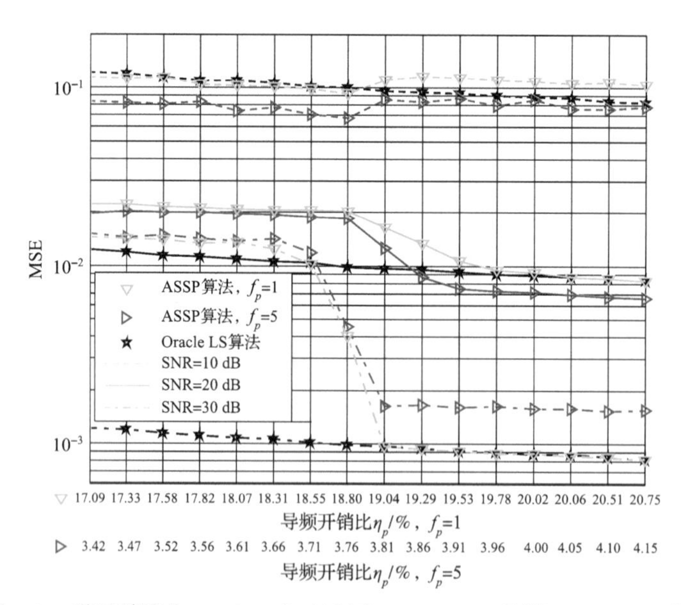

图 3.7　移动速度为 60 km/h 的时变 ITU-VA 信道下，ASSP 算法在不同 f_p 的 MSE 性能对比

图 3.8 提供了 FDD 大规模 MIMO 系统不同信道估计方案的 MSE 性能对

比，其中考虑在一个 OFDM 符号内（$R = 1$ 和 $f_p = 1$）的信道估计。传统线性信道估计方案（例如，最小均方误差算法和最小二乘算法）的克拉美罗下界也出现在图中作为性能基准，其中克拉美罗下界 $\text{CRLB} = 1/\text{SNR}$[40]。由于导频数目的不充分，提出的 ASP 算法不能很好地工作。因为当 M 很大时，不同发射天线的时域训练序列的彼此干扰会恶化信道估计性能，基于时频联合训练的方案 [40] 工作很差。MMSE 算法 [30] 和提出的 ASSP 算法可以比文献 [40] 中提出的方案获得 9 dB 的增益，并且它们的性能都逼近传统线性算法的克拉美罗下界。值得一提的是，提出的方案相比于 MMSE 算法具有明显低的导频开销，这是因为 MMSE 算法只有在式（3–9）是正定或过定时才能可靠地工作。最后，由于提出的 ASSP 算法可以自适应地获取信道的稀疏度，并在低信噪比下通过放弃对埋没在噪声中多径成分的估计，进而获得更好的信道估计性能。因此，在低 SNR 下，可以看到提出的方案甚至比先验的 ASSP 算法更优。

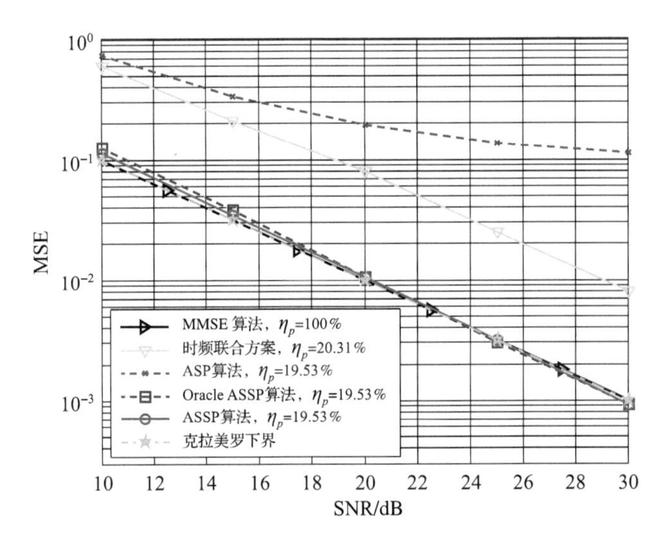

图 3.8　FDD 大规模 MIMO 系统中不同信道估计方案的 MSE 性能

图 3.9 和图 3.10 对比了下行链路的 BER 和平均每用户可达吞吐率，其中，基站使用 ZF 预编码并完美已知估计的下行链路信道。在仿真中，采用 $M = 64$ 根发射天线的基站使用 16-QAM 同时服务 $K = 8$ 个用户，ZF 预编码是基于对应于图 3.8 中仿真参数的信道估计。可以观察到，提出的信道估计方案优于传统的方案。

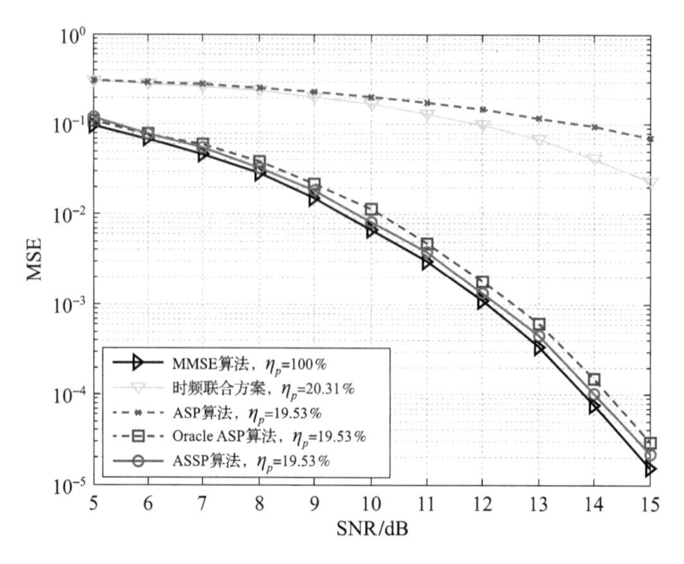

图 3.9　FDD 大规模 MIMO 系统中不同信道估计方案的 BER 性能

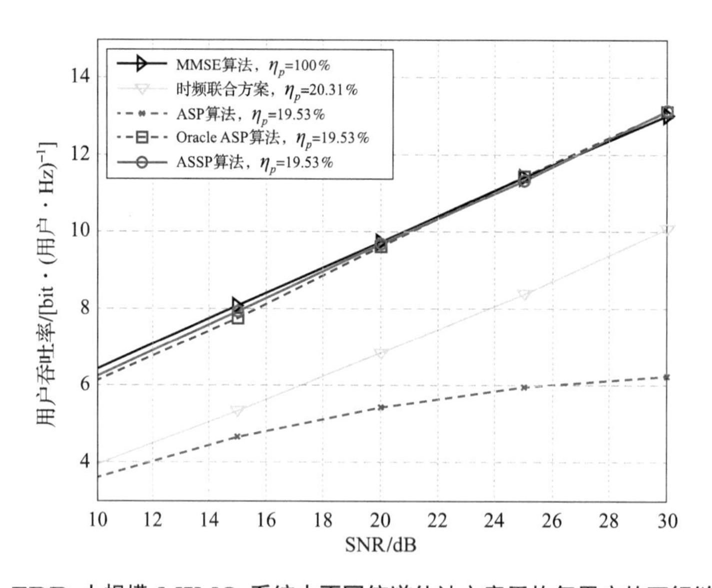

图 3.10　FDD 大规模 MIMO 系统中不同信道估计方案平均每用户的下行链路吞吐率

图 3.11 比较了不同导频去污染方案的平均每用户可达吞吐率。在仿真中，考察一个多小区大规模 MIMO 系统中受周围小区导频污染的中心小区的平均每用户的吞吐率，其中 $\mathcal{L}=7$，$M=64$，$K=8$，用户使用同一个频带。此外，本节还考虑了 $R=1$，$f_p=7$，路损因子为 3.8 dB/km，小区半径为 1 km，基站和各自用户的距离 $\mathcal{D}$ 从 100 m 到 1 km 不等，小区边缘用户的信噪比（这里考虑从

基站发出的非预编码信号的功率）为 10 dB，用户移动的速度为 3 km/h。基站使用 ZF 预编码并假设已知通过用户端 ASSP 算法估计的信道。对于 FDM 方案，$\mathcal{L}=7$ 个用户的导频是彼此正交。对于 FDM 方案，本节考虑当所有服务的用户都是准静态时为可达的最优性能。在 TDM 方案中，$\mathcal{L}=7$ 个小区的导频是在 $\mathcal{L}=7$ 个连续的时隙内依次发射，这里考虑如下两种情况：小区边缘（cell-edge）情况，是指当处于中心目标小区的用户估计信道时，其他小区的下行链路预编码数据传输可以确保它们边缘用户 SNR = 10 dB；遍历（ergodic）情况，指当处于中心目标小区的用户估计信道时，其他小区下行链路预编码数据传输可以对具有从 100 m 到 1 km 的遍历距离 $\mathcal{D}$ 的用户确保 SNR = 10 dB。在仿真中，FDM 方案和其最优性能之间微小的性能差距是由时变信道引起的，但是这种方案会有很大的导频开销。小区边缘情况下，TDM 方案性能最差，而遍历情况下的 TDM 方案的性能可以逼近最优性能。图 3.11 的仿真结果表明，在处理多小区 FDD 大规模 MIMO 系统下，TDM 方案可以以低的导频开销来获得优异的性能。进一步，如果考虑一些合适的调度策略 [59]，TDM 方案的性能可以得到进一步的提高。

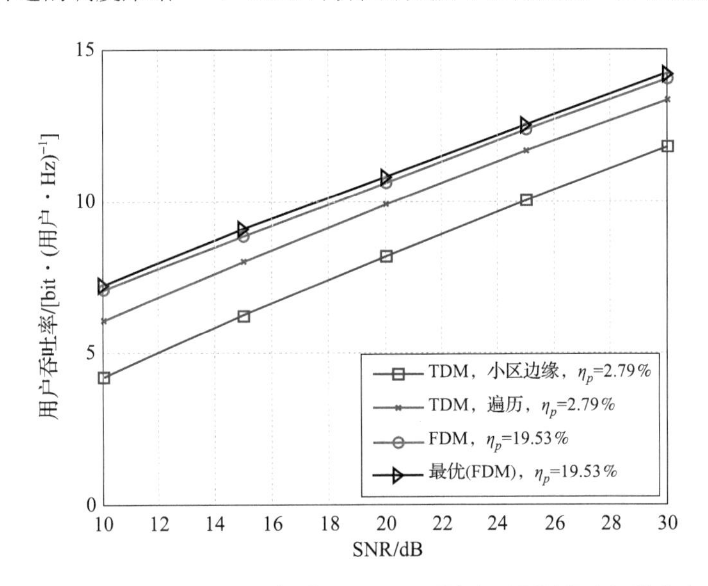

图 3.11　多小区 FDD 大规模 MIMO 系统中不同导频去污染方案中平均每用户可达吞吐率的对比

3.6　本章小结

本章讨论了 FDD 大规模 MIMO 系统下基于结构化压缩感知理论的空时联合信道估计方案。该方案可利用无线 MIMO 信道的空时结构化稀疏性来明显降低信道估计所需的导频开销。首先，基站端的重叠导频和用户侧 ASSP 算法可以以明显降低的导频开销来可靠地估计信道。其次，空时自适应导频方案可以根据用户的移动性来降低所需的导频开销。进一步，本章将提出的信道估计方案扩展到多小区场景。在理论分析方面，本章在压缩感知理论框架下，讨论了可以获得可靠信道估计性能的重叠导频设计，以及提出的 ASSP 算法的收敛性和计算复杂度。仿真结果表明，提出的信道估计方案可以以明显降低的导频开销来获得更好的信道估计性能，并且相比于性能界，仅有微弱的性能损失。

第 4 章

FDD 大规模 MIMO 系统中基于分布式压缩感知理论的信道反馈

4.1 本章简介与内容安排

通过利用空域显著增加的空间自由度，大规模 MIMO 系统可以显著提高系统的频谱效率和能量效率[4,7]。为了获得大规模 MIMO 系统的优越性，基站需要下行链路精确的 CSI 来做波束成型、资源分配，以及其他信号处理。然而，由于下行链路信道估计及反馈开销十分大，FDD 大规模 MIMO 系统中基站端获取精确的下行链路信道状态信息是十分具有挑战性的。目前，大多数大规模 MIMO 系统方面的研究通过假设 TDD 来避免这一挑战。在 TDD 大规模 MIMO 系统中，由于有限数目的服务用户，上行链路的信道状态信息可以更加容易获取，而信道互易性可以通过上行链路的信道估计获得[4,7,62,63]。然而，在 TDD 大规模 MIMO 系统中，由于射频链路校正误差，上行链路所获取的信道状态信息对下行链路来说并非总是精确的[53]。此外，目前 FDD 仍然占据当前主流蜂窝网络，而 FDD 系统下信道互易性不再存在，下行链路信道估计是必需的。因此，探索一个可以使大规模 MIMO 系统有效后向兼容当前现有 FDD 无线网络的方案是十分重要的[40]。本章将主要讨论 FDD 大规模 MIMO 系统可靠且有效的信道反馈。

小规模 MIMO 系统的信道估计通常基于正交导频[45,46,64,65]。譬如，在 LTE-Advanced 系统中，不同基站天线的导频占用不同的频域子载波[46]。导频信号也可以在时域或码域上正交。然而，正交导频的开销会随着基站天线数目增加而增加，这对于大规模 MIMO 系统来说难以承受。在 FDD 大规模 MIMO 系统中，文献 [66] 提出了利用信道统计特性的下行链路信道估计的导频设计。但是下行链路协方差矩阵的获取在实际上是十分困难的。文献 [53] 提出了开环和闭环的信道估计方案。然而，这种信道估计方案需要用户已知信道长期统计特性，这会增加训练时间和存储成本。文献 [40] 提出了利用延时域信道冲激响应稀疏性以明显降低的导频开销来获取信道状态信息。但是这种信道延时域稀疏性可能会在用户侧的散射体数目很大时而削弱。进一步，文献 [40,53,66] 并没有考虑信道反馈。为了获得足够精确的信道，传统的基于码本的信道状态信息反馈方案可能并非现实，因为码本的维度在大规模 MIMO 系统中会变得很大。因此，大规模 MIMO 系统中，大维度码本的设计、存储和译码是十分困难的 [67]。通过利用信道状态信息的空域相关性，文献 [51,67] 提出了基于压缩感知理论的信道反馈方案来降低大规模 MIMO 系统的信道反馈开销。然而，这些方案没有考虑下行链路的信道估计。通过利用多个用户信道矩阵的空域联合稀疏性，文献 [17,68] 提出了基于 J-OMP 算法的信道状态信息反馈方案。然而，这种方案不能有效地根据信道稀疏度来自适应调节所需的训练开销。进一步，当多个用户在空间上彼此分开时，这种空域联合稀疏性也可能会削弱。

最近的研究和实验表明，基站和用户间的无线信道从基站看呈现较小的角度域扩展 [63,69,70]。由于有限的角度域扩展和信道的高维度，大规模 MIMO 信道在虚拟角度域上呈现稀疏性 [71]。进一步，由于无线信道的空域传播特性在系统带宽内的近似不变性，这种稀疏性在不同子载波上是相似的。这种现象被认为是大规模 MIMO 系统在系统带宽内的空域结构化稀疏性 [72]。此外，由于信道的时域相关性 [72]，大规模 MIMO 信道在相邻几个时隙或者一个包含多个时隙的时块内是准静态的。进一步，稀疏的虚拟角度域信道的支撑集在多个时块内近似保持不变，这被称为多个时块的空域结构化稀疏性。

通过利用大规模 MIMO 系统信道空域和时域结构化稀疏性，本章提出了一种低开销的自适应信道反馈方案。本章提出的方案包含两个阶段：基于压缩感知的自适应信道状态信息获取和之后的闭环信道追踪。本章提出的信道反馈方案贡献如下：

- 基于压缩感知的自适应信道状态信息获取: 通过利用大规模 MIMO 系统信道在系统带宽内空域结构化稀疏性，提出的方案可以显著降低信道反馈所需开销。这里信道反馈仅仅依赖于信道稀疏度，而非传统信道估计方案中与基站天线数目正比。

- 闭环信道追踪: 通过利用大规模 MIMO 系统信道在多个时块的空域结构化稀疏性，该方案可以进一步降低信道估计所需开销。

- 基站处非正交导频训练开销: 首先，本章理论证明了在稀疏信号恢复性能方面，GMMV 比 MMV 有优势。这促使本章设计用于基于压缩感知的自适应信道状态获取方案的非正交导频。其次，本章推导了提出方案的克拉美罗下界。在闭环信道追踪阶段，推导出的克拉美罗下界可以指导本章根据先前估计的信道来自适应地设计非正交导频，以进一步提高性能。

- 提出的稀疏信道恢复算法: 提出的 DSAMP 算法利用了大规模 MIMO 信

道的空域结构化稀疏性来联合估计与不同子载波相关的多个信道。相比于传统的算法，譬如，SAMP、SP 和 OMP 算法，提出的 DSAMP 算法可以以相似的复杂度来明显降低信道估计所需开销。

4.2 系统模型

在典型的大规模 MIMO 系统中，基站通过部署 M 个发射天线来同时服务 K 个单天线用户 [7]，其中 $M \gg K$。对于第 n 个子载波的子信道（$1 \leqslant n \leqslant N$ 且 N 是 OFDM 符号的大小），第 k 个用户所接收的信号 $y_{k,n}$ 可以表达为

$$y_{k,n} = \boldsymbol{h}_{k,n}^{\mathrm{T}} \boldsymbol{x}_n + w_{k,n} \tag{4–1}$$

式中，$\boldsymbol{h}_{k,n} \in \mathbb{C}^M$ 是第 k 个用户和 M 个基站天线间的下行链路信道；$\boldsymbol{x}_n \in \mathbb{C}^M$ 是预编码后的发射信号；$w_{k,n}$ 是加性高斯白噪声。因而，K 个用户的接收信号 $\boldsymbol{y}_n = \left[y_{1,n}\ y_{2,n} \cdots y_{K,n}\right]^{\mathrm{T}} \in \mathbb{C}^K$ 可以表达为

$$\boldsymbol{y}_n = \boldsymbol{H}_n \boldsymbol{x}_n + \boldsymbol{w}_n \tag{4–2}$$

式中，$\boldsymbol{H}_n = \left[\boldsymbol{h}_{1,n}\ \ \boldsymbol{h}_{2,n} \cdots \boldsymbol{h}_{K,n}\right]^{\mathrm{T}} \in \mathbb{C}^{K\times M}$ 是下行链路信道矩阵；$\boldsymbol{w}_n = \left[w_{1,n}\ w_{2,n} \cdots w_{K,n}\right]^{\mathrm{T}} \in \mathbb{C}^K$ 是加性高斯白噪声矢量。

4.2.1 大规模 MIMO 系统信道在虚拟角度域上的稀疏性

本章通过使用虚拟角度域来表示信道矢量 $\boldsymbol{h}_{k,n}$ [71,72]

$$y_n = \boldsymbol{h}_n^{\mathrm{T}} \boldsymbol{x}_n + w_n = \widetilde{\boldsymbol{h}}_n^{\mathrm{T}} \boldsymbol{A}_B^{\mathrm{H}} \boldsymbol{x}_n + w_n \tag{4–3}$$

式中，$y_{k,n}$、$\boldsymbol{h}_{k,n}$ 和 $w_{k,n}$ 的用户索引 k 被省略；$\boldsymbol{h}_n^{\mathrm{T}} = \widetilde{\boldsymbol{h}}_n^{\mathrm{T}} \boldsymbol{A}_B^{\mathrm{H}}$；$\boldsymbol{A}_B \in \mathbb{C}^{M\times M}$ 是基站侧代表虚拟角度域的变换矩阵；$\boldsymbol{A}_B$ 与基站天线阵列的几何形态有关。

为了直观地解释信道矢量 $\widetilde{\boldsymbol{h}}_n$，本节在图 4.1 中给出了一个简单的例子，其中基站使用相邻天线间隔为 $d = \lambda/2$ 的线性阵列天线，并且 λ 是波长。在这个例子中，$\boldsymbol{A}_B$ 是一个 DFT 矩阵 [72]。虚拟角度域的信道矢量意味着在基站处等间隔地在虚拟角度域上对信道进行采样，也就是说，将信道在虚拟角度域坐标上进行表示。

由于基站往往架设在高处而周围散射体有限，同时用户处于周围散射体丰富的低处，在基站处看来，信道多径分量的角度域扩展是有限的 [63,69,70]。由于基站侧看多径分量有限的角度域扩散，$\widetilde{\boldsymbol{h}}_n$ 中只有少数的元素占据了近乎所有的信道多径成分。如果以一个典型的角度域扩展 10° 和 $M = 128$ 的线性阵列为例 [63]，

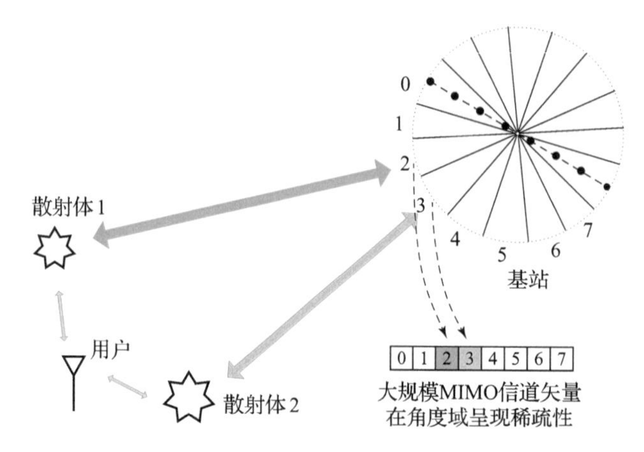

图 4.1　信道矢量在虚拟角度域上的表达，其中考虑基站使用相邻天线间隔为半波长的线性阵列天线，$M=8$，共有两个散射体

虚拟角度域采样间隔近似为 $\varphi_s = 180°/M = 1.406°$ [71]，且信道能量的大部分集中在虚拟角度域坐标 $8 = \lceil 10°/1.406° \rceil$ 附近，这远远小于信道矢量的整个维度 $M=128$，这里 $\lceil\cdot\rceil$ 是上取整操作符。因此，$\widetilde{\boldsymbol{h}}_n$ 呈现稀疏度 [72]，即

$$|\boldsymbol{\Theta}_n|_c = \left|\text{supp}\left\{\widetilde{\boldsymbol{h}}_n\right\}\right|_c = S_a \ll M \tag{4-4}$$

式中，$\boldsymbol{\Theta}_n$ 是支撑集；S_a 是稀疏度；$\text{supp}\left\{\widetilde{\boldsymbol{h}}_n\right\}$ 是矢量 $\widetilde{\boldsymbol{h}}_n$ 中非零元素的索引构成的集合，也称支撑集。

进一步，由于信道在系统带宽内空域传播特性的不变性，不同子载波信道经历相同的散射体 [72]。因此，系统带宽内不同子载波的有限角度域扩展非常相似。基于此，$\left\{\widetilde{\boldsymbol{h}}_n\right\}_{n=1}^{N}$ 具有相同的稀疏性，即

$$\text{supp}\left\{\widetilde{\boldsymbol{h}}_1\right\} = \text{supp}\left\{\widetilde{\boldsymbol{h}}_2\right\} = \cdots = \text{supp}\left\{\widetilde{\boldsymbol{h}}_N\right\} = \boldsymbol{\Theta} \tag{4-5}$$

这可通过图 4.2 来说明。

4.2.2　无线信道时域相关性

由于用户的移动性在大规模 MIMO 系统中并不是很大，信道在一个包含 J 个连续时隙的时块内近似保持不变，然而信道在不同的时块间是变化的。这里，一个时隙代表一个 OFDM 符号。这种块衰落表明 $\boldsymbol{h}_n^{(q,t)} = \boldsymbol{h}_n^{(q)}$（$1 \leqslant t \leqslant J$），其中 $\boldsymbol{h}_n^{(q,t)}$ 是第 q 个时块中的第 t 个时隙的信道，$\boldsymbol{h}_n^{(q)}$ 是第 q 个时块的准静态信道。同理，存在如下准静态的关系 $\widetilde{\boldsymbol{h}}_n^{(q,t)} = \widetilde{\boldsymbol{h}}_n^{(q)}$（$1 \leqslant t \leqslant J$），这里 $\widetilde{\boldsymbol{h}}_n^{(q,t)}$ 和 $\widetilde{\boldsymbol{h}}_n^{(q)}$ 分别是 $\boldsymbol{h}_n^{(q,t)}$ 和 $\boldsymbol{h}_n^{(q)}$ 的虚拟角度域表示。

图 4.2　虚拟角度域信道在系统带宽内呈现空域结构化稀疏特性

对于大规模 MIMO 信道，由于有限的相干时间和数以百计的基站天线，有 $J < M$。譬如，考虑如下大规模 MIMO 系统：载波频率 $f_c = 2\,\text{GHz}$，系统带宽 $f_s = 10\,\text{MHz}$，OFDM 符号的大小为 $N = 2\,048$，基站天线数目 $M = 128$，多径信道延时扩展为 $\tau_{\max} = 6.4\ \mu\text{s}$（需要 $N_g = 64$ 的保护间隔）[7,49]。假设所服务的用户的最大移动速度为 $v = 36\,\text{km/h}$。最大多普勒频移为 $f_d = vf_c/c = 66.67\,\text{Hz}$，其中 c 是电磁波的速度。这里考虑信道相干时间为 $T_c = \sqrt{9/\left(16\pi f_d^2\right)} \approx 6.3\,\text{ms}$ [43]，或者相干时隙为 $J = T_c f_s/(N + N_g) \approx 30$，而这远远小于 M。

由于无线信道在不同时块各不相同，它们必须在每个时块重新估计，这会造成非常高的复杂度和开销。幸运的是，实验和理论分析表明，尽管信道是连续地从一个时块变换到另一个时块，这种信道角度域扩展的变化速率远远小于对应信道增益的变化速率 [71]。这表明

$$\text{supp}\left\{\widetilde{\boldsymbol{h}}_n^{(q)}\right\} = \text{supp}\left\{\widetilde{\boldsymbol{h}}_n^{(q+1)}\right\} = \cdots = \text{supp}\left\{\widetilde{\boldsymbol{h}}_n^{(q+Q-1)}\right\} \tag{4–6}$$

式中，Q 是角度域信道支撑集保持不变的时块数。以图 4.1 为例，假设基站和用户间的距离为 $L_{BU} = 250\,\text{m}$，并且有 $v = 36\,\text{km/h}$。进一步，假设移动用户的移动方向与连接基站和用户的方向平行。则在相邻 $Q = 5$ 个连续时块下，信道在虚拟角度域上的最大变化为 $\theta_\Delta = \arctan\left(QT_cv/L_{BU}\right) \approx 0.072^\circ$。和虚拟角度域的分辨率 $\varphi_s = 1.406^\circ$ 相比，这种角度域有限扩展的变化是可以忽略不计的。如果 $v < 36\,\text{km/h}$ 或用户的移动速度不和连接用户与基站的方向平行，则 Q 可以大于 5。

4.2.3　信道反馈的挑战性

本章考虑下行链路在第 q 个时块的信道估计。为了可靠地估计第 n 个子载波的信道，用户需要联合利用相邻多个时隙（譬如，G 个时隙）的接收导频来完成信道估计。令 $y_n^{(q,t)}$ 是式（4–3）在第 t 个时隙第 n 个子载波所接收的导频，

$y_n^{(q,t)}$ $(1 \leqslant t \leqslant G)$ 可以联合写成矢量 $\boldsymbol{y}_n^{[q,G]} = \left[y_n^{(q,1)}\ y_n^{(q,2)} \cdots y_n^{(q,G)}\right]^{\mathrm{T}} \in \mathbb{C}^G$。继而可得

$$\boldsymbol{y}_n^{[q,G]} = \boldsymbol{X}_n^{[q,G]} \boldsymbol{h}_n^{(q)} + \boldsymbol{w}_n^{[q,G]} \tag{4-7}$$

式中，$\boldsymbol{X}_n^{[q,G]} = \left[\boldsymbol{x}_n^{(q,1)}\ \boldsymbol{x}_n^{(q,2)} \cdots \boldsymbol{x}_n^{(q,G)}\right]^{\mathrm{T}} \in \mathbb{C}^{G\times M}$，$\boldsymbol{x}_n^{(q,t)} \in \mathbb{C}^M$ 是第 t 个时隙内发射的导频；$\boldsymbol{w}_n^{[q,G]} = \left[w_n^{(q,1)}\ w_n^{(q,2)} \cdots w_n^{(q,G)}\right]^{\mathrm{T}} \in \mathbb{C}^G$ 是对应的加性高斯白噪声矢量。为了精确地从式（4–7）估计信道，传统信道估计方案中的 G 通常严重依赖 M。通常，G 大于 J，这将导致较差的信道估计性能 [45]。进一步，为了最小化信道估计的 MSE，$\boldsymbol{X}_n^{[q,G]}$ 应该是一个乘以发射功率因子的酉矩阵 [45]。这种导频排列如图 4.3（a）所示，也称为时域正交导频。需要指出的是，在 MIMO-OFDM 系统中，为了估计与一个发射天线相关的信道，需要 P 个导频子载波，通常考虑 $P = N_g$，因为 $N_c = N/N_g$ 个相邻子载波是相关的 [45]。因此，为了估计完整的 MIMO 信道，整体导频开销为 $P_{\text{total}} = PG = N_g M$。同理，LTE-Advanced 采用了如图 4.3（b）所示的时频正交导频方案，该方案也需要 $P_{\text{total}} = PM = N_g M$。这两种正交导频本质是等价的，因为它们都是基于奈奎斯特采样框架设计并且具有相同的导频开销。因此，本章仅仅考虑时域正交导频作为对比对象，接下来的内容将阐述提出的非正交导频。

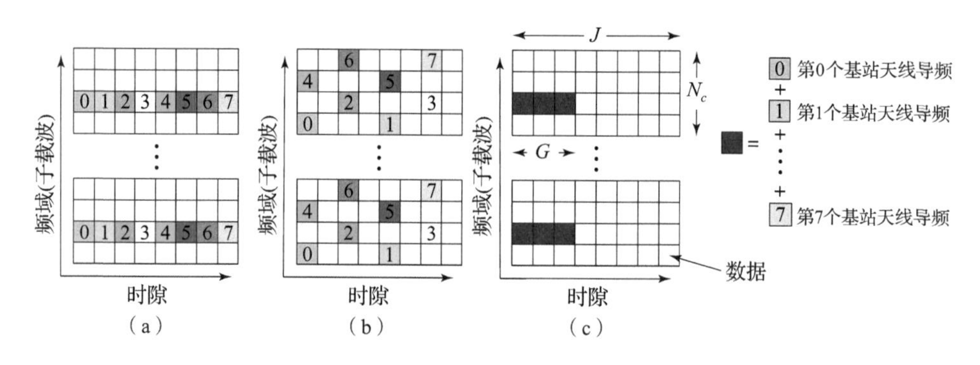

图 4.3 三种不同导频设计方案

（a）时域正交导频 [45]；（b）LTE-Advanced 的时频正交导频 [46]；

（c）提出的非正交导频，这里假设 $M = 8$

基于码本的信道反馈方案广泛应用在小规模 MIMO 系统中。然而，为了在大规模 MIMO 系统的基站处获得精确的信道状态信息，码本的尺寸会很大。进一步，用户端高维度码本的存储和编码也是有相当挑战性的。为了攻克这些困难，本章考虑了联合信道估计和反馈，其中信道状态信息的获取主要在基站端实现。通过利用大规模 MIMO 系统信道的空域结构化稀疏性和时域相关性，提出的方案可以显著降低信道反馈所需训练开销和复杂度。

4.3　基于空域结构化稀疏性的自适应信道反馈方案

提出的自适应信道反馈方案的具体操作流程如下所示：

步骤 1: 在每个时隙中，基站向用户发射非正交导频，用户将获得的接收导频直接反馈给基站。除了步骤 4，导频信号需要事先设计。

步骤 2: 根据在多个时隙中收集的低维度反馈信号，基站利用提出的 DSAMP 算法来联合估计多个高维度的虚拟角度域稀疏信道。

步骤 3: 基站根据预先设计的准则判断估计稀疏信道的可靠性。如果给定的准则满足，基站停止发送导频，然后基站端所估计的信道状态信息可以在当前的时块内做预编码和用户调度。如果不满足准则，基站将会回到步骤 1 直到接收充足的反馈信号来获得可靠的信道状态信息。

步骤 4: 由于基站已经获取估计的支撑集 $\widehat{\Theta}$ 和估计的稀疏度 $\widehat{S}_a$，可以直接利用最小二乘算法来估计接下来 $Q-1$ 个时块内每个时块的信道。这里步骤 1 中所需的时隙开销可以减少到 $G=\widehat{S}_a$，导频信号可以自适应地根据 $\widehat{\Theta}$ 调节来进一步提高性能。

可以看出，提出的信道反馈方案包括两个阶段：在第 q 个时块内基于压缩感知的自适应信道状态信息获取，这方面包括从步骤 1 到步骤 3；接下来 $Q-1$ 个时块的闭环信道追踪，这方面包括步骤 1 和步骤 4。本节将在下面详细地给出技术细节。

4.3.1　非正交导频设计

提出的非正交导频设计方案如图 4.3（c）所示。类似于时域正交导频，在每个 OFDM 符号中，P 个子载波用来传输导频。然而，提出的导频方案允许与不同发射天线相关的导频来占据完全相同的频域子载波。

基于正交导频的传统方案往往需要 $G \geqslant M$。相比之下，提出的基于压缩感知的自适应信道状态信息获取方案的非正交导频可以在稀疏信号恢复方面提供有效的压缩和可靠的恢复。因此，G 主要是由 $S_a \ll M$ 来决定的。在本方案中，第一阶段的非正交导频是事先设计好的，这将在 4.1 节给予讨论。根据第一阶段获取的信道状态信息，用于第二阶段的闭环信道追踪的非正交导频是通过最小化 G 和信道状态信息获取的 MSE 性能来自适应设计的，这将在 4.6 节进一步说明。

在导频子载波的分配方面，本章考虑了广泛使用的均匀导频。为了方便起见，记 $\Omega_\xi=\{\xi_1,\xi_2,\cdots,\xi_P\}$ 为导频子载波的索引，而 ξ_p $(1 \leqslant p \leqslant P)$ 是分配给第 p 个导频的子载波索引。需要说明的是，M 个发射天线共享第 p 个导频子载波，这一点可以通过图 4.3（c）看出。

4.3.2 基于压缩感知的自适应信道状态信息获取方案

如步骤 1 所述，在第 q 个时块，用户直接将接收的导频信号不做任何处理直接反馈至基站，这里反馈信道可以认为是加性高斯白噪声信道 [17,51,67,68]。根据式（4–7），在基站端，反馈信号在第 t 个时隙可以表达为

$$r_p^{(q,t)} = \left(\bar{\boldsymbol{h}}_p^{(q)}\right)^{\mathrm{T}} \boldsymbol{A}_B^{\mathrm{H}} \boldsymbol{s}_p^{(q,t)} + v_p^{(q,t)},\ 1 \leqslant p \leqslant P \tag{4–8}$$

式中，$r_p^{(q,t)} = y_{\xi_p}^{(q,t)}$ 是第 t 个时隙中第 p 个反馈信号；$\bar{\boldsymbol{h}}_p^{(q)} = \widetilde{\boldsymbol{h}}_{\xi_p}^{(q)}$ 是第 p 个导频子载波的虚拟角度域信道矢量；$\boldsymbol{s}_p^{(q,t)} = \boldsymbol{x}_{\xi_p}^{(q,t)}$ 是 M 个基站天线发射的导频信号矢量；$v_p^{(q,t)} = w_{\xi_p}^{(q,t)}$ 是包含下行链路信道的加性高斯白噪声和反馈信道的加性高斯白噪声的等效噪声。

由于信道在一个时块内的准静态特性，连续 G 个时隙的反馈信号可以联合利用来获取基站处下行链路的信道状态信息，可以表达为

$$\boldsymbol{r}_p^{[q,G]} = \boldsymbol{S}_p^{[q,G]} \left(\boldsymbol{A}_B^{\mathrm{H}}\right)^{\mathrm{T}} \bar{\boldsymbol{h}}_p^{(q)} + \boldsymbol{v}_p^{[q,G]} = \boldsymbol{\Phi}_p^{[q,G]} \bar{\boldsymbol{h}}_p^{(q)} + \boldsymbol{v}_p^{[q,G]}, 1 \leqslant p \leqslant P \tag{4–9}$$

式中，$\boldsymbol{r}_p^{[q,G]} = \left[r_p^{(q,1)}\ r_p^{(q,2)} \cdots r_p^{(q,G)}\right]^{\mathrm{T}}$；$\boldsymbol{S}_p^{[q,G]} = \left[\boldsymbol{s}_p^{(q,1)}\ \boldsymbol{s}_p^{(q,2)} \cdots \boldsymbol{s}_p^{(q,G)}\right]^{\mathrm{T}} \in \mathbb{C}^{G\times M}$；$\boldsymbol{v}_p^{[q,G]} = \left[v_p^{(q,1)}\ v_p^{(q,2)}\ \cdots v_p^{(q,G)}\right]^{\mathrm{T}}$；$\boldsymbol{\Phi}_p^{[q,G]}$，$\boldsymbol{S}_p^{[q,G]}$，$\left(\boldsymbol{A}_B^{\mathrm{H}}\right)^{\mathrm{T}} \in \mathbb{C}^{G\times M}$。系统的信噪比定义为 $\mathrm{SNR} = \mathrm{E}\left\{\left\|\boldsymbol{\Phi}_p^{[q,G]} \bar{\boldsymbol{h}}_p^{(q)}\right\|_2^2\right\} \Big/ \mathrm{E}\left\{\left\|\boldsymbol{v}_p^{[q,G]}\right\|_2^2\right\}$。通过利用系统带宽内信道空域的结构化稀疏性，提出的 DSAMP 算法可以重建多个导频子载波的稀疏角度域信道，这可以在 4.4.1 节进一步阐释说明。

算法 2: 基于压缩感知的自适应信道状态信息获取方案

1: 确定初始的时隙开销 G_0，设定迭代索引 $i = 0$
2: **repeat**
3: 搜集式（4–9）中给定 G_i 的 $\boldsymbol{r}_p^{[q,G_i]}$ 和 $\boldsymbol{\Phi}_p^{[q,G_i]}$（$1 \leqslant p \leqslant P$），这里 G_i 是第 i 次迭代所需的开销
4: 利用提出的 DSAMP 算法来求解信道矢量 $\widehat{\boldsymbol{h}}_p^{(q)}$（$\forall p$）
5: $G_{i+1} = G_i + 1$，$i = i + 1$
6: **until** $\sum\limits_{p=1}^{P} \left\|\boldsymbol{r}_p^{[q,G_{i-1}]} - \boldsymbol{\Phi}_p^{[q,G_{i-1}]} \widehat{\boldsymbol{h}}_p^{(q)}\right\|_2^2 (PG_{i-1}) \leqslant \varepsilon$，如果误差小于门限 ε，则迭代终止；否则，在下一个时隙继续发送导频
7: $G_0 = G_i - 1$，可选，决定下一次基于压缩感知的自适应信道状态信息获取的初始时隙开销

在实际的大规模 MIMO 系统中，信道在虚拟角度域的稀疏度 S_a 是时变的。如果 S_a 相对小，则较小的时隙开销 G 即可用来获取精确的信道状态信息；然而

如果 S_a 相对比较大，则需要大的 G 来保证可靠的稀疏信号恢复。为此，本节提出了如算法 2 所示的基于压缩感知理论的自适应信道状态信息获取方案，它可以自适应地调节 G，以确保基站端可靠地获取信道状态信息。

在第一个基于压缩感知的自适应信道状态信息获取阶段，需要根据经验决定初始时隙开销 G_0。由于典型的角度域扩展为 10° [63]，对于 $M=128$ 的大规模 MIMO 系统信道，有效的稀疏度为 $S_a=8$。因此，可设置 $G_0=8$。在给定的 G_i，DSAMP 算法需要获取一组信道矢量 $\widehat{\boldsymbol{h}}_p^{(q)}$（$\forall p$）。如果 $\sum\limits_{p=1}^{P}\left\|\boldsymbol{r}_p^{[q,G_i]}-\boldsymbol{\Phi}_p^{[q,G_i]}\widehat{\boldsymbol{h}}_p^{(q)}\right\|_2^2/(PG_i)$ 比预先设定的门限 ε 大，则稀疏信号恢复被判定为不可靠。因此，训练时隙增加一个，在第 G_{i+1} 个时隙，获得一组反馈导频信号和发射导频信号 $r_p^{(q,G_{i+1})}$ 与 $\boldsymbol{s}_p^{(q,G_{i+1})}$（$\forall p$），并且和之前获得的 $\boldsymbol{r}_p^{[q,G_i]}$ 与 $\boldsymbol{\Phi}_p^{[q,G_i]}$ 结合用来序贯地扩大观测矢量的维度，即

$$\boldsymbol{r}_p^{[q,G_{i+1}]}=\begin{bmatrix}\boldsymbol{r}_p^{[q,G_i]}\\ r_p^{(q,G_{i+1})}\end{bmatrix},\ \boldsymbol{\Phi}_p^{[q,G_{i+1}]}=\begin{bmatrix}\boldsymbol{\Phi}_p^{[q,G_i]}\\ \left(\boldsymbol{s}_p^{(q,G_{i+1})}\right)^{\mathrm{T}}\left(\boldsymbol{A}_B^{\mathrm{H}}\right)^{\mathrm{T}}\end{bmatrix}$$

来提高信道估计精度。进一步，算法在最后自动地决定下一次基于压缩感知的自适应信道状态信息获取方案中的初始时隙开销。

4.3.3　提出的 DSAMP 算法

在给定观测式（4–9）的情况下，信道状态信息的获取通过求解如下优化问题来实现

$$\min_{\bar{\boldsymbol{h}}_p^{(q)},1\leqslant p\leqslant P}\left(\sum\nolimits_{p=1}^{P}\left\|\bar{\boldsymbol{h}}_p^{(q)}\right\|_0^2\right)^{1/2}$$
$$\text{s.t. }\boldsymbol{r}_p^{[q,G]}=\boldsymbol{\Phi}_p^{[q,G]}\bar{\boldsymbol{h}}_p^{(q)},\ \forall p\ \ \text{且}\ \left\{\bar{\boldsymbol{h}}_p^{(q)}\right\}_{p=1}^{P}\text{具有共同的支撑集}\tag{4–10}$$

提出的 DSAMP 算法在算法 3 中列出，它可以通过求解优化问题式（4–10）来同时估计不同导频子载波的多个稀疏信道矢量。这个算法是从 SAMP 算法发展而来的 [73]。在算法中，$(\boldsymbol{a})_\Gamma$ 是由矢量 $\boldsymbol{a}$ 根据集合 Γ 选择元素构成的矢量，$(\boldsymbol{A})_\Gamma$ 是由矩阵 $\boldsymbol{A}$ 根据集合 Γ 选择列构成的矩阵，$[\boldsymbol{a}]_l$ 代表矢量 $\boldsymbol{a}$ 的第 l 个元素。具体而言，对于每一个采用固定稀疏度为 $\mathcal{T}$ 的阶段，行 8 选取 $\mathcal{T}$ 个潜在的非零元素；行 9 用最小二乘方法估计与支撑集 $\Omega^{i-1}\cup\Gamma$ 有关的值；行 10 选择 $\mathcal{T}$ 个最大似然支撑集。行 7~12 和 21 旨在搜索占据 $\mathcal{T}$ 个最多能量的虚拟角度域坐标。尤其是，行 7~12 会从前一次迭代的结果中移除错误的支撑集并添加入潜在的支撑集。如果行 18 被触发，则算法更新 $\mathcal{T}$ 并开始一个新的阶段。当迭代终止条件行 14~17 和行 23 被触发时，则算法终止。

算法 3: 提出的 DSAMP 算法

输入： 式（4–10）中有噪的反馈信号 $\boldsymbol{r}_p^{[q,G]}$ 和感知矩阵 $\boldsymbol{\Phi}_p^{[q,G]}$（$1 \leqslant p \leqslant P$），以及终止门限 p_{th}

输出： 在多个导频子载波上估计的虚拟角度域信道矢量 $\widehat{\boldsymbol{h}}_p^{(q)}$（$\forall p$）

1: $\mathcal{T}=1$；$i=1$；$j=1$

2: $\boldsymbol{c}_p=\boldsymbol{t}_p=\boldsymbol{c}_p^{\text{last}}=\mathbf{0}\in\mathbb{C}^M$，$\forall p$

3: $\Omega^0=\ \Gamma=\widetilde{\Gamma}=\Omega=\widetilde{\Omega}=\varnothing$；$l_{\min}=\widetilde{l}=0$

4: $\boldsymbol{b}_p^0=\boldsymbol{r}_p^{[q,G]}\in\mathbb{C}^G$，$\forall p$

5: $\sum_{p=1}^P\left\|\boldsymbol{b}_p^{\text{last}}\right\|_2^2=+\infty$

6: **repeat**

7: $\quad\boldsymbol{a}_p=\left(\boldsymbol{\Phi}_p^{[q,G]}\right)^{\text{H}}\boldsymbol{b}_p^{i-1}$，$\forall p$

8: $\quad\Gamma=\arg\max\limits_{\widetilde{\Gamma}}\left\{\sum_{p=1}^P\|(\boldsymbol{a}_p)_{\widetilde{\Gamma}}\|_2^2,\left|\widetilde{\Gamma}\right|_c=\mathcal{T}\right\}$

9: $\quad(\boldsymbol{t}_p)_{\Omega^{i-1}\cup\Gamma}=\left(\left(\boldsymbol{\Phi}_p^{[q,G]}\right)_{\Omega^{i-1}\cup\Gamma}\right)^{\dagger}\boldsymbol{r}_p^{[q,G]}$，$\forall p$

10: $\quad\Omega=\arg\max\limits_{\widetilde{\Omega}}\left\{\sum_{p=1}^P\|(\boldsymbol{t}_p)_{\widetilde{\Omega}}\|_2^2,\left|\widetilde{\Omega}\right|_c=\mathcal{T}\right\}$

11: $\quad(\boldsymbol{c}_p)_{\Omega}=\left(\left(\boldsymbol{\Phi}_p^{[q,G]}\right)_{\Omega}\right)^{\dagger}\boldsymbol{r}_p^{[q,G]}$，$\forall p$

12: $\quad\boldsymbol{b}_p=\boldsymbol{r}_p^{[q,G]}-\boldsymbol{\Phi}_p^{[q,G]}\boldsymbol{c}_p$，$\forall p$

13: $\quad l_{\min}=\arg\min\limits_{\widetilde{l}}\left\{\sum_{p=1}^P\left\|[\boldsymbol{c}_p]_{\widetilde{l}}\right\|_2^2,\widetilde{l}\in\Omega\right\}$

14: $\quad$**if** $\sum_{p=1}^P\left\|[\boldsymbol{c}_p]_{l_{\min}}\right\|_2^2/P<p_{\text{th}}$ **then**

15: $\qquad$Quit iteration

16: $\quad$**else if** $\sum_{p=1}^P\left\|\boldsymbol{b}_p^{\text{last}}\right\|_2^2<\sum_{p=1}^P\|\boldsymbol{b}_p\|_2^2$ **then**

17: $\qquad$Quit iteration

18: $\quad$**else if** $\sum_{p=1}^P\left\|\boldsymbol{b}_p^{i-1}\right\|_2^2\leqslant\sum_{p=1}^P\|\boldsymbol{b}_p\|_2^2$ **then**

19: $\qquad j=j+1$；$\mathcal{T}=j$；$\boldsymbol{c}_p^{\text{last}}=\boldsymbol{c}_p$，$\boldsymbol{b}_p^{\text{last}}=\boldsymbol{b}_p$，$\forall p$

20: $\quad$**else**

21: $\qquad\Omega^i=\Omega$；$\boldsymbol{b}_p^i=\boldsymbol{b}_p$，$\forall p$；$i=i+1$

22: $\quad$**end if**

23: **until** $\sum_{p=1}^P\left\|[\boldsymbol{c}_p]_{l_{\min}}\right\|_2^2/P<p_{\text{th}}$

24: $\widehat{\boldsymbol{h}}_p^{(q)}=\boldsymbol{c}_p^{\text{last}}$，$\forall p$

经典的 SAMP 算法 [73] 会从单个低维度的接收信道重构出高维度的稀疏信号。相比之下，提出的 DSAMP 算法会通过联合处理多个低维度的接收信号同时恢复具有共同支撑集的多个高维度稀疏信号。在终止条件方面，当残差小于门限 p_{th} 时，SAMP 算法会停止迭代。相比之下，提出的 DSAMP 算法则有两个终止条件。具体而言，如果估计支撑集中某一个虚拟角度域坐标上的能量小于 p_{th} 或者当前阶段的残差大于前一阶段的残差，则算法会终止。提出的算法终止条件可以确保鲁棒的信号恢复性能，而这将在仿真中得以验证。

通过在基站端使用 DSAMP 算法，可以获取导频子载波的虚拟角度域信道估计，即 $\widehat{\bar{\boldsymbol{h}}}_p^{(q)}$（$1 \leqslant p \leqslant P$）。因此，在第 ξ_p 个子载波上与第 p 个导频信号相关的实际信道可以根据式（4–8）来估计，即

$$\widehat{\boldsymbol{h}}_{\xi_p}^{(q)} = \left(\boldsymbol{A}_B^{\mathrm{H}}\right)^{\mathrm{T}} \widehat{\bar{\boldsymbol{h}}}_{\xi_p}^{(q)} = \left(\boldsymbol{A}_B^{\mathrm{H}}\right)^{\mathrm{T}} \widehat{\bar{\boldsymbol{h}}}_p^{(q)} \tag{4–11}$$

4.3.4 具有自适应导频设计的闭环信道追踪

由于连续 Q 个时块的信道具有空域结构化稀疏性，在接下来的 $Q-1$ 个时块内，将利用在第 q 个时块估计的支撑集 $\widehat{\Theta} = \mathrm{supp}\left(\widehat{\bar{\boldsymbol{h}}}_p^{(q)}\right)$、稀疏度 $\widehat{S}_a = \left|\widehat{\Theta}\right|_c$、从反馈到基站的信号估计信道。具体来说，对于第 q_b 个时块（$q+1 \leqslant q_b \leqslant q+Q-1$），基站向用户首先发射非正交导频，然后用户将接收的导频信号直接反馈给基站。在基站端，类似于式（4–9），与第 p 个导频子载波 $\boldsymbol{r}_p^{[q_b,G]}$ 相关的反馈导频信号可以表达为

$$\boldsymbol{r}_p^{[q_b,G]} = \boldsymbol{S}_p^{[q_b,G]} \left(\boldsymbol{A}_B^{\mathrm{H}}\right)^{\mathrm{T}} \bar{\boldsymbol{h}}_p^{(q_b)} + \boldsymbol{v}_p^{[q_b,G]} = \boldsymbol{\Phi}_p^{[q_b,G]} \bar{\boldsymbol{h}}_p^{(q_b)} + \boldsymbol{v}_p^{[q_b,G]} \tag{4–12}$$

式中，$\boldsymbol{S}_p^{[q_b,G]}$，$\bar{\boldsymbol{h}}_p^{(q_b)}$ 和 $\boldsymbol{v}_p^{[q_b,G]}$ 分别是在第 q_b 个时块内的导频信号矩阵、虚拟角度域信道和等效噪声。如果 Θ 和 S_a 已知，则信道状态信息可以利用最小二乘算法直接估计，即

$$\left(\widehat{\bar{\boldsymbol{h}}}_p^{(q_b)}\right)_{\Theta} = \left(\left(\boldsymbol{\Phi}_p^{[q_b,G]}\right)_{\Theta}\right)^{\dagger} \boldsymbol{r}_p^{[q_b,G]} \tag{4–13}$$

式（4–13）是 $\bar{\boldsymbol{h}}_p^{(q_b)}$ 可以达到克拉美罗下界的无偏估计 [74]。基站可以利用在第 q 个时块获得的 $\widehat{\Theta}$ 和 $\widehat{S}_a$ 来计算这个最小二乘估计。

正如第 4.6 节所述，为了获取 $\bar{\boldsymbol{h}}_p^{(q_b)}$ 的估计，所需的时隙开销可以降低至 S_a，因此，对于闭环信道追踪而言，可以设计非正交的导频信号来确保这一条件，并且将 G 降低至 S_a，同时获得信道估计最优的 MSE 性能。具体而言，令 $G = S_a$，$\boldsymbol{U}_{S_a} \in \mathbb{C}^{S_a \times S_a}$ 是一个酉矩阵。则

$$\left(\boldsymbol{\Phi}_p^{[q_b,G]}\right)_{\Theta} = \left(\boldsymbol{S}_p^{[q_b,G]}\left(\boldsymbol{A}_B^{\mathrm{H}}\right)^{\mathrm{T}}\right)_{\Theta} = \sqrt{G}\boldsymbol{U}_{S_a} \tag{4–14}$$

进而可得所需非正交导频矩阵 $\boldsymbol{S}_p^{[q_b,G]} = \sqrt{G}\boldsymbol{U}_{S_a}\left(\left(\left(\boldsymbol{A}_B^{\mathrm{H}}\right)^{\mathrm{T}}\right)_{\Theta}\right)^{\dagger}$。

4.4 性能分析

本节包括以下几个部分：基于压缩感知理论的自适应信道状态信息获取阶段的非正交导频设计和所需的最小时隙开销；导频子载波的排列；DSAMP 算法的计算复杂度和收敛性；提出方案的性能界；闭环信道追踪阶段所需的导频开销和对应的非正交导频设计。

4.4.1 非正交导频设计

在第 q 个时块内，式（4–9）中的观测矩阵 $\boldsymbol{\Phi}_p^{[q,G]}$（$\forall p$）对于确保基站处可靠的信道状态信息获取是十分重要的。通常，$G \ll M$。由于 $\boldsymbol{\Phi}_p^{[q,G]} = \boldsymbol{S}_p^{[q,G]}\left(\boldsymbol{A}_B^{\mathrm{H}}\right)^{\mathrm{T}}$ 和 $\boldsymbol{A}_B$ 是由基站处天线阵列的几何形态决定的，基站发射的导频信号 $\boldsymbol{S}_p^{[q,G]}$（$\forall p$）应该精心设计，以确保可靠的信道反馈性能。

4.4.1.1 约束等距性 RIP

在压缩感知理论中，RIP 可以用来评估观测矩阵在稀疏信号的可靠压缩和恢复方面的质量。文献 [22] 已经证明，对于每个元素服从独立同复高斯分布的观测矩阵，满足 RIP，并在稀疏信号的压缩和恢复方面具有好的性能。

4.4.1.2 以并行方式同时处理多个观测矢量

在压缩感知理论中，式（4–10）中优化问题与 SMV 和 MMV 是不同的。

SMV 是从一个低维度的观测信号 $\boldsymbol{d}$ 来重构高维度的稀疏信号 $\boldsymbol{f}$，这可以被表达为 $\boldsymbol{d} = \boldsymbol{\Phi}\boldsymbol{f}$，其中，$\boldsymbol{\Phi} \in \mathbb{C}^{D\times F}$，$D < F$，并且支撑集 $\Xi = \mathrm{supp}\{\boldsymbol{f}\}$ 的稀疏度为 $|\Xi|_c = S \ll F$。

另外，MMV 可以从多个低维度的观测信号同时重构出多个具有共同支撑集的高维度稀疏信号，这可以表达为 $\boldsymbol{D} = \boldsymbol{\Phi}\boldsymbol{F}$，其中，$\boldsymbol{D} = [\boldsymbol{d}_1\ \boldsymbol{d}_2 \cdots \boldsymbol{d}_L]$，$\boldsymbol{F} = [\boldsymbol{f}_1\ \boldsymbol{f}_2 \cdots \boldsymbol{f}_L]$，$\mathrm{supp}\{\boldsymbol{f}_1\} = \mathrm{supp}\{\boldsymbol{f}_2\} = \cdots = \mathrm{supp}\{\boldsymbol{f}_L\} = \Xi$，稀疏度 $|\Xi|_c = S$。

相比之下，式（4–10）中的问题可以联合重构出多个具有共同支撑集但观测矩阵不同的高维度稀疏信号，即

$$\boldsymbol{d}_l = \boldsymbol{\Phi}_l \boldsymbol{f}_l,\ 1 \leqslant l \leqslant L \tag{4–15}$$

式中，$\boldsymbol{\Phi}_l \in \mathbb{C}^{D\times F}$，$\forall l$。因此，这个问题可以认为是一个 GMMV 问题，而 SMV 和 MMV 问题可以被认为是 GMMV 问题的一个特例。具体来说，如果多个观测矩阵完全相同，则这个 GMMV 问题将退变为传统的 MMV 问题；进一步，如果 $L = 1$，则退变为传统的 SMV 问题。

通常，由于多个稀疏信号的分集，MMV 会比 SMV 具有更优的稀疏信号恢复

性能[22]。直观地说，具有不同观测矩阵的多个稀疏信号的恢复性能，如在 GMMV 中的定义，应该比具有相同观测矩阵的 MMV 好。这是因为利用了 GMMV 中多个不同观测矩阵潜在的分集增益。为了证明这一点，本节考察了 GMMV 问题的解一致性问题。首先，本节引入了“spark”这一概念和与式（4–15）相关的基于 ℓ_0-范数的最小化 GMMV 问题。

定义 4.1: 矩阵 $\boldsymbol{\Phi}$ 的列线性依赖的最小数目是这个矩阵的“spark”[22]，记为 spark($\boldsymbol{\Phi}$)。

问题 4.1: $\min\limits_{\boldsymbol{f}_l,\forall l} \sum\limits_{l=1}^{L} \|\boldsymbol{f}_l\|_0^2$, s.t. $\boldsymbol{d}_l = \boldsymbol{\Phi}_l \boldsymbol{f}_l$, $\mathrm{supp}\{\boldsymbol{f}_l\} = \Xi$, $\forall l$

对于上述基于 ℓ_0-范数最小化的 GMMV 问题，可以得到如下结果：

定理 4.1: 对于元素服从独立同连续分布的矩阵 $\boldsymbol{\Phi}_l$（$1 \leqslant l \leqslant L$），存在一个满秩矩阵 $\boldsymbol{\Psi}_l$（$2 \leqslant l \leqslant L$）满足 $(\boldsymbol{\Phi}_l)_\Xi = \boldsymbol{\Psi}_l (\boldsymbol{\Phi}_1)_\Xi$，这里选择 $(\boldsymbol{\Phi}_1)_\Xi$ 为桥梁，Ξ 是共同支撑集。因此，如果

$$2S < \mathrm{spark}(\boldsymbol{\Phi}_1) - 1 + \mathrm{rank}\{\widetilde{\boldsymbol{D}}\} \tag{4–16}$$

$\boldsymbol{f}_l$（$1 \leqslant l \leqslant L$）具有针对问题 4.1 的唯一解，这里 $\widetilde{\boldsymbol{D}} = \left[\boldsymbol{d}_1\ \boldsymbol{\Psi}_2^{-1}\boldsymbol{d}_2 \cdots \boldsymbol{\Psi}_L^{-1}\boldsymbol{d}_L\right]$，$\mathrm{rank}\{\widetilde{\boldsymbol{D}}\}$ 是矩阵 $\widetilde{\boldsymbol{D}}$ 的秩。

证明: 考虑式（4–15）中的矩阵 $\boldsymbol{\Phi}_l \in \mathbb{C}^{D\times F}$（$1 \leqslant l \leqslant L$），该矩阵中每个元素服从独立同连续分布。共同支撑集是 $\Xi = \mathrm{supp}\{\boldsymbol{f}_l\}$，其中，稀疏度为 $|\Xi|_c = S$。这个 GMMV 问题可以表达为

$$\boldsymbol{d}_l = (\boldsymbol{\Phi}_l)_\Xi (\boldsymbol{f}_l)_\Xi = \boldsymbol{Z}_l (\boldsymbol{f}_l)_\Xi,\ 1 \leqslant l \leqslant L \tag{4–17}$$

由于 $D > S$，随机矩阵 $\boldsymbol{Z}_l = (\boldsymbol{\Phi}_l)_\Xi \in \mathbb{C}^{D\times S}$ 是一个瘦矩阵。显然，因为集合 $\{\boldsymbol{Z}_l \in \Omega_{\boldsymbol{Z}} : \mathrm{rank}\{\boldsymbol{Z}_l\} < S\}$ 的测度为零，以高概率可得 $\mathrm{rank}\{\boldsymbol{Z}_l\} = S$[75]。如果以 $(\boldsymbol{\Phi}_1)_\Xi$ 为桥梁，则存在一个满秩矩阵 $\boldsymbol{\Psi}_l$（$2 \leqslant l \leqslant L$）满足 $(\boldsymbol{\Phi}_l)_\Xi = \boldsymbol{\Psi}_l (\boldsymbol{\Phi}_1)_\Xi$，因而，可得

$$\boldsymbol{\Psi}_l^{-1}\boldsymbol{d}_l = (\boldsymbol{\Phi}_1)_\Xi (\boldsymbol{f}_l)_\Xi - \boldsymbol{\Phi}_1 \boldsymbol{f}_l \tag{4–18}$$

这样一来，GMMV 问题可以等效地变成 MMV 问题，即

$$\widetilde{\boldsymbol{D}} = \boldsymbol{\Phi}_1 \boldsymbol{F} \tag{4–19}$$

式中，$\boldsymbol{F} - [\boldsymbol{f}_1\ \boldsymbol{f}_2 \cdots \boldsymbol{f}_L]$。根据文献 [76] 关于 MMV 已有的结论，式（4–16）可直接获得。

从定理 4.1 可以看出，多样化的观测矩阵和稀疏矢量所引入的分集增益是由 $\mathrm{rank}\{\widetilde{\boldsymbol{D}}\}$ 决定的。$\mathrm{rank}\{\widetilde{\boldsymbol{D}}\}$ 越大，则稀疏信号的恢复越可靠。因此，相比于 SMV 和 MMV 模型，提出的 GMMV 模型可以获得更可靠的恢复性能。对于多个稀疏信号完全相同这一特殊情况，MMV 模型退化为 SMV 模型。在这种情况下，由于 $\mathrm{rank}\,(\boldsymbol{D}) = 1$，多个相同的稀疏信号不会引入分集增益。然而，GMMV 模型在这种情况下仍然可以获得多样化观测矩阵所带来的分集增益。

4.4.1.3 基于压缩感知的自适应信道状态信息获取的导频设计

根据上述讨论，一个元素服从独立同高斯分布的观测矩阵满足 RIP。进一步，多样化的观测矩阵可以进一步提高稀疏信号的恢复性能。这指导本章合理地设计导频信号。

具体来说，导频信号 $\boldsymbol{S}_p^{[q,G]}$ 的第 t 行第 m 列元素可表达为

$$\left[\boldsymbol{S}_p^{[q,G]}\right]_{t,m} = \mathrm{e}^{\mathrm{j}\theta_{t,m,p}},\ 1 \leqslant t \leqslant G,\ 1 \leqslant m \leqslant M \tag{4-20}$$

式中，$\boldsymbol{S}_p^{[q,G]} \in \mathbb{C}^{G\times M}$，每一个 $\theta_{t,m,p}$ 服从独立同均匀分布 $\mathcal{U}[0,\ 2\pi)$。需要指出的是，基于压缩感知的自适应信道状态信息获取的导频信号是预先设计好的。在设计导频信号时，要考虑 $G = M$ 这种最差的情况。显然，式（4–20）中设计的导频信号可以确保式（4–10）中的 $\boldsymbol{\Phi}_p^{[q,G]}$（$\forall p$）服从独立同分布的零均值单位方差的复高斯分布，即独立同分布的 $\mathcal{CN}(0,1)$。因此，提出的导频信号设计在稀疏角度域信道的可靠压缩和重构方面是“最优”的。

4.4.2 基于压缩感知的自适应信道状态信息获取所需的训练开销

根据定理 4.1，对于式（4–10）中的优化问题，在 $\widetilde{\boldsymbol{D}} = \boldsymbol{\Phi}_1^{[q,G]}\boldsymbol{F}$ 中，有 $\widetilde{\boldsymbol{D}} = \left[\boldsymbol{r}_1^{[q,G]}\ \boldsymbol{\Psi}_2^{-1}\boldsymbol{r}_2^{[q,G]} \cdots \boldsymbol{\Psi}_P^{-1}\boldsymbol{r}_P^{[q,G]}\right]$ 和 $\boldsymbol{F} = \left[\bar{\boldsymbol{h}}_1^{(q)}\ \bar{\boldsymbol{h}}_2^{(q)} \cdots \bar{\boldsymbol{h}}_P^{(q)}\right]$。因为 $\left|\mathrm{supp}\{\bar{\boldsymbol{h}}_p^{(q)}\}\right|_c = S_a$，显然有

$$\mathrm{rank}\{\widetilde{\boldsymbol{D}}\} \leqslant \mathrm{rank}\,\{\boldsymbol{F}\} \leqslant S_a \tag{4-21}$$

进一步，由于 $\boldsymbol{\Phi}_1^{[q,G]} \in \mathbb{C}^{G\times M}$，有

$$\mathrm{spark}\left(\boldsymbol{\Phi}_1^{[q,G]}\right) \in \{2, 3, \cdots, G+1\} \tag{4-22}$$

将式（4–21）和式（4–22）代入式（4–16），可得 $G \geqslant S_a + 1$。因此，最小所需的时隙开销为 $G = S_a + 1$。如 4.3.2 小节所讨论的，一个能保证可靠的信道状态信息获取的合适 G 是由算法 2 决定的。因为更多的观测矩阵和稀疏信号可以增加 $\mathrm{rank}\{\widetilde{\boldsymbol{D}}\}$，通过增加观测矢量的数目 P，用于可靠信道估计所需的时隙开销会降低。

4.4.3　导频排列图案

类似于其他 OFDM 信道估计器，提出的自适应信道反馈方案只能估计导频子载波处的信道。处于数据子载波的信道通常是根据导频子载波处估计的信道通过现成的插值算法来获得的 [43]。显然，频域上导频信号的排列图案 Ω_ξ 极大地影响了插值算法的性能。此外，由于无线信道频域的相关性，相邻子载波的信道呈现较强的相关性。因此，两个相邻子载波如果都放置导频，则可能会导致 $\widetilde{\boldsymbol{D}}$ 缺秩。这里采用了广泛使用的均匀导频，其中相邻导频间隔等于相干带宽 [43]，这可以降低不同虚拟角度域信道的相关性，进而可以获得来自多个稀疏信道的分集增益。

4.4.4　提出的 DSAMP 算法复杂度分析

在每次迭代中，提出的 DSAMP 算法（算法 3）的主要计算复杂度依赖于如下几个操作：

信号相关（行 7）：矩阵矢量的乘法所需的复杂度为 $\mathcal{O}(PMG)$。

ℓ_2-范数操作（行 8, 10, 13, 14, 16, 18 和 23）：计算复杂度为 $\mathcal{O}(P)$。

识别或精简支撑集（行 8 和 10）：从一个维度为 M 的矢量中识别 $\mathcal{T}$ 个最大元素的复杂度为 $\mathcal{O}(M)$ [22]。

最小二乘操作（行 9 和 11）：由于联合重构 P 个稀疏信号，最小二乘操作的计算复杂度为 $\mathcal{O}\big(P(2G\mathcal{T}^2+\mathcal{T}^3)\big)$ [61]。

残差计算（行 12)：计算残差的复杂度为 $\mathcal{O}(PMG)$。

显然，算法 3 中最小二乘操作的矩阵伪逆运算是算法计算复杂度的主要贡献者。表 4.1 对比了在每次迭代过程中估计一个稀疏信号所需的复数乘法数目方面，提出的 DSAMP 算法、经典的 OMP 算法、SP 算法 [22] 和 SAMP 算法的复杂度。显然，这四种算法的计算复杂度的数量级是相似的。

表 4.1　估计单个稀疏信号的计算复杂度

算法	每次迭代的复数乘法数目
OMP	$2GM+M+2Gi^2+i^3$
SP	$2GM+G+M+2S_a+2(2GS_a^2+S_a^3)$
SAMP	$2GM+G+M+3S_a+2(2Gj^2+j^3)$
DSAMP	$2GM+G+M+3S_a+2(2Gj^2+j^3)$
注意: i 是迭代的索引, j 是算法中阶段的索引。	

对于传统的 SAMP 算法，当残差小于一个给定的门限时，迭代操作终止。相

比之下，提出的 DSAMP 算法有两个终止条件，并且满足这两个条件的任何一个都会触发迭代操作的终止。对于第一个终止准则，当无线信道在某一个虚拟角度域坐标上的平均能量低于噪声门限时（行 14 和 23），迭代操作终止。当当前阶段残差大于前一阶段的残差（行 16）时，第二个终止准则满足，算法也会终止。

由于 $S_a \ll M$，当获得占据信道主要能量的虚拟角度域坐标后，下一个迭代将会包含一个由加性高斯白噪声主导的虚拟角度域坐标。这一坐标对应的能量通常小于噪声门限。因而，第一个迭代终止门限用来检测这种情况。

对于第二个迭代终止条件，传统的 SP 算法与 DSAMP 算法在每个具有固定稀疏度的阶段是类似的。具有精确稀疏度的阶段所对应的残差通常是小于具有非精确稀疏度的阶段对应的残差。因此，DSAMP 算法在具有更小的残差时终止迭代意味着当前阶段所具有的稀疏度以高概率逼近信道真实的稀疏度。

4.4.5 信道估计的性能界

为了简单起见，省略式（4–11）中的 q，p 和 ξ_p，则信道估计的方差可以表达为

$$\begin{aligned}\operatorname{var}\left\{\widehat{\boldsymbol{h}}\right\} &= E\left\{\left\|\widehat{\boldsymbol{h}}-\boldsymbol{h}\right\|_2^2\right\} = E\left\{\left\|\left(\boldsymbol{A}_B^{\mathrm{H}}\right)^{\mathrm{T}}\widehat{\bar{\boldsymbol{h}}}-\left(\boldsymbol{A}_B^{\mathrm{H}}\right)^{\mathrm{T}}\bar{\boldsymbol{h}}\right\|_2^2\right\} \\ &= E\left\{\left\|\widehat{\bar{\boldsymbol{h}}}-\bar{\boldsymbol{h}}\right\|_2^2\right\} = \operatorname{var}\left\{\widehat{\bar{\boldsymbol{h}}}\right\}\end{aligned} \tag{4–23}$$

进而，考虑式（4–9）中给定真实信道 $\bar{\boldsymbol{h}}$ 和真实支撑集 Θ 下信道估计问题的克拉美罗下界。为简单起见，本节也把 $\boldsymbol{r}_p^{[q,G]}$，$\boldsymbol{\Phi}_p^{[q,G]}$ 和 $\boldsymbol{v}_p^{[q,G]}$ 中的 q，G 和 p 省略。由于 $\boldsymbol{v}$ 的分布服从 $\mathcal{CN}\left(\boldsymbol{0},\sigma^2\boldsymbol{I}_G\right)$，给定 $\bar{\boldsymbol{h}}$ 下 $\boldsymbol{r}$ 的条件概率密度为

$$p_{\boldsymbol{r}|\bar{\boldsymbol{h}}}\left(\boldsymbol{r}|\bar{\boldsymbol{h}}\right) = \frac{1}{\left(\pi\sigma^2\right)^G}\mathrm{e}^{-\frac{\left\|\boldsymbol{r}-(\boldsymbol{\Phi})_\Theta\left(\bar{\boldsymbol{h}}\right)_\Theta\right\|_2^2}{\sigma^2}} \tag{4–24}$$

式中，σ^2 是等效噪声的功率。与该估计问题相关的费舍信息矩阵（Fisher Information Matrix）$\mathcal{I}\left(\left(\bar{\boldsymbol{h}}\right)_\Theta\right)$ 的第 s_i 行和第 s_j 列的元素为

$$\left[\mathcal{I}\left(\left(\bar{\boldsymbol{h}}\right)_\Theta\right)\right]_{s_i,s_j} = \frac{1}{\sigma^2}\left[\left((\boldsymbol{\Phi})_\Theta\right)^{\mathrm{H}}(\boldsymbol{\Phi})_\Theta\right]_{s_i,s_j} \tag{4–25}$$

式中，$\left[\left((\boldsymbol{\Phi})_\Theta\right)^{\mathrm{H}}(\boldsymbol{\Phi})_\Theta\right]_{s_i,s_j}$ 代表矩阵 $\left((\boldsymbol{\Phi})_\Theta\right)^{\mathrm{H}}(\boldsymbol{\Phi})_\Theta$ 的第 s_i 行第 s_j 列元素，$1 \leqslant s_i, s_j \leqslant |\Theta|_c$。因此可得

$$\operatorname{var}\left\{\widehat{\bar{\boldsymbol{h}}}\right\} \geqslant \operatorname{Tr}\left\{\left(\mathcal{I}\left(\left(\mathbf{h}\right)_\Theta\right)\right)^{-1}\right\} = \sigma^2\operatorname{Tr}\left\{\left(\left((\boldsymbol{\Phi})_\Theta\right)^{\mathrm{H}}(\boldsymbol{\Phi})_\Theta\right)^{-1}\right\} \tag{4–26}$$

式中，$\mathrm{Tr}\{\cdot\}$ 是矩阵迹操作符。令 $\lambda_1,\lambda_2,\cdots,\lambda_{S_a}$ 为矩阵 $\left((\boldsymbol{\Phi})_\Theta\right)^{\mathrm{H}}(\boldsymbol{\Phi})_\Theta\in\mathbb{C}^{S_a\times S_a}$ 的 S_a 个特征值。根据矩阵迹的定义，有

$$\mathrm{Tr}\left\{\left(\left((\boldsymbol{\Phi})_\Theta\right)^{\mathrm{H}}(\boldsymbol{\Phi})_\Theta\right)^{-1}\right\}=\sum\nolimits_{i=1}^{S_a}\lambda_i^{-1} \tag{4-27}$$

上式可以在给定导频信号、基站天线阵列的几何形态和虚拟角度域信道矢量的支撑集下计算。

然而，由于实际的信道矢量是随机的，并且观测矩阵 $\boldsymbol{\Phi}$ 中的元素服从独立同分布的 $\mathcal{CN}(0,1)$，支撑集 Θ 也是随机的。因此，应该考虑期望意义下的克拉美罗下界，即

$$E\left\{\mathrm{var}\left\{\widehat{\boldsymbol{h}}\right\}\right\}\geqslant E\left\{\sigma^2\sum\nolimits_{i=1}^{S_a}\lambda_i^{-1}\right\} \tag{4-28}$$

对于 $\boldsymbol{\Phi}$ 中元素满足独立同分布 $\mathcal{CN}(0,1)$ 的矩阵 $\left((\boldsymbol{\Phi})_\Theta\right)^{\mathrm{H}}(\boldsymbol{\Phi})_\Theta$，其特征值 $\{\lambda_i\}_{i=1}^{S_a}$ 满足如下的联合分布 [77]

$$p_{\tilde{\lambda}}(\lambda_1,\lambda_2,\cdots,\lambda_{S_a})=\mathrm{e}^{-\sum\limits_{i=1}^{S_a}\lambda_i}\prod_{i=1}^{S_a}\left[\frac{\lambda_i^{G-S_a}}{(S_a-i)!\,i!}\prod_{j>i}^{S_a}(\lambda_j-\lambda_i)^2\right] \tag{4-29}$$

因此，期望意义的克拉美罗下界可以表达为

$$E\left\{\mathrm{var}\left\{\widehat{\boldsymbol{h}}\right\}\right\}\geqslant\int\limits_0^\infty\cdots\int\limits_0^\infty\sigma^2\sum_{i=1}^{S_a}\lambda_i^{-1}p_{\tilde{\lambda}}(\lambda_1,\cdots,\lambda_{S_a})\,\mathrm{d}\lambda_1\cdots\mathrm{d}\lambda_{S_a} \tag{4-30}$$

因为式（4–30）中的计算复杂度极高，实际可以采用仿真的先验最小二乘估计器的性能来做性能界。

4.4.6　闭环信道追踪的自适应导频设计及所需训练开销

为了简化分析，假设基于压缩感知的自适应信道状态信息获取已经得到虚拟角度域信道的真实支撑集 Θ 和稀疏度 S_a。显然，如果 S_a 已知，则信道状态信息获取的最小所需训练开销可降低到 $G-S_a$。

在给定已知的 Θ 的情况下，通过算术调和均值不等式（Arithmetic-Harmonic Means Inequality）[61]，式（4–27）可进一步表达为

$$\mathrm{Tr}\left\{\left(\left((\boldsymbol{\Phi})_\Theta\right)^{\mathrm{H}}(\boldsymbol{\Phi})_\Theta\right)^{-1}\right\}\geqslant\frac{S_a^2}{\sum\limits_{i=1}^{S_a}\lambda_i}=\frac{S_a^2}{\mathrm{Tr}\left\{\left((\boldsymbol{\Phi})_\Theta\right)^{\mathrm{H}}(\boldsymbol{\Phi})_\Theta\right\}} \tag{4-31}$$

式中，当且仅当 $\lambda_1 = \lambda_2 = \cdots = \lambda_{S_a}$ 时，上述等式成立。这表明，为了逼近下界，$\left((\boldsymbol{\Phi})_{\Theta}\right)^{\mathrm{H}}(\boldsymbol{\Phi})_{\Theta}$ 应该是一个具有相同对角元素的对角阵。具体而言，如果 $(\boldsymbol{\Phi})_{\Theta}$ 是一个乘上因子 $\sqrt{G}$ 的酉矩阵，对于具有 $\mathrm{Tr}\left\{\left((\boldsymbol{\Phi})_{\Theta}\right)^{\mathrm{H}}(\boldsymbol{\Phi})_{\Theta}\right\} = S_a G$ 的 $(\boldsymbol{\Phi})_{\Theta}$，可得

$$\mathrm{var}\left\{\widehat{\boldsymbol{h}}\right\} \geqslant \sigma^2 S_a / G \tag{4-32}$$

并达到式（4–32）中的下界。这促使本章将导频矩阵设计为 $\boldsymbol{S} = \sqrt{G}\boldsymbol{U}_{S_a}\left(\left(\left(\boldsymbol{A}_B^{\mathrm{H}}\right)^{\mathrm{T}}\right)_{\Theta}\right)^{\dagger}$，其中 $\boldsymbol{U}_{S_a} \in \mathbb{C}^{S_a \times S_a}$ 是一个酉矩阵。通过设计这种非正交导频矩阵，可获得式（4–32）中的下界，即 $\mathrm{var}\left\{\widehat{\boldsymbol{h}}\right\} = \sigma^2 S_a / G = \sigma^2$。

4.5 仿真结果

大规模 MIMO 系统采用 $M = 128$ 和 $d = \lambda/2$ 的线性阵列天线，因此大规模 MIMO 信道在虚拟角度域上的等效稀疏度 S_a 的范围为 8~14。在仿真中，载波频率 $f_c = 2$ GHz，系统带宽 $f_s = 10$ MHz，OFDM 的大小 $N = 2\ 048$，用户速度为 $v = 36$ km/h，而信道在相邻 $Q = 5$ 个时块内的虚拟角度域稀疏性不变。OFDM 系统采用的保护间隔为 64，这表明系统可以对抗的最大多径延时扩展为 6.4 μs [49]，因而采用 $P = 64$ [45]。在门限参数设置方面，算法 2 中的 ε 在信噪比为 10 dB、15 dB、20 dB、25 dB 和大于等于 30 dB 下分别设置为 0.08、0.03、0.009、0.003 和 0.001；算法 3 中的 p_{th} 在信噪比为 10 dB、15 dB、20 dB、25 dB 和大于等于 30 dB 下分别设置为 0.06、0.02、0.01、0.008 和 0.005。仿真中，先验最小二乘估计器和克拉美罗下界分别作为基于压缩感知的自适应信道状态信息获取方案和之后的闭环信道追踪方案的基准。闭环信道追踪阶段中所需训练开销 G 设置为基于压缩感知的自适应信道状态信息获取阶段所估计的信道稀疏度。最后，基于 J-OMP 算法的信道状态信息获取方案 [17] 也被用来在仿真中进行对比。

这里首先定义能够正确获取稀疏信号（信道）支撑集的概率为稀疏信号的检测概率。图 4.4 对比了无噪场景下 SMV 模型、MMV 模型和 GMMV 模型在不同观测维度 G 下的检测概率。在仿真中，多个具有共同稀疏度为 $S_a = 8$ 的稀疏信号的维度为 $M = 128$，提出的 DSAMP 算法用来恢复稀疏信号。具体来说，SMV 模型可以从单个观测矢量重构单个稀疏信号，MMV 模型可以从来自多个完全相同观测矩阵投影所得的多个观测矢量来联合重构出 P 个稀疏信号。相比之下，GMMV 模型可以从来自多个彼此独立观测矩阵投影所得到的多个观测矢量来重构出 P 个稀疏信号，这里观测矩阵的每个元素服从独立同分布的 $\mathcal{CN}(0,1)$ 分布。

譬如，为了在 $P = 64$ 下获得概率为 1 的检测概率，MMV 模型需要 $G = 17$，但是提出的 GMMV 模型仅需要 $G = 11$，这表明 GMMV 模型可以在训练开销方面获得将近 35% 的降低。甚至在 $P = 4$ 下，GMMV 模型也比 $P = 64$ 下的 MMV 模型具有更好的性能。

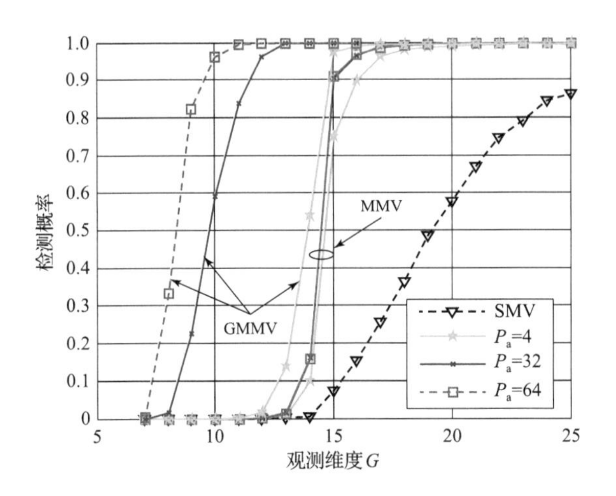

图 4.4　不同 G 下 SMV、MMV 和提出的 GMMV 模型的稀疏信号检测概率对比

图 4.5 对比了固定 G 下的 J-OMP 方案 [17]、固定 G 下的 DSAMP 算法和基于压缩感知理论的自适应信道状态信息获取方案（算法 2），这里考虑信道的稀疏度为 $S_a = 8$。此外，已知稀疏信道矢量支撑集的先验最小二乘估计器被用来采纳作为性能界。从图 4.5中可以看到，基于 J-OMP 的信道状态信息获取方案性能很差。相比之下，提出的 DSAMP 算法在 $G > 2S_a$ 时可以逼近先验的最小二乘估计器性能。然而，在 $G \leqslant 2S_a$ 时，提出的 DSAMP 算法和先验的最小二乘估计器仍然存在一定的性能差距。这是因为当训练开销 G 不充分大时，不可靠的稀疏信号恢复可能会发生，这会恶化信道反馈的 MSE 性能。幸运的是，提出的基于压缩感知的自适应信道状态信息获取方案可以自适应地调节 G 来获得鲁棒的信道估计。从图 4.5 可以看出，提出的基于压缩感知理论的自适应信道状态信息获取方案的性能甚至在 $G \leqslant 2S_a$ 逼近先验的最小二乘估计器的性能。注意，对于算法 2，本节仅仅给出了在 $G \leqslant 2S_a$ 情况下的 MSE 性能，这是因为算法 2 确实可以自适应地确定合适的 $G \leqslant 2S_a$。

图 4.6 给出了不同稀疏度 S_a 和信噪比下，基于压缩感知的自适应信道状态信息获取方案所自适应决定的训练开销 G 的分布。在算法 2 中，G_0 设置为 8。图 4.6 中的结果表明，提出的方案可以根据 S_a 自适应地决定合适的 G。正如

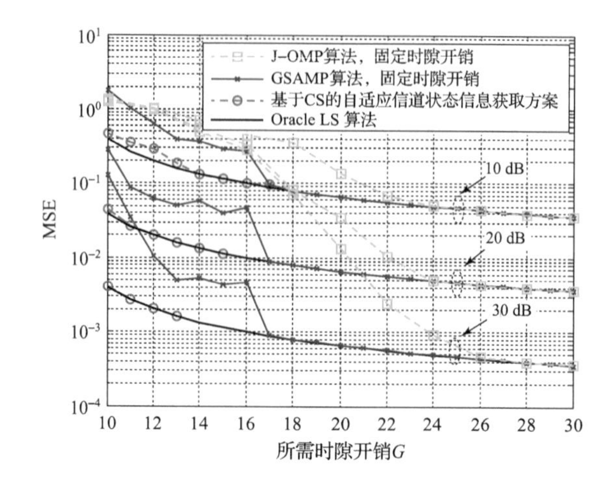

图 4.5　在不同训练开销 G 和信噪比下，不同信道反馈方案的性能对比

在 4.2.3 节指出的那样，为了可靠地获取信道状态信息，传统方案的 G 需要很大，譬如 $G = M = 128$。通过利用大规模 MIMO 系统信道的空域结构化稀疏性和时域相关性，提出的方案可以以明显减小的训练开销并有效地估计与基站处成百根发射天线相关的信道。如果考虑 $\text{SNR} = 30\,\text{dB}$ 且 $S_a = 8$，提出的方案仅仅需要使用训练开销 $G \approx 10$ 就可以在基站处可靠地估计信道状态信息。相比于传统方案，提出的方案可以降低约 92% 的训练开销 G。

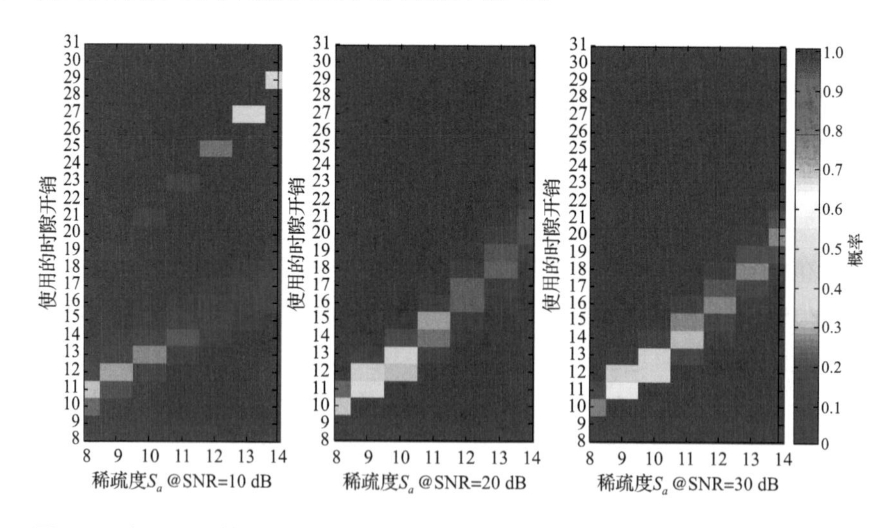

图 4.6　在不同的稀疏度和信噪比下，提出的基于压缩感知的自适应信道状态信息获取方案自适应所获得的训练开销的分布

图 4.7 给出了与图 4.6 相同仿真设置下，提出的基于压缩感知的自适应信道

状态信息获取方案所获得稀疏度 $\widehat{S}_a$ 的分布。图 4.7 的仿真结果表明，提出的方案可以精确地获得信道真实的稀疏度 S_a。需要指出的是，在低信噪比下，所估计的 $\widehat{S}_a$ 可能小于真实的 S_a。这是因为 DSAMP 算法可能会丢弃那些信道能量小于噪声门限的虚拟角度域坐标。由于将闭环信道追踪阶段的训练开销 G 设置为 $\widehat{S}_a$，图 4.7 也给出了闭环信道追踪阶段所需训练开销的概率分布。正如意料之中，通过对比图 4.7 和图 4.6，在该阶段所需的训练开销要小于基于压缩感知的自适应信道状态信息获取阶段所需的训练开销。

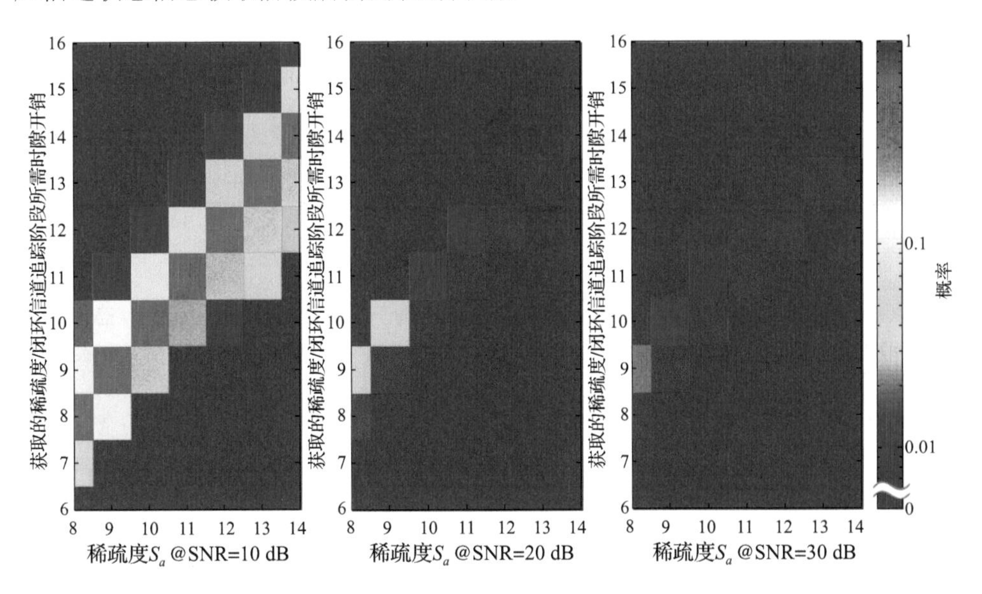

图 4.7　在不同稀疏度和信噪比下，基于压缩感知的自适应信道状态信息获取方案所估计的稀疏度 $\widehat{S}_a$ 的分布，这里估计的稀疏度等于闭环信道追踪方案中所用的训练开销

图 4.8 对比了在 SNR = 20 dB 及不同 S_a 下，基于压缩感知的自适应信道状态信息获取方案和闭环信道追踪方案的 MSE 性能与所需的平均训练开销。对于基于压缩感知的自适应信道状态信息获取方案，初始的训练开销设置为 $G_0 = 10$。显然，由于来自基于压缩感知的自适应信道状态信息获取方案所精确估计的稀疏度信息，闭环信道追踪可以以更低的训练开销来获得更好的性能。对于 $S_a = 14$，基于压缩感知的自适应信道状态信息获取方案和之后的闭环信道追踪方案所获取的 $\bar{G}$ 分别为 20.43 和 14.02。由于基于压缩感知的自适应信道状态信息获取方案所估计的信道状态信息可以用来自适应调节导频信号，以增强性能，如图 4.8 所示，闭环信道追踪方案的性能可以逼近克拉美罗下界。此外，对于基于压缩感知的自适应信道状态信息获取方案，$\bar{G}/S_a$ 会随着 S_a 的增加而有所增加。因此，基于压缩感知的自适应信道状态信息获取方案的 MSE 性能会随着真实信道稀疏

度 S_a 的增加而增加。

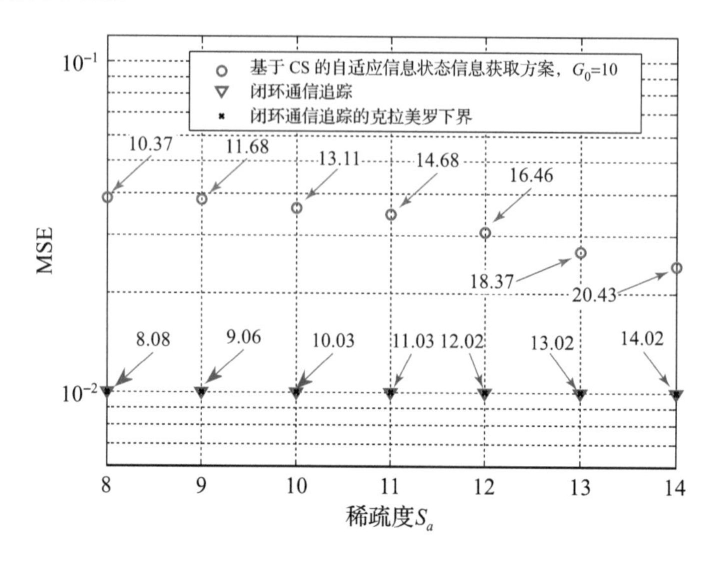

图 4.8 在 SNR = 20 dB 和不同稀疏度 S_a 下，基于压缩感知的自适应信道状态信息获取方案与闭环信道追踪方案的 MSE 性能对比（图中标记了每一种情况所需的 $\bar{G}$）

图 4.9 给出了在给定 $S_a = 8$ 和不同信噪比下，不同信道反馈方案的 MSE 性能对比。基于 J-OMP 的信道状态信息获取方案 [17] 和 DSAMP 算法使用固定的 $G = 15$。对于基于压缩感知的自适应信道状态信息获取方案，考虑 $G_0 = 13$。提出方案所需的训练开销也在图 4.9 进行了标记。显然，提出的基于压缩感知的自适应信道状态信息获取阶段的性能可以以更低的训练开销优于基于 J-OMP 的信道状态信息获取方案和 DSAMP 算法。通过利用基于压缩感知的自适应信道状态信息获取方案所估计的信道稀疏度信息，闭环信道追踪阶段可以自适应地调整导频信号以更低的训练开销来逼近克拉美罗下界。具体而言，提出的信道反馈方案可以可靠地在基站处获取大规模 MIMO 系统的信道状态信息，并以 $\bar{G} < 2S_a$ 的平均训练开销来逼近克拉美罗下界。

图 4.10 对比了使用 ZF 预编码下行链路的 BER 性能，其中预编码是基于与图 4.9 相同仿真参数所估计的信道状态信息。在仿真中，基站通过 16-QAM 调制信号来同时服务 16 个用户，信道状态信息获取中等效的噪声被认为是只源于下行链路信道。从图 4.10可以看出，提出的信道反馈方案优于其对比方案，并且其误比特率可以逼近克拉美罗下界对应的误比特率性能。

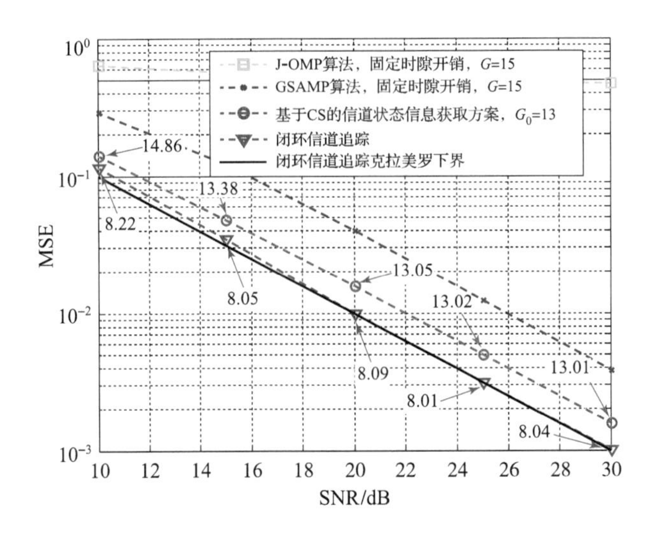

图 **4.9**　在稀疏度为 $S_a = 8$ 和不同信噪比下，不同信道反馈方案的 **MSE** 性能对比，图中标记出了每种情况下所需的训练开销 $\bar{G}$

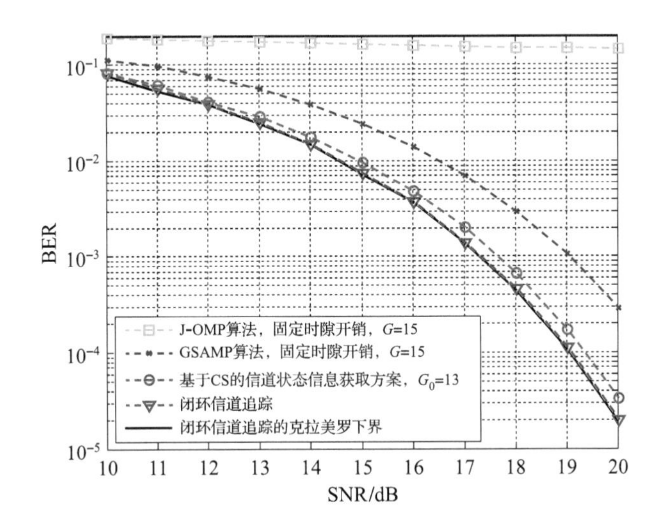

图 **4.10**　使用迫零预编码的下行链路 **BER** 性能，这里基站端的信道状态信息是通过不同的信道反馈方案在基站端获得的

4.6　本章小结

本章讨论了 FDD 大规模 MIMO 系统中自适应的信道反馈方案。该方案可以在基站处可靠且精确地获取下行链路的信道状态信息，同时极大地降低信道反

馈的训练开销。提出的信道反馈方案包括两个部分：基于压缩感知的自适应信道状态信息获取方案和之后的闭环信道追踪方案。通过利用大规模 MIMO 系统信道在系统带宽内的结构化稀疏性，基于压缩感知的自适应信道状态信息获取方案可以从较少数量的非正交导频估计高维度的信道状态信息。通过利用大规模 MIMO 系统信道在相邻多个时块的空域结构化稀疏性，闭环信道追踪可以根据第一阶段所估计的信道状态信息逼近克拉美罗下界。进一步，本章在压缩感知理论框架下将传统的 MMV 模型推广到 GMMV 模型，这指导本章设计两个不同阶段的非正交导频。仿真结果也验证了提出的方案可以可靠地获取大规模 MIMO 系统的信道状态信息，尤其是它可以逼近性能界的优异性能。

第 5 章

毫米波大规模 MIMO 系统中基于压缩感知理论的信道估计与波束赋形

5.1 本章简介与内容安排

毫米波大规模 MIMO 技术可以支持数以吉比特每秒 (GigaBit-Per-Second, Gb/s) 的通信速率，因此它也被认为是未来第五代移动通信系统中一项关键的物理层技术 [2]。不管是采用基于模拟移相网络的混合预编码方式的毫米波大规模 MIMO 系统 [2,78]，还是采用基于电磁透镜的波束空间 MIMO 系统 [79]，为了降低硬件成本和功耗，射频链路的数目一般远少于天线数。然而，这种具有极少射频链路和大量天线的收发机结构使得信道估计与混合预编码设计问题变得非常有挑战性 [80]。

截至目前，国内外研究人员提出了若干种用于基于混合预编码的毫米波大规模 MIMO 系统的信道估计方法 [21,80,81]。具体来说，文献 [80] 针对 AoA 和 AoD 的估计问题设计了参考信号，但是这种方案对到达角和发射角做了离散分布的假设。文献 [21] 提出了一种自适应的毫米波大规模 MIMO 信道估计方法，但是这种方案只能用于单用户场景。文献 [81] 采用的克雷洛夫子空间（Krylov subspace）方法可以直接估计信道矩阵的奇异子空间。但是这种方案需要在发射端和接收端之间进行多次的放大-转发操作，这会引入很大的噪声。更重要的是，已有的方法 [21,80,81] 只考虑了窄带平坦衰落信道模型。由于带宽较大和不同多径的延迟 [82]，实际的毫米波信道往往呈现 FSF。

针对这个问题，本书提出了一种毫米波大规模 MIMO 系统的多用户上行信道估计方法。该方案可以利用 OFDM 把宽带频率选择性衰落信道转化为多个正交的窄带平坦衰落信道。具体来说，由于毫米波的 NLoS 径相比 LoS 径的路径损耗大得多 [21]，毫米波信道在角度域具有明显的稀疏特性。进一步，经过推导，各个子载波对应信道的稀疏性在系统带宽内几乎不变。通过利用这种毫米波频率选择性衰落信道在角度域上结构化的稀疏特性，本章提出了一种基于 ACS 的信道估计方法来提高信道估计的性能。该方案包括发射端的参考信号设计和接收端的信道估计算法。相比之下，文献 [21] 提出的传统方法并没有利用信道这种结构化的稀疏特性。进一步，通过采用自适应观测矩阵的格点匹配追踪策略，本章提出的算法可以有效解决由于发射角和到达角连续分布所带来的能量泄漏问题。仿真结果表明，提出的方法可以获得优异的信道估计性能。

在预编码设计中，主要目标是消除数据流或用户之间的干扰，以提高吞吐量。传统的 MIMO 信号处理通常在基带以纯数字方式执行，这使得信号的相位和幅度能够直接被控制。然而，在混合预编码架构中，模拟预编码通常使用移相器来实现，移相器对模拟预编码施加了非凸恒模约束，这导致了混合预编码的设计是一个极具挑战性的难题。此外，在毫米波大规模 MIMO-OFDM 系统中，如何针对具有频率选择性衰落的信道设计频率平坦的模拟预编码器更加具有挑战性。目前，国内外研究人员已经提出了若干种混合预编码方案。在文献 [83] 中，作者针对单用户 MIMO 系统提出了一种基于分层码本的混合波束形成方案，以降低计算复杂度。此外，文献 [78] 和文献 [84] 分别针对多用户 MIMO 系统提出了 TS-HP 方案和启发式混合波束形成方案。由于实际中的频率选择性衰落信道，OFDM 被广泛用于宽带系统中对抗多径效应。具体而言，文献 [85-87] 的作者分别为单用户 MIMO-OFDM 系统设计了基于交替最小化、PCA 和码本的混合预编码方案。然而，毫米波信道中存在着固有的稀疏性，压缩感知方案则能够很好地利用信道的稀疏特性，而上述方案并没有很好地利用这一特点。文献 [88,89] 提出了基于压缩感知方案的空间稀疏混合预编码方案，然而这种方案需要信道的所有导向矢量作为先验信息，而这在实际中是很难获得的。

针对工作在毫米波频段采用模数混合预编码架构的大规模 MIMO-OFDM 系统（图 5.1），本章提出了一种新的混合预编码算法，包括基站和用户终端的混合预编码器/合并器设计。更具体地说，对于数字基带预编码器/合并器的设计，考虑 GMD 算法，这已被证明是避免复杂比特/功率分配的有效方法，并且可以实现比 SVD 预编码更好的 BER 性能。对于模拟部分，本章采用 SOMP 算法 [90]，以利用毫米波信道的稀疏特性提升性能，它是经典 OMP 算法 [89] 的扩展，用于从预定义码本中选择多个最佳波束。由于假设 BS 和用户均采用 UPA，因此本章采用过采样二维 DFT 码本，该码本可有效避免传统基于 CS 的混合波束赋形设计所需的 MIMO 信道的所有导向矢量的实际先验信息 [88,89]。仿真结果表明，本章提出的混合预编码方案方法具有更好的性能。

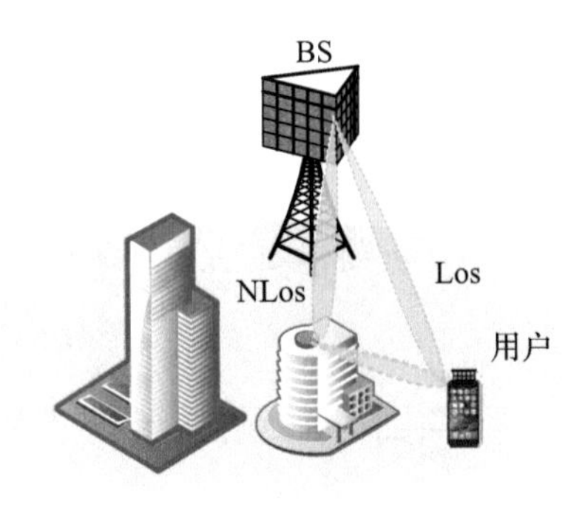

图 5.1　毫米波 MIMO 系统示意图

5.2　基于 SOMP 的空间稀疏预编码设计

5.2.1　系统模型

考虑采用 OFDM 的单用户毫米波混合 MIMO 系统，以克服宽带信道的时间弥散效应。假设 BS 和 UE 都配备了 UPA，其中 BS 配备了 N_t 根天线，$M_t(\ll N_t)$ 个射频链，UE 使用 N_r 根天线，$M_r(\ll N_r)$ 个射频链，支持 $N_s \leqslant M_r$ 个数据流的传输。物理上，每个射频链通过 BS（UE）处的 N_t（N_r）个移相器连接到 N_t (N_r) 根天线。

毫米波信道被假定为一条 LoS 路径和 N_c 个 NLoS 散射簇的和。每个散射簇包含 N_p 个具有相应相对时间延迟的传播路径。因此，延迟域 MIMO 信道矩阵的第 d 个时延抽头 $\tilde{\boldsymbol{H}}[d]$ 可以表示为

$$
\begin{aligned}
\tilde{\boldsymbol{H}}[d] = & \beta_0(d)\boldsymbol{a}_r\left(\theta_0^r,\phi_0^r\right)\boldsymbol{a}_t(\theta_0^t,\phi_0^t)^{\mathrm{H}}+ \\
& \sum_{c=1}^{N_c}\sum_{p=1}^{N_p}\beta_{c,p}(d)\boldsymbol{a}_r\left(\theta_{c,p}^r,\phi_{c,p}^r\right)\boldsymbol{a}_t\left(\theta_{c,p}^t,\phi_{c,p}^t\right)^{\mathrm{H}}
\end{aligned} \tag{5-1}
$$

式中，$\beta_0^i(d) = \sqrt{\frac{N_t/N_r}{L}}\alpha_0^i p\left(dT_s\right)$ 表示 LoS 分量的信道系数；$\beta_{c,p}^i(d) = \sqrt{\frac{N_tN_r}{L}}\alpha_{c,p}^i p\left(dT_s-\tau_{c,p}^i\right)$ 是第 c 个散射簇中第 p 条路径的时延域信道系数。$L = N_cN_p+1$ 表示信道模型中的总路径数。N_t 和 N_r 表示发送天线数和接收天线数，因此有 $\tilde{\boldsymbol{H}}[d]\in\mathbb{C}^{N_r\times N_t}$。此外，$\alpha_0^i\sim\mathcal{CN}\left(0,1\right)$ 和 $\alpha_{c,p}^i\sim\mathcal{CN}\left(0,10^{-\mu}\right)$ 是路径复增益，其中 μ 是 LoS 和 NLoS 多径分量的功率分布比。$p(\tau)$ 是 T_s 间隔信令的脉冲成形滤波器，$\tau_{c,p}^i$ 是相对时间延迟。$\theta_{c,p}^r$ $\left(\phi_{c,p}^r\right)$ 和 $\theta_{c,p}^t$ $\left(\phi_{c,p}^t\right)$ 分别是

第 c 个散射簇中第 p 个路径的 AoA 和 AoD 的方位角（仰角）。每个簇中的角度遵循均匀分布，并且具有恒定的角度扩展（标准差），这分别可以用 σ_{ϕ}^{t}，σ_{θ}^{t}，σ_{ϕ}^{r} 和 σ_{θ}^{r} 表示。

对于 yOz 平面上的 UPA，y 轴和 z 轴上分别有 N_y 和 N_z 个元素，阵列响应矢量可以写成

$$\boldsymbol{a}_{\mathrm{UPA}}(\theta,\phi)=\frac{1}{\sqrt{N_y N_z}}\Big[1,\cdots,\mathrm{e}^{\mathrm{j}\frac{2\pi}{\lambda}d(n\sin(\theta)\cos(\phi)+m\sin(\phi))},\\ \cdots,\mathrm{e}^{\mathrm{j}\frac{2\pi}{\lambda}d((N_y-1)\sin(\theta)\cos(\phi)+(N_z-1)\sin(\phi))}\Big]^{\mathrm{T}} \tag{5-2}$$

式中，$1\leqslant n<N_y$ 和 $1\leqslant m<N_z$ 分别是 y 轴和 z 轴的天线阵元索引。此外，λ 和 $d=\dfrac{\lambda}{2}$ 分别表示波长和相邻天线间距。

在频域中，第 k 子载波处的信道响应可进一步写成

$$\boldsymbol{H}[k]=\sum_{d=0}^{D_l-1}\tilde{\boldsymbol{H}}[d]\mathrm{e}^{-\mathrm{j}\frac{2\pi k}{K}d} \tag{5-3}$$

式中，D_l 是 CP 长度。

最终的频域信号传输过程可以表示为

$$\boldsymbol{y}[k]=\boldsymbol{W}_{\mathrm{BB}}^{\mathrm{H}}[k]\boldsymbol{W}_{\mathrm{RF}}^{\mathrm{H}}(\boldsymbol{H}[k]\boldsymbol{F}_{\mathrm{RF}}\boldsymbol{F}_{\mathrm{BB}}[k]\boldsymbol{x}[k]+\boldsymbol{n}[k]) \tag{5-4}$$

式中，$\boldsymbol{F}_{\mathrm{BB}}[k]\in\mathbb{C}^{M_t\times N_s}$ 是数字预编码器；$\boldsymbol{F}_{\mathrm{RF}}\in\mathbb{C}^{N_t\times M_t}$ 是模拟预编码器；$\boldsymbol{W}_{\mathrm{RF}}\in\mathbb{C}^{N_r\times M_r}$ 是模拟合并器；$\boldsymbol{W}_{\mathrm{BB}}[k]$ 是数字合并器；$\boldsymbol{n}[k]\in\mathbb{C}^{N_r}$ 是 AWGN。

5.2.2 基于 GMD 的基带预编码/合并设计

对于全数字 MIMO 系统，基于 SVD 的注水信道预编码算法已被证明是实现最大频谱效率的最佳方案。然而，当谈到误码率性能时，应该意识到注水将进一步加剧多个平行空域子信道之间的增益差。如果在不同的空域子信道上采用相同的调制和编码方案，则误码率性能主要取决于信噪比最低的子信道。因此，为了达到相对较低的误码率，需要在不同的子信道中进行调制和编码方案的不同调整，这将增加发射机和接收机的设计负担。

对于频率选择性衰落信道下的混合 MIMO 系统，虽然可以独立设计不同子载波上的数字基带预编码器和合并器，但是模拟预编码器和合并器仍然需要联合设计。文献 [88] 表明，在窄带情况下，通过将 GMD 应用于等效基带信道，配合 SIC，可以在没有为两者设计复杂的自适应调制和编码方案的情况下获得比传统

的注水 SVD 更好的误码率性能。受这一思想的启发，本章将基于 GMD 的波束形成方案扩展到宽带情况，从而实现良好的误码率性能。

GMD 的实现是基于 SVD 的，本章使用 $\widehat{\boldsymbol{H}}[k]$ 来表示第 k 个子载波处的等效基带信道，其中 $\widehat{\boldsymbol{H}}[k]=\boldsymbol{W}_{\mathrm{RF}}^{\mathrm{H}}\boldsymbol{H}[k]\boldsymbol{F}_{\mathrm{RF}}$。由于基带预编码可以针对不同的子载波独立设计，因此本章省略了子载波索引 k，然后信道矩阵 $\widehat{\boldsymbol{H}}$ 上的 SVD 可以表示为

$$\widehat{\boldsymbol{H}}=\boldsymbol{U}\boldsymbol{\Sigma}\boldsymbol{V}^{\mathrm{H}}=\begin{bmatrix}\boldsymbol{U}_1 & \boldsymbol{U}_2\end{bmatrix}\begin{bmatrix}\boldsymbol{\Sigma}_1 & 0\\ 0 & \boldsymbol{\Sigma}_2\end{bmatrix}\begin{bmatrix}\boldsymbol{V}_1{}^{\mathrm{H}}\\ \boldsymbol{V}_2{}^{\mathrm{H}}\end{bmatrix} \tag{5-5}$$

此外，当通过排列和 Givens 变换交替地调整 $\boldsymbol{\Sigma}$ 对角元素时，这个过程可以通过半酉矩阵 $\mathbf{S}_L$ 和 $\boldsymbol{S}_R$ 实现，可以表示为

$$\boldsymbol{Q}_1=\boldsymbol{V}_1\boldsymbol{S}_R \tag{5-6}$$

$$\boldsymbol{G}_1=\boldsymbol{U}_1\boldsymbol{S}_L \tag{5-7}$$

$$\boldsymbol{R}_1=\boldsymbol{S}_L^{\mathrm{T}}\boldsymbol{\Sigma}_1\boldsymbol{S}_R \tag{5-8}$$

因此，可以将信道矩阵分解为 GMD 形式，那么每个子载波处的等效基带信道可以被分解为

$$\widehat{\boldsymbol{H}}=\boldsymbol{G}\boldsymbol{R}\boldsymbol{Q}^{\mathrm{H}}=\begin{bmatrix}\boldsymbol{G}_1 & \boldsymbol{G}_2\end{bmatrix}\begin{bmatrix}\boldsymbol{R}_1 & \boldsymbol{R}_3\\ 0 & \boldsymbol{R}_2\end{bmatrix}\begin{bmatrix}\boldsymbol{Q}_1{}^{\mathrm{H}}\\ \boldsymbol{Q}_2{}^{\mathrm{H}}\end{bmatrix} \tag{5-9}$$

式中，$\boldsymbol{G}_1\in\mathbb{C}^{M_r\times N_s}$ 和 $\boldsymbol{Q}_1\in\mathbb{C}^{M_t\times N_s}$ 分别是包含 $\boldsymbol{G}\in\mathbb{C}^{M_r\times M_r}$ 和 $\boldsymbol{Q}\in\mathbb{C}^{M_t\times M_t}$ 左 N_s 列的半酉矩阵；$\boldsymbol{R}_1\in\mathbb{C}^{N_s\times N_s}$ 是一个上三角矩阵，其对角线元素与 $\boldsymbol{R}$ 最大的 N_s 个奇异值的几何平均值相同，即 $r_{i,i}=\bar{r}=(\sigma_1\sigma_2\cdots\sigma_{N_s})^{\frac{1}{N_s}}$ 对于所有 $\boldsymbol{R}_1$ 中的对角元素 $r_{i,i}$ 都满足，其中 $1\leqslant i\leqslant N_s$；$\boldsymbol{R}_2$ 和 $\boldsymbol{R}_3$ 是不相关的矩阵，它们不用于数据传输。分别使用 $\boldsymbol{F}_{\mathrm{BB}}[k]=\boldsymbol{Q}_1[k]$ 和 $\boldsymbol{W}_{\mathrm{BB}}^{\mathrm{H}}[k]=\boldsymbol{G}_1^{\mathrm{H}}[k]$ 作为每个子载波的基带预编码器/合并器，则式（5–4）可以重写为

$$\begin{aligned}\boldsymbol{y}[k]&=\boldsymbol{G}_1^{\mathrm{H}}[k](\widehat{\boldsymbol{H}}[k]\boldsymbol{Q}_1[k]\boldsymbol{x}[k]+\boldsymbol{W}_{\mathrm{RF}}^{\mathrm{H}}\boldsymbol{n}[k])\\&=\boldsymbol{R}_1[k]\boldsymbol{x}[k]+\boldsymbol{G}_1^{\mathrm{H}}[k]\boldsymbol{W}_{\mathrm{RF}}^{\mathrm{H}}\boldsymbol{n}[k]\end{aligned} \tag{5-10}$$

由于基带波束形成后的等效信道不是对角矩阵，因此，在接收机处需要 SIC 来消除不同数据流之间的干扰。到目前为止，混合 MIMO 结构的数字部分设计已经完成，并且可以有效地避免子载波间的比特分配。

5.2.3 基于 SOMP 算法的模拟预编码/合并设计

由于数字基带设计已在上一小节中完成，本章主要关注模拟预编码器/组合器的设计。针对窄带 MIMO 系统，文献 [89] 提出了一种基于 OMP 的空间稀疏波束形成算法，因此，在宽带情况中考虑了 OMP 的扩展版本，即 SOMP。在传统的基于 OMP 的混合预编码设计中，主要目标是从与 L 个多径分量相关的 L 个导向矢量中选择最佳波束。换言之，选择奇异值最大的 N_s 个子信道，然后通过最小二乘法设计基带预编码器，以接近全数字结构的性能。然而，这种空间稀疏预编码方案中的传感矩阵需要 NLoS 和 LoS 路径的导向矢量，而如前所述，这在实际中是难以获取的。因此，本章提出了一种基于 SOMP 和 GMD 的混合预编码方案，其中使用过采样码本。请注意，本章主要关注发射机处模拟预编码器的设计，接收机处的模拟合并器也可以通过类似的方式获得。

传感矩阵 $\boldsymbol{A}_t = [\boldsymbol{a}_t(\theta_1^t, \phi_1^t), \boldsymbol{a}_t(\theta_2^t, \phi_2^t), \cdots, \boldsymbol{a}_t(\theta_L^t, \phi_L^t)]$，其列由 BS 侧的所有导向矢量组成，能够涵盖每个子载波处的无约束全数字预编码矩阵 $\boldsymbol{F}_{\mathrm{opt}}[k], k=\{1,2,\cdots,K\}$ 的列空间，这里 $\boldsymbol{F}_{\mathrm{opt}}[k]$ 是 $\boldsymbol{H}[k]$ 的右奇异矩阵的前 N_s 列。由于 $\boldsymbol{A}_t$ 满足恒模约束，只需从 $\boldsymbol{A}_t$ 中选择最佳的 M_t 个波束即可形成模拟预编码器 $\boldsymbol{F}_{\mathrm{RF}}$。因此，可以使用选择矩阵 $\boldsymbol{T} \in \mathbb{C}^{L\times M_t}$ 完成这个过程，即 $\boldsymbol{F}_{\mathrm{RF}} = \boldsymbol{A}_t\boldsymbol{T}$。通过利用不同子载波上的毫米波大规模 MIMO 信道的公共角域稀疏性，模拟波束形成问题可表述如下

$$
\begin{aligned}
&\boldsymbol{T} = \arg\min_{\boldsymbol{T}} \sum_{k=1}^{K} \|\boldsymbol{F}_{\mathrm{opt}}[k] - \boldsymbol{A}_t\boldsymbol{T}\boldsymbol{F}_{\mathrm{BB}}[k]\|_F, \\
&\text{s.t.} \ \| \operatorname{diag}(\boldsymbol{T}\boldsymbol{T}^{\mathrm{H}}) \|_0 = M_t
\end{aligned}
\tag{5-11}
$$

式中，$\boldsymbol{A}_t$ 自然满足恒模约束，因为它由 BS 侧的所有导向矢量形成。然而，在实际中这是很难做到的。因此，本章改用码本方案。此外，M_t 和 M_r 通常假定小于 L，因此 $\boldsymbol{T}$ 是一个稀疏矩阵，可以使用稀疏恢复算法，例如 SOMP。

由于传统 DFT 码本的分辨率有限，因此考虑过采样码本，以获得更精确的空间分辨率。对于 UPA，使用 ρ 表示过采样因子，然后可分辨角度将空间划分为垂直方向上的 ρN_y 离散仰角和水平方向上的 ρN_z 离散方位角。

本章使用 $\mathcal{R}_y$ 和 $\mathcal{R}_z$ 表示位于网格上的相位集，由 $\mathcal{R}_y = \left\{0, \dfrac{2\pi}{\rho N_y}, \cdots, \dfrac{2\pi(\rho N_y - 1)}{\rho N_y}\right\}$ 和 $\mathcal{R}_z = \left\{0, \dfrac{2\pi}{\rho N_z}, \cdots, \dfrac{2\pi(\rho N_z - 1)}{\rho N_z}\right\}$ 给出，然后根据所有 $\mathcal{R}_y$

和 $\mathcal{R}_z$ 的组合得到过采样码本 $\boldsymbol{D}$ 的候选集，即

$$\boldsymbol{D}=\left\{\boldsymbol{a}_{\mathrm{UPA}}(\theta,\phi)\,|\theta\in\mathcal{R}_y,\phi\in\mathcal{R}_z,\forall\theta,\phi\right\} \tag{5-12}$$

这样，BS 和 UE 都可以根据各自的过采样因子生成码本。本章假设 BS 和 UE 的过采样因子是相同的。随后，可以使用 $\boldsymbol{D}_t$ 替换式（5–11）中的 $\boldsymbol{A}_t$，并相应地调整选择矩阵 T 的大小。接收端的码本 $\boldsymbol{D}_r$ 可以用相同的方法获取。随着过采样因子 ρ 的增长，码本具有更精细的空间分辨率，因此真实角度与其最近候选之间的量化误差也会得到减少。通过这种方法，可以搜索到与真实角度量化误差更小的匹配基。根据不同子载波的角域公共稀疏性，当固定 $\boldsymbol{F}_{\mathrm{BB}}[k]$ 时，可以将过采样码本作为基，找到多个最佳波束来匹配 $\boldsymbol{F}_{\mathrm{opt}}[k]$，$\boldsymbol{F}_{\mathrm{opt}}[k]$ 是 $\boldsymbol{H}[k]$ 的右奇异矩阵的前 N_s 列。综上所述，模拟预编码器的设计可归纳为算法 4。接收机中的模拟组合器可以用同样的方法获取。

算法 4: 提出的模拟预编码设计

输入：　最优预编码器 $\boldsymbol{F}_{\mathrm{opt}}[k]$ ，$1<k<K$，射频链数量 M_t，过采样系数 ρ

输出：　模拟预编码器 $\boldsymbol{F}_{\mathrm{RF}}$

1: 通过式（5–12）生成码本 $\boldsymbol{D}_t$

2: 初始化残差矩阵 $\boldsymbol{F}_{\mathrm{res}}[k]=\boldsymbol{F}_{\mathrm{opt}}[k]$，$\forall k$，索引集合 $\mathcal{A}_t=\varnothing$ 和模拟预编码器 $\boldsymbol{F}_{\mathrm{RF}}=\varnothing$

3: **for** $i\_\mathrm{iter}=1:M_t$

4: 　$\boldsymbol{\Psi}[k]=\boldsymbol{D}_t^{\mathrm{H}}\boldsymbol{F}_{\mathrm{res}}[k]\boldsymbol{F}_{\mathrm{res}}^{\mathrm{H}}[k]\boldsymbol{D}_t$，$\forall k$

5: 　$i=\underset{l=1,\cdots,L}{\arg\max}\left(\sum\limits_{k=1}^{K}\boldsymbol{\Psi}[k]\right)_{l,l}$

6: 　$\mathcal{A}_t=\mathcal{A}_t\cup i$ 和 $\boldsymbol{F}_{\mathrm{RF}}=\{\boldsymbol{F}_{\mathrm{RF}},\boldsymbol{D}_t(:,i)\}$

7: 　$\boldsymbol{Y}[k]=\boldsymbol{F}_{\mathrm{RF}}{}^{\dagger}\boldsymbol{F}_{\mathrm{opt}}[k]$，$\forall k$

8: 　$\boldsymbol{F}_{\mathrm{res}}[k]=\frac{\boldsymbol{F}_{\mathrm{opt}}[k]-\boldsymbol{F}_{\mathrm{RF}}\boldsymbol{Y}[k]}{\|\boldsymbol{F}_{\mathrm{opt}}[k]-\boldsymbol{F}_{\mathrm{RF}}\boldsymbol{Y}[k]\|_F}$，$\forall k$

9: **end for**

5.2.4　仿真结果

本节将在基带预编码和模拟预编码设计方面比较提出的方案与现有方案的 BER 和频谱效率性能。在仿真中，BS 配备 $N_t=8\times8$ 的 UPA，UE 配备 $N_r=4\times4$ 的 UPA。载频设置为 28 GHz，天线间距为载频波长的一半。子载波的数目是 $K=64$，CP 长度是 $D_l=64$。对于宽带毫米波信道，信道参数设置如下：除了一条 LoS 径，NLoS 簇的数量假设为 $N_c=7$，并且每个簇有 $N_p=10$ 条传播路径，AoA 和 AoD 的方位角/仰角服从均匀分布 $\mathcal{U}[-\pi/2,\pi/2]$，角度扩展为 $\sigma_\phi^t=\sigma_\theta^t=\sigma_\phi^r=\sigma_\theta^r=7.5°$。路径时延服从均匀分布 $\mathcal{U}[0,D_lT_s]$。在毫米波系统

中，LoS 路径的信道功率远高于 NLoS 路径，因此，在仿真中功率分配比 μ 设置为 2.3，这意味着 LoS 分量的功率比 NLoS 分量的功率高 23 dB。此外，本节在所有仿真中考虑了 16-QAM 调制。数据流的数目、发射机和接收机的射频链的数目都被设置为相同的值，即 $N_s = M_t = M_r = 3$。

图 5.2 比较了图 5.1 所示场景的两种不同基带预编码方案。本节以 SVD 基带预编码作为基线进行比较。对于全数字 MIMO 结构，不需要模拟预编码。对于 BS 和 UE 处的混合预编码，GMD 和 SVD 基带预编码方案均采用“基于理想 SOMP 的模拟预编码”。这里，“基于理想 SOMP 的模拟预编码”指的是采用由所有实际导向矢量组成的传感矩阵 $\boldsymbol{A}_t$，但这在实际中很难完全获得。

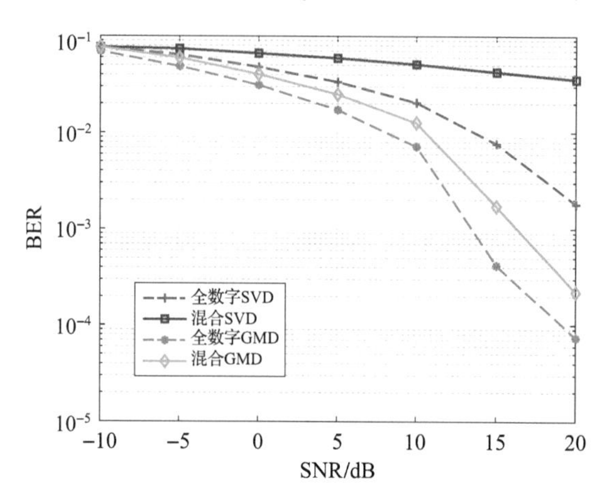

图 5.2　混合 MIMO 和全数字 MIMO 结构的两种不同基带预编码方案的 BER 性能，其中，在混合 MIMO 结构中，这两种方案共享相同的基于 SOMP 的模拟预编码，并使用所有方向矢量作为先验信息

从图 5.2 可以看出，GMD 基带方案在混合和全数字 MIMO 结构中都优于 SVD 方案，因为基于 GMD 的预编码可以缓解不同空域子信道之间的 SNR 变化，因此可以避免由于一些低 SNR 信道而导致的总体 BER 性能恶化。此外，对于基于 GMD 的方案，全数字结构 MIMO 和混合结构 MIMO 之间的差距较小。

图 5.3 比较了针对图 5.2 中场景的不同模拟预编码方案实现的 BER 性能。若无特别指出，本节将只考虑 GMD 基带预编码器和合并器。在图 5.3 中，将使用相同 GMD 基带预编码的三种不同方案作为基线进行比较。它们是：①全数字：无模拟预编码的全数字 MIMO 结构；②理想 SOMP：混合 MIMO 结构，基于理想 SOMP 的模拟预编码，使用所有导向矢量作为先验信息；③ PCA：混合 MIMO 架构，采用文献 [87] 中基于 PCA 的模拟预编码器。提出的基于码本的模拟预编码方案通过不同的过采样因子 ρ 来区分，其在图中标记为“$\rho = r$ SOMP”，

$r = \{1, 2, 3\}$。

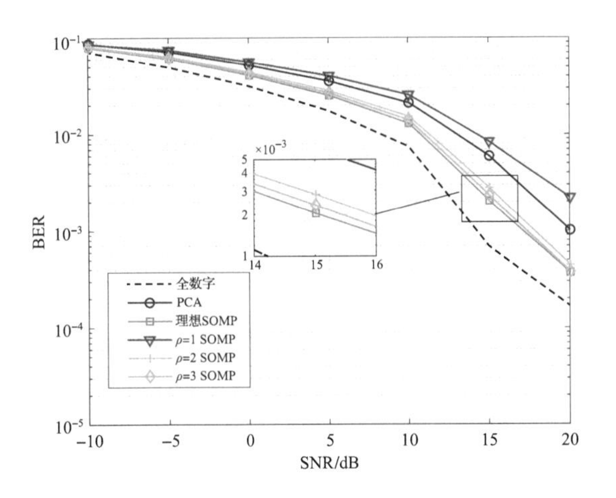

图 5.3　宽带混合 MIMO 系统中不同模拟预编码方案的误码率性能，其中基带预编码应用于上述所有方案

图 5.4 展示了针对不同 SNR 提出的方案的频谱效率性能。图 5.1 场景在不同的模拟预编码方案下进行了比较，其中相同的 GMD 基带预编码器/合并器用于所有方案。如图 5.4 所示，在高信噪比下，提出的方案“$\rho = 2$ SOMP”和“$\rho = 3$ SOMP”优于“PCA”。此外，当 ρ 大于 3 时，提出的方案性能接近理想 SOMP 方案。

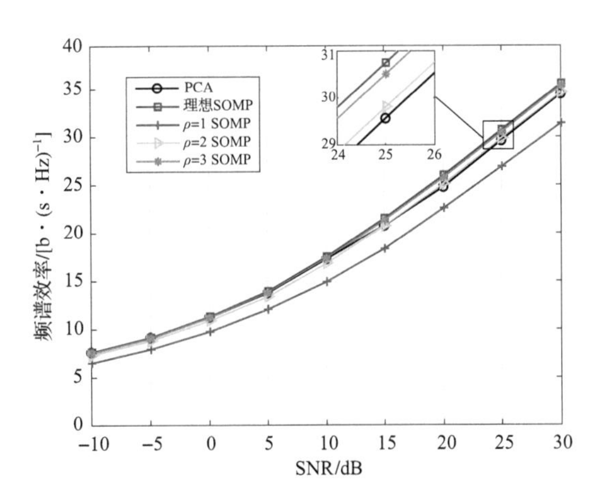

图 5.4　图 5.1 场景（$\mu = 2.3$）的频谱效率，其中基带应用相同的 GMD 预编码

图 5.5 比较了具有不完美 CSI 的不同方案的鲁棒性。在图 5.1 的场景中考虑

了相同的 GMD 基带预编码的不同模拟预编码方案，并利用 NCPE 对信道扰动进行建模，包括信道估计误差、信道反馈中的 CSI 量化和/或过时 CSI。NCPE 定义为：

$$\text{NCPE} = \frac{\sum_{k=1}^{K} \|\boldsymbol{H}[k] - \boldsymbol{H}^e[k]\|_F^2}{\sum_{k=1}^{K} \|\boldsymbol{H}[k]\|_F^2}, i = 1, 2 \tag{5-13}$$

$\boldsymbol{H}^e[k] = \boldsymbol{H}[k] + \boldsymbol{N}[k]$，$\boldsymbol{N}[k]$ 是扰动噪声矩阵，$\boldsymbol{N}[k]$ 的每个元素服从复高斯分布 $\mathcal{CN}(0, \sigma_e^2)$。如图 5.5 所示，所提出的方案的频谱效率性能对扰动误差表现出一定的鲁棒性。当将 SNR 设置为 20 dB 时，“$\rho = 3$ SOMP”的频谱效率在 NCPE 小于 0 dB 时保持在一个高稳定值，这验证了所提出的方案对信道扰动误差的鲁棒性。

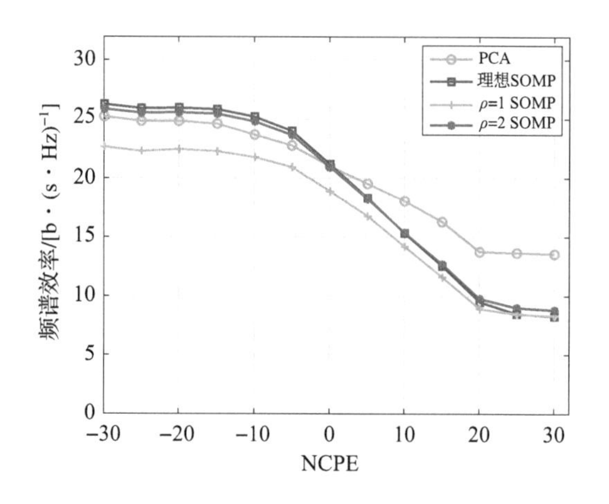

图 5.5　存在信道扰动情况下的频谱效率性能，其中 SNR = 20 dB 且应用相同的 GMD 基带预编码

5.3　基于自适应压缩感知理论的信道估计方案

5.3.1　系统模型

考虑图 5.6 所示的频率选择性衰落信道下典型的毫米波大规模 MIMO-OFDM 系统。在该系统中，BS 采用 N_a^{BS} 根天线和 $N_{\mathrm{RF}}^{\mathrm{BS}}$ 个射频链路（$N_a^{\mathrm{BS}} \gg N_{\mathrm{RF}}^{\mathrm{BS}} = K$）来同时服务 K 个 UE。每个用户设备配置有 N_a^{UE} 根天线和 $N_{\mathrm{RF}}^{\mathrm{UE}}$ 个射频链路，其中 $N_a^{\mathrm{UE}} \gg N_{\mathrm{RF}}^{\mathrm{UE}} = 1$。基站采用具有较低硬件成本和较少功率消耗的模拟-数字混合预编码结构来实现多个数据流的空间复用 [82]。具体来说，第 k

个用户的上行链路频率选择性信道在延时域可以表示成 [82]

$$\boldsymbol{H}_k^d(\tau) = \sum_{l=0}^{L_k-1} \boldsymbol{H}_{l,k}^d \delta(\tau - \tau_{l,k}) \tag{5-14}$$

式中，L_k 是信道多径数；$\tau_{l,k}$ 是第 l 个路径的延时；$\boldsymbol{H}_{l,k}^d \in \mathbb{C}^{N_a^{\mathrm{BS}} \times N_a^{\mathrm{UE}}}$ 可由以下式给出

$$\boldsymbol{H}_{l,k}^d = \alpha_{l,k} \boldsymbol{a}_{\mathrm{BS}}[d\sin(\theta_{l,k})/\lambda]\, \boldsymbol{a}_{\mathrm{UE}}^{\mathrm{H}}[d\sin(\varphi_{l,k})/\lambda] \tag{5-15}$$

$\alpha_{l,k}$ 表示第 l 个路径的复增益；$\theta_{l,k} \in [0, 2\pi]$ 和 $\varphi_{l,k} \in [0, 2\pi]$ 代表典型的线性天线阵列的到达角和发射角。对于路径增益，考虑包含一个直射径（下标为 0 的径）和 $L_k - 1$ 个非直射径的莱斯衰落信道模型（$1 \leqslant l \leqslant L_k - 1$），各个路径增益满足相互独立零均值的复高斯分布。

$$\boldsymbol{a}_{\mathrm{BS}}\left(\frac{d\sin(\theta_{l,k})}{\lambda}\right) = \left[\mathrm{e}^{\mathrm{j}2\pi n_{\mathrm{BS}} d\sin(\theta_{l,k})/\lambda}\right]^{\mathrm{T}}_{n_{\mathrm{BS}} \in [0,1,\cdots,N_a^{\mathrm{BS}}]} \tag{5-16}$$

$$\boldsymbol{a}_{\mathrm{UE}}\left(\frac{d\sin(\varphi_{l,k})}{\lambda}\right) = \left[\mathrm{e}^{\mathrm{j}2\pi n_{\mathrm{UE}} d\sin(\varphi_{l,k})/\lambda}\right]^{\mathrm{T}}_{n_{\mathrm{UE}} \in [0,1,\cdots,N_a^{\mathrm{UE}}]} \tag{5-17}$$

分别表示基站和第 k 个用户的导引矢量。其中，λ 表示载波波长；d 表示天线阵列间距。

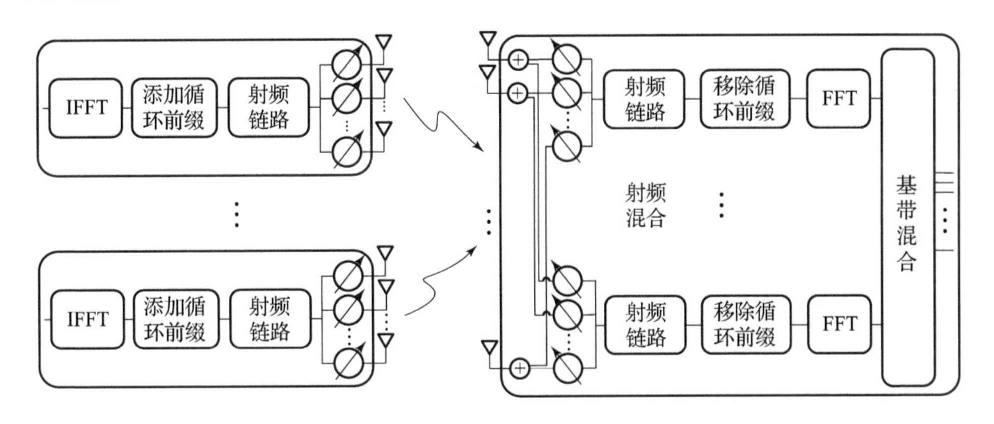

图 5.6　宽带毫米波多用户大规模 MIMO 系统上行链路信道估计示意图

传统的压缩感知方法采用固定的观测矩阵并假设稀疏信号的非零元素离散分布，因而不能可靠地估计毫米波信道连续分布的入射角和出射角。有限新息率理论虽然可以估计模拟稀疏信号，但不能直接用于采用混合数字模拟预编码结构的毫米波 MIMO 系统。相比之下，自适应压缩感知理论通过自适应的观测矩阵可以有效估计本问题中连续分布的入射角和出射角 [21,22]。为此，本章提出了一种基于自适应压缩感知理论的信道估计方法。

5.3.2 上行链路参考信号训练

考虑采用 CP 的 OFDM 训练序列来对抗多径信道，其中 CP 和 DFT 的长度分别为 $L_{\mathrm{CP}} > (\max\{\tau_{l,k}\}_{l=0,k=1}^{L_k-1,K} - \min\{\tau_{l,k}\}_{l=0,k=1}^{L_k-1,K})f_s$ 和 $P > L_{\mathrm{CP}}$，其中，f_s 表示采样速率。在基站处，经过循环前缀移除和 DFT 操作后，第 t 个 OFDM 符号的第 p $(1 \leqslant p \leqslant P)$ 个子载波接收信号的频域可以表示成

$$\boldsymbol{r}_p^{(t)} = (\boldsymbol{Z}_{\mathrm{RF}}^{(t)}\boldsymbol{Z}_{\mathrm{BB},p}^{(t)})^{\mathrm{H}} \sum_{k=1}^{K} \boldsymbol{H}_{p,k}^{f}\boldsymbol{F}_{\mathrm{RF},k}^{(t)}\boldsymbol{F}_{\mathrm{BB},p,k}^{(t)}\boldsymbol{s}_{p,k}^{(t)} + \boldsymbol{v}_p^{(t)} \tag{5-18}$$

式中，$\boldsymbol{r}_p^{(t)} \in \mathbb{C}^{N_{\mathrm{RF}}^{\mathrm{BS}}}$ 是第 t 个 OFDM 符号在第 p 个子载波的接收信号；$\boldsymbol{Z}_{\mathrm{BB},p}^{(t)} \in \mathbb{C}^{N_{\mathrm{RF}}^{\mathrm{BS}} \times N_{\mathrm{RF}}^{\mathrm{BS}}}$ 是数字合并矩阵；$\boldsymbol{Z}_{\mathrm{RF}}^{(t)} \in \mathbb{C}^{N_a^{\mathrm{BS}} \times N_{\mathrm{RF}}^{\mathrm{BS}}}$ 是射频合并矩阵；$\boldsymbol{Z}_p^{(t)} = \boldsymbol{Z}_{\mathrm{RF}}^{(t)}\boldsymbol{Z}_{\mathrm{BB},p}^{(t)} \in \mathbb{C}^{N_a^{\mathrm{BS}} \times N_{\mathrm{RF}}^{\mathrm{BS}}}$ 是基站端的复合合并矩阵。

$$\begin{aligned}\boldsymbol{H}_{p,k}^{f} &= \sum_{l=0}^{L_k-1} \boldsymbol{H}_{l,k}^{d} \mathrm{e}^{-\mathrm{j}2\pi f_s \tau_{l,k} p/P} \\ &= \sum_{l=0}^{L_k-1} \alpha_{l,k} \mathrm{e}^{-\frac{\mathrm{j}2\pi f_s \tau_{l,k} p}{P}} \boldsymbol{a}_{\mathrm{BS}}\left(\frac{d\sin(\theta_{l,k})}{\lambda}\right) \boldsymbol{a}_{\mathrm{UE}}^{\mathrm{H}}\left(\frac{d\sin(\varphi_{l,k})}{\lambda}\right)\end{aligned} \tag{5-19}$$

表示第 k 个用户的第 p 个参考信号子载波的频域信道矩阵。式中，$\boldsymbol{F}_{\mathrm{RF},k}^{(t)} \in \mathbb{C}^{N_a^{\mathrm{UE}} \times N_{\mathrm{RF}}^{\mathrm{UE}}}$，$\boldsymbol{F}_{\mathrm{BB},p,k}^{(t)} \in \mathbb{C}^{N_{\mathrm{RF}}^{\mathrm{UE}} \times N_{\mathrm{RF}}^{\mathrm{UE}}}$，$\boldsymbol{s}_{p,k}^{(t)} \in \mathbb{C}^{N_{\mathrm{RF}}^{\mathrm{UE}}}$ 分别是射频预编码矩阵、数字预编码矩阵和第 k 个用户的发射训练序列；$\boldsymbol{f}_{p,k}^{(t)} = \boldsymbol{F}_{\mathrm{RF},k}^{(t)}\boldsymbol{F}_{\mathrm{BB},p,k}^{(t)}\boldsymbol{s}_{p,k}^{(t)} \in \mathbb{C}^{N_a^{\mathrm{UE}}}$ 是第 k 个用户发射的参考信号；$\boldsymbol{v}_p^{(t)}$ 是基站处的 AWGN。必须说明的是，由于射频移相网络对于一个很宽的频率范围可以提供恒定的相位改变 [82]，发射端的射频预编码器和接收端的射频合并器对于所有的子载波是相同的。

由于在毫米波系统中非直射径的路径损耗比直射径大得多，毫米波信道在角度域呈现明显的稀疏特性，这表明毫米波系统的 L_k 很小而 K_{factor}（K_{factor} 表示直射径能量和剩下的所有非直射径能量的比值）很大，例如，$L_k = 4$，$K_{\mathrm{factor}} = 20$ dB[2]。因此，可以把式（5–19）的频域信道矩阵 $\boldsymbol{H}_{p,k}^{f}$ 转化为角度域稀疏信道矩阵 $\boldsymbol{H}_{p,k}^{a}$[21]

$$\boldsymbol{H}_{p,k}^{a} = \boldsymbol{A}_{\mathrm{BS}}^{\mathrm{H}}\boldsymbol{H}_{p,k}^{f}\boldsymbol{A}_{\mathrm{UE}} \tag{5-20}$$

式中，$\boldsymbol{A}_{\mathrm{BS}} \in \mathbb{C}^{N_a^{\mathrm{BS}} \times N_a^{\mathrm{BS}}}$ 和 $\boldsymbol{A}_{\mathrm{UE}} \in \mathbb{C}^{N_a^{\mathrm{UE}} \times N_a^{\mathrm{UE}}}$ 分别是把虚拟角度域在基站处以 $1/N_a^{\mathrm{BS}}$ 分辨率量化和在用户处以 $1/N_a^{\mathrm{UE}}$ 分辨率量化的 DFT 矩阵。通过把 $\boldsymbol{H}_{p,k}^{f}$ 矢量化，可以进一步导出

$$\boldsymbol{h}_{p,k}^{f} = \mathrm{vect}\left(\boldsymbol{H}_{p,k}^{f}\right) = \left(\boldsymbol{A}_{\mathrm{UE}}^{\mathrm{H}}\right)^{\mathrm{T}} \otimes \boldsymbol{A}_{\mathrm{BS}}\mathrm{vect}\left(\boldsymbol{H}_{p,k}^{a}\right) = \boldsymbol{A}\boldsymbol{h}_{p,k}^{a} \tag{5-21}$$

式中，$\mathrm{vect}(\cdot)$ 是将矩阵根据列拉直为矢量的操作符；$\otimes$ 是 Kronecker 积；$\boldsymbol{A} = (\boldsymbol{A}_{\mathrm{UE}}^{\mathrm{H}})^{\mathrm{T}} \otimes \boldsymbol{A}_{\mathrm{BS}}$；$\boldsymbol{h}_{p,k}^{a} = \mathrm{vect}\left(\boldsymbol{H}_{p,k}^{a}\right)$。由于 $\boldsymbol{H}_{p,k}^{a}$ 的稀疏性，$\boldsymbol{h}_{p,k}^{a}$ 中很少的几个元素占据了绝大部分的信道能量，因此有

$$
|\boldsymbol{\Theta}_{p,k}|_c = \left|\mathrm{supp}\left\{\boldsymbol{h}_{p,k}^{a}\right\}\right|_c = S_k \ll N_a^{\mathrm{BS}} N_a^{\mathrm{UE}} \tag{5-22}
$$

式中，$\boldsymbol{\Theta}_{p,k}$ 是支撑集；S_k 是角度域的稀疏度。需要指出的是，如果令量化的到达角和发射角分别有和 $\boldsymbol{A}_{\mathrm{UE}}$ 与 $\boldsymbol{A}_{\mathrm{BS}}$ 相同的分辨率，则有 $S_k = L_k$ [21]。

根据式（5–20）～ 式（5–22），式（5–18）可以进一步写成

$$
\begin{aligned}
\boldsymbol{r}_p^{(t)} &= (\boldsymbol{Z}_p^{(t)})^{\mathrm{H}} \sum_{k=1}^{K} \boldsymbol{A}_{\mathrm{BS}} \boldsymbol{H}_{p,k}^{a} \boldsymbol{A}_{\mathrm{UE}}^{\mathrm{H}} \boldsymbol{f}_{p,k}^{(t)} + \boldsymbol{v}_p^{(t)} \\
&= (\boldsymbol{Z}_p^{(t)})^{\mathrm{H}} \boldsymbol{A}_{\mathrm{BS}} \bar{\boldsymbol{H}}_p^{a} \bar{\boldsymbol{A}}_{\mathrm{UE}}^{\mathrm{H}} \bar{\boldsymbol{f}}_p^{(t)} + \boldsymbol{v}_p^{(t)} \\
&= \left(\left(\bar{\boldsymbol{A}}_{\mathrm{UE}}^{\mathrm{H}} \bar{\boldsymbol{f}}_p^{(t)}\right)^{\mathrm{T}} \otimes (\boldsymbol{Z}_p^{(t)})^{\mathrm{H}} \boldsymbol{A}_{\mathrm{BS}}\right) \mathrm{vect}\left(\bar{\boldsymbol{H}}_p^{a}\right) + \boldsymbol{v}_p^{(t)} \\
&= \boldsymbol{\Psi}_p^{(t)} \bar{\boldsymbol{h}}_p^{a} + \boldsymbol{v}_p^{(t)}
\end{aligned} \tag{5-23}
$$

式中

$$
\begin{aligned}
\bar{\boldsymbol{H}}_p^{a} &= \left[\boldsymbol{H}_{p,1}^{a}, \boldsymbol{H}_{p,2}^{a}, \cdots, \boldsymbol{H}_{p,K}^{a}\right] \in \mathbb{C}^{N_a^{\mathrm{BS}} \times K N_a^{\mathrm{UE}}} \\
\bar{\boldsymbol{A}}_{\mathrm{UE}}^{\mathrm{H}} &= \mathrm{diag}\left\{\boldsymbol{A}_{\mathrm{UE}}^{\mathrm{H}}, \boldsymbol{A}_{\mathrm{UE}}^{\mathrm{H}}, \cdots, \boldsymbol{A}_{\mathrm{UE}}^{\mathrm{H}}\right\} \in \mathbb{C}^{K N_a^{\mathrm{UE}} \times K N_a^{\mathrm{UE}}} \\
\bar{\boldsymbol{f}}_p^{(t)} &= [(\boldsymbol{f}_{p,1}^{(t)})^{\mathrm{T}}, (\boldsymbol{f}_{p,2}^{(t)})^{\mathrm{T}}, \cdots, (\boldsymbol{f}_{p,K}^{(t)})^{\mathrm{T}}]^{\mathrm{T}} \in \mathbb{C}^{K N_a^{\mathrm{UE}}} \\
\bar{\boldsymbol{h}}_p^{a} &= \mathrm{vect}\left(\bar{\boldsymbol{H}}_p^{a}\right) \in \mathbb{C}^{K N_a^{\mathrm{BS}} N_a^{\mathrm{UE}}} \\
\boldsymbol{\Psi}_p^{(t)} &= \left(\bar{\boldsymbol{A}}_{\mathrm{UE}}^{\mathrm{H}} \bar{\boldsymbol{f}}_p^{(t)}\right)^{\mathrm{T}} \otimes (\boldsymbol{Z}_p^{(t)})^{\mathrm{H}} \boldsymbol{A}_{\mathrm{BS}} \in \mathbb{C}^{N_{\mathrm{RF}}^{\mathrm{BS}} \times K N_a^{\mathrm{BS}} N_a^{\mathrm{UE}}}
\end{aligned} \tag{5-24}
$$

进一步，假设毫米波信道在信道相干时间内的 G 个连续 OFDM 符号保持不变 [21]。联合利用 G 个连续 OFDM 符号所接收到的参考信号，可以得到

$$
\tilde{\boldsymbol{r}}_p = \tilde{\boldsymbol{\Psi}}_p \bar{\boldsymbol{h}}_p^{a} + \tilde{\boldsymbol{v}}_p \tag{5-25}
$$

式中，$\tilde{\boldsymbol{r}}_p = [(\boldsymbol{r}_p^{(1)})^{\mathrm{T}}, (\boldsymbol{r}_p^{(2)})^{\mathrm{T}}, \cdots, (\boldsymbol{r}_p^{(G)})^{\mathrm{T}}]^{\mathrm{T}} \in \mathbb{C}^{G N_{\mathrm{RF}}^{\mathrm{BS}}}$ 是包括多个时隙接收信号的等效接收信号矢量；$\tilde{\boldsymbol{\Psi}}_p = [(\boldsymbol{\Psi}_p^{(1)})^{\mathrm{T}}, (\boldsymbol{\Psi}_p^{(2)})^{\mathrm{T}}, \cdots, (\boldsymbol{\Psi}_p^{(G)})^{\mathrm{T}}]^{\mathrm{T}} \in \mathbb{C}^{G N_{\mathrm{RF}}^{\mathrm{BS}} \times K N_a^{\mathrm{BS}} N_a^{\mathrm{UE}}}$ 是包括多个时隙观测矩阵的等效观测矩阵；$\tilde{\boldsymbol{v}}_p = [(\boldsymbol{v}_p^{(1)})^{\mathrm{T}}, (\boldsymbol{v}_p^{(2)})^{\mathrm{T}}, \cdots, (\boldsymbol{v}_p^{(G)})^{\mathrm{T}}]^{\mathrm{T}}$ 是加性白高斯噪声的合集。系统的信噪比可以按照式（5–25）定义为 $\mathrm{SNR} = E\left\{\left\|\tilde{\boldsymbol{\Psi}}_p \bar{\boldsymbol{h}}_p^{a}\right\|_2^2\right\} \Big/ E\left\{\left\|\tilde{\boldsymbol{v}}_p\right\|_2^2\right\}$。

5.3.3 基于自适应压缩感知的信道估计算法

在传统的算法中，如 MMSE 算法，为了根据式（5–25）精确地估计信道，参考信号 OFDM 符号数 G 的值主要取决于 $\bar{\boldsymbol{h}}_p^a$，即 $KN_a^{\mathrm{UE}}N_a^{\mathrm{BS}}$ 的维度。传统的算法要求 $GN_{\mathrm{RF}}^{\mathrm{BS}} \geqslant KN_a^{\mathrm{UE}}N_a^{\mathrm{BS}}$，这将导致 G 远大于信道的相干时间 [21]。幸运的是，毫米波大规模 MIMO 信道的稀疏性促使本章利用压缩感知理论以明显降低的参考信号开销估计信道。另外，根据式（5–19），$\{\boldsymbol{H}_{p,k}^f\}_{p=1}^P$ 有着相同的到达角和发射角，因此，通过式（5–20）和式（5–21）得到的 $\{\boldsymbol{h}_{p,k}^a\}_{p=1}^P$ 在系统带宽内呈现结构化的稀疏特性，即

$$\operatorname{supp}\left\{\boldsymbol{h}_{1,k}^a\right\} = \operatorname{supp}\left\{\boldsymbol{h}_{2,k}^a\right\} = \cdots = \operatorname{supp}\left\{\boldsymbol{h}_{P,k}^a\right\} = \Theta_k \tag{5–26}$$

具体来说，已知式（5–25）、式（5–22）和式（5–26）的稀疏性约束，可以用标准的分布式压缩感知工具估计信道。然而，由于实际到达角和发射角连续地分布而 $\boldsymbol{A}_{\mathrm{BS}}$ 和 $\boldsymbol{A}_{\mathrm{UE}}$ 的分辨率有限，$\bar{\boldsymbol{h}}_p^a$ 的稀疏性会受到能量泄漏问题的影响，进而导致信道估计性能的下降 [21]。

针对这个问题，如算法 5 所示，本章提出了一种 DGMP 算法，该算法包括外层循环和内层循环。在外层循环的每次迭代中（步骤 2.1~2.3 与步骤 2.19~2.21），通过相关操作（步骤 2.1），算法求出可能性最大的路径的用户下标 $\tilde{k}$（步骤 2.2）和自适应观测矩阵 $\bar{\boldsymbol{\Upsilon}}_p$（步骤 2.3）并输入内层循环中；根据内层循环的输出结果，算法求出与第 $\tilde{k}$ 个用户相关的发射导引矢量和接收导引矢量（步骤 2.19~2.20），并且更新 $|\mathcal{K}|$ 个用户的直射路径增益和残差 $\boldsymbol{b}_p$（步骤 2.21）。当所有 K 个用户的到达角、发射角和路径增益全部估计完成后，外层循环迭代终止。在内层循环中（步骤 2.4~2.18），算法采用了自适应的格点匹配追踪策略来改善第 $\tilde{k}$ 个用户直射径的到达角和发射角。具体来说，利用外层循环输入的 $\tilde{k}$ 和 $\bar{\boldsymbol{\Upsilon}}_p$，算法求出可能性最大的路径对应的到达角和发射角的下标 n^{BS} 和 n^{UE}（步骤 2.6），同时记录对应的相关值为 β（步骤 2.5）。进一步，构造局部过完备观测矩阵 $\tilde{\boldsymbol{\Upsilon}}_p$（步骤 2.7~2.11），该矩阵为分别对下标为 n^{BS} 的到达角和下标为 n^{UE} 的发射角附近增加 $(2J-1)$ 倍角度分辨率的字典矩阵，用于改善角度估计的精度；通过相关操作（步骤 2.12），算法可以分别得到更加准确的到达角下标 m^{BS} 和发射角下标 m^{UE}（步骤 2.13）；最后，算法自适应地更新 $\bar{\boldsymbol{\Upsilon}}_p$，并根据 m^{BS} 和 m^{UE} 来调整到达角和发射角的格点（步骤 2.14~2.18）。当 $|\beta_{\mathrm{last}} - \beta| < \varepsilon$ 时，内层循环终止。

通过对 $\tilde{\boldsymbol{\Psi}}_p$ 和 $\boldsymbol{b}_p$，$1 \leqslant p \leqslant P$ 进行联合处理，分布式格点匹配追踪算法可以利用结构化的稀疏特性提高信道估计性能，这在步骤 2.1、2.4 和 2.12 中得以体现。进一步，通过采用自适应的格点匹配追踪策略，自适应观测矩阵 $\bar{\boldsymbol{\Upsilon}}_p$ 可以获

算法 5: 提出的分布式格点匹配追踪算法

输入： 式（5–25）中的接收信号 $\tilde{\boldsymbol{r}}_p$ 和感知矩阵 $\tilde{\boldsymbol{\Psi}}_p$，$\forall p$，AoA/AoD 分辨率因子 J，以及误差门限 ε

输出： 第 k 个用户 LoS 径的导引矢量估计值 $\hat{\boldsymbol{a}}_{\rm BS}^{k,\rm LoS}$ 和 $\hat{\boldsymbol{a}}_{\rm UE}^{k,\rm LoS}$，以及各个路径增益的估计值 $\hat{\boldsymbol{\alpha}}\in\mathbb{C}^{1\times K}$，其中 $[\hat{\boldsymbol{\alpha}}]_k$ 表示第 k 个用户的 LoS 径增益估计值

- **步骤 1**（初始化）残差 $\boldsymbol{b}_p=\tilde{\boldsymbol{r}}_p$，迭代标号 $k=1$，$\left[\tilde{\boldsymbol{\Psi}}_p\right]_{:,j}=\left[\tilde{\boldsymbol{\Psi}}_p\right]_{:,j}\Big/\left\|\left[\tilde{\boldsymbol{\Psi}}_p\right]_{:,j}\right\|_2$，对于 $1\leqslant j\leqslant KN_a^{\rm UE}N_a^{\rm BS}$，$\forall p$，以及矩阵 $\boldsymbol{\varXi}_p$，集合 $\mathcal{K}$ 置为空
- **步骤 2**（估计 K 个用户的 LoS 径的导引矢量和增益）

for $k\leqslant K$ **do**

1: $\rho=\arg\max\limits_{\widetilde{\rho}}\left\{\sum_{p=1}^{P}\left\|\left[\left(\tilde{\boldsymbol{\Psi}}_p\right)^{\rm H}\boldsymbol{b}_p\right]_{\widetilde{\rho}}\right\|_2^2,\left\lceil\widetilde{\rho}/(N_a^{\rm UE}N_a^{\rm BS})\right\rceil\notin\mathcal{K}\right\}$

2: $\tilde{k}=\left\lceil\rho/(N_a^{\rm UE}N_a^{\rm BS})\right\rceil$, $\mathcal{K}=\mathcal{K}\cup\tilde{k}$

3: $\bar{\boldsymbol{\varUpsilon}}_p=\left[\tilde{\boldsymbol{\Psi}}_p\right]_{(\tilde{k}-1)N_a^{\rm BS}N_a^{\rm UE}+1:\tilde{k}N_a^{\rm BS}N_a^{\rm UE}}$

repeat

4: $\rho=\arg\max\limits_{\widetilde{\rho}}\left\{\sum_{p=1}^{P}\left\|\left[(\bar{\boldsymbol{\varUpsilon}}_p)^{\rm H}\boldsymbol{b}_p\right]_{\widetilde{\rho}}\right\|_2^2\right\}$

5: $\beta_{\rm last}=\beta$, $\beta=\sum_{p=1}^{P}\left\|\left[(\bar{\boldsymbol{\varUpsilon}}_p)^{\rm H}\boldsymbol{b}_p\right]_{\rho}\right\|_2^2$

6: $n^{\rm UE}=\left\lceil\rho/N_a^{\rm BS}\right\rceil$，$n^{\rm BS}=\rho-(n^{\rm UE}-1)N_a^{\rm BS}$

7: $\tilde{\boldsymbol{A}}_{\rm UE}=\left[\boldsymbol{a}_{\rm UE}\left((n^{\rm UE}+\frac{j_{\rm UE}}{2J})/N_a^{\rm UE}\right)\right]_{j_{\rm UE}\in[-J,-J+1,\cdots,J]}$

8: $\tilde{\boldsymbol{A}}_{\rm BS}=\left[\boldsymbol{a}_{\rm BS}\left((n^{\rm BS}+\frac{j_{\rm BS}}{2J})/N_a^{\rm BS}\right)\right]_{j_{\rm BS}\in[-J,-J+1,\cdots,J]}$

9: $\tilde{\boldsymbol{\varUpsilon}}_p^{(t)}=\left(\tilde{\boldsymbol{A}}_{\rm UE}^{\rm H}\boldsymbol{f}_{p,\tilde{k}}^{(t)}\right)^{\rm T}\otimes(\boldsymbol{Z}_p^{(t)})^{\rm H}\tilde{\boldsymbol{A}}_{\rm BS}$

10: $\tilde{\boldsymbol{\varUpsilon}}_p=[(\tilde{\boldsymbol{\varUpsilon}}_p^{(1)})^{\rm T},(\tilde{\boldsymbol{\varUpsilon}}_p^{(2)})^{\rm T},\cdots,(\tilde{\boldsymbol{\varUpsilon}}_p^{(G)})^{\rm T}]^{\rm T}$

11: $\left[\tilde{\boldsymbol{\varUpsilon}}_p\right]_{:,j}=\left[\tilde{\boldsymbol{\varUpsilon}}_p\right]_{:,j}\Big/\left\|\left[\tilde{\boldsymbol{\varUpsilon}}_p\right]_{:,j}\right\|_2$，$1\leqslant j\leqslant(2J-1)^2$，$\forall p$

12: $\eta=\arg\max\limits_{\widetilde{\eta}}\left\{\sum_{p=1}^{P}\left\|\left[(\tilde{\boldsymbol{\varUpsilon}}_p)^{\rm H}\boldsymbol{b}_p\right]_{\widetilde{\eta}}\right\|_2^2\right\}$

13: $m^{\rm UE}=\lceil\eta/(2J-1)\rceil$, $m^{\rm BS}=\eta-(m^{\rm UE}-1)(2J-1)$

14: $\tilde{\boldsymbol{A}}_{\rm UE}=\left[\boldsymbol{a}_{\rm UE}\left(\left(n^{\rm UE}+\frac{-J+m^{\rm UE}-1}{2J}\right)/N_a^{\rm UE}\right)\right]_{n^{\rm UE}\in[0,1,\cdots,N_{\rm UE}-1]}$

15: $\tilde{\boldsymbol{A}}_{\rm BS}=\left[\boldsymbol{a}_{\rm BS}\left(\left(n^{\rm BS}+\frac{-J+m^{\rm BS}-1}{2J}\right)/N_a^{\rm BS}\right)\right]_{n^{\rm BS}\in[0,1,\cdots,N_{\rm BS}-1]}$

16: $\boldsymbol{\varUpsilon}_p^{(t)}=\left(\tilde{\boldsymbol{A}}_{\rm UE}^{\rm H}\boldsymbol{f}_{p,\tilde{k}}^{(t)}\right)^{\rm T}\otimes(\boldsymbol{Z}_p^{(t)})^{\rm H}\tilde{\boldsymbol{A}}_{\rm BS}$

17: $\boldsymbol{\varUpsilon}_p=[(\boldsymbol{\varUpsilon}_p^{(1)})^{\rm T},(\boldsymbol{\varUpsilon}_p^{(2)})^{\rm T},\cdots,(\boldsymbol{\varUpsilon}_p^{(G)})^{\rm T}]^{\rm T}$

18: $\left[\bar{\boldsymbol{\varUpsilon}}_p\right]_{:,j}=\left[\boldsymbol{\varUpsilon}_p\right]_{:,j}\Big/\left\|\left[\boldsymbol{\varUpsilon}_p\right]_{:,j}\right\|_2$，$1\leqslant j\leqslant N_a^{\rm UE}N_a^{\rm BS}$，$\forall p$

until $|\beta_{\rm last}-\beta|<\varepsilon$

19: $\hat{\boldsymbol{a}}_{\rm BS}^{\tilde{k},\rm LoS}=\boldsymbol{a}_{\rm BS}((n^{\rm BS}+\frac{-J+m^{\rm BS}-1}{2J})/N_a^{\rm BS})$

20: $\hat{\boldsymbol{a}}_{\rm UE}^{\tilde{k},\rm LoS}=\boldsymbol{a}_{\rm UE}((n^{\rm UE}+\frac{-J+m^{\rm UE}-1}{2J})/N_a^{\rm UE})$

21: $\boldsymbol{\varXi}_p=\left[\boldsymbol{\varXi}_p,[\boldsymbol{\varUpsilon}_p]_{:,\eta}\right]$，$\hat{\boldsymbol{\alpha}}_{\mathcal{K}}=(\boldsymbol{\varXi}_p)^{\dagger}\tilde{\boldsymbol{r}}_p$，$\boldsymbol{b}_p=\tilde{\boldsymbol{r}}_p-\boldsymbol{\alpha}_{\mathcal{K}}\boldsymbol{\varXi}_p$

end for

得对到达角和发射角的估计。另外，利用毫米波信道近乎直射径的特性，最终只需要估计 K 个用户的直射径即可获得对主要信道分量的估计。传统的自适应压

缩感知算法 [21] 只能通过单个接收信号估计单个稀疏窄带信道。相比之下，通过挖掘毫米波频率选择性衰落信道角度域结构化稀疏特性，这里提出的分布式格点匹配追踪算法可以通过多个接收信号同时估计多个稀疏的子信道来提高估计的性能。此外，具有自适应 $\bar{\boldsymbol{\Upsilon}}_p$ 的格点匹配追踪策略（步骤 2.4~2.18）可以有效地解决由连续分布到达角和发射角带来的能量泄漏问题，这一点和经典的分布式压缩感知方法 [22] 不同。

5.3.4 基于压缩感知理论的参考信号设计

式（5−25）中的观测矩阵 $\tilde{\boldsymbol{\Psi}}_p, \forall p$ 对于保证信道估计的可靠性非常重要。通常，有 $GN_{\mathrm{RF}}^{\mathrm{BS}} \ll KN_a^{\mathrm{UE}}N_a^{\mathrm{BS}}$。因为 $\tilde{\boldsymbol{\Psi}}_p = [(\boldsymbol{\Psi}_p^{(1)})^{\mathrm{T}}, (\boldsymbol{\Psi}_p^{(2)})^{\mathrm{T}}, \cdots, (\boldsymbol{\Psi}_p^{(G)})^{\mathrm{T}}]^{\mathrm{T}}$，$\boldsymbol{\Psi}_p^{(t)} = (\bar{\boldsymbol{A}}_{\mathrm{UE}}^{\mathrm{H}}\bar{\boldsymbol{f}}_p^{(t)})^{\mathrm{T}} \otimes (\boldsymbol{Z}_p^{(t)})^{\mathrm{H}}\boldsymbol{A}_{\mathrm{BS}}$，$\bar{\boldsymbol{A}}_{\mathrm{UE}}^{\mathrm{H}} = \mathrm{diag}\left\{\boldsymbol{A}_{\mathrm{UE}}^{\mathrm{H}}, \boldsymbol{A}_{\mathrm{UE}}^{\mathrm{H}}, \cdots, \boldsymbol{A}_{\mathrm{UE}}^{\mathrm{H}}\right\}$，以及 $\boldsymbol{A}_{\mathrm{UE}}$ 和 $\boldsymbol{A}_{\mathrm{BS}}$ 是由天线阵列的几何形态决定的。K 个用户发射的 $\{\boldsymbol{f}_{p,k}^{(t)}\}_{p=1,k=1,t=1}^{P,K,G}$ 和基站接收的 $\{\boldsymbol{Z}_p^{(t)}\}_{p=1,t=1}^{P,G}$ 都需要合理的设计来保证信道估计的可靠性。

根据文献 [22]，各个元素满足独立同高斯分布的矩阵可以获得很好的稀疏信号恢复效果。此外，根据分布式压缩感知理论 [22]，采用多样化的观测矩阵 $\tilde{\boldsymbol{\Psi}}_p$，$\forall p$ 可以进一步提高稀疏信号的恢复效果。这将指引本章为毫米波大规模 MIMO 系统合理地设计参考信号。具体来说，正如之前所讨论过的，$\boldsymbol{Z}_p^{(t)} = \boldsymbol{Z}_{\mathrm{RF}}^{(t)}\boldsymbol{Z}_{\mathrm{BB},p}^{(t)}$，$\boldsymbol{f}_{p,k}^{(t)} = \boldsymbol{F}_{\mathrm{RF},k}^{(t)}\boldsymbol{F}_{\mathrm{BB},p,k}^{(t)}\boldsymbol{s}_{p,k}^{(t)} = \boldsymbol{F}_{\mathrm{RF},k}^{(t)}\tilde{\boldsymbol{s}}_{p,k}^{(t)}$，这里定义 $\tilde{\boldsymbol{s}}_{p,k}^{(t)} = \boldsymbol{F}_{\mathrm{BB},p,k}^{(t)}\boldsymbol{s}_{p,k}^{(t)}$（$1 \leqslant k \leqslant K$，$1 \leqslant t \leqslant G, 1 \leqslant p \leqslant P$）。因此，在这里给出了设计参考信号的每个元素

$$
\begin{aligned}
\left[\boldsymbol{Z}_{\mathrm{RF}}^{(t)}\right]_{i_1,j_1} &= \mathrm{e}^{\mathrm{j}\phi_{i_1,j_1,t}^1}, 1 \leqslant i_1 \leqslant N_a^{\mathrm{BS}}, 1 \leqslant j_1 \leqslant N_{\mathrm{RF}}^{\mathrm{BS}} \\
\left[\boldsymbol{F}_{\mathrm{RF},k}^{(t)}\right]_{i_2,j_2} &= \mathrm{e}^{\mathrm{j}\phi_{i_2,j_2,t,k}^2}, 1 \leqslant i_2 \leqslant N_a^{\mathrm{UE}}, 1 \leqslant j_2 \leqslant N_{\mathrm{RF}}^{\mathrm{UE}} \\
\left[\boldsymbol{Z}_{\mathrm{BB},p}^{(t)}\right]_{i_4,j_4} &= \mathrm{e}^{\mathrm{j}\phi_{i_4,j_4,p,t}^4}, 1 \leqslant i_4 \leqslant N_{\mathrm{RF}}^{\mathrm{BS}}, 1 \leqslant j_4 \leqslant N_{\mathrm{RF}}^{\mathrm{BS}} \\
\left[\tilde{\boldsymbol{s}}_{p,k}^{(t)}\right]_{i_3} &= \mathrm{e}^{\mathrm{j}\phi_{i_3,p,t,k}^3}, 1 \leqslant i_3 \leqslant N_{\mathrm{RF}}^{\mathrm{UE}}
\end{aligned} \tag{5-27}
$$

这里 $\phi_{i_1,j_1,t}^1$，$\phi_{i_2,j_2,t,k}^2$，$\phi_{i_3,p,t,k}^3$ 以及 $\phi_{i_4,j_4,p,t}^4$ 满足独立同均匀分布的 $\mathcal{U}\,[0,\ 2\pi)$ 分布。可以注意到射频链路发射预编码接收合并矩阵必须满足模为常数的约束，并且不同的子载波拥有相同的射频预编码器和合并器。可以看出，设计的参考信号保证了 $\tilde{\boldsymbol{\Psi}}_p$ 的各个元素满足独立同零均值复高斯分布。另外，不同 p 对应的 $\tilde{\boldsymbol{\Psi}}_p$ 不相同。因此，提出的参考信号设计方法在多用户角度域稀疏上行信道的联合恢复效果上是最优的。

5.3.5　仿真结果

本节研究了提出的基于自适应压缩感知的信道估计算法的性能。在仿真中，设置载波频率 $f_c = 30\,\text{GHz}$，系统带宽为 $f_s = 0.25\,\text{GHz}$，多径信道的最大延时为 $\tau_{\max} = 100\ \text{ns}$，循环前缀的长度为 $L_{\text{CP}} = \tau_{\max} f_s = 25$，子载波的个数为 $P = 32$，用户处天线数目为 $N_a^{\text{UE}} = 32$，用户处的射频数目为 $N_{\text{RF}}^{\text{UE}} = 1$，基站处天线的数目为 $N_a^{\text{BS}} = 128$，基站处射频的数目为 $N_{\text{RF}}^{\text{BS}} = 4$，相邻天线的间隔为 $d = \lambda/2$，用户数为 $K = 4$，第 k 个用户的多径数为 $L_k = 4$，$K_{\text{factor}} = 20\,\text{dB}$，算法中 $J = 10$，$\varepsilon = 10^{-3}$。在仿真中，对到达角和发射角精确已知情况下的信道估计用作仿真对比的基准，同时，基于压缩感知的自适应信道估计算法 [21] 也被选中进行比较。

图 5.7 通过采用文献 [78] 中的模拟数字混合预编码方法，研究了 bpcu。这里预编码所用的信道分别是通过自适应压缩感知方法 [21] 和提出的分布式格点匹配追踪算法估计获得的。到达角和发射角精确已知的情况用来作为性能的上界。从图 5.7 可以看出，由于没有利用毫米波大规模 MIMO 信道的结构化稀疏特性，自适应压缩感知方法性能较差。相比之下，当 $G \geqslant 20$ 时，提出的分布式格点匹配追踪算法更接近到达角和发射角精确已知情况的性能上界。这是因为提出的基于分布式压缩感知的信道估计方法能够利用毫米波频率选择性衰落信道系统带宽内的角度域结构化稀疏特性。相比之下，为了逼近性能上界，传统的自适应压缩感知算法需要更大的参考信号数量 G，例如，$\text{SNR} = 0\ \text{dB}$ 时，需要 $G > 90$。因此，在频率选择性衰落信道估计中，相比于传统的信道估计方案，提出的方法可以显著降低训练参考信号数量。

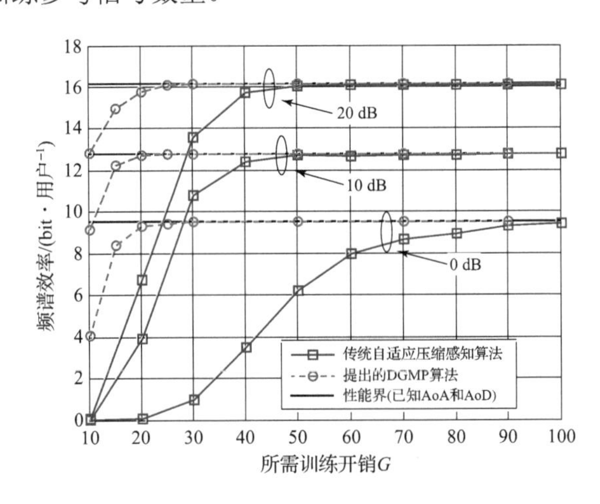

图 5.7　不同信道估计算法的频谱效率与参考信号数量 G 以及 SNR 的关系对比

图 5.8 比较了下行链路 BER 的性能。这里采用 16-QAM 调制，自适应压缩

感知算法和分布式格点匹配追踪算法分别用了 40 和 30 的参考信号开销数。可以看出，提出的信道估计算法相比已有方法减少了参考信号开销，而且误比特率性能和将到达角发射角精确已知的理想情况作为上界的性能非常接近。

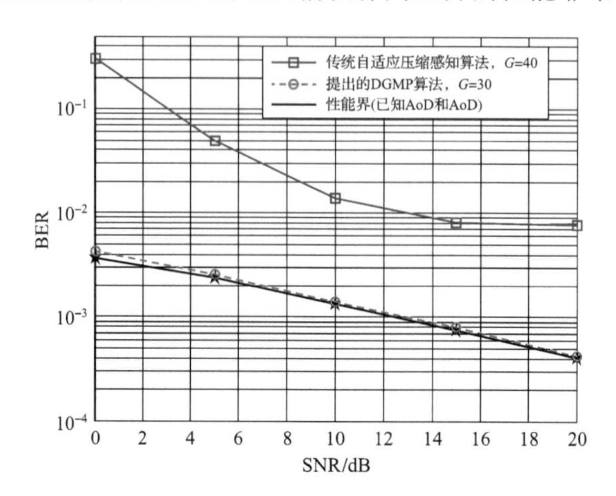

图 5.8　不同信道估计算法的误比特率性能比较

5.4　本章小结

本章讨论了一种基于自适应压缩感知的毫米波大规模 MIMO 多用户上行信道估计算法，该方案能够有效地解决毫米波频率选择性衰落信道问题。具体来说，本章设计了信道估计的高效参考信号。进一步，通过挖掘毫米波频率选择性衰落信道的结构化稀疏特性，本章在自适应压缩感知理论框架下设计了基站端可靠的分布式格点匹配追踪算法，以降低参考信号开销。在提出的格点匹配追踪算法中，通过采用自适应观测矩阵，提出的算法可以有效解决能量泄漏的问题。仿真结果表明，相比已有的方法，提出的方法可以用更少的参考信号开销来获得毫米波大规模 MIMO 频率选择性衰落信道精确估计。

此外，本章提出了一种宽带毫米波 MIMO 系统混合预编码方案。具体来说，对于基带部分，通过利用 GMD，为每个子载波提出了一种基带预编码设计，这种设计可以获得更好的误码率性能，而无须像传统的 SVD 方案那样进行复杂的比特分配。对于模拟部分，通过使用基于过采样二维 DFT 码本的 SOMP 模拟预编码，在 BS 和 UE 上获得了模拟预编码器，这解决了宽带 MIMO 混合预编码的设计困难以及传统空间稀疏预编码方案需要的所有导向向量的苛刻条件。相比现有方案，本章提出的混合预编码方案具有更好的频谱效率和 BER 性能。

第 6 章

毫米波大规模 MIMO 系统基于谱估计理论的稀疏信道估计

6.1 本章简介与内容安排

在毫米波 MIMO 系统中，信道估计对后续模拟和数字波束赋形设计起着至关重要的作用 [20]。然而，传统 MIMO 系统中的信道估计技术难以直接应用在混合毫米波 MIMO 系统中。一方面，因为接收端接收到的数字基带测量是由模拟和数字波束赋形与信道相互交织在一起的，而不是如全数字系统般直接接收到与信道相对应的高维度信号。另一方面，若从低维度的基带观测重构出高维度的 CSI，直接应用传统的信道估计方法由于较小的 RF 链路数可能需要很大的训练开销来获得大阵列所对应的信道系数，同时，波束赋形前的大带宽和低信噪比也会导致训练序列很长 [91]。因此，传统的信道估计技术难以应用在需要频繁进行估计的快速时变信道中。尽管一些波束训练方法 [92−94] 中的模拟波束赋形设计可用来避免直接估计大维度的毫米波 MIMO 信道，但这些方法并不能提供足够的信息来实现更复杂的诸如多用户 MIMO 信号检测及干扰消除等收发机设计算法，同时，这类方法可能需要反复地迭代才能找到好的波束配置。如何在降低信道估计过程中所需的训练开销的同时准确地估计高维度的毫米波 MIMO 信道是当前毫米波通信研究的热点之一。

目前已经有多种信道估计方案被提出来 [21,95−98]，用于估计混合毫米波大规模 MIMO 系统中的窄带平坦衰落信道。就传统基于压缩感知的信道估计方案 [21,95] 来说，利用毫米波 MIMO 信道在角度域上的稀疏性，通过各种压缩感知算法来求解稀疏信号重建问题，即估计稀疏向量的支撑集以及支撑集上元素所对应的值，以降低系统在信道估计时所需的导频开销。然而，一方面，信道估计问题表达成稀疏重建问题时，稀疏向量并非是真正意义上完全稀疏的；另一方面，基于压缩感知理论的信道估计方案均会将连续的角度量化为离散化网格点，这样就不可避免地引入了量化误差，在高信噪比下，这种量化误差会被放大。具体地，

文献 [21] 提出了一种基于 ACS 理论的信道估计方案，这种方案设计了多分辨率的码本，但在存在非直射径的信道情况下，其估计性能较差。文献 [95] 提出了一种基于 OMP 算法的信道估计方案，这种信道估计方案采用非均匀量化来分割角度域的格点，可以显著地降低压缩感知信道估计中冗余字典的相关性，但是该方案假设了信道的到达角/离开角是离散化的。除了以上利用压缩感知的理论方法外，文献 [96] 提出了一种基于克雷洛夫子空间（Krylov Subspace）的方法来直接估计出毫米波 MIMO 信道矩阵所对应的奇异子空间，但是该方案需要在收发机之间进行多次放大转发操作，进而会引入大量的噪声，恶化了系统的估计性能。通过利用毫米波信道的低秩特性，文献 [97] 提出了一种上行链路多用户场景下的分层训练方案和对应的基于张量分解的信道估计方案。此外，文献 [98] 设计了一种辅助波束对来估计信道的到达角/离开角，这种利用辅助波束的方法能被用于定向的初始接入过程，有助于数据信道的空间复用。

另外，对于一个宽带且具有多径的传输系统而言，多径信道在时域上的时延弥散现象会引起频域上的频率选择性衰落。针对宽带频率选择性衰落信道，目前已有多种基于压缩感知的信道估计方案被提出来 [99−102]。具体地，文献 [99] 提出了一种 SAMP 算法来重建多个导频子载波的稀疏角度域信道。根据结构化压缩感知理论，文献 [100] 提出了一种 DGMP 算法来解决频率选择性衰落信道下多用户毫米波大规模 MIMO 系统的信道估计问题，但是该信道估计方案在非直射径成分较多的情况下性能较差。文献 [101] 提出了一种频域稀疏方法来估计频率选择性衰落信道，利用了 OMP 算法来搜索包含了信道增益的稀疏向量中的最优稀疏近似值，但该方法在计算时要进行与子载波数目相同次数的 OMP 算法循环，这将导致相当高的计算复杂度。由于系统带宽内毫米波信道的角度域稀疏性是不变的，文献 [102] 通过利用不同子载波信道之间的空间共同稀疏性，提出了一种 SW-OMP 算法来降低计算复杂度。此外，通过利用宽带毫米波信道的低秩特性，文献 [103] 将文献 [97] 的窄带情形扩展到宽带情形中，因此，接收到的训练信号可以表示为具有低秩 CANDECOMP/PARAFAC 分解的高阶张量，以便能估计出主要的信道参数，即到达角/离开角以及时延。

由于毫米波 MIMO 信道在时延域和空间域上都有着固有的稀疏性 [92,104]，因此，利用信道稀疏性来降低信道估计所需开销是一种切实可行的方法。本章通过引入经典的诸如 ESPRIT 之类的空间谱估计算法 [38,105]，来准确地获得毫米波 MIMO 信道的稀疏多径成分中诸如到达角/离开角等信息，可以极大地降低所需导频开销，同时，信道估计的性能要优于之前基于压缩感知的信道估计方法。传统的 ESPRIT 算法可以广泛地应用在全数字架构系统中，这是因为每根天线接收到的信号在进行相关处理后可以直接采样得到基带观测，而这些观测数据很好地保留了阵列响应的移不变性（见附录 D 中的移不变性说明）。然而，对于混合波束赋形架构下的毫米波 MIMO 系统，每个基带观测值是不同天线通过模拟相移网络混合后形成的，这就意味着相移网络破坏了阵列响应的移不变性，因此，不能直接利用传统的 ESPRIT 算法来估计信道中的未知参数。出于这种考虑，本章通过利用毫米波信道的稀疏性，分别针对窄带和宽带信道设计了两种基于谱估计理论的超分辨率稀疏信道估计方案，即基于二维酉 ESPRIT 的窄带稀疏信道估计方案和基于三维酉 ESPRIT 的宽带稀疏信道估计方案。

对于窄带平坦衰落信道，基于二维酉 ESPRIT 的窄带稀疏信道估计方案可以在混合波束赋形架构中利用 ESPRIT 算法来获得收发端均采用均匀线性阵列的毫米波 MIMO 信道中稀疏多径成分的到达角/离开角的超分辨率估计值。具体来说，首先，对接收信号进行预处理，即对信道估计问题进行数学建模，并在发射端和接收端分别设计出合适的波束赋形矩阵，以便能在较低的导频开销下获得一个保留有阵列响应移不变性的低维等效信道。其次，设计了改进的二维酉 ESPRIT 算法 [106]。接着，根据该低维等效信道中阵列响应的移不变性以及设计的算法，可以获得已配对好的到达角和离开角的超分辨率估计值。然后，通过最小二乘估计器便可计算出对应于各路径的信道复增益。最后，由估计到的到达角、离开角以及相应的路径增益，可以重构出高维度的毫米波 MIMO 信道。仿真结果表明，与基于压缩感知的信道估计方案相比，这里设计的信道估计方案能在更少的导频开销下获得更好的信道估计性能。

对于宽带信道，通过对窄带信道中稀疏多径成分的角度估计进行扩展，基于三维酉 ESPRIT 的宽带稀疏信道估计方案能在较低的导频开销下同时估计出毫米波 MIMO 信道中稀疏多径成分的到达角和离开角，以及相应多径时延的超分辨率估计值。具体来说，首先对接收信号进行预处理，即对信道估计问题进行数学建模，以便能用三维酉 ESPRIT 算法来估计其中的信道参数。其次，为了在较低的导频开销下得到保留有阵列响应移不变性的低维等效信道，可在收发端分别设计出窄带情形中的波束赋形矩阵，并对其中模拟波束赋形矩阵的相位值进行量化处理。接着，利用三维酉 ESPRIT 算法 [107,108] 来估计该低维等效信道中已配对好的到达角、离开角以及多径时延的超分辨率估计值。然后，通过最小二乘估计器便可计算出对应于各路径的信道复增益。最后，由估计到的信道参数来重构出高维度的宽带毫米波 MIMO 信道。仿真结果表明，所提信道估计方案在相同导频开销下能获得比现有基于压缩感知的信道估计方案更好的信道估计性能。

6.2 基于二维酉 ESPRIT 的窄带稀疏信道估计

6.2.1 系统模型

采用全连接相移网络的混合模-数波束赋形架构的毫米波 MIMO 系统收发机结构，收发端分别装备有 N_r 和 N_t 根天线，以及 N_{RF}^r 和 N_{RF}^t 根 RF 链路，并且系统传输的数据流数 N_s 满足 $N_s \leqslant N_{\mathrm{RF}}^r \ll N_r$ 以及 $N_s \leqslant N_{\mathrm{RF}}^t \ll N_t$[89,91,109]。那么，接收端接收到的信号向量 $\boldsymbol{y} \in \mathbb{C}^{N_s}$ 可表示为

$$\begin{aligned}\boldsymbol{y} &= \boldsymbol{W}^{\mathrm{H}}\boldsymbol{H}\boldsymbol{F}\boldsymbol{s} + \boldsymbol{W}^{\mathrm{H}}\boldsymbol{n} \\ &= \boldsymbol{W}_{\mathrm{BB}}^{\mathrm{H}}\boldsymbol{W}_{\mathrm{RF}}^{\mathrm{H}}\boldsymbol{H}\boldsymbol{F}_{\mathrm{RF}}\boldsymbol{F}_{\mathrm{BB}}\boldsymbol{s} + \boldsymbol{W}_{\mathrm{BB}}^{\mathrm{H}}\boldsymbol{W}_{\mathrm{RF}}^{\mathrm{H}}\boldsymbol{n}\end{aligned} \tag{6–1}$$

式中，发射端（接收端）波束赋形矩阵 $\boldsymbol{F} = \boldsymbol{F}_{\mathrm{RF}}\boldsymbol{F}_{\mathrm{BB}} \in \mathbb{C}^{N_t \times N_s}$（$\boldsymbol{W} = \boldsymbol{W}_{\mathrm{RF}}\boldsymbol{W}_{\mathrm{BB}} \in \mathbb{C}^{N_r \times N_s}$）可拆分为模拟 RF 波束赋形矩阵 $\boldsymbol{F}_{\mathrm{RF}} \in \mathbb{C}^{N_t \times N_{\mathrm{RF}}^t}$（$\boldsymbol{W}_{\mathrm{RF}} \in \mathbb{C}^{N_r \times N_{\mathrm{RF}}^r}$）和数字基带波束赋形矩阵 $\boldsymbol{F}_{\mathrm{BB}} \in \mathbb{C}^{N_{\mathrm{RF}}^t \times N_s}$（$\boldsymbol{W}_{\mathrm{BB}} \in \mathbb{C}^{N_{\mathrm{RF}}^r \times N_s}$）；$\boldsymbol{H} \in \mathbb{C}^{N_r \times N_t}$ 和 $\boldsymbol{n} \in \mathbb{C}^{N_r}$ 分别为毫米波 MIMO 信道矩阵和服从 $\mathcal{CN}(\boldsymbol{0}, \sigma_n^2\boldsymbol{I}_{N_r})$ 的复高斯白噪声向量。具体来说，参数信道模型 $\boldsymbol{H}$ 可表示为 [78,91,95,110]

$$\boldsymbol{H} = \sqrt{\frac{N_t N_r}{L}}\sum_{l=1}^{L}\alpha_l \boldsymbol{a}_r(\theta_l)\boldsymbol{a}_t^{\mathrm{H}}(\varphi_l) \tag{6–2}$$

式中，L 为信道的多径个数且 $L < \min\{N_t, N_r\}$；α_l 为路径复增益；θ_l 和 φ_l 分别为第 l 条路径对应的到达角和离开角；$\boldsymbol{a}_r(\theta_l)$ 和 $\boldsymbol{a}_t(\varphi_l)$ 分别为接收端和发射端的阵列响应矢量。式（6–2）可进一步写成更紧凑的形式

$$\boldsymbol{H} = \boldsymbol{A}_r\boldsymbol{D}\boldsymbol{A}_t^{\mathrm{H}} \tag{6–3}$$

式中，$\boldsymbol{A}_r = [\boldsymbol{a}_r(\theta_1), \cdots, \boldsymbol{a}_r(\theta_L)] \in \mathbb{C}^{N_r \times L}$；$\boldsymbol{A}_t = [\boldsymbol{a}_t(\varphi_1), \cdots, \boldsymbol{a}_t(\varphi_L)] \in \mathbb{C}^{N_t \times L}$；对角阵 $\mathrm{diag}(\boldsymbol{d}) = \sqrt{N_t N_r/L}\,\mathrm{diag}(\alpha_1, \cdots, \alpha_L)$ 且 $\boldsymbol{d} = \sqrt{N_t N_r/L}\,[\alpha_1, \cdots, \alpha_L]^{\mathrm{T}}$。若将式（6–3）转化为向量形式 $\boldsymbol{h} \in \mathbb{C}^{N_r N_t}$，有 $\boldsymbol{h} = \mathrm{vec}(\boldsymbol{H}) = (\boldsymbol{A}_t^* \otimes \boldsymbol{A}_r)\mathrm{vec}(\boldsymbol{D}) = (\boldsymbol{A}_t^* \odot \boldsymbol{A}_r)\boldsymbol{d}$。此外，由于相移网络的原因，收发端的模拟波束赋形矩阵 $\boldsymbol{F}_{\mathrm{RF}}$ 和 $\boldsymbol{W}_{\mathrm{RF}}$ 的每一项都需要满足恒模约束条件 [89,111]，即 $|[\boldsymbol{F}_{\mathrm{RF}}]_{m,n}| = 1/\sqrt{N_t}$ 和 $|[\boldsymbol{W}_{\mathrm{RF}}]_{m,n}| = 1/\sqrt{N_r}$，同时，为了保证系统总发射功率不变，数字波束赋形矩阵 $\boldsymbol{F}_{\mathrm{BB}}$ 还需满足 $\|\boldsymbol{F}_{\mathrm{RF}}\boldsymbol{F}_{\mathrm{BB}}\|_F^2 = N_{\mathrm{RF}}^t$[112]。

6.2.2 收发端波束赋形矩阵设计

为了估计高维度的毫米波 MIMO 信道，首先需要准确地估计出到达角和离开角。具体地，通过设计收发端模拟和数字波束赋形矩阵，系统能在多个训练时

块内获得一个和高维度毫米波 MIMO 信道有着相同阵列响应移不变性的等效低维信道。这里对阵列响应的移不变性进行简要说明：ESPRIT 这类算法的基本思想是利用由天线阵列中阵列响应的移不变性引起的信号子空间的旋转不变性 [38]，其中由两个子阵列平移而产生的阵列响应的旋转算子（平移可看作最简单的旋转）能保证两个子阵列所对应的信号子空间是不变的，故两个子阵列的移不变性形成了阵列响应之间的旋转不变性。

首先考虑 T_{B} 个时隙（一个时块）内的接收信号，若式（6–1）为第 t 个（$1 \leqslant t \leqslant T_{\mathrm{B}}$）时隙下的接收信号向量 $\boldsymbol{y}_t \in \mathbb{C}^{N_s}$，那么 $\boldsymbol{Y} = [\boldsymbol{y}_1, \cdots, \boldsymbol{y}_{T_{\mathrm{B}}}] \in \mathbb{C}^{N_s \times T_{\mathrm{B}}}$ 可表示为

$$\boldsymbol{Y} = \boldsymbol{W}^{\mathrm{H}}\boldsymbol{HFS} + \boldsymbol{W}^{\mathrm{H}}\boldsymbol{N} \tag{6–4}$$

式中，$\boldsymbol{S} = [\boldsymbol{s}_1, \cdots, \boldsymbol{s}_{T_{\mathrm{B}}}] \in \mathbb{C}^{N_s \times T_{\mathrm{B}}}$ 为发射训练信号块；$\boldsymbol{N}$ 是 T_{B} 个时隙下的高斯白噪声块。进一步，考虑联合利用 $N_{\mathrm{B}}^t N_{\mathrm{B}}^r$ 个时块来获得组合接收信号矩阵，即

$$\begin{aligned}\tilde{\boldsymbol{Y}} &= \begin{bmatrix} \boldsymbol{Y}_{1,1} & \cdots & \boldsymbol{Y}_{1,N_{\mathrm{B}}^t} \\ \vdots & \ddots & \vdots \\ \boldsymbol{Y}_{N_{\mathrm{B}}^r,1} & \cdots & \boldsymbol{Y}_{N_{\mathrm{B}}^r,N_{\mathrm{B}}^t} \end{bmatrix} \\ &= \widetilde{\boldsymbol{W}}^{\mathrm{H}}\boldsymbol{H}\widetilde{\boldsymbol{F}}\bar{\boldsymbol{S}} + \bar{\boldsymbol{W}}^{\mathrm{H}}\widetilde{\boldsymbol{N}}\end{aligned} \tag{6–5}$$

式中，$\boldsymbol{Y}_{i,j} \in \mathbb{C}^{N_s \times T_{\mathrm{B}}}$ 是第 $(i-1)\,N_{\mathrm{B}}^t + j$ 个时块的接收信号（$i = 1, \cdots, N_{\mathrm{B}}^r$，$j = 1, \cdots, N_{\mathrm{B}}^t$），而 $\widetilde{\boldsymbol{W}} = \left[\boldsymbol{W}_1, \cdots, \boldsymbol{W}_{N_{\mathrm{B}}^r}\right] \in \mathbb{C}^{N_r \times N_{\mathrm{B}}^r N_s}$ 和 $\widetilde{\boldsymbol{F}} = \left[\boldsymbol{F}_1, \cdots, \boldsymbol{F}_{N_{\mathrm{B}}^t}\right] \in \mathbb{C}^{N_t \times N_{\mathrm{B}}^t N_s}$ 分别是接下来需要设计的收发端波束赋形矩阵，块对角矩阵 $\bar{\boldsymbol{S}} = \mathrm{Bdiag}\,(\boldsymbol{S}, \cdots, \boldsymbol{S}) \in \mathbb{C}^{N_{\mathrm{B}}^t N_s \times N_{\mathrm{B}}^t T_{\mathrm{B}}}$ 有 N_{B}^t 个相同的训练信号块在其块对角线上，且块对角矩阵 $\bar{\boldsymbol{W}} = \mathrm{Bdiag}\left(\boldsymbol{W}_1, \cdots, \boldsymbol{W}_{N_{\mathrm{B}}^r}\right) \in \mathbb{C}^{N_{\mathrm{B}}^r N_r \times N_{\mathrm{B}}^r N_s}$ 有着与其类似的结构，$\widetilde{\boldsymbol{N}}$ 为相应的噪声矩阵。因此，对于整个信道估计过程，系统所需的总训练开销为 $T_{\mathrm{CE}} = T_{\mathrm{B}} N_{\mathrm{B}}^t N_{\mathrm{B}}^r$。

对于混合波束赋形架构下的毫米波 MIMO 系统，在模拟相移网络的作用下，每个基带观测值均包含了来自不同天线所接收到的数据，这样就破坏了这些基带观测数据中阵列响应的移不变性，因此，不能直接使用 ESPRIT 这类的算法来估计毫米波 MIMO 信道中的到达角和离开角。为了解决该难题，就需要通过以下的方式来设计收发端的模拟和数字波束赋形矩阵。具体来说，对比式（6–4）和式（6–5）可发现，第 $(i-1)\,N_{\mathrm{B}}^t + j$ 个时块内所有 T_{B} 个时隙的接收和发射波束赋形矩阵分别为 $\boldsymbol{W}_i = \boldsymbol{W}_{\mathrm{RF},i}\boldsymbol{W}_{\mathrm{BB},i}$ 和 $\boldsymbol{F}_j = \boldsymbol{F}_{\mathrm{RF},j}\boldsymbol{F}_{\mathrm{BB},j}$（$i = 1, \cdots, N_{\mathrm{B}}^r$，$j = 1, \cdots, N_{\mathrm{B}}^t$）。考虑将酉矩阵 $\boldsymbol{U}_{N_{\mathrm{RF}}^t} = \left[\boldsymbol{u}_1, \cdots, \boldsymbol{u}_{N_{\mathrm{RF}}^t}\right] \in \mathbb{C}^{N_{\mathrm{RF}}^t \times N_{\mathrm{RF}}^t}$ 作为波束赋形矩阵中各元素的取值来源，这是因为酉矩阵的不同列之间满足正交性，也

就是 $\boldsymbol{u}_m^{\mathrm{H}}\boldsymbol{u}_m = N_{\mathrm{RF}}^t, \forall m = 1, \cdots, N_{\mathrm{RF}}^t$，而 $\boldsymbol{u}_m^{\mathrm{H}}\boldsymbol{u}_n = 0, m \neq n$，该酉矩阵具体可取 DFT 矩阵。首先，对于发射端的模拟和数字波束赋形矩阵 $\boldsymbol{F}_{\mathrm{RF},j} \in \mathbb{C}^{N_{\mathrm{T}} \times N_{\mathrm{RF}}^t}$ 和 $\boldsymbol{F}_{\mathrm{BB},j} \in \mathbb{C}^{N_{\mathrm{RF}}^t \times N_s}$，其中 $\boldsymbol{F}_{\mathrm{BB},j}$ 考虑取该 DFT 矩阵的前 N_s 列，即 $\boldsymbol{F}_{\mathrm{BB},j} = [\boldsymbol{u}_1, \cdots, \boldsymbol{u}_{N_s}]$；而 $\boldsymbol{F}_{\mathrm{RF},j} = \left[\boldsymbol{F}_{\mathrm{RF},j}^1, \boldsymbol{F}_{\mathrm{BB},j}, \boldsymbol{F}_{\mathrm{RF},j}^2\right]^{\mathrm{H}}$，其中 $\boldsymbol{F}_{\mathrm{RF},j}^1 = \mathbf{1}_{(j-1)N_s}^{\mathrm{T}} \otimes \boldsymbol{u}_{N_{\mathrm{RF}}^t}$，且 $\boldsymbol{F}_{\mathrm{RF},j}^2 = \mathbf{1}_{N_t - jN_s}^{\mathrm{T}} \otimes \boldsymbol{u}_{N_{\mathrm{RF}}^t}$。类似地，对于接收端的 $\boldsymbol{W}_{\mathrm{RF},i} \in \mathbb{C}^{N_r \times N_{\mathrm{RF}}^r}$ 和 $\boldsymbol{W}_{\mathrm{BB},i} \in \mathbb{C}^{N_{\mathrm{RF}}^r \times N_s}$，其中 $\boldsymbol{W}_{\mathrm{BB},i} = [\boldsymbol{u}_1, \cdots, \boldsymbol{u}_{N_s}]$；而 $\boldsymbol{W}_{\mathrm{RF},i} = \left[\boldsymbol{W}_{\mathrm{RF},i}^1, \boldsymbol{W}_{\mathrm{BB},i}, \boldsymbol{W}_{\mathrm{RF},i}^2\right]^{\mathrm{H}}$，其中 $\boldsymbol{W}_{\mathrm{RF},i}^1 = \mathbf{1}_{(i-1)N_s}^{\mathrm{T}} \otimes \boldsymbol{u}_{N_{\mathrm{RF}}^r}$，且 $\boldsymbol{W}_{\mathrm{RF},i}^2 = \mathbf{1}_{N_r - iN_s}^{\mathrm{T}} \otimes \boldsymbol{u}_{N_{\mathrm{RF}}^r}$。于是，对于第 $(i-1)\,N_{\mathrm{B}}^t + j$ 个时块的收发端的模拟和数字波束赋形矩阵，有 $\boldsymbol{W}_i = \boldsymbol{W}_{\mathrm{RF},i}\boldsymbol{W}_{\mathrm{BB},i}$ 和 $\boldsymbol{F}_j = \boldsymbol{F}_{\mathrm{RF},j}\boldsymbol{F}_{\mathrm{BB},j}$。最后，$N_{\mathrm{B}}^t$ 个 $\{\boldsymbol{F}_j\}_{j=1}^{N_{\mathrm{B}}^t}$ 和 N_{B}^r 个 $\{\boldsymbol{W}_i\}_{i=1}^{N_{\mathrm{B}}^r}$ 可以分别构成 $\widetilde{\boldsymbol{F}}$ 和 $\widetilde{\boldsymbol{W}}$，即

$$\widetilde{\boldsymbol{F}} = \left[\boldsymbol{F}_1, \cdots, \boldsymbol{F}_{N_{\mathrm{B}}^t}\right] = \alpha_f \begin{bmatrix} \boldsymbol{I}_{N_{\mathrm{B}}^t N_s} \\ \boldsymbol{O}_{\left(N_t - N_{\mathrm{B}}^t N_s\right) \times N_{\mathrm{B}}^t N_s} \end{bmatrix} \tag{6-6}$$

$$\widetilde{\boldsymbol{W}} = \left[\boldsymbol{W}_1, \cdots, \boldsymbol{W}_{N_{\mathrm{B}}^r}\right] = \alpha_w \begin{bmatrix} \boldsymbol{I}_{N_{\mathrm{B}}^r N_s} \\ \boldsymbol{O}_{\left(N_r - N_{\mathrm{B}}^r N_s\right) \times N_{\mathrm{B}}^r N_s} \end{bmatrix} \tag{6-7}$$

式中，α_f 和 α_w 分别是为了保证 $\widetilde{\boldsymbol{F}}$ 和 $\widetilde{\boldsymbol{W}}$ 的恒定模值和总功率约束的比例因子。于是，式（6–5）可进一步表示成

$$\begin{aligned}\widetilde{\boldsymbol{Y}} = \alpha_f \alpha_w &\begin{bmatrix} \boldsymbol{I}_{N_{\mathrm{B}}^r N_s} & \boldsymbol{O}_{\left(N_r - N_{\mathrm{B}}^r N_s\right) \times N_{\mathrm{B}}^r N_s} \end{bmatrix} \boldsymbol{H} \begin{bmatrix} \boldsymbol{I}_{N_{\mathrm{B}}^t N_s} \\ \boldsymbol{O}_{\left(N_t - N_{\mathrm{B}}^t N_s\right) \times N_{\mathrm{B}}^t N_s} \end{bmatrix} \\ &\bar{\boldsymbol{S}} + \bar{\boldsymbol{W}}^{\mathrm{H}}\widetilde{\boldsymbol{N}} = \bar{\boldsymbol{H}}\bar{\boldsymbol{S}} + \bar{\boldsymbol{W}}^{\mathrm{H}}\widetilde{\boldsymbol{N}}\end{aligned} \tag{6-8}$$

式中，等效低维信道矩阵 $\bar{\boldsymbol{H}} = \widetilde{\boldsymbol{W}}\boldsymbol{H}\widetilde{\boldsymbol{F}} \in \mathbb{C}^{N_{\mathrm{B}}^r N_s \times N_{\mathrm{B}}^t N_s}$ 为

$$\bar{\boldsymbol{H}} = \alpha_f \alpha_w \begin{bmatrix} \boldsymbol{I}_{N_{\mathrm{B}}^r N_s} & \boldsymbol{O}_{\left(N_r - N_{\mathrm{B}}^r N_s\right) \times N_{\mathrm{B}}^r N_s} \end{bmatrix} \boldsymbol{H} \begin{bmatrix} \boldsymbol{I}_{N_{\mathrm{B}}^t N_s} \\ \boldsymbol{O}_{\left(N_t - N_{\mathrm{B}}^t N_s\right) \times N_{\mathrm{B}}^t N_s} \end{bmatrix} \tag{6-9}$$

从式（6–9）中可以看出，$\bar{\boldsymbol{H}}$ 的元素是由原始高维度信道矩阵 $\boldsymbol{H}$ 中的前 $N_{\mathrm{B}}^r N_s$ 行与前 $N_{\mathrm{B}}^t N_s$ 列所构成的子矩阵。因此，等效低维信道矩阵 $\bar{\boldsymbol{H}}$ 和原始高维度信道矩阵 $\boldsymbol{H}$ 有着相同的阵列响应移不变性。通过这种方式，就能在较少的导频开销下通过利用 ESPRIT 算法从 $\bar{\boldsymbol{H}}$ 中估计出到达角和离开角的超分辨率估计值，而不是直接估计原始高维度信道矩阵 $\boldsymbol{H}$。之后，再利用 LS 估计器从组合接收信号矩阵 $\widetilde{\boldsymbol{Y}}$ 中提取出 $\bar{\boldsymbol{H}}$，即 $\bar{\boldsymbol{H}} = \widetilde{\boldsymbol{Y}}\bar{\boldsymbol{S}}^{\dagger} = \widetilde{\boldsymbol{Y}}\bar{\boldsymbol{S}}^{\mathrm{H}}\left(\bar{\boldsymbol{S}}\bar{\boldsymbol{S}}^{\mathrm{H}}\right)^{-1}$。若令 $T_{\mathrm{B}} = N_s$，那么这里可以考虑发射训练信号块 $\boldsymbol{S}$ 取为有着完美自相关性质的酉矩阵，即 $\boldsymbol{S}\boldsymbol{S}^{\mathrm{H}} = \boldsymbol{I}_{N_s}$，于是，考虑噪声影响的等效低维信道矩阵 $\boldsymbol{H}_{\mathrm{eq}} = \widetilde{\boldsymbol{Y}}\bar{\boldsymbol{S}}^{\mathrm{H}} \in$

$\mathbb{C}^{N_{\mathrm{B}}^r N_s \times N_{\mathrm{B}}^t N_s}$ 为

$$\boldsymbol{H}_{\mathrm{eq}} = \widetilde{\boldsymbol{W}} \boldsymbol{A}_r \boldsymbol{D} \boldsymbol{A}_t^{\mathrm{H}} \widetilde{\boldsymbol{F}} + \bar{\boldsymbol{W}}^{\mathrm{H}} \widetilde{\boldsymbol{N}} \bar{\boldsymbol{S}}^{\mathrm{H}} \tag{6–10}$$

根据该等效低维信道矩阵 $\boldsymbol{H}_{\mathrm{eq}}$，可利用改进的二维酉 ESPRIT 算法 [106] 来获得配对好的到达角和离开角的超分辨率估计值。

6.2.3　二维酉 ESPRIT 算法

这里假设等效低维信道矩阵 $\boldsymbol{H}_{\mathrm{eq}}$ 的维度为 $M_r \times M_t$ 来简化表达。

1. 构建 Hankel 矩阵

为了避免相干信号造成数据矩阵出现缺秩情况的影响，这里引入空间平滑技术来更鲁棒地估计角度信息 [113,114]。具体地，定义两个整数 $2 \leqslant m_1 \leqslant M_t$ 和 $1 \leqslant m_2 \leqslant M_r - 1$ 为空间平滑参量，那么，对于 $1 \leqslant i \leqslant m_2$ 和 $1 \leqslant j \leqslant m_1$，利用空间平滑可定义的第（$i, j$）个子矩阵 $\boldsymbol{H}_{\mathrm{eq}}^{(i,j)} \in \mathbb{C}^{(M_r - m_2 + 1) \times (M_t - m_1 + 1)}$ 为

$$\boldsymbol{H}_{\mathrm{eq}}^{(i,j)} = \begin{bmatrix} [\boldsymbol{H}_{\mathrm{eq}}]_{i,j} & \cdots & [\boldsymbol{H}_{\mathrm{eq}}]_{i, M_t - m_1 + j} \\ \vdots & \ddots & \vdots \\ [\boldsymbol{H}_{\mathrm{eq}}]_{M_r - m_2 + i, j} & \cdots & [\boldsymbol{H}_{\mathrm{eq}}]_{M_r - m_2 + i, M_t - m_1 + j} \end{bmatrix} \tag{6–11}$$

于是，利用以上得到的所有 $m_1 m_2$ 个子矩阵可构建出一个 Hankel 矩阵 $\mathcal{H} \in \mathbb{C}^{m_1(M_r - m_2 + 1) \times m_2(M_t - m_1 + 1)}$，即

$$\mathcal{H} = \begin{bmatrix} \boldsymbol{H}_{\mathrm{eq}}^{(1,1)} & \cdots & \boldsymbol{H}_{\mathrm{eq}}^{(m_2,1)} \\ \vdots & \ddots & \vdots \\ \boldsymbol{H}_{\mathrm{eq}}^{(1,m_1)} & \cdots & \boldsymbol{H}_{\mathrm{eq}}^{(m_2,m_1)} \end{bmatrix} \tag{6–12}$$

2. 实值处理

为了降低算法余下各步骤中的计算复杂度，可以通过前后向平均技术 [105,113] 将 $\mathcal{H}$ 转变为实值矩阵 $\mathcal{H}_{\mathrm{Re}} \in \mathbb{R}^{m_1(M_r - m_2 + 1) \times 2m_2(M_t - m_1 + 1)}$，即

$$\mathcal{H}_{\mathrm{Re}} = \left(\boldsymbol{Q}_{m_1}^{\mathrm{H}} \otimes \boldsymbol{Q}_{M_r - m_2 + 1}^{\mathrm{H}} \right) \left[\mathcal{H} \quad \boldsymbol{\varPi}_{m_1(M_r - m_2 + 1)} \mathcal{H}^* \boldsymbol{\varPi}_{m_2(M_t - m_1 + 1)} \right] \boldsymbol{Q}_{2m_2(M_t - m_1 + 1)} \tag{6–13}$$

这里矩阵 $\boldsymbol{\varPi}_n$ 表示维度为 $n \times n$ 的交换矩阵，其反对角线上的元素全为 1，而其他元素均为 0。而矩阵 $\boldsymbol{Q}_n \in \mathbb{C}^{n \times n}$ 是一个满足 $\boldsymbol{\varPi}_n \boldsymbol{Q}_n^* = \boldsymbol{Q}_n$ 条件的稀疏酉矩阵，其定义如下

$$\boldsymbol{Q}_{2n} = \frac{1}{\sqrt{2}} \begin{bmatrix} \boldsymbol{I}_n & \mathrm{j}\boldsymbol{I}_n \\ \boldsymbol{\varPi}_n & -\mathrm{j}\boldsymbol{\varPi}_n \end{bmatrix}, \boldsymbol{Q}_{2n+1} = \frac{1}{\sqrt{2}} \begin{bmatrix} \boldsymbol{I}_n & \boldsymbol{0}_n & \mathrm{j}\boldsymbol{I}_n \\ \boldsymbol{0}_n^{\mathrm{T}} & \sqrt{2} & \boldsymbol{0}_n^{\mathrm{T}} \\ \boldsymbol{\varPi}_n & \boldsymbol{0}_n & -\mathrm{j}\boldsymbol{\varPi}_n \end{bmatrix} \tag{6–14}$$

3. 降秩处理

由于噪声在数据矩阵中的影响，实值矩阵 $\mathcal{H}_{\mathrm{Re}}$ 不只有 L 个有效的秩（对应 L 个路径的信号），这时，通过对 $\mathcal{H}_{\mathrm{Re}}$ 进行 SVD 把信号子空间和噪声子空间区分开，即 $\mathcal{H}_{\mathrm{Re}}=\boldsymbol{U}_{\mathrm{Re}}\boldsymbol{\Sigma}_{\mathrm{Re}}\boldsymbol{V}_{\mathrm{Re}}^{\mathrm{H}}$。之后，再取左奇异矩阵 $\boldsymbol{U}_{\mathrm{Re}}$ 的前 L 列为 $\boldsymbol{E}_s$ 来近似表示 $\mathcal{H}_{\mathrm{Re}}$ 的 L 维主要列空间，即 $\boldsymbol{E}_s=\boldsymbol{U}_{\mathrm{Re}\{:,1:L\}}$，来提取出到达角和离开角的信息。

4. 联合对角化

根据数据矩阵中阵列响应的移不变性 [113,114]，对于某一个非奇异矩阵 $\boldsymbol{T}\in\mathbb{R}^{L\times L}$，可以得到以下的移不变等式

$$\Re\{\boldsymbol{E}_\theta\}\boldsymbol{E}_s\boldsymbol{T}\boldsymbol{\Theta}=\Im\{\boldsymbol{E}_\theta\}\boldsymbol{E}_s\boldsymbol{T} \tag{6-15}$$

$$\Re\{\boldsymbol{E}_\varphi\}\boldsymbol{E}_s\boldsymbol{T}\boldsymbol{\Phi}=\Im\{\boldsymbol{E}_\varphi\}\boldsymbol{E}_s\boldsymbol{T} \tag{6-16}$$

式中，$\boldsymbol{E}_\theta\in\mathbb{C}^{m_1(M_r-m_2)\times m_1(M_r-m_2+1)}$ 和 $\boldsymbol{E}_\varphi\in\mathbb{C}^{(m_1-1)(M_r-m_2+1)\times m_1(M_r-m_2+1)}$ 分别为

$$\boldsymbol{E}_\theta=\boldsymbol{I}_{m_1}\otimes\left(\boldsymbol{Q}_{M_r-m_2}^{\mathrm{H}}\begin{bmatrix}\boldsymbol{0}_{M_r-m_2} & \boldsymbol{I}_{M_r-m_2}\end{bmatrix}\boldsymbol{Q}_{M_r-m_2+1}\right) \tag{6-17}$$

$$\boldsymbol{E}_\varphi=\left(\boldsymbol{Q}_{m_1-1}^{\mathrm{H}}\begin{bmatrix}\boldsymbol{0}_{M_r-m_2} & \boldsymbol{I}_{m_1-1}\end{bmatrix}\boldsymbol{Q}_{m_1}\right)\otimes\boldsymbol{I}_{M_r-m_2+1} \tag{6-18}$$

在式（6–15）和式（6–16）中，$\boldsymbol{\Theta}\in\mathbb{R}^{L\times L}$ 和 $\boldsymbol{\Phi}\in\mathbb{R}^{L\times L}$ 为两个包含了到达角和离开角的对角矩阵，可表示为

$$\boldsymbol{\Theta}=\mathrm{diag}\left(\tan\left(\pi\Delta\sin\left(\theta_1\right)\right),\cdots,\tan\left(\pi\Delta\sin\left(\theta_L\right)\right)\right) \tag{6-19}$$

$$\boldsymbol{\Phi}=\mathrm{diag}\left(\tan\left(\pi\Delta\sin\left(\varphi_1\right)\right),\cdots,\tan\left(\pi\Delta\sin\left(\varphi_L\right)\right)\right) \tag{6-20}$$

式中，Δ 表示归一化的天线间隔（当天线间隔取波长一半时，$\Delta=1/2$）。由于 $\boldsymbol{T}$ 是一个可逆的方阵，那么，式（6–15）和式（6–16）可利用 LS 估计来求解，即

$$\boldsymbol{T}\boldsymbol{\Theta}\boldsymbol{T}^{-1}=\left(\Re\{\boldsymbol{E}_\theta\}\boldsymbol{E}_s\right)^{\dagger}\Im\{\boldsymbol{E}_\theta\}\boldsymbol{E}_s \tag{6-21}$$

$$\boldsymbol{T}\boldsymbol{\Phi}\boldsymbol{T}^{-1}=\left(\Re\{\boldsymbol{E}_\varphi\}\boldsymbol{E}_s\right)^{\dagger}\Im\{\boldsymbol{E}_\varphi\}\boldsymbol{E}_s \tag{6-22}$$

那么，将以上 $\boldsymbol{T}\boldsymbol{\Theta}\boldsymbol{T}^{-1}$ 和 $\boldsymbol{T}\boldsymbol{\Phi}\boldsymbol{T}^{-1}$ 进行联合对角化处理，即

$$\begin{aligned}\boldsymbol{\Psi}&=\left(\boldsymbol{T}\boldsymbol{\Theta}\boldsymbol{T}^{-1}\right)+\mathrm{j}\left(\boldsymbol{T}\boldsymbol{\Phi}\boldsymbol{T}^{-1}\right)\\&=\left(\Re\{\boldsymbol{E}_\theta\}\boldsymbol{E}_s\right)^{\dagger}\Im\{\boldsymbol{E}_\theta\}\boldsymbol{E}_s+\mathrm{j}\left(\Re\{\boldsymbol{E}_\varphi\}\boldsymbol{E}_s\right)^{\dagger}\Im\{\boldsymbol{E}_\varphi\}\boldsymbol{E}_s\end{aligned} \tag{6-23}$$

由式（6–15）和式（6–16）可以看出，$\boldsymbol{T}\boldsymbol{\Theta}\boldsymbol{T}^{-1}$ 和 $\boldsymbol{T}\boldsymbol{\Phi}\boldsymbol{T}^{-1}$ 有着相同的特征向量矩阵 $\boldsymbol{T}$。最后，对矩阵 $\boldsymbol{\Psi}$ 进行复数域的 EVD，即 $\boldsymbol{\Psi}=\boldsymbol{T}\boldsymbol{\Lambda}\boldsymbol{T}^{-1}$，$\boldsymbol{\Lambda}=\boldsymbol{\Theta}+\mathrm{j}\boldsymbol{\Phi}$，

即可获得 $\boldsymbol{\Theta}$ 和 $\boldsymbol{\Phi}$ 的估计 $\widehat{\boldsymbol{\Theta}}=\Re\{\boldsymbol{\Lambda}\}$ 和 $\widehat{\boldsymbol{\Phi}}=\Im\{\boldsymbol{\Lambda}\}$，之后，根据式（6–19）和式（6–20）即可计算出已经配对好的到达角和离开角的超分辨率估计值 $\{\widehat{\theta}_l\}_{l=1}^{L}$ 和 $\{\widehat{\varphi}_l\}_{l=1}^{L}$。

以上改进的二维酉 ESPRIT 算法总结在算法 6 中。

算法 6: 改进的二维酉 ESPRIT 算法

输入： 低维等效信道矩阵 $\boldsymbol{H}_{\mathrm{eq}}$，空间平滑参量 m_1 和 m_2，以及路径数 L

输出： 到达角和离开角的超分辨率估计值 $\{\widehat{\theta}_l\}_{l=1}^{L}$ 和 $\{\widehat{\varphi}_l\}_{l=1}^{L}$

步骤 1: 利用空间平滑来构建 Hankel 矩阵 $\mathcal{H}\in\mathbb{C}^{m_1(M_r-m_2+1)\times m_2(M_t-m_1+1)}$

步骤 2: 利用前后向平均对 Hankel 矩阵 $\mathcal{H}$ 进行实值处理，得到实值矩阵 $\mathcal{H}_{\mathrm{Re}}\in\mathbb{R}^{m_1(M_r-m_2+1)\times 2m_2(M_t-m_1+1)}$

步骤 3: 对实值矩阵 $\mathcal{H}_{\mathrm{Re}}$ 进行 SVD 分解来近似得到 $\mathcal{H}_{\mathrm{Re}}$ 的 L 维主要列空间，即 $\mathcal{H}_{\mathrm{Re}}=\boldsymbol{U}_{\mathrm{Re}}\boldsymbol{\Sigma}_{\mathrm{Re}}\boldsymbol{V}_{\mathrm{Re}}^{\mathrm{H}}$，且 $\boldsymbol{E}_s=\boldsymbol{U}_{\mathrm{Re}\{:,1:L\}}$

步骤 4: 联合对角化

1：求解移不变等式得到 $\boldsymbol{T}\boldsymbol{\Theta}\boldsymbol{T}^{-1}$ 和 $\boldsymbol{T}\boldsymbol{\Phi}\boldsymbol{T}^{-1}$

2：联合对角化后对 $\boldsymbol{\Psi}$ 进行 EVD 分解，即 $\boldsymbol{\Psi}=\boldsymbol{T}\boldsymbol{\Lambda}\boldsymbol{T}^{-1}$，分别取 $\widehat{\boldsymbol{\Theta}}=\Re\{\boldsymbol{\Lambda}\}$ 和 $\widehat{\boldsymbol{\Phi}}=\Im\{\boldsymbol{\Lambda}\}$

3：根据式（6–19）和式（6–20）即可计算出 $\{\widehat{\theta}_l\}_{l=1}^{L}$ 和 $\{\widehat{\varphi}_l\}_{l=1}^{L}$

6.2.4 重建窄带毫米波 MIMO 信道

利用估计到的 $\{\widehat{\theta}_l\}_{l=1}^{L}$ 和 $\{\widehat{\varphi}_l\}_{l=1}^{L}$ 可分别重建出接收端和发射端的导向矢量矩阵 $\widehat{\boldsymbol{A}}_r=\left[\boldsymbol{a}_r(\widehat{\theta}_1),\cdots,\boldsymbol{a}_r(\widehat{\theta}_L)\right]$ 和 $\widehat{\boldsymbol{A}}_{\mathrm{T}}=[\boldsymbol{a}_t(\widehat{\varphi}_1),\cdots,\boldsymbol{a}_t(\widehat{\varphi}_L)]$，并将它们代入式（6–10）中，有

$$\boldsymbol{H}_{\mathrm{eq}}=\widetilde{\boldsymbol{W}}\widehat{\boldsymbol{A}}_r\boldsymbol{D}\widehat{\boldsymbol{A}}_t^{\mathrm{H}}\widetilde{\boldsymbol{F}}+\bar{\boldsymbol{W}}^{\mathrm{H}}\widetilde{\boldsymbol{N}}\bar{\boldsymbol{S}}^{\mathrm{H}} \tag{6–24}$$

对式（6–24）进行向量化 $\bar{\boldsymbol{h}}_{\mathrm{eq}}=\mathrm{vec}\,(\boldsymbol{H}_{\mathrm{eq}})$，来估计信道中未知的路径复增益，即

$$\bar{\boldsymbol{h}}_{\mathrm{eq}}=\left[(\widehat{\boldsymbol{A}}_t^{\mathrm{H}}\widetilde{\boldsymbol{F}})^{\mathrm{T}}\odot(\widetilde{\boldsymbol{W}}\widehat{\boldsymbol{A}}_r)\right]\boldsymbol{d}+\bar{\boldsymbol{n}}=\boldsymbol{Z}\boldsymbol{d}+\bar{\boldsymbol{n}} \tag{6–25}$$

式中，$\boldsymbol{Z}=(\widehat{\boldsymbol{A}}_t^{\mathrm{H}}\widetilde{\boldsymbol{F}})^{\mathrm{T}}\odot(\widetilde{\boldsymbol{W}}\widehat{\boldsymbol{A}}_r)$，$\bar{\boldsymbol{n}}=\mathrm{vec}\left(\bar{\boldsymbol{W}}^{\mathrm{H}}\widetilde{\boldsymbol{N}}\bar{\boldsymbol{S}}^{\mathrm{H}}\right)$。之后，再利用 LS 估计器就可求得 LS 解 $\widehat{\boldsymbol{d}}=\boldsymbol{Z}^{\dagger}\bar{\boldsymbol{h}}_{\mathrm{eq}}=(\boldsymbol{Z}^{\mathrm{H}}\boldsymbol{Z})^{-1}\boldsymbol{Z}^{\mathrm{H}}\bar{\boldsymbol{h}}_{\mathrm{eq}}$。最后，根据以上获得的 $\widehat{\boldsymbol{A}}_r$、$\widehat{\boldsymbol{A}}_t$ 以及 $\widehat{\boldsymbol{d}}$ 便可以重建出原始的高维毫米波 MIMO 信道 $\boldsymbol{H}$ 的估计值，也就是 $\widehat{\boldsymbol{H}}=\widehat{\boldsymbol{A}}_r\mathrm{diag}(\widehat{\boldsymbol{d}})\widehat{\boldsymbol{A}}_t^{\mathrm{H}}$。

6.2.5 仿真结果

在仿真中，考虑收发端的天线阵列为均匀线性阵列，并采用表 6.1 中所示的系统仿真参数。那么，根据具体的系统仿真参数，这里先对比本节中基于二维酉 ESPRIT 的窄带稀疏信道估计方案 [106] 、基于 ACS 的窄带信道估计方案 [21] 以及基于 OMP 的窄带信道估计方案 [95] 所需的导频开销情况，并且以路径数 $L=5$ 为例。基于 ESPRIT 方案的导频开销为 $T_{\rm CE}=T_tN_b^rN_b^t=300$，基于 ACS 方案的导频开销为 $T_{\rm ACS}=KL^2\left(KL/N_{\rm RF}\right)\log_K\left(G_{\rm ACS}/L\right)=1\ 500$（这里取 $K=4$，$G_{\rm ACS}=320$），以及基于 OMP 方案的导频开销为 $T_{\rm OMP}=N_t^{\rm Beam}N_r^{\rm Beam}/N_{\rm RF}=576$（这里取 $N_t^{\rm Beam}=N_r^{\rm Beam}=48$）。显然，$T_{\rm CE}<T_{\rm OMP}<T_{\rm ACS}$。

表 6.1 系统仿真参数设置

参数	数值
天线数	$N_t=N_r=64$
射频链路数	$N_{\rm RF}=N_{\rm RF}^t=N_{\rm RF}^r=4$
数据流数（= 时隙数）	$N_s=T_{\rm B}=3$
归一化天线间隔	$\varDelta=1/2$（$d=\lambda/2$）
信道增益方差	$\sigma_\alpha^2=1$
载波频率	$f_c=30$ GHz
系统带宽	$f_s=100$ MHz
导频信号块数	$N_{\rm B}^t=N_{\rm B}^r=10$
空间平滑参量	$m_1=m_2=13$
到达角/离开角服从均匀分布	$\{\theta_l,\varphi_l\}_{l=1}^L\sim\mathcal{U}\left[-\pi/3,\pi/3\right]$

接下来，考虑以下三种性能评估的准则：

➢NMSE

定义为

$$\text{NMSE}=10\log_{10}\left(\mathbb{E}\left[\left\|\boldsymbol{H}-\widehat{\boldsymbol{H}}\right\|_F^2\Big/\left\|\boldsymbol{H}\right\|_F^2\right]\right)\tag{6-26}$$

式中，$\mathbb{E}\left(\cdot\right)$ 表示通过平均多次 Monte Carlo 试验结果的求期望运算符。

➢ASE

定义为

$$\text{ASE}=\log_2\det\left(\boldsymbol{I}_{N_{\rm RF}}+\frac{1}{N_{\rm RF}}\boldsymbol{R}_n^{-1}\boldsymbol{W}_{\rm opt}^{\rm H}\boldsymbol{H}\boldsymbol{F}_{\rm opt}\boldsymbol{F}_{\rm opt}^{\rm H}\boldsymbol{H}^{\rm H}\boldsymbol{W}_{\rm opt}\right)\tag{6-27}$$

式中，$\det\left(\cdot\right)$ 表示取行列式运算符；$\boldsymbol{R}_n=\sigma_n^2\boldsymbol{W}_{\rm opt}^{\rm H}\boldsymbol{W}_{\rm opt}$；$\boldsymbol{F}_{\rm opt}$ 和 $\boldsymbol{W}_{\rm opt}$ 分别代表

最优的混合波束赋形矩阵，通过对估计到的高维毫米波 MIMO 信道 $\widehat{\boldsymbol{H}}$ 进行奇异值分解得到，也就是 $\widehat{\boldsymbol{H}}=\widehat{\boldsymbol{U}}\widehat{\boldsymbol{\Sigma}}\widehat{\boldsymbol{V}}^{\mathrm{H}}$，并且 $\boldsymbol{F}_{\mathrm{opt}}=\widehat{\boldsymbol{V}}_{\{:,1:N_{\mathrm{RF}}\}}$，$\boldsymbol{W}_{\mathrm{opt}}=\widehat{\boldsymbol{U}}_{\{:,1:N_{\mathrm{RF}}\}}$。

➤BER

在下行传输数据过程中采用最优的混合波束赋形矩阵 $\boldsymbol{F}_{\mathrm{opt}}$ 和 $\boldsymbol{W}_{\mathrm{opt}}$，并且此时考虑传输时数据流数与射频链路数相同，即 $N_{\mathrm{s}}=N_{\mathrm{RF}}=4$，以及 16-QAM 的调制星座图。

图 6.1 对比了不同信道估计方案在路径数 $L=5$ 和 $L=10$ 下随 SNR 变化的 NMSE 性能。这里，不同的信道估计方案需要的导频开销也不同，具体地，$T_{\mathrm{ACS}}=1\ 500$（$L=5$ 时）、$T_{\mathrm{ACS}}=3\ 000$（$L=10$ 时）、$T_{\mathrm{OMP}}=576$ 以及 $T_{\mathrm{CE}}=300$，也就是说，与对比的基于 ACS 和 OMP 方案的导频开销相比，基于 ESPRIT 方案所需的导频开销的减小比例分别为 80% 和 48%。从图 6.1（a）可看出，基于 ESPRIT 方案的 NMSE 性能在更低导频开销下都要显著地优于其余两种信道估计方案，并且两者性能差距会随着信噪比的提高而逐渐拉大。这是因为基于 ESPRIT 方案能高精确地获得到达角和离开角的超分辨率估计值，而相比之下，基于 ACS 和 OMP 的这些压缩感知类信道估计方案会因为有限的码本大小和量化角度网格分辨率而在高信噪比时导致明显的性能平台。从图 6.1（b）可看出，基于 ACS 的信道估计方案由于不能有效地分辨出多个相近的到达角或离开角，因而，当路径数变大时，其估计性能会愈加变差，在 SNR = 20 dB 时，NMSE 性能在 −5 dB 左右。而对于基于 OMP 的信道估计方案，由于连续分布的到达角和离开角被量化为离散的网格点，其信道估计性能在高信噪比情况下也会出现平台效应。此外，对比图 6.1（a）和图 6.1（b）可发现，对于所有信道估计方案来说，路径数从 $L=5$ 增大到 $L=10$，其 NMSE 性能均会相应地变差。

图 6.2 比较了不同信道估计方案随信噪比变化的 NMSE 性能，这里考虑的仿真参数为相近的导频开销 $T_{\mathrm{ACS}}=312$、$T_{\mathrm{OMP}}=256$ 以及 $T_{\mathrm{CE}}=243$（取 $N_b^t=N_b^r=9$），射频链路数 $N_{\mathrm{RF}}=\{4,8\}$，以及路径数 $L=5$。从图 6.2 可以看出，当射频链路数从 $N_{\mathrm{RF}}=4$ 增大到 $N_{\mathrm{RF}}=8$ 时，基于 ESPRIT 方案的 NMSE 性能会得到显著的提升，这是因为射频链路数越大，接收端在相近导频开销下接收到有效观测矩阵的维度也越大，从而使得信道估计的 NMSE 性能越好。相比之下，由于平台效应的影响，基于 ACS 和 OMP 的信道估计方案在射频链路数增大时提升的 NMSE 性能十分有限。具体来说，对于 SNR = 10 dB，射频链路数射频链路数从 $N_{\mathrm{RF}}=4$ 增大到 $N_{\mathrm{RF}}=8$ 时，从图中观察到，所提方案、基于 ACS 方案以及基于 OMP 方案的 NMSE 性能提升分别为 12 dB、10 dB 和 2 dB。值得注意的是，当射频链路数增大时，基于 OMP 的信道估计方案的性能提升幅度可以忽略的原因是其信道估计准确性严重依赖于量化网格的分辨率 G_{OMP}，而

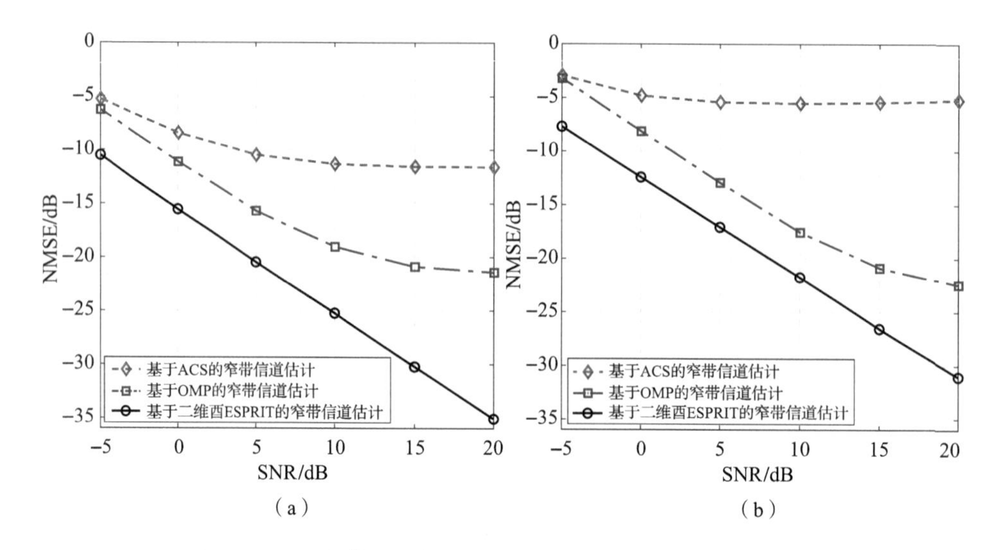

图 6.1　不同信道估计方案随 SNR 变化的 NMSE 性能对比

（a）$L=5$；（b）$L=10$

非射频链路的数量。这个现象也进一步证实了在信道估计中对连续分布的到达角和离开角进行量化处理，会导致不可避免的量化误差以及不容忽视的性能损失。

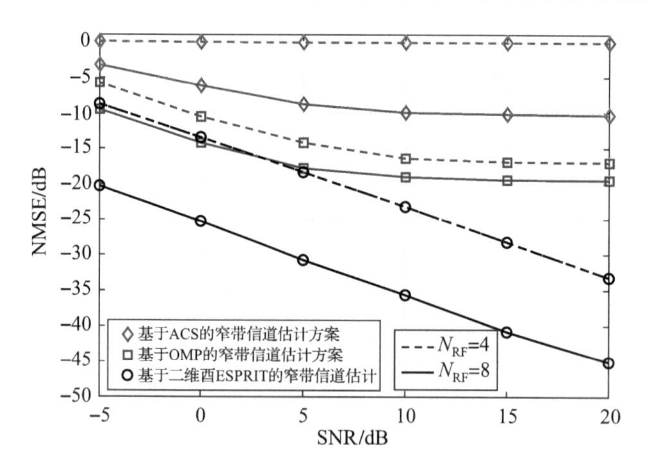

图 6.2　不同信道估计方案在射频链路数 $N_{\mathrm{RF}}=\{4,8\}$ 时随 SNR 变化的 NMSE 性能对比

图 6.3 对比了不同信道估计方案在路径数 $L=5$ 和 $L=10$ 下随信噪比变化的 ASE 性能，这里考虑以收发端均已知完美 CSI 情况下的最优 ASE 性能作为性能的上界，同时以最优的混合波束赋形矩阵 $\boldsymbol{F}_{\mathrm{opt}}$ 和 $\boldsymbol{W}_{\mathrm{opt}}$ 进行传输，各方案所使用的导频开销分别为 $T_{\mathrm{ACS}}=375$，$T_{\mathrm{OMP}}=256$ 以及 $T_{\mathrm{CE}}=243$（取

$N_b^t = N_b^r = 9$）。从图 6.3（a）和图 6.3（b）可以看出，基于 ESPRIT 方案的 ASE 性能要优于其他两种对比方案，并且当信噪比大于 -5 dB 时，其性能已经趋近于最优的性能上界。而对于基于 ACS 的方案，由于它不能有效地估计出到达角和离开角，其 ASE 性能比较差，尤其是在路径数更多的情况下。至于基于 OMP 的方案，尽管其 ASE 性能与所提方案的性能在高信噪比下很接近，但其计算复杂度是最高的。

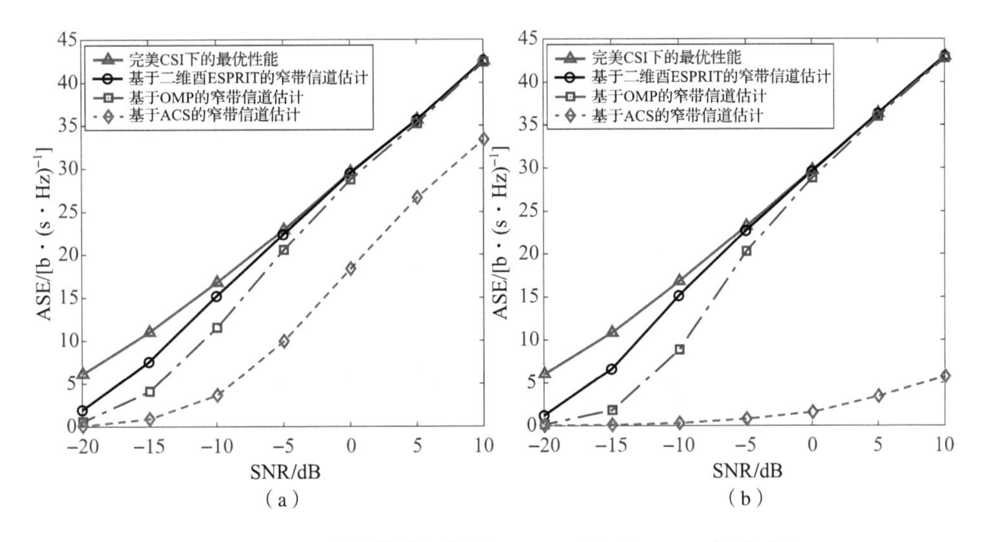

图 6.3　不同信道估计方案随 SNR 变化的 ASE 性能对比

（a）$L = 5$；（b）$L = 10$

图 6.4 比较了不同信道估计方案在路径数 $L = 5$ 和 $L = 10$ 下随信噪比变化的 BER 性能，这里考虑各方案所使用的导频开销与分析 ASE 性能的图 6.3 相同，并且传输时收发端采用最优的混合波束赋形矩阵 $\boldsymbol{F}_{\mathrm{opt}}$ 和 $\boldsymbol{W}_{\mathrm{opt}}$，数据流数 $N_s = N_{\mathrm{RF}} = 4$，以及 16-QAM 调制类型。从图 6.4（a）和图 6.4（b）可以看出，基于 ESPRIT 方案的 BER 性能比对比方案的 BER 性能更好。显然，基于 OMP 方案不管是对 $L = 5$ 还是 $L = 10$，其在信噪比大于 10 dB 之后均会出现误码平台，而基于 ACS 方案在 $L = 10$ 时已经完全不能工作了。此外，值得指出的是，比较图 6.4（a）和图 6.4（b）可知，对于基于 ESPRIT 和基于 OMP 的方案，尽管路径数越多，它们对应的 NMSE 估计性能会相应地变差，但对于 BER 性能来说，这种情况会正好相反，即路径数从 $L = 5$ 增加到 $L = 10$ 后，其 BER 性能会有一定的提升，这是因为对大规模 MIMO 系统而言，更多的路径数可提供更高的空间分集增益，从而使得 BER 性能更好。

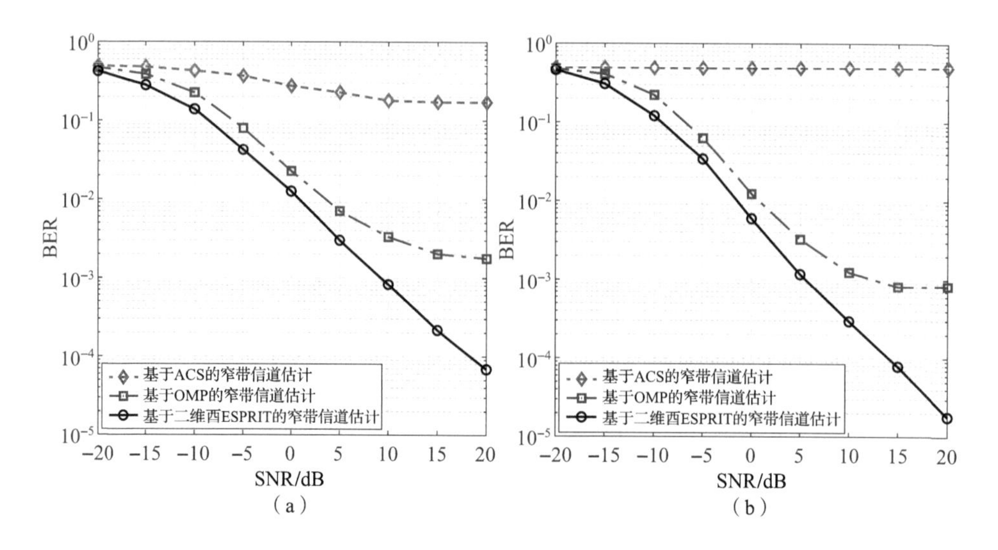

图 6.4 不同信道估计方案随 SNR 变化的 BER 性能对比

(a) $L=5$；(b) $L=10$

6.3 基于三维酉 ESPRIT 的宽带稀疏信道估计

本信道估计方案采用多载波的 MIMO-OFDM 系统来对抗宽带频率选择性衰落信道中多径效应的影响[100−103,115]。同时，考虑到混合波束赋形架构中的模拟相移网络是由众多实际的移相器组成的，这些移相器的相位值将被做一定的量化处理。

6.3.1 系统模型与问题建模

1. 系统模型

考虑如图 6.5 所示的一个典型毫米波混合大规模 MIMO-OFDM 系统。在该系统中，发射端（接收端）装备有 N_t（N_r）根天线和 N_{RF}^t（N_{RF}^r）根射频链路。假设有连续 K 个子载波用于做信道估计，并且每个子载波可传输 N_s 个数据流。这时，对于第 k （$0 \leqslant k \leqslant K-1$）个子载波来说，接收端的接收数据向量 $\boldsymbol{y}[k] \in \mathbb{C}^{N_s}$ 为

$$\begin{aligned}\boldsymbol{y}[k] &= \boldsymbol{W}^{\mathrm{H}}[k]\boldsymbol{H}[k]\boldsymbol{F}[k]\boldsymbol{s}[k] + \boldsymbol{W}^{\mathrm{H}}[k]\boldsymbol{n}[k] \\ &= \boldsymbol{W}_{\mathrm{BB}}^{\mathrm{H}}[k]\boldsymbol{W}_{\mathrm{RF}}^{\mathrm{H}}\boldsymbol{H}[k]\boldsymbol{F}_{\mathrm{RF}}\boldsymbol{F}_{\mathrm{BB}}[k]\boldsymbol{s}[k] + \boldsymbol{W}_{\mathrm{BB}}^{\mathrm{H}}[k]\boldsymbol{W}_{\mathrm{RF}}^{\mathrm{H}}\boldsymbol{n}[k] \qquad (6\text{–}28)\end{aligned}$$

这里接收端（发射端）的频率选择性混合波束赋形矩阵 $\boldsymbol{W}[k] = \boldsymbol{W}_{\mathrm{RF}}\boldsymbol{W}_{\mathrm{BB}}[k] \in \mathbb{C}^{N_r \times N_s}$（$\boldsymbol{F}[k] = \boldsymbol{F}_{\mathrm{RF}}\boldsymbol{F}_{\mathrm{BB}}[k] \in \mathbb{C}^{N_t \times N_s}$）是由模拟波束赋形矩阵 $\boldsymbol{W}_{\mathrm{RF}} \in \mathbb{C}^{N_r \times N_{\mathrm{RF}}^r}$

（$\boldsymbol{F}_{\mathrm{RF}}\in\mathbb{C}^{N_t\times N_{\mathrm{RF}}^t}$）和基带数字波束赋形矩阵 $\boldsymbol{W}_{\mathrm{BB}}[k]\in\mathbb{C}^{N_{\mathrm{RF}}^r\times N_s}$（$\boldsymbol{F}_{\mathrm{BB}}[k]\in\mathbb{C}^{N_{\mathrm{RF}}^t\times N_s}$）级联而成；$\boldsymbol{H}[k]\in\mathbb{C}^{N_r\times N_t}$ 是第 k 个子载波对应的毫米波频率选择性衰落信道；$\boldsymbol{s}[k]\in\mathbb{C}^{N_s}$ 和 $\boldsymbol{n}[k]\in\mathbb{C}^{N_r}$ 分别是发送信号和服从 $\mathcal{CN}\left(0,\sigma_n^2\boldsymbol{I}\right)$ 的复高斯白噪声。注意，这里的模拟波束赋形矩阵 $\boldsymbol{F}_{\mathrm{RF}}$ 和 $\boldsymbol{W}_{\mathrm{RF}}$ 还需要满足恒定模值的约束条件 [89,111]。

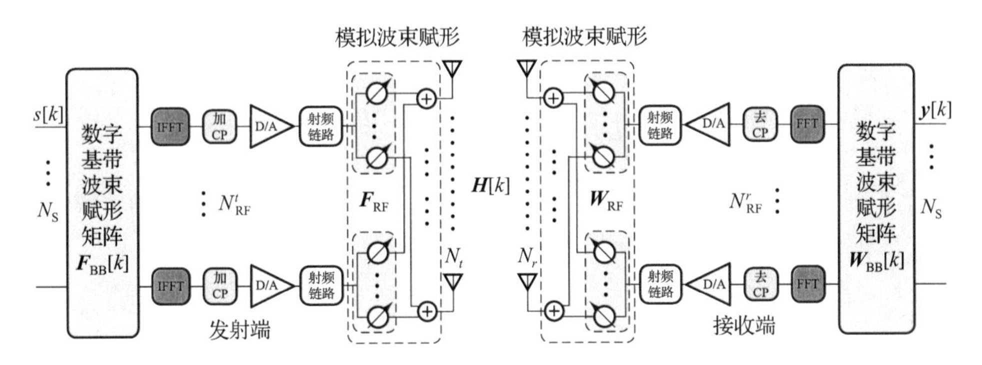

图 6.5　典型的混合模-数波束赋形架构下的毫米波大规模 MIMO-OFDM 系统框图

此外，考虑模拟波束赋形矩阵 $\boldsymbol{F}_{\mathrm{RF}}$ 和 $\boldsymbol{W}_{\mathrm{RF}}$ 中移相器的相位值均取自一个量化的角度集合 $\mathcal{A}$，且集合 $\mathcal{A}$ 中的各元素如下

$$\mathcal{A}=\left\{-\pi,-\pi+\frac{2\pi}{2^{N_q}},-\pi+2\times\frac{2\pi}{2^{N_q}},\cdots,\pi-\frac{2\pi}{2^{N_q}}\right\}\tag{6–29}$$

这里考虑 N_q 比特的角度量化值。同时，为了保证系统中总发射功率不变，还需要对数字波束赋形矩阵 $\boldsymbol{F}_{\mathrm{BB}}[k]$ 进行总功率约束，使其满足 $\|\boldsymbol{F}_{\mathrm{RF}}\boldsymbol{F}_{\mathrm{BB}}[k]\|_F^2=N_{\mathrm{RF}}^t$ [112]。

由于非直射径对应的路径损耗非常严重，毫米波系统中的通信链路往往是由有限多个显著的散射体产生的 [2,91,106,107,116]。因此，考虑只有 L 个不同的散射体对应 L 条主要稀疏多径成分的几何毫米波宽带频率选择性衰落信道模型，并且每条路径是与时延 τ_l（$1\leqslant l\leqslant L$）紧密相关的。具体来说，时域的频率选择性衰落信道矩阵 $\boldsymbol{H}\left(\tau\right)$ 可表示为 [100,103]

$$\boldsymbol{H}\left(\tau\right)=\sqrt{\frac{N_rN_t}{L}}\sum_{l=1}^{L}\alpha_l\boldsymbol{a}\left(\mu_{r,l}\right)\boldsymbol{a}^{\mathrm{H}}\left(\mu_{t,l}\right)\delta\left(\tau-\tau_l\right)\tag{6–30}$$

式中，$\delta\left(\cdot\right)$ 表示狄拉克 δ 函数；$\mu_{r,l}=2\pi\Delta\sin\left(\theta_{r,l}\right)$ 和 $\mu_{t,l}=2\pi\Delta\sin\left(\varphi_{t,l}\right)$ 分别表示对应于接收端和发射端的空间频率。这里考虑收发端均采用均匀线性阵列，

那么，对于第 l 条路径，接收端和发射端所对应的导向矢量可分别表示为

$$\boldsymbol{a}\left(\mu_{r,l}\right)=\frac{1}{\sqrt{N_r}}\left[1,\mathrm{e}^{\mathrm{j}\mu_{r,l}},\cdots,\mathrm{e}^{\mathrm{j}(N_r-1)\mu_{r,l}}\right]^{\mathrm{T}} \tag{6-31}$$

$$\boldsymbol{a}\left(\mu_{t,l}\right)=\frac{1}{\sqrt{N_t}}\left[1,\mathrm{e}^{\mathrm{j}\mu_{t,l}},\cdots,\mathrm{e}^{\mathrm{j}(N_t-1)\mu_{t,l}}\right]^{\mathrm{T}} \tag{6-32}$$

那么，第 k 个子载波对应的频域信道矩阵 $\boldsymbol{H}[k]\in\mathbb{C}^{N_r\times N_t}$ 则为

$$\boldsymbol{H}[k]=\sqrt{\frac{N_rN_t}{L}}\sum_{l=1}^{L}\alpha_l\boldsymbol{a}\left(\mu_{r,l}\right)\boldsymbol{a}^{\mathrm{H}}\left(\mu_{t,l}\right)\mathrm{e}^{-\mathrm{j}2\pi\frac{kf_s}{K}\tau_l} \tag{6-33}$$

式中，f_s 表示系统带宽，也是系统的采样频率。于是，式（6–33）中的频域信道矩阵 $\boldsymbol{H}[k]$ 可进一步写成如下更紧凑的形式

$$\boldsymbol{H}[k]=\boldsymbol{A}_r\boldsymbol{D}[k]\boldsymbol{A}_t^{\mathrm{H}} \tag{6-34}$$

式中，$\boldsymbol{A}_r=[\boldsymbol{a}(\mu_{r,1}),\cdots,\boldsymbol{a}(\mu_{r,L})]$ 和 $\boldsymbol{A}_t=[\boldsymbol{a}(\mu_{t,1}),\cdots,\boldsymbol{a}(\mu_{t,L})]$ 分别为接收端和发射端对应的导向矢量矩阵；$\boldsymbol{D}[k]$ 是一个对角矩阵，其对角元素组成的向量 $\boldsymbol{d}[k]$ 可分解为 $\boldsymbol{d}[k]=\mathrm{diag}\left(\boldsymbol{\alpha}\right)\boldsymbol{\tau}[k]$，且复增益向量为 $\boldsymbol{\alpha}=\sqrt{N_rN_t/L}[\alpha_1,\cdots,\alpha_L]^{\mathrm{T}}$ 与时延向量为 $\boldsymbol{\tau}[k]=\left[\mathrm{e}^{\mathrm{j}k\mu_{\tau,1}},\cdots,\mathrm{e}^{\mathrm{j}k\mu_{\tau,L}}\right]^{\mathrm{T}}$，注意，这里定义了与第 l（$l=1,\cdots,L$）条路径对应的时延 τ_l 相关联的空间频率，即 $\mu_{\tau,l}=-2\pi f_s\tau_l/K$。

2. 问题建模

为了能有效地利用三维酉 ESPRIT 算法来估计宽带毫米波 MIMO 信道，考虑在信道估计阶段用多帧来传输信号，并且每帧包含了 N_s 个 OFDM 符号。同时，为了有助于后续信道估计问题的数学建模，这里假设不同的子载波均使用相同的收发端数字波束赋形矩阵和导频信号，也就是说，对于 $\forall k=0,1,\cdots,K-1$，均有 $\boldsymbol{F}_{\mathrm{BB}}[k]=\boldsymbol{F}_{\mathrm{BB}}$，$\boldsymbol{W}_{\mathrm{BB}}[k]=\boldsymbol{W}_{\mathrm{BB}}$ 以及 $\boldsymbol{s}[k]=\boldsymbol{s}$，则令 $\boldsymbol{F}[k]=\boldsymbol{F}$ 和 $\boldsymbol{W}[k]=\boldsymbol{W}$。以上假设有助于从有限样本中通过利用基于三维酉 ESPRIT 的方案来有效地估计出到达角/离开角以及多径时延。对于第 k 个子载波而言，根据式（6–28）中单个 OFDM 符号下的接收信号 $\boldsymbol{y}[k]$，这里考虑 N_s 个 OFDM 符号（即一帧）下的接收信号 $\boldsymbol{Y}[k]=[\boldsymbol{y}_1[k],\cdots,\boldsymbol{y}_{N_s}[k]]\in\mathbb{C}^{N_s\times N_s}$ 可表示为

$$\boldsymbol{Y}[k]=\boldsymbol{W}^{\mathrm{H}}\boldsymbol{H}[k]\boldsymbol{F}\boldsymbol{S}+\boldsymbol{W}^{\mathrm{H}}\boldsymbol{N}[k] \tag{6-35}$$

式中，$\boldsymbol{S}=[\boldsymbol{s}_1,\cdots,\boldsymbol{s}_{N_s}]\in\mathbb{C}^{N_s\times N_s}$ 为发射的导频信号帧；$\boldsymbol{N}[k]$ 是 N_s 个 OFDM 符号下的高斯白噪声块。在整个信道估计阶段，可认为信道是准静态的。此时，进一步考虑在信道估计阶段通过联合使用 $N_{\mathrm{F}}^tN_{\mathrm{F}}^r$ 帧来发送 OFDM 符号，并获得

一个组合后的接收信号 $\widetilde{\boldsymbol{Y}}[k] \in \mathbb{C}^{N_{\mathrm{F}}^r N_s \times N_{\mathrm{F}}^t N_s}$，即

$$\begin{aligned}\widetilde{\boldsymbol{Y}}[k] &= \begin{bmatrix} \boldsymbol{Y}_{1,1}[k] & \cdots & \boldsymbol{Y}_{1,N_{\mathrm{F}}^t}[k] \\ \vdots & \ddots & \vdots \\ \boldsymbol{Y}_{N_{\mathrm{F}}^r,1}[k] & \cdots & \boldsymbol{Y}_{N_{\mathrm{F}}^r,N_{\mathrm{F}}^t}[k] \end{bmatrix} \\ &= \widetilde{\boldsymbol{W}}^{\mathrm{H}} \boldsymbol{H}[k] \widetilde{\boldsymbol{F}} \bar{\boldsymbol{S}} + \bar{\boldsymbol{W}}^{\mathrm{H}} \widetilde{\boldsymbol{N}}[k]\end{aligned} \tag{6-36}$$

式中，对于 $i=1,\cdots,N_{\mathrm{F}}^r$，$j=1,\cdots,N_{\mathrm{F}}^t$，$\boldsymbol{Y}_{i,j} \in \mathbb{C}^{N_s \times N_s}$ 是第（$(i-1)N_{\mathrm{F}}^t+j$）帧的接收信号，并且 $\widetilde{\boldsymbol{W}} = \left[\boldsymbol{W}_1,\cdots,\boldsymbol{W}_{N_{\mathrm{F}}^r}\right]$ 和 $\widetilde{\boldsymbol{F}} = \left[\boldsymbol{F}_1,\cdots,\boldsymbol{F}_{N_{\mathrm{F}}^t}\right]$ 分别是在后续中需要被设计的组合波束赋形矩阵。块对角矩阵 $\bar{\boldsymbol{S}} = \mathrm{blkdiag}[\boldsymbol{S},\cdots,\boldsymbol{S}] \in \mathbb{C}^{N_{\mathrm{F}}^t N_s \times N_{\mathrm{F}}^t N_s}$ 是用户端发射的导频信号帧的集合，并且有 N_{F}^t 个相同的导频信号帧 $\boldsymbol{S}$ 在其块对角线上，而块对角矩阵 $\bar{\boldsymbol{W}} = \mathrm{blkdiag}\left[\boldsymbol{W}_1,\cdots,\boldsymbol{W}_{N_{\mathrm{F}}^r}\right] \in \mathbb{C}^{N_{\mathrm{F}}^r N_r \times N_{\mathrm{F}}^r N_s}$ 有着与 $\bar{\boldsymbol{S}}$ 类似的结构。因此，在以上整个信道估计过程中，系统所需的总的导频开销为 $T = N_s N_{\mathrm{F}}^r N_{\mathrm{F}}^t$。

这里，考虑发射的导频信号帧 $\boldsymbol{S}$ 取为有着完美自相关性质的酉矩阵，即 $\boldsymbol{S}\boldsymbol{S}^{\mathrm{H}} = N_s \boldsymbol{I}_{N_s}$。那么，用这种方式，在代入式（6–34）后，可以获得第 k 个子载波对应的低维等效信道矩阵 $\bar{\boldsymbol{H}}[k] = \widetilde{\boldsymbol{Y}}[k]\bar{\boldsymbol{S}}^{\mathrm{H}}/N_s \in \mathbb{C}^{N_{\mathrm{F}}^r N_s \times N_{\mathrm{F}}^t N_s}$ 为

$$\begin{aligned}\bar{\boldsymbol{H}}[k] &= \widetilde{\boldsymbol{W}}^{\mathrm{H}} \boldsymbol{H}[k] \widetilde{\boldsymbol{F}} + \bar{\boldsymbol{N}}[k] \\ &= \widetilde{\boldsymbol{W}}^{\mathrm{H}} \boldsymbol{A}_r \boldsymbol{D}[k] \boldsymbol{A}_t^{\mathrm{H}} \widetilde{\boldsymbol{F}} + \bar{\boldsymbol{N}}[k]\end{aligned} \tag{6-37}$$

由于上一小节中已经设计组合波束赋形矩阵 $\widetilde{\boldsymbol{F}}$ 和 $\widetilde{\boldsymbol{W}}$，这里只需要对其中模拟波束赋形矩阵 $\{\boldsymbol{F}_{\mathrm{RF},j}\}_{j=1}^{N_{\mathrm{F}}^t}$ 和 $\{\boldsymbol{W}_{\mathrm{RF},i}\}_{i=1}^{N_{\mathrm{F}}^r}$ 的相位值利用式（6–29）中量化角度集合 $\mathcal{A}$ 来进行量化处理即可。设计好的组合波束赋形矩阵 $\widetilde{\boldsymbol{F}}$ 和 $\widetilde{\boldsymbol{W}}$ 能保证第 k 个子载波对应的低维等效信道矩阵 $\bar{\boldsymbol{H}}[k]$ 和高维信道矩阵 $\boldsymbol{H}[k]$ 有着相同的阵列响应移不变性。之后，对式（6–37）中的低维等效信道矩阵 $\bar{\boldsymbol{H}}[k]$ 进行向量化运算，可得等效信道向量 $\bar{\boldsymbol{h}}[k] \in \mathbb{C}^{N_{\mathrm{F}}^r N_s N_{\mathrm{F}}^t N_s}$ 为

$$\begin{aligned}\bar{\boldsymbol{h}}[k] &= \left[\left(\boldsymbol{A}_t^{\mathrm{H}} \widetilde{\boldsymbol{F}}\right)^{\mathrm{T}} \odot \left(\widetilde{\boldsymbol{W}}^{\mathrm{H}} \boldsymbol{A}_r\right)\right] \boldsymbol{d}[k] + \bar{\boldsymbol{n}}[k] \\ &= \left(\bar{\boldsymbol{A}}_t \odot \bar{\boldsymbol{A}}_r\right) \mathrm{diag}(\boldsymbol{\alpha}) \boldsymbol{\tau}[k] + \bar{\boldsymbol{n}}[k]\end{aligned} \tag{6-38}$$

这里定义了 $\bar{\boldsymbol{A}}_r = \widetilde{\boldsymbol{W}}^{\mathrm{H}} \boldsymbol{A}_r \in \mathbb{C}^{N_{\mathrm{F}}^r N_s \times L}$ 以及 $\bar{\boldsymbol{A}}_t = \left(\boldsymbol{A}_t^{\mathrm{H}} \widetilde{\boldsymbol{F}}\right)^{\mathrm{T}} \in \mathbb{C}^{N_{\mathrm{F}}^t N_s \times L}$。进一步地，同时考虑所有 K 个子载波的等效信道向量，并将其组合成一个等效信道矩阵 $\bar{\boldsymbol{H}} = \left[\bar{\boldsymbol{h}}[0], \bar{\boldsymbol{h}}[1], \cdots, \bar{\boldsymbol{h}}[K-1]\right] \in \mathbb{C}^{N_{\mathrm{F}}^r N_s N_{\mathrm{F}}^t N_s \times K}$，即

$$\bar{\boldsymbol{H}} = \left(\bar{\boldsymbol{A}}_t \odot \bar{\boldsymbol{A}}_r\right) \mathrm{diag}(\boldsymbol{\alpha}) \boldsymbol{A}_\tau^{\mathrm{T}} + \bar{\boldsymbol{N}} \tag{6-39}$$

式中，$\boldsymbol{A}_\tau = [\boldsymbol{\tau}[0], \boldsymbol{\tau}[1], \cdots, \boldsymbol{\tau}[K-1]]^{\mathrm{T}}$；$\bar{\boldsymbol{N}}$ 是相应的噪声矩阵。这里，定义与时延相关联的导向矢量矩阵 $\boldsymbol{A}_\tau \in \mathbb{C}^{K\times L}$ 为 $\boldsymbol{A}_\tau = [\boldsymbol{a}(\mu_{\tau,1}), \cdots, \boldsymbol{a}(\mu_{\tau,L})]$，其中第 l 条路径所对应的导向矢量 $\boldsymbol{a}(\mu_{\tau,l})$ 表示为 $\boldsymbol{a}(\mu_{\tau,l}) = \left[1, \mathrm{e}^{\mathrm{j}\mu_{\tau,l}}, \cdots, \mathrm{e}^{\mathrm{j}(K-1)\mu_{\tau,l}}\right]^{\mathrm{T}}$，而 $\mu_{\tau,l}$ 为信道模型中定义的与第 l 个时延 τ_l 相关联的空间频率，即 $\mu_{\tau,l} = -2\pi f_s \tau_l / K$。那么，再对式（6–39）中的等效信道矩阵 $\bar{\boldsymbol{H}}$ 进行向量化运算即可获得最终的等效信道向量 $\bar{\boldsymbol{h}} \in \mathbb{C}^{N_{\mathrm{F}}^{r} N_s N_{\mathrm{F}}^{t} N_s K}$，表示为

$$\begin{aligned}\bar{\boldsymbol{h}} &= \left(\boldsymbol{A}_\tau \odot \left(\bar{\boldsymbol{A}}_t \odot \bar{\boldsymbol{A}}_r\right)\right)\boldsymbol{\alpha} + \bar{\boldsymbol{n}} \\ &= \left(\boldsymbol{A}_\tau \odot \bar{\boldsymbol{A}}_t \odot \bar{\boldsymbol{A}}_r\right)\boldsymbol{\alpha} + \bar{\boldsymbol{n}} \\ &= \bar{\boldsymbol{A}}\boldsymbol{\alpha} + \bar{\boldsymbol{n}}\end{aligned} \tag{6–40}$$

这里利用了矩阵运算的恒等式 $\boldsymbol{A} \odot (\boldsymbol{B} \odot \boldsymbol{C}) = (\boldsymbol{A} \odot \boldsymbol{B}) \odot \boldsymbol{C}$[117,118]，并且定义 $\bar{\boldsymbol{A}} = \boldsymbol{A}_\tau \odot \bar{\boldsymbol{A}}_t \odot \bar{\boldsymbol{A}}_r$ 为三维导向矢量矩阵，其中包含了三重的范德蒙矩阵结构 [119]。利用接下来设计的三维酉 ESPRIT 算法，即可从式（6–40）中经典空间谱估计问题估计出三维向矢量矩阵 $\bar{\boldsymbol{A}}$ 中所包含的到达角、离开角以及多径时延的超分辨率估计值。

6.3.2 三维酉 ESPRIT 算法

为了简化后续的表达式，这里重新定义与发射端和接收端相关联的等价导向矢量矩阵 $\bar{\boldsymbol{A}}_t$ 和 $\bar{\boldsymbol{A}}_r$ 的维度分别为 $N_t^{\mathrm{eq}} \times L$ 和 $N_r^{\mathrm{eq}} \times L$，而与时延相关联的等价导向矢量矩阵 $\boldsymbol{A}_\tau \in \mathbb{C}^{K\times L}$ 的维度保持不变，那么，等效信道向量 $\bar{\boldsymbol{h}}$ 的维度为 $K N_r^{\mathrm{eq}} N_t^{\mathrm{eq}} \times 1$。

1. 三维空间平滑处理

尽管 $\bar{\boldsymbol{h}} = \bar{\boldsymbol{A}}\boldsymbol{\alpha} + \bar{\boldsymbol{n}}$ 中 $\boldsymbol{\alpha}$ 可等价地看作系统只进行了一次试验下 L 个谐波信号所组合成的信号向量，但是，三维酉 ESPRIT 算法只利用一次试验的测量数据不足以准确地估计出多个路径所对应的角度和时延信息，因此，需要利用三维空间平滑来对等效信道向量 $\bar{\boldsymbol{h}}$ 进行预处理，即扩展数据的列维度，同时，还要保证三维导向矢量矩阵 $\bar{\boldsymbol{A}}$ 中包含的各阵列响应移不变性不被破坏 [113,120]。具体来说，首先定义三个空间平滑参量 M_r，M_t 以及 M_τ，并且它们分别满足 $1 \leqslant M_r \leqslant N_r^{\mathrm{eq}}$，$1 \leqslant M_t \leqslant N_t^{\mathrm{eq}}$ 以及 $1 \leqslant M_\tau \leqslant K$，那么可再定义各自对应的子阵列维度分别为 $\bar{N}_r = N_r^{\mathrm{eq}} - M_r + 1$，$\bar{N}_t = N_t^{\mathrm{eq}} - M_t + 1$，以及 $\bar{K} = K - M_\tau + 1$，并且令子阵列的总维度为 $\bar{N} = \bar{N}_t \bar{N}_r \bar{K}$。对于 $1 \leqslant m_r \leqslant M_r$，$1 \leqslant m_t \leqslant M_t$ 以及 $1 \leqslant m_\tau \leqslant M_\tau$，相应的三个一维空间平滑选择矩阵给定如下

$$\boldsymbol{J}_{m_r}^{(1)} = \begin{bmatrix} \boldsymbol{O}_{\bar{N}_r\times(m_r-1)} & \boldsymbol{I}_{\bar{N}_r} & \boldsymbol{O}_{\bar{N}_r\times(M_r-m_r)} \end{bmatrix} \in \mathbb{C}^{\bar{N}_r\times N_r^{\text{eq}}} \tag{6-41}$$

$$\boldsymbol{J}_{m_t}^{(2)} = \begin{bmatrix} \boldsymbol{O}_{\bar{N}_t\times(m_t-1)} & \boldsymbol{I}_{\bar{N}_t} & \boldsymbol{O}_{\bar{N}_t\times(M_t-m_t)} \end{bmatrix} \in \mathbb{C}^{\bar{N}_t\times N_t^{\text{eq}}} \tag{6-42}$$

$$\boldsymbol{J}_{m_\tau}^{(3)} = \begin{bmatrix} \boldsymbol{O}_{\bar{K}\times(m_\tau-1)} & \boldsymbol{I}_{\bar{K}} & \boldsymbol{O}_{\bar{K}\times(M_\tau-m_\tau)} \end{bmatrix} \in \mathbb{C}^{\bar{K}\times K} \tag{6-43}$$

于是，通过这三个一维选择矩阵可以定义 $M = M_r M_t M_\tau$ 个三维空间平滑选择矩阵，其中对于第（M_r, M_t, M_τ）个三维空间平滑选择矩阵，可表示为

$$\boldsymbol{J}_{m_r,m_t,m_\tau} = \boldsymbol{J}_{m_\tau}^{(3)} \otimes \boldsymbol{J}_{m_t}^{(2)} \otimes \boldsymbol{J}_{m_r}^{(1)} \in \mathbb{C}^{\bar{N}\times N_r N_t} \tag{6-44}$$

式中，$1 \leqslant m_r \leqslant M_r$，$1 \leqslant m_t \leqslant M_t$，$1 \leqslant m_\tau \leqslant M_\tau$。那么，三维空间平滑处理后的信道矩阵 $\bar{\boldsymbol{H}}_{\text{SS}} \in \mathbb{C}^{\bar{N}\times M}$ 为

$$\bar{\boldsymbol{H}}_{\text{SS}} = \begin{bmatrix} \boldsymbol{J}_{1,1,1}\bar{\boldsymbol{h}} & \cdots & \boldsymbol{J}_{1,1,M_\tau}\bar{\boldsymbol{h}} & \boldsymbol{J}_{1,2,1}\bar{\boldsymbol{h}} & \cdots & \boldsymbol{J}_{1,M_t,M_\tau}\bar{\boldsymbol{h}} & \boldsymbol{J}_{2,1,1}\bar{\boldsymbol{h}} & \cdots & \boldsymbol{J}_{M_r,M_t,M_\tau}\bar{\boldsymbol{h}} \end{bmatrix} \tag{6-45}$$

2. 实值处理

为了能在降低算法中计算复杂度的同时充分地利用平滑后的数据，可以通过前后向平均将三维空间平滑后的信道矩阵 $\bar{\boldsymbol{H}}_{\text{SS}}$ 扩展为实值矩阵 $\bar{\boldsymbol{H}}_{\text{SS,Re}} \in \mathbb{C}^{\bar{N}\times 2M}$，即

$$\bar{\boldsymbol{H}}_{\text{SS,Re}} = \boldsymbol{Q}_{\bar{N}}^{\text{H}} \begin{bmatrix} \bar{\boldsymbol{H}}_{\text{SS}} & \boldsymbol{\Pi}_{\bar{N}}\bar{\boldsymbol{H}}_{\text{SS}}^{*}\boldsymbol{\Pi}_{M} \end{bmatrix} \boldsymbol{Q}_{2M} \tag{6-46}$$

式中，矩阵 $\boldsymbol{\Pi}_n$ 表示维度为 $n\times n$ 的交换矩阵，并且左实转换矩阵 $\boldsymbol{Q}_n$ 的定义见式（6–14）。

3. 信号子空间近似

通过对实值矩阵 $\bar{\boldsymbol{H}}_{\text{SS,Re}}$ 进行奇异值分解，可区分开数据中的信号子空间和噪声子空间，再取左奇异矩阵前 L 列来近似为 $\bar{\boldsymbol{H}}_{\text{SS,Re}}$ 的 L 维信号子空间，即 $\bar{\boldsymbol{H}}_{\text{SS,Re}} = \boldsymbol{U}_{\text{Re}}\boldsymbol{\Sigma}_{\text{Re}}\boldsymbol{V}_{\text{Re}}^{\text{H}}$，并且 $\widehat{\boldsymbol{U}}_{\text{Re}} = \boldsymbol{U}_{\text{Re}\{:,1:L\}}$。

4. 求解移不变等式

对于某一个非奇异矩阵 $\boldsymbol{T} \in \mathbb{R}^{L\times L}$，可以得到以下三个实值的移不变等式

$$\boldsymbol{K}_r^{\text{Re}}\widehat{\boldsymbol{U}}_{\text{Re}}\boldsymbol{T}\boldsymbol{\Theta}\boldsymbol{T}^{-1} = \boldsymbol{K}_r^{\text{Im}}\widehat{\boldsymbol{U}}_{\text{Re}} \tag{6-47}$$

$$\boldsymbol{K}_t^{\text{Re}}\widehat{\boldsymbol{U}}_{\text{Re}}\boldsymbol{T}\boldsymbol{\Phi}\boldsymbol{T}^{-1} = \boldsymbol{K}_t^{\text{Im}}\widehat{\boldsymbol{U}}_{\text{Re}} \tag{6-48}$$

$$\boldsymbol{K}_\tau^{\text{Re}}\widehat{\boldsymbol{U}}_{\text{Re}}\boldsymbol{T}\boldsymbol{\Omega}\boldsymbol{T}^{-1} = \boldsymbol{K}_\tau^{\text{Im}}\widehat{\boldsymbol{U}}_{\text{Re}} \tag{6-49}$$

在式（6−47）~ 式（6−49）中，$\boldsymbol{\Theta} \in \mathbb{R}^{L\times L}$，$\boldsymbol{\Phi} \in \mathbb{R}^{L\times L}$ 以及 $\boldsymbol{\Omega} \in \mathbb{R}^{L\times L}$ 是三个对角矩阵，可分别表示为

$$\boldsymbol{\Theta} = \operatorname{diag}\left(\tan\left(\frac{\mu_{r,1}}{2}\right),\cdots,\tan\left(\frac{\mu_{r,L}}{2}\right)\right) \tag{6-50}$$

$$\boldsymbol{\Phi} = \operatorname{diag}\left(\tan\left(\frac{\mu_{t,1}}{2}\right),\cdots,\tan\left(\frac{\mu_{t,L}}{2}\right)\right) \tag{6-51}$$

$$\boldsymbol{\Omega} = \operatorname{diag}\left(\tan\left(\frac{\mu_{\tau,1}}{2}\right),\cdots,\tan\left(\frac{\mu_{\tau,L}}{2}\right)\right) \tag{6-52}$$

而 $\boldsymbol{K}_r^{\mathrm{Re}}$，$\boldsymbol{K}_r^{\mathrm{Im}}$，$\boldsymbol{K}_t^{\mathrm{Re}}$，$\boldsymbol{K}_t^{\mathrm{Im}}$，$\boldsymbol{K}_\tau^{\mathrm{Re}}$ 以及 $\boldsymbol{K}_\tau^{\mathrm{Im}}$ 有如下定义：

$$\boldsymbol{K}_r^{\mathrm{Re}} = \Re\left\{\boldsymbol{Q}^{\mathrm{H}}_{\bar{K}\bar{N}_t\left(\bar{N}_r-1\right)}\boldsymbol{J}_r\boldsymbol{Q}_{\bar{N}}\right\},\ \boldsymbol{K}_r^{\mathrm{Im}} = \Im\left\{\boldsymbol{Q}^{\mathrm{H}}_{\bar{K}\bar{N}_t\left(\bar{N}_r-1\right)}\boldsymbol{J}_r\boldsymbol{Q}_{\bar{N}}\right\} \tag{6-53}$$

$$\boldsymbol{K}_t^{\mathrm{Re}} = \Re\left\{\boldsymbol{Q}^{\mathrm{H}}_{\bar{K}\left(\bar{N}_t-1\right)\bar{N}_r}\boldsymbol{J}_t\boldsymbol{Q}_{\bar{N}}\right\},\ \boldsymbol{K}_t^{\mathrm{Im}} = \Im\left\{\boldsymbol{Q}^{\mathrm{H}}_{\bar{K}\left(\bar{N}_t-1\right)\bar{N}_r}\boldsymbol{J}_t\boldsymbol{Q}_{\bar{N}}\right\} \tag{6-54}$$

$$\boldsymbol{K}_\tau^{\mathrm{Re}} = \Re\left\{\boldsymbol{Q}^{\mathrm{H}}_{\left(\bar{K}-1\right)\bar{N}_t\bar{N}_r}\boldsymbol{J}_\tau\boldsymbol{Q}_{\bar{N}}\right\},\ \boldsymbol{K}_\tau^{\mathrm{Im}} = \Im\left\{\boldsymbol{Q}^{\mathrm{H}}_{\left(\bar{K}-1\right)\bar{N}_t\bar{N}_r}\boldsymbol{J}_\tau\boldsymbol{Q}_{\bar{N}}\right\} \tag{6-55}$$

且其中的三个三维选择矩阵 $\boldsymbol{J}_r \in \mathbb{R}^{\bar{K}\bar{N}_t\left(\bar{N}_r-1\right)\times\bar{N}}$，$\boldsymbol{J}_t \in \mathbb{R}^{\bar{K}\left(\bar{N}_t-1\right)\bar{N}_r\times\bar{N}}$ 以及 $\boldsymbol{J}_\tau \in \mathbb{R}^{\left(\bar{K}-1\right)\bar{N}_t\bar{N}_r\times\bar{N}}$ 定义为

$$\boldsymbol{J}_r = \boldsymbol{I}_{\bar{K}} \otimes \bar{N}_t \otimes \begin{bmatrix}\boldsymbol{0} & \boldsymbol{I}_{\bar{N}_r-1}\end{bmatrix} \tag{6-56}$$

$$\boldsymbol{J}_t = \boldsymbol{I}_{\bar{K}} \otimes \begin{bmatrix}\boldsymbol{0} & \boldsymbol{I}_{\bar{N}_t-1}\end{bmatrix} \otimes \bar{N}_r \tag{6-57}$$

$$\boldsymbol{J}_\tau = \begin{bmatrix}\boldsymbol{0} & \boldsymbol{I}_{\bar{K}-1}\end{bmatrix} \otimes \boldsymbol{I}_{\bar{N}_t} \otimes \bar{N}_r \tag{6-58}$$

那么，式（6−47）~ 式（6−49）可以通过利用 LS 估计或者是 TLS 估计进一步求得

$$\boldsymbol{T}\boldsymbol{\Theta}\boldsymbol{T}^{-1} = \left(\boldsymbol{K}_r^{\mathrm{Re}}\widehat{\boldsymbol{U}}_{\mathrm{Re}}\right)^{\dagger}\boldsymbol{K}_r^{\mathrm{Im}}\widehat{\boldsymbol{U}}_{\mathrm{Re}} \tag{6-59}$$

$$\boldsymbol{T}\boldsymbol{\Phi}\boldsymbol{T}^{-1} = \left(\boldsymbol{K}_t^{\mathrm{Re}}\widehat{\boldsymbol{U}}_{\mathrm{Re}}\right)^{\dagger}\boldsymbol{K}_t^{\mathrm{Im}}\widehat{\boldsymbol{U}}_{\mathrm{Re}} \tag{6-60}$$

$$\boldsymbol{T}\boldsymbol{\Omega}\boldsymbol{T}^{-1} = \left(\boldsymbol{K}_\tau^{\mathrm{Re}}\widehat{\boldsymbol{U}}_{\mathrm{Re}}\right)^{\dagger}\boldsymbol{K}_\tau^{\mathrm{Im}}\widehat{\boldsymbol{U}}_{\mathrm{Re}} \tag{6-61}$$

5. 利用 SSD 算法联合对角化

不同于二维酉 ESPRIT 算法中的联合对角化处理，$\boldsymbol{T}\boldsymbol{\Theta}\boldsymbol{T}^{-1}$，$\boldsymbol{T}\boldsymbol{\Phi}\boldsymbol{T}^{-1}$ 及 $\boldsymbol{T}\boldsymbol{\Omega}\boldsymbol{T}^{-1}$ 这三个实值矩阵不能通过简单置于实部与虚部后进行复数域的特征值分解来求解。那么，这里就需要另辟蹊径来使得估计到的 $\boldsymbol{\Theta}$，$\boldsymbol{\Phi}$ 以及 $\boldsymbol{\Omega}$ 中角度和时延的超分辨率估计值能完成自动配对。第一种方法是多跳（Multi-Hop）传递匹配法，通过对三个实值矩阵中的一个矩阵进行特征值分解来求得其特征向量矩阵，如对 $\boldsymbol{T}\boldsymbol{\Theta}\boldsymbol{T}^{-1}$ 进行特征值分解求得 $\boldsymbol{T}$，之后，将这个特征向量矩阵 $\boldsymbol{T}$ 应用

到剩余的矩阵 $\boldsymbol{T\Phi T}^{-1}$ 和 $\boldsymbol{T\Omega T}^{-1}$ 中。在没有噪声的情形下，这种方法能很准确地进行参数的匹配。然而，实际中受到噪声污染的三个实值矩阵可能不会完全共享同一个特征向量矩阵 $\boldsymbol{T}$ ，这就造成了误差的不断传递，从而恶化匹配的结果。因此，这种多跳传递匹配法并不是可行的联合配对方法。

于是，为了进行有效的配对，考虑采取另一种 SSD 算法来联合对角化的方法 [120]。具体地，SSD 算法是一种改进的实值 Schur 分解算法 [117]，首先，定义一个代价函数 $\psi(\boldsymbol{\Xi})$ 为

$$\psi(\boldsymbol{\Xi})=\left\|\mathcal{L}\left(\boldsymbol{\Xi}^{\mathrm{T}}\boldsymbol{T\Theta T}^{-1}\boldsymbol{\Xi}\right)\right\|_F^2+\left\|\mathcal{L}\left(\boldsymbol{\Xi}^{\mathrm{T}}\boldsymbol{T\Phi T}^{-1}\boldsymbol{\Xi}\right)\right\|_F^2+\left\|\mathcal{L}\left(\boldsymbol{\Xi}^{\mathrm{T}}\boldsymbol{T\Omega T}^{-1}\boldsymbol{\Xi}\right)\right\|_F^2 \tag{6-62}$$

式中，$\mathcal{L}(\boldsymbol{A})$ 表示提取矩阵 $\boldsymbol{A}$ 中严格的下三角矩阵部分元素的运算符；$\boldsymbol{\Xi}$ 是一个能分解为一系列雅克比旋转（Jacobi Rotations）矩阵相乘的正交矩阵 [117,120]。其次，通过 SSD 算法来最小化代价函数 $\psi(\boldsymbol{\Xi})$ 来求得近优的矩阵 $\boldsymbol{\Xi}$，即 $\arg\min\limits_{\boldsymbol{\Xi}}\psi(\boldsymbol{\Xi})$。然后，可产生三个近似的上三角矩阵 $\boldsymbol{\Gamma}_\theta=\boldsymbol{\Xi}^{\mathrm{T}}\boldsymbol{T\Theta T}^{-1}\boldsymbol{\Xi}$，$\boldsymbol{\Gamma}_\varphi=\boldsymbol{\Xi}^{\mathrm{T}}\boldsymbol{T\Phi T}^{-1}\boldsymbol{\Xi}$ 以及 $\boldsymbol{\Gamma}_\tau=\boldsymbol{\Xi}^{\mathrm{T}}\boldsymbol{T\Omega T}^{-1}\Xi$，这三个上三角矩阵 $\boldsymbol{\Gamma}_\theta$，$\boldsymbol{\Gamma}_\varphi$ 以及 $\boldsymbol{\Gamma}_\tau$ 的主要对角线上的元素即可组成式（6–50）～ 式（6–52）中三个对角矩阵的估计 $\widehat{\boldsymbol{\Theta}}$，$\widehat{\boldsymbol{\Phi}}$ 以及 $\widehat{\boldsymbol{\Omega}}$，也就是，$\operatorname{diag}\left(\widehat{\boldsymbol{\Theta}}\right)=\operatorname{diag}(\boldsymbol{\Gamma}_\theta)$，$\operatorname{diag}\left(\widehat{\boldsymbol{\Phi}}\right)=\operatorname{diag}(\boldsymbol{\Gamma}_\varphi)$ 以及 $\operatorname{diag}\left(\widehat{\boldsymbol{\Omega}}\right)=\operatorname{diag}(\boldsymbol{\Gamma}_\tau)$。此外，SSD 算法还定义了一个扫描参数 N_{sw} 来确保 Schur 分解在充分地迭代后能达到足够的收敛程度，也即通过 N_{sw} 次扫描迭代使得代价函数 $\psi(\boldsymbol{\Xi})$ 足够小，以便能产生近优的上三角矩阵，从而达到 Schur 分解的目的。最后，从三个估计到的对角矩阵 $\widehat{\boldsymbol{\Theta}}$，$\widehat{\boldsymbol{\Phi}}$ 和 $\widehat{\boldsymbol{\Omega}}$ 中通过式（6–50）～ 式（6–52）可计算出分别于接收端、发射端及时延相关联的空间频率的估计 $\{\widehat{\mu}_{r,l}\}_{l=1}^L$，$\{\widehat{\mu}_{t,l}\}_{l=1}^L$，$\{\widehat{\mu}_{\tau,l}\}_{l=1}^L$，以及相应的到达角、离开角、时延的超分辨率估计值 $\left\{\widehat{\theta}_{r,l}\right\}_{l=1}^L$，$\{\widehat{\varphi}_{t,l}\}_{l=1}^L$，$\{\widehat{\tau}_{r,l}\}_{l=1}^L$。

以上设计的三维酉 ESPRIT 算法总结在算法 7 中。

6.3.3 重建宽带毫米波 MIMO 信道

根据式（6–40），利用算法 7 三维酉 ESPRIT 算法可以获得已经配对好的到达角、离开角以及多径时延的超分辨率估计值，也即 $\left\{\widehat{\theta}_{r,l}\right\}_{l=1}^L$，$\{\widehat{\varphi}_{t,l}\}_{l=1}^L$，以及 $\{\widehat{\tau}_{r,l}\}_{l=1}^L$。将相应的空间频率的估计 $\{\widehat{\mu}_{r,l}\}_{l=1}^L$，$\{\widehat{\mu}_{t,l}\}_{l=1}^L$，$\{\widehat{\mu}_{\tau,l}\}_{l=1}^L$ 分别代入 $\boldsymbol{a}(\mu_{r,l})$，$\boldsymbol{a}(\mu_{t,l})$，$\boldsymbol{a}(\mu_{\tau,l})$ 中，可以重建出对应于基站端的导向矢量矩阵 $\widehat{\boldsymbol{A}}_{\mathrm{r}}=[\boldsymbol{a}(\widehat{\mu}_{r,1}),\cdots,\boldsymbol{a}(\widehat{\mu}_{r,L})]$，用户端的导向矢量矩阵 $\widehat{\boldsymbol{A}}_t=[\boldsymbol{a}(\widehat{\mu}_{t,1}),\cdots,\boldsymbol{a}(\widehat{\mu}_{t,L})]$，时延的导向矢量矩阵 $\widehat{\boldsymbol{A}}_\tau=[\boldsymbol{a}(\widehat{\mu}_{\tau,1}),\cdots,\boldsymbol{a}(\widehat{\mu}_{\tau,L})]$。而由式（6–40）可知，$\bar{\boldsymbol{h}}=$

算法 7: 三维酉 ESPRIT 算法

输入： 等效信道向量 $\bar{\boldsymbol{h}}$，等价导向矢量矩阵 $\bar{\boldsymbol{A}}_r$ 和 $\bar{\boldsymbol{A}}_t$ 的行维度 $N_r^{\rm eq}$ 和 $N_t^{\rm eq}$，子载波数 K，三个空间平滑参量 M_r，M_t 以及 M_τ，路径数 L，以及扫描参数 $N_{\rm sw}$

输出： 到达角、离开角和时延的超分辨率估计值 $\left\{\widehat{\theta}_{r,l}\right\}_{l=1}^L$，$\{\widehat{\varphi}_{t,l}\}_{l=1}^L$，$\{\widehat{\tau}_{r,l}\}_{l=1}^L$

步骤 1: 利用三维空间平滑获得平滑后的信道矩阵 $\bar{\boldsymbol{H}}_{\rm SS}\in\mathbb{C}^{\bar{N}\times M}$

步骤 2: 通过前后向平均将平滑后的信道矩阵 $\bar{\boldsymbol{H}}_{\rm SS}$ 扩展为实值矩阵 $\bar{\boldsymbol{H}}_{\rm SS,Re}\in\mathbb{C}^{\bar{N}\times 2M}$

步骤 3: 对实值矩阵 $\bar{\boldsymbol{H}}_{\rm SS,Re}$ 进行 SVD 分解来近似表示 $\bar{\boldsymbol{H}}_{\rm SS,Re}$ 的 L 维信号子空间，即 $\bar{\boldsymbol{H}}_{\rm SS,Re}=\boldsymbol{U}_{\rm Re}\boldsymbol{\Sigma}_{\rm Re}\boldsymbol{V}_{\rm Re}^{\rm H}$，并且 $\widehat{\boldsymbol{U}}_{\rm Re}=\boldsymbol{U}_{{\rm Re}\{:,1:L\}}$

步骤 4: 利用 LS 或 TLS 求解移不变等式，得到 $\boldsymbol{T\Theta T}^{-1}$，$\boldsymbol{T\Phi T}^{-1}$ 以及 $\boldsymbol{T\Omega T}^{-1}$

步骤 5: 利用 SSD 算法联合对角化后，产生三个近似的上三角矩阵 $\boldsymbol{\Gamma}_\theta$，$\boldsymbol{\Gamma}_\varphi$ 以及 $\boldsymbol{\Gamma}_\tau$，并取其主要对角线元素组成对角矩阵的估计 $\widehat{\boldsymbol{\Theta}}$，$\widehat{\boldsymbol{\Phi}}$ 以及 $\widehat{\boldsymbol{\Omega}}$，再根据式（6–50）～ 式（6–52）即可计算出到达角、离开角、时延的超分辨率估计值 $\left\{\widehat{\theta}_{r,l}\right\}_{l=1}^L$，$\{\widehat{\varphi}_{t,l}\}_{l=1}^L$，$\{\widehat{\tau}_{r,l}\}_{l=1}^L$

$\left(\boldsymbol{A}_\tau\odot\bar{\boldsymbol{A}}_t\odot\bar{\boldsymbol{A}}_r\right)\boldsymbol{\alpha}+\bar{\boldsymbol{n}}$，且 $\bar{\boldsymbol{A}}_r=\widetilde{\boldsymbol{W}}^{\rm H}\boldsymbol{A}_r$，$\bar{\boldsymbol{A}}_t=\left(\boldsymbol{A}_t^{\rm H}\widetilde{\boldsymbol{F}}\right)^{\rm T}$，也就是说，

$$\begin{aligned}\bar{\boldsymbol{h}}&=\underbrace{\left(\boldsymbol{A}_\tau\odot\left(\boldsymbol{A}_{\rm MS}^{\rm H}\widetilde{\boldsymbol{F}}\right)^{\rm T}\odot\left(\widetilde{\boldsymbol{W}}^{\rm H}\boldsymbol{A}_{\rm BS}\right)\right)}_{\boldsymbol{Z}}\boldsymbol{\alpha}+\bar{\boldsymbol{n}}\\&=\boldsymbol{Z\alpha}+\bar{\boldsymbol{n}}\end{aligned}\tag{6–63}$$

之后，再利用最小二乘估计器就可求得如下路径复增益 $\boldsymbol{\alpha}$ 的 LS 解

$$\begin{aligned}\widehat{\boldsymbol{\alpha}}&=\arg\min_{\boldsymbol{\alpha}}\left\|\bar{\boldsymbol{h}}-\boldsymbol{Z\alpha}\right\|_2^2=\boldsymbol{Z}^\dagger\bar{\boldsymbol{h}}\\&=\left(\boldsymbol{Z}^{\rm H}\boldsymbol{Z}\right)^{-1}\boldsymbol{Z}^{\rm H}\bar{\boldsymbol{h}}\end{aligned}\tag{6–64}$$

最后，根据以上获得的配对好的估计值，即 $\{\widehat{\mu}_{r,l}\}_{l=1}^L$，$\{\widehat{\mu}_{t,l}\}_{l=1}^L$，$\{\widehat{\tau}_{r,l}\}_{l=1}^L$，以及复增益 $\widehat{\boldsymbol{\alpha}}=\sqrt{N_rN_t/L}[\widehat{\alpha}_1,\cdots,\widehat{\alpha}_L]^{\rm T}$，便可重建出第 k 个子载波对应的频域信道矩阵 $\widehat{\boldsymbol{H}}[k]$，即

$$\widehat{\boldsymbol{H}}[k]=\sqrt{\frac{N_rN_t}{L}}\sum_{l=1}^L\widehat{\alpha}_l\boldsymbol{a}\left(\widehat{\mu}_{r,l}\right)\boldsymbol{a}^{\rm H}\left(\widehat{\mu}_{t,l}\right){\rm e}^{-{\rm j}2\pi\frac{kf_s}{K}\widehat{\tau}_l}\tag{6–65}$$

6.3.4 仿真结果

在本小节仿真中，考虑收发端的天线阵列为均匀线性阵列，并采用如表 6.2 中所示的系统仿真参数。同时，考虑了基于 OMP 的信道估计方案 [101] 以及基于 SW-OMP 的信道估计方案 [102] 作为对比方案，依此来说明基于 ESPRIT 的信道估计性能要明显地优于当前传统的基于压缩感知的方案。这里考虑以下两种性能评估的准则：

- 同时考虑所有 K 个子载波的 NMSE，其定义为

$$\mathrm{NMSE} = 10\log_{10}\left(\mathbb{E}\left[\sum_{k=0}^{K-1}\left\|\boldsymbol{H}[k]-\widehat{\boldsymbol{H}}[k]\right\|_F^2 \Big/ \sum_{k=0}^{K-1}\|\boldsymbol{H}[k]\|_F^2\right]\right) \tag{6-66}$$

- ASE，定义为

$$\mathrm{ASE} = \frac{1}{K}\sum_{k=0}^{K-1}\log_2\det\left(\boldsymbol{I}_{N_{\mathrm{RF}}}+\frac{1}{N_{\mathrm{RF}}}\boldsymbol{R}_n^{-1}[k]\boldsymbol{H}_{\mathrm{eff}}[k]\boldsymbol{H}_{\mathrm{eff}}^{\mathrm{H}}[k]\right) \tag{6-67}$$

表 6.2　系统仿真参数设置

参数	数值
天线数	$N_t = N_r = 64$
射频链路数	$N_{\mathrm{RF}} = N_{\mathrm{RF}}^t = N_{\mathrm{RF}}^r = 4$
数据流数（= 时隙数）	$N_s = T_{\mathrm{B}} = 3$
路径数	$L = 4$
子载波数	$K = 16$
归一化天线间隔	$\varDelta = 1/2$（$d = \lambda/2$）
信道增益方差	$\sigma_\alpha^2 = 1$
载波频率	$f_c = 30$ GHz
系统带宽	$f_s = 100$ MHz
导频信号帧数	$N_{\mathrm{F}}^t = N_{\mathrm{F}}^r = 5$
角度量化比特数	$N_q = 3$
空间平滑参量	$M_t = M_r = 5, M_\tau = 6$
扫描参数	$N_{\mathrm{sw}} = 10$
最大多径时延扩展	$\tau_{\max} = 4T_s$（$T_s = 1/f_s$）
CP 长度	$\tau_{\max}$
时延服从均匀分布	$\{\tau_l\}_{l=1}^L \sim \mathcal{U}[0, \tau_{\max}]$
到达角/离开角服从均匀分布	$\{\theta_{r,l}, \varphi_{t,l}\}_{l=1}^L \sim \mathcal{U}[-\pi/3, \pi/3]$

这里对于第 k 个子载波，$\boldsymbol{R}_n[k]=\sigma_n^2\boldsymbol{W}_{\mathrm{opt}}^{\mathrm{H}}[k]\boldsymbol{W}_{\mathrm{opt}}[k]$，等效信道 $\boldsymbol{H}_{\mathrm{eff}}[k]$ 定义为 $\boldsymbol{H}_{\mathrm{eff}}[k]=\boldsymbol{W}_{\mathrm{opt}}^{\mathrm{H}}[k]\boldsymbol{H}[k]\boldsymbol{F}_{\mathrm{opt}}[k]$，而 $\boldsymbol{F}_{\mathrm{opt}}[k]$ 和 $\boldsymbol{W}_{\mathrm{opt}}[k]$ 分别代表最优的混合波束赋形矩阵，通过对 $\widehat{\boldsymbol{H}}[k]$ 进行奇异值分解，也就是 $\widehat{\boldsymbol{H}}[k]=\widehat{\boldsymbol{U}}[k]\widehat{\boldsymbol{\Sigma}}[k]\widehat{\boldsymbol{V}}^{\mathrm{H}}[k]$，并且 $\boldsymbol{F}_{\mathrm{opt}}[k]=\widehat{\boldsymbol{V}}[k]_{\{:,1:N_{\mathrm{RF}}\}}$，$\boldsymbol{W}_{\mathrm{opt}}[k]=\widehat{\boldsymbol{U}}[k]_{\{:,1:N_{\mathrm{RF}}\}}$。

图 6.6 对比了三种不同信道估计方案在导频开销 $T_{\mathrm{pilot}}=N_sN_{\mathrm{F}}^tN_{\mathrm{F}}^r=75$ 时随信噪比变化的 NMSE 性能。这里考虑基于 OMP 和 SW-OMP 方案的到达角/离开角的量化网格大小为 $G_t=G_r=64$。从图 6.6 可以看出，基于 ESPRIT 的宽带信道估计方案的 NMSE 性能要显著地优于其余两种对比的信道估计方案，同时，其 NMSE 性能曲线斜率较大，大约信噪比每提升 10 dB，其 NMSE 曲线也随之下降 10 dB 左右。与之相比，两种对比方案的 NMSE 性能曲线较为平缓，大约信噪比每提升 10 dB，其 NMSE 曲线随之下降 5 dB 左右。因此，基于 ESPRIT 方案与两种对比方案的性能差距会随着信噪比的提高而逐渐拉大。这是因为基于 ESPRIT 方案能高精确地获得到达角、离开角以及多径时延的超分辨率估计值，而相比之下，基于 OMP 算法和 SW-OMP 算法的这些压缩感知类信道估计方案会因为有限的码本大小和量化角度网格分辨率而在高信噪比时信道估计的性能趋于平缓。

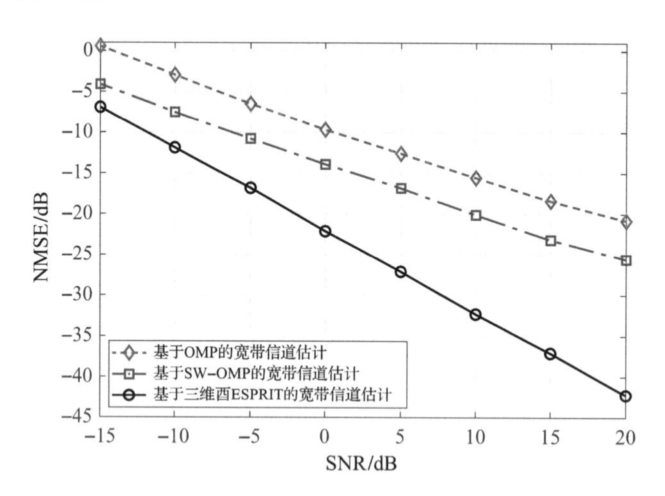

图 6.6　不同信道估计方案在导频开销 $T_{\mathrm{pilot}}=75$ 时随 SNR 变化的 NMSE 性能对比

图 6.7 比较了三种不同信道估计方案在不同导频开销 $T_{\mathrm{pilot}}=\{48,108\}$ 下随信噪比变化的 NMSE 性能。注意，这里当导频开销 $T_{\mathrm{pilot}}=48$ 时，基于 ESPRIT 的宽带信道估计方案所发射的导频信号帧数为 $N_{\mathrm{F}}^t=N_{\mathrm{F}}^r=4$，相应的空间平滑参量取 $M_t=M_r=4$，而在导频开销 $T_{\mathrm{pilot}}=108$ 时，基于 ESPRIT 方案发射的导频信号帧数为 $N_{\mathrm{F}}^t=N_{\mathrm{F}}^r=6$，相应的空间平滑参量取 $M_t=M_r=6$，其余

的系统参数和导频开销 $T_{\text{pilot}} = 75$ 时是一样的。从图 6.7 中看出，当导频开销从 $T_{\text{pilot}} = 48$ 增大到 $T_{\text{pilot}} = 108$ 时，基于 ESPRIT 方案的 NMSE 性能会有较为显著的提升，对应的两条 NMSE 性能曲线呈两条近乎平行的直线，相差约 8 dB。这是因为导频开销越多，基站端能获得的等效信道矩阵的维度也会越大，从而使得信道估计的 NMSE 性能越好。相比之下，基于 OMP 算法和 SW-OMP 算法的方案在导频开销增大时提升的 NMSE 性能十分有限，从图中观察到，两种对比方案在 SNR = −15 dB 时，导频开销增大带来的 NMSE 性能提升 2 ∼ 3 dB，而当 SNR = 15 dB 时，提升的 NMSE 性能在 5 dB 左右。此外，由于有限的码本大小以及量化角度网格分辨率，基于 OMP 算法和 SW-OMP 算法的信道估计方案在导频开销较少的情况下会出现明显的 NMSE 性能平台。

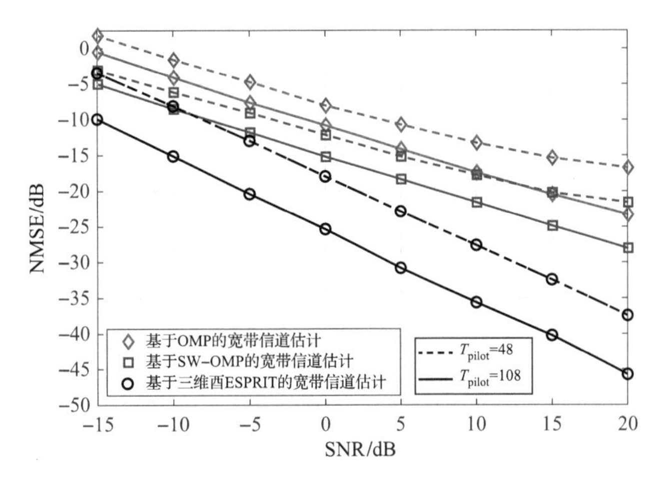

图 6.7 不同信道估计方案在不同导频开销 $T_{\text{pilot}} = \{48, 108\}$ 时随 SNR 变化的 NMSE 性能对比

图 6.8 对比了三种不同信道估计方案在不同信噪比 SNR = $\{0, 10\}$ dB 下随路径数变化的 NMSE 性能，这时考虑的导频开销为 $T_{\text{pilot}} = 75$ 。从图 6.8 可以看出，随着路径数变多，所有信道估计方案的 NMSE 性能均会有一定程度的下降。然而，从数值上看，两种对比方案从路径数 $L = 6$ 到 $L = 2$ 时，NMSE 性能提升了不到 2 dB，而基于 ESPRIT 方案的 NMSE 性能提升了 4 dB 左右，这说明其 NMSE 性能曲线更陡峭一些，也就是说，基于 ESPRIT 这类的超分辨率信道估计方案在路径数越少的情况下，到达角/离开角的分辨能力就会越强，其 NMSE 性能也就越好。此外，从图 6.8 中不同信噪比 SNR = 0 dB 和 SNR = 10 dB 的 NMSE 性能曲线可以看出，与其他两种信道估计方案相比，在不同信噪比下，基于 ESPRIT 方案的 NMSE 性能的间距更大，也就说明了其在高信噪比下能获得

更好的信道估计性能。

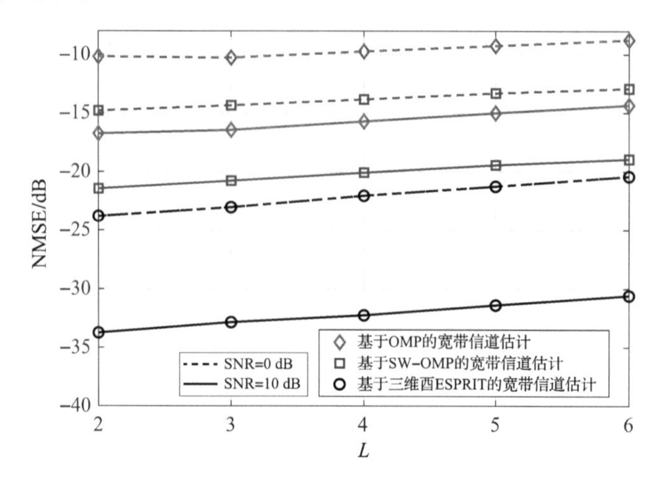

图 6.8　不同信道估计方案在不同信噪比 SNR = {0, 10} dB 时随路径数 L 变化的 NMSE 性能对比

图 6.9 对比了三种不同信道估计方案在导频开销 $T_{\rm pilot} = 75$ 时随信噪比变化的 ASE 性能，这里考虑以收发端均已知完美 CSI 情况下的最优 ASE 性能作为性能比较的上界，同时以最优的混合波束赋形矩阵 $\boldsymbol{F}_{\rm opt}$ 和 $\boldsymbol{W}_{\rm opt}$ 来进行传输。从图 6.9 可以看出，基于 ESPRIT 方案的 ASE 性能要优于其他两种对比方案，并且当信噪比大于 −10 dB 时，其性能已经趋近于最优的性能上界。而对于基于 OMP 的方案，由于其信道估计的 NMSE 性能在三种方案中最差，使得其与其

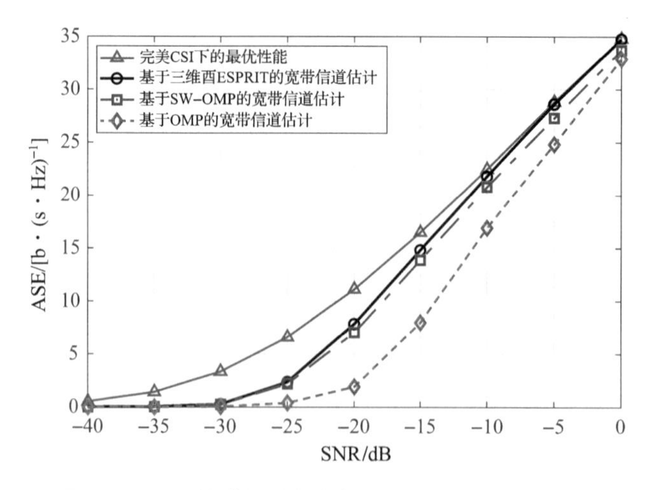

图 6.9　不同信道估计方案在导频开销 $T_{\rm pilot} = 75$ 时随 SNR 变化的 ASE 性能对比

余两种方案在 ASE 性能上有不小的差距。至于基于 SW-OMP 的方案，尽管其 ASE 性能在较低信噪比下和所提方案相近，但随着信噪比的增大，两种方案的 ASE 性能差距也随之体现出来。从信噪比 SNR = 0 dB 这一点看出，基于 ESPRIT 方案的 ASE 性能已经与最优的性能上界重合，而两种对比信道估计方案与最优的性能上界之间还存在着一定的性能差距。

6.4　本章小结

本章通过利用毫米波信道的稀疏性，针对窄带平坦衰落信道和宽带频率选择性衰落信道分别设计了两种基于谱估计理论的超分辨率稀疏信道估计方案。具体来说，所设计的基于二维酉 ESPRIT 的窄带稀疏信道估计方案首先对信道估计问题进行数学建模，并在发射端和接收端分别设计出合适的波束赋形矩阵，以便能在较低的导频开销下获得一个保留有阵列响应移不变性的低维等效信道。其次，利用该低维等效信道中阵列响应的移不变性以及设计好的改进二维酉 ESPRIT 算法可以获得已配对好的到达角和离开角的超分辨率估计值。然后，通过最小二乘估计器便可计算出对应于各路径的信道复增益。最后，由估计的到达角、离开角以及相应的路径增益，可以重构出高维度的毫米波 MIMO 信道。仿真结果表明，与基于压缩感知的信道估计方案相比，这里设计的信道估计方案能在更少的导频开销下获得更好的信道估计性能。而对于所设计的基于三维酉 ESPRIT 的宽带稀疏信道估计方案，首先，对信道估计问题进行数学建模，以便能用三维酉 ESPRIT 算法来估计其中的信道参数。其次，利用设计好的窄带情形中的量化处理过的波束赋形矩阵来获得保留有阵列响应移不变性的低维等效信道。接着，利用三维酉 ESPRIT 算法来估计该低维等效信道中已配对好的到达角、离开角以及多径时延的超分辨率估计值。然后，通过最小二乘估计器便可计算出对应于各路径的信道复增益。最后，由估计到的信道参数来重构出高维度的宽带毫米波 MIMO 信道。仿真结果表明，所提信道估计方案在相同导频开销下能获得比现有基于压缩感知的信道估计方案更好的信道估计性能。

第 7 章

大规模空间调制 MIMO 系统基于结构化压缩感知理论的准最优信号检测器

7.1　本章简介与内容安排

大规模 MIMO 及 SM-MIMO 等技术被认为是 5G 关键的物理层技术 [7,19,121]。大规模 MIMO 系统可以利用基站处部署的大规模天线阵列显著提升系统吞吐量。然而，在大规模 MIMO 系统的收发机结构中，由于每一个天线需要一个射频链路，这种收发机结构会导致较高的能耗和硬件成本 [7]。利用较小数目的射频链路，SM-MIMO 可以通过激活部分天线来在空域传输额外的信息。因而，由于其高的能效和低的成本，SM-MIMO 颇受关注 [7]。然而，传统的 SM-MIMO 通常考虑小规模 MIMO 系统中的下行链路传输，因而 SM 所带来额外的频谱效率提升是有限的。显然，无论是大规模 MIMO 系统还是 SM-MIMO 系统，它们都有各自的优点和缺点。但是，如果将二者有机地结合起来，可以获得一个双赢的局面。一方面，对于传统的大规模 MIMO 系统而言，SM-MIMO 系统较小的射频数目可以降低传统大规模 MIMO 系统的功耗和硬件成本。另一方面，对于 SM-MIMO 而言，大规模 MIMO 系统大量的天线可以提高 SM-MIMO 系统的吞吐率。这种互惠性使得大规模 MIMO 技术和 SM-MIMO 技术有着天然的兼容性。

在大规模 SM-MIMO 系统中，由于用户接收天线数量少，而基站发射天线数量多，信号检测是一个具有挑战性的大规模欠定问题。当发射天线数量变大时，最优 ML 信号检测器会面临极高的复杂度 [122]。一种针对 SM-MIMO 系统的低复杂 SV 检测器被提出 [122]，但它仅适用于单发送射频链路的 SM-MIMO 系统。在文献 [123-125] 中，SM 得到了推广，使用了多个有源天线传输独立的信号星座符号进行空间复用。基于 LMMSE 的信号检测器 [19] 和基于 SD 的信号检测器 [126] 可用于具有多个发送射频链路的 SM-MIMO 系统, 但它们只适用于 $N_r \geqslant N_t$ 的适定或超定 SM-MIMO 系统，而在 $N_r < N_t$ 的欠定 SM-MIMO 系统中性能损失显著，其中，N_t 和 N_r 分别表示发射天线和接收天线的数量。由

于射频链路的数量有限，SM 信号具有固有的稀疏性，而 CS 理论 [127] 可以被用来利用这个特性提高信号检测性能。目前，CS 在无线通信领域中得到了广泛的应用 [128−131]，一些针对欠定小规模 SM-MIMO 的基于 CS 的信号检测器已经被提出 [130−131]。然而，它们的 BER 性能与最优 ML 检测器相比仍有很大的差距，尤其是在 N_t、N_r 都很大并且 $N_r \ll N_t$ 的欠定大规模 SM-MIMO 系统中。

本章通过大规模 MIMO 技术和 SM-MIMO 技术的有机结合，提出了基于准最优 SCS 的低复杂度大规模 SM-MIMO 信号检测器。具体来说，本章首先提出了基站端的分组传输方案，将多个连续的 SM 信号分组携带共同的空间星座符号，引入结构化稀疏性。因此，本章提出了一种针对用户的 SSP 算法来检测多个 SM 信号，从而利用它们的结构化稀疏性来提高信号检测性能。此外，本章提出了 SM 信号交织处理的方法来对同一传输组内的 SM 信号进行交织，从而实现信道分集。理论分析和仿真结果表明，提出的基于 SCS 的信号检测器的性能优于现有的 CS 信号检测器。

7.2　系统模型

在 SM-MIMO 系统中，发送机有 N_t 个天线和 $N_a < N_t$ 发送射频链，而接收机有 N_r 个天线。如图 7.1 所示，每个 SM 信号由两个符号组成：一个是通过将 $\left\lfloor \log_2 \binom{N_t}{N_a} \right\rfloor$ 比特信息映射到 N_t 个发射天线中的 N_a 个有源天线的索引模式而获得的空间星座符号，另一个是来自 M 元信号星座集合 (如 QAM) 的 N_a 个独立信号星座符号。因此，每个 SM 信号携带 $N_a \log_2 M + \left\lfloor \log_2 \binom{N_t}{N_a} \right\rfloor$ 个比特的信息。

在接收端，接收到的信号 $\boldsymbol{y} \in \mathbb{C}^{N_r}$ 可以被表示为 $\boldsymbol{y} = \boldsymbol{H}\boldsymbol{x} + \boldsymbol{w}$，其中 $\boldsymbol{x} \in \mathbb{C}^{N_t}$ 是发送机发送的 SM 信号，$\boldsymbol{w} \in \mathbb{C}^{N_r}$ 是加性高斯白噪声，其中每个元素服从独立同分布的循环对称复高斯分布 $\mathcal{CN}(0, \sigma_w^2)$，$\boldsymbol{H} = \boldsymbol{R}_r^{1/2} \widetilde{\boldsymbol{H}} \boldsymbol{R}_t^{1/2} \in \mathbb{C}^{N_r \times N_t}$ 为频率平坦的相关瑞利衰落信道，$\widetilde{\boldsymbol{H}}$ 的各个元素服从独立同分布的 $\mathcal{CN}(0, 1)$，$\boldsymbol{R}_r$ 和 $\boldsymbol{R}_t$ 分别是接收机和发送机的相关矩阵 [132]。相关矩阵 $\boldsymbol{R}$ 由 $r_{ij} = r^{|i-j|}$ 给出，其中 r_{ij} 是 $\boldsymbol{R}$ 的第 i 行第 j 列的元素，而 r 则是相邻天线的相关系数。

需要注意的是，接收机需要已知的 $\boldsymbol{H}$，这可以通过信道估计来获取 [132]。为了实现更高的频谱效率和能量效率，大规模 SM-MIMO 在最近被提出，它在发送端使用大量低成本天线和少量高成本发送射频链路为接收天线数相对较少的用户提供服务 [19]。然而，大规模 SM-MIMO 信号检测是一个具有挑战性的大规模欠定问题，因为 N_t，N_r 很大并且 $N_r \ll N_t$，例如 $N_t = 64$ 和 $N_r = 16$。

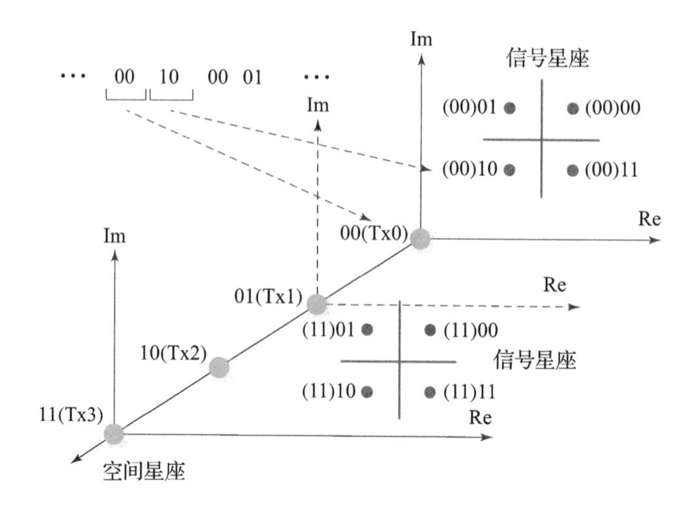

图 7.1 SM-MIMO 系统中的空间星座符号和信号星座符号，其中基站处配置 $N_t=4$ 个天线和 $N_a=1$ 个射频链路，并且发送 QPSK 信号星座符号

对于 $\boldsymbol{x}$，$\left\lfloor\log_2\binom{N_t}{N_a}\right\rfloor$ 比特信息被映射到空间星座集合 $\mathbb{A}$ 上得到空间星座符号，其中空间星座符号由 N_t 个发射天线中 N_a 个有源天线的索引模式生成。因此，总共有 $|\mathbb{A}|=2^{\left\lfloor\log_2\binom{N_t}{N_a}\right\rfloor}$ 种活跃天线模式，即 $\mathrm{supp}\{\boldsymbol{x}\}\in\mathbb{A}$。同时，第 i 根活跃天线的星座符号 $x^{(i)}$ 被映射到 M 元信号星座集合 $\mathbb{B}$。因此，SM-MIMO 中的信号检测可以表述为 $M^{N_a}2^{\left\lfloor\log_2\binom{N_t}{N_a}\right\rfloor}$ 假设检测问题。显然，这个问题的最佳信号检测器是 ML 信号检测器，可以表示为 [19]

$$\hat{\boldsymbol{x}}_{\mathrm{ML}}=\arg\min_{\mathrm{supp}(\boldsymbol{x})\in\mathbb{A},x^{(i)}\in\mathbb{B},1\leqslant i\leqslant N_a}\|\boldsymbol{y}-\boldsymbol{H}\boldsymbol{x}\|_2 \tag{7-1}$$

然而，最优 ML 信号检测器的计算复杂度是 $\mathcal{O}(M^{N_a}2^{\left\lfloor\log_2\binom{N_t}{N_a}\right\rfloor})$，当 N_t，N_a 或 M 变大时，这是不可实现的。

为了降低计算复杂度，基于 SV 的信号检测器被提出 [122]，但这种检测器只考虑了 $N_a=1$ 的情况。复杂度为 $\mathcal{O}(2N_rN_t^2+N_t^3)$ 的基于 LMMSE 的信号检测器 [19] 和复杂度为 $\mathcal{O}(\max\{N_t^3,N_rN_t^2,N_r^2N_t\})$ 的基于球形译码的信号检测器 [126] 被提出用于 $N_r\geqslant N_t$ 的适定或超定 SM-MIMO 系统。然而，对于 $N_r<N_t$ 的欠定 SM-MIMO 系统，这些检测器的性能损失很大 [131]。由于每个时隙只有 N_a 根天线是活跃的（用来减少硬件和功耗开销），$\boldsymbol{x}$ 中只有 $N_a<N_t$ 个非零元素，因此 SM 信号具有固有的稀疏性。利用这种稀疏性，文献 [129-131] 提出了基于 CS 的 SM 信号检测器。文献 [129] 提出了一种 SM 匹配追踪算法，用于检测上行大规模 SM-MIMO 系统中的多用户 SM 信号。针对 $N_r<N_t$ 的下行链路单用户欠定 SM-MIMO 系统，文献 [130,131] 提出了基于 CS 的信号检测器。文献 [130]

提出的归一化 CS 检测器（计算复杂度为 $\mathcal{O}(2N_rN_a^2+N_a^3)$）首先对 MIMO 信道进行归一化，然后使用 OMP 算法检测信号。文献 [131] 在经典 BP 算法的基础上发展了一种 BPDN 算法（复杂度为 $\mathcal{O}(N_t^3)$）来检测 SM 信号。然而，归一化压缩感知和 BPDN 检测器都是基于 CS 理论框架的，当 N_t/N_r 变大时，这种基于 CS 的信号检测器与最佳 ML 检测器相比，仍存在显著的性能差距，尤其是在 $N_r \ll N_t$ 的大规模 SM-MIMO 系统中 [131]。

7.3　大规模空间调制 MIMO 系统基于结构化压缩感知理论的信号检测算法设计

本节提出了一种基于结构化压缩感知的下行单用户大规模 SM-MIMO 信号检测器，如图 7.2 所示。

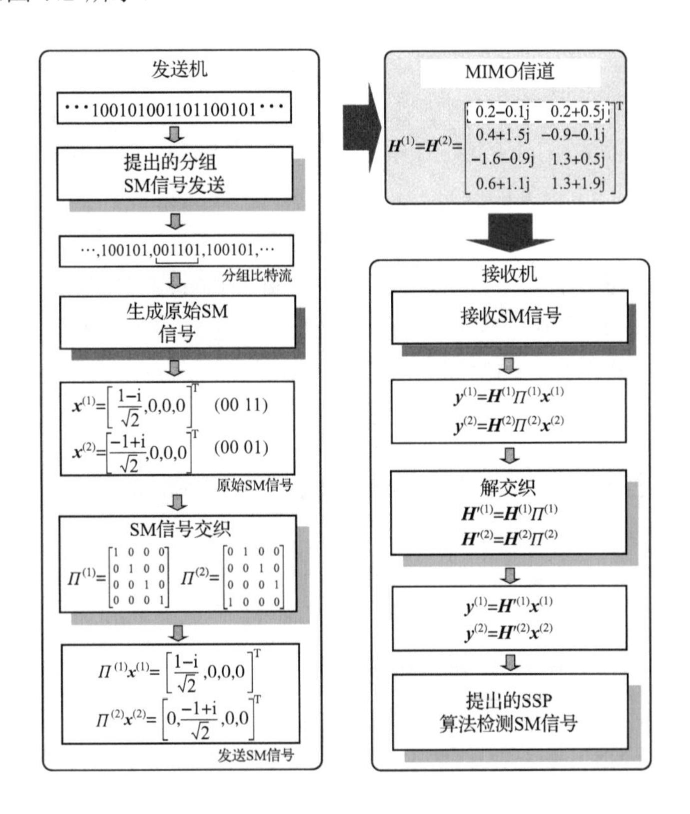

图 7.2　图中给出了基于 SCS 的信号检测器，其中 $N_t=4$，$N_r=2$，$N_a=1$，$G=2$，采用 QPSK 信号星座调制。注意，MIMO 信道中的白框表示深度信道衰落

7.3.1 发送机的分组传输和交织

假设在提出的方案中信号星座符号是相互独立的。此外，对于所提出的分组传输方案，将每 G 个连续的 SM 信号视为一组，同一传输组中的 SM 信号共享相同的空间星座符号，即

$$\operatorname{supp}\left(\boldsymbol{x}^{(1)}\right)=\operatorname{supp}\left(\boldsymbol{x}^{(2)}\right)=\cdots=\operatorname{supp}\left(\boldsymbol{x}^{(G)}\right) \tag{7–2}$$

式中，$\boldsymbol{x}^{(1)}$ ，$\boldsymbol{x}^{(2)}$，$\cdots$，$\boldsymbol{x}^{(G)}$ 为 G 个连续时隙的 SM 信号。由于传递的是共同的空间星座符号，同一传输组中的 $\boldsymbol{x}^{(1)}$，$\boldsymbol{x}^{(2)}$，$\cdots$，$\boldsymbol{x}^{(G)}$ 共享同一个支撑集，因此具有结构化稀疏性。显然，引入这种结构化稀疏性会减少空间星座符号携带的有效信息比特。然而，正如本章将在仿真部分描述的那样，这种结构化稀疏性带来了更可靠的信号检测性能，最终甚至可以在不减少总的 bpcu 的情况下提高整个系统的误码率性能。

另外，由于信道的时间相关性，可以认为连续多个时隙的信道是准静态的，即 $\boldsymbol{H}^{(1)}=\boldsymbol{H}^{(2)}=\cdots=\boldsymbol{H}^{(G)}$，其中 $\boldsymbol{H}^{(t)}$ 为组内第 t（$1\leqslant t\leqslant G$）个 SM 信号所对应的信道。这意味着如果用于 SM 的信道陷入深度衰落，这种深度衰落通常在连续 G 个时隙保持不变，那么相应的信号检测性能较差。为了解决这一问题，本章进一步提出了在发送机处的 SM 信号交织。具体来说，生成原始 SM 信号 $\boldsymbol{x}^{(t)}$ 后，实际传输的信号为 $\boldsymbol{\Pi}^{(t)}\boldsymbol{x}^{(t)}$，其中 $\boldsymbol{\Pi}^{(t)}\in\mathbb{C}^{N_t\times N_t}$ 的每一列和每一行都有且仅有一个值为 1 的非零元素，并且 $\boldsymbol{\Pi}^{(t)}$ 可以对 $\boldsymbol{x}^{(t)}$ 中的元素进行交织。考虑 $\boldsymbol{\Pi}^{(t)}$ 在不同的时隙中是不同的，并且它们是发送机和接收机预定义且已知的。这样，即使 $\boldsymbol{x}^{(t)}$ 共享公共的空间星座符号，激活天线也会在来自相同传输组的不同时隙内变化。因此，信道分集就可以被利用，以提升接收端的信号检测性能。

7.3.2 基于结构化压缩感知的接收机信号检测器

在接收端，接收到的第 t 个时隙的信号为

$$\boldsymbol{y}^{(t)}=\boldsymbol{H}^{(t)}\boldsymbol{\Pi}^{(t)}\boldsymbol{x}^{(t)}+\boldsymbol{w}^{(t)}=\boldsymbol{H}'^{(t)}\boldsymbol{x}^{(t)}+\boldsymbol{w}^{(t)} \tag{7–3}$$

式中，$\boldsymbol{H}'^{(t)}=\boldsymbol{H}^{(t)}\boldsymbol{\Pi}^{(t)}$ 为解交织处理。

由式（7–3）可知，$\boldsymbol{x}^{(t)}$ 具有相同的结构化稀疏性，但它们具有不同的非零值。根据 SCS 理论，与传统的基于 CS 的信号检测器 [127] 相比，$\boldsymbol{x}^{(t)}$ 的结构化稀疏性可以被利用，以提高信号检测性能。在 SCS 理论框架下，式（7–3）的求解可以通过求解以下优化问题来实现

$$
\begin{aligned}
&\min_{\text{supp}(\boldsymbol{x}^{(t)})\in\mathbb{A}} \left(\sum_{t=1}^{G}\left\|\boldsymbol{x}^{(t)}\right\|_p^q\right)^{1/q} \\
&\text{s.t. } \boldsymbol{y}^{(t)}=\boldsymbol{H'}^{(t)}\boldsymbol{x}^{(t)},\ \text{supp}\left(\boldsymbol{x}^{(t)}\right)=\text{supp}\left(\boldsymbol{x}^{(1)}\right),\forall t
\end{aligned}
\tag{7–4}
$$

本章在经典的 SP 算法 [127] 的基础上，提出了一种利用结构化稀疏性以贪婪方式求解式（7–4）中优化问题的 SSP 算法，其中，$p=0$，$q=2$。

所提出的 SSP 算法在算法 8 中描述。具体来说，第 1 ~ 3 行执行初始化。在第 k 次迭代中，第 5 行执行 MIMO 信道与前一次迭代残差的相关操作；第 6 行根据第 5 行获取潜在真正索引；第 7 行将前一次迭代中第 8 ~ 9 行得到的估计索引与本次迭代中第 6 行得到的估计索引进行合并；在第 8 行最小二乘之后，第 9 行删除错误索引并选择 N_a 个可能性最高的索引；第 10 行根据 Ω^k 估计 SM 信号；第 11 行获取残差。当 $k>N_a$ 时，迭代停止。与传统 SP 算法仅从一个接收信号重构一个稀疏信号相比，提出的 SSP 算法可以联合恢复具有结构化稀疏性但测量矩阵不同的多个稀疏信号，其中结构化稀疏性被利用，以提升信号检测性

算法 8: 提出的 SSP 算法

输入： 接收信号 $\boldsymbol{y}^{(t)}$，信道矩阵 $\boldsymbol{H'}^{(t)}$，激活天线数 N_a，其中 $1\leqslant t\leqslant G$

输出： 待估计的 SM 信号 $\hat{\boldsymbol{x}}^{(t)}$，$1\leqslant t\leqslant G$

1: $\Omega^0=\varnothing$

2: $\boldsymbol{r}^{(t)}=\boldsymbol{y}^{(t)}$，$\forall t$

3: $k=1$

4: **repeat**

5: $\quad\boldsymbol{a}^{(t)}=\left(\boldsymbol{H'}^{(t)}\right)^*\boldsymbol{r}^{(t)}$，$\forall t$

6: $\quad\Gamma=\arg\max\limits_{\tilde{\Gamma}}\left\{\sum\limits_{t=1}^{G}\left\|\boldsymbol{a}_{\tilde{\Gamma}}^{(t)}\right\|_2^2,\tilde{\Gamma}\in\mathbb{A},\left|\tilde{\Gamma}\right|=\min\{2N_a,N_r\}\text{ if }k=1\right.$
$\quad$ 或者 $\left.\left|\tilde{\Gamma}\right|=\min\{N_a,N_r-N_a\}\text{ if }k>1\right\}$

7: $\quad\Xi=\Omega^{k-1}\cup\Gamma$

8: $\quad\boldsymbol{b}_{\Xi}^{(t)}=\left(\boldsymbol{H'}_{\Xi}^{(t)}\right)^{\dagger}\boldsymbol{y}^{(t)}$，$\forall t$

9: $\quad\Omega^k=\arg\max\limits_{\tilde{\Omega}}\left\{\sum\limits_{t=1}^{G}\left\|\boldsymbol{b}_{\tilde{\Omega}}^{(t)}\right\|_2^2,\tilde{\Omega}\in\mathbb{A}\ \text{ and }\ \left|\tilde{\Omega}\right|=N_a\right\}$

10: $\quad\boldsymbol{c}_{\Omega^k}^{(t)}=\left(\boldsymbol{H'}_{\Omega^k}^{(t)}\right)^{\dagger}\boldsymbol{y}^{(t)}$，$\forall t$

11: $\quad\boldsymbol{r}^{(t)}=\boldsymbol{y}^{(t)}-\boldsymbol{H'}^{(t)}\boldsymbol{c}^{(t)}$，$\forall t$

12: $\quad k=k+1$

13: **until** $k\geqslant N_a$

能。因此，经典 SP 算法可以看作是所提 SSP 算法在 $G=1$ 时的特殊情况。另外，需要指出的是，在算法 [127] 的第 6 行和第 9 行步骤中，为了提高信号检测性能，所选择的支撑集应属于预定义的空间星座集合 $\mathbb{A}$。而经典的 SP 算法和现有的基于 CS 的信号检测器 [130,131] 并没有利用期望支撑集的先验信息。利用所提出的 SSP 算法，可以根据 $\mathrm{supp}\left(\hat{\boldsymbol{x}}^{(t)}\right)$ 得到空间星座符号的估计和信号星座符号的粗略估计。通过搜索粗估计信号星座符号与信号星座点的最小欧氏距离，最终完成对信号星座符号的估计。

7.4 性能分析

7.4.1 基于压缩感知和结构化压缩感知的信号检测器对比

目前基于 CS 的信号检测器通常利用一个接收信号矢量来恢复一个稀疏 SM 信号矢量,这是一个典型的 SMV 问题,即 $\boldsymbol{y}=\boldsymbol{H}\boldsymbol{x}+\boldsymbol{w}$。如果多个稀疏信号共享共同支撑集和相同的测量矩阵, 即 $\left[\boldsymbol{y}^{(1)},\boldsymbol{y}^{(2)},\cdots,\boldsymbol{y}^{(G)}\right]=\boldsymbol{H}\left[\boldsymbol{x}^{(1)},\boldsymbol{x}^{(2)},\cdots,\boldsymbol{x}^{(G)}\right]+\boldsymbol{w}$，那么从 $\boldsymbol{y}^{(t)}$ 到 $\boldsymbol{x}^{(t)}$（$1\leqslant t\leqslant G$）的重构在 SCS 理论中可以被视为一个 MMV 问题 [127]。SCS 理论证明，在测量矢量大小相同的情况下，SCS 算法的恢复性能优于传统 CS 算法 [127]。这意味着在接收天线数 N_r 相同的情况下，所提出的基于 SCS 的信检测器的性能优于传统的基于 CS 的信号检测器。

与传统的 MMV 问题相比，本章建模式（7–4）中的问题是求解具有共同支撑集但测量矩阵不同的多个稀疏信号。因此，传统的 SMV 问题和 MMV 问题都可以看作是本章问题的特例。如果 $\boldsymbol{\Pi}^{(t)}$ 相同，则式（7–4）中问题退化为传统的 MMV 问题，如果 $G=1$，则简化为 SMV 问题。因此，本章建模的问题可以看作是一个 GMMV 问题。

7.4.2 空间调制信号交织的性能增益

通过对比有无 SM 信号交织情况下所提出的 SSP 算法的检测概率，本节讨论了 SM 信号交织的性能增益。这里考虑一个简化的场景，$N_a=1$ 并且 MIMO 信道是不相关瑞利衰落的。设 m 为活跃天线的索引，对于任意给定的 l，$1\leqslant t\leqslant G$ 的 $\boldsymbol{H}'^{(t)}_{l}$ 是相互独立的，其中 $1\leqslant m$ ，$l\leqslant N_t$。基于这些假设，接收信号为 $\boldsymbol{y}^{(t)}=\alpha^{(t)}\boldsymbol{H}'^{(t)}_{m}+\boldsymbol{w}^{(t)}$，其中 $1\leqslant t\leqslant G$，$\alpha^{(t)}\in\mathbb{B}$ 为活跃天线在第 t 个时隙携带的信号星座符号。为了识别活跃天线，提出的 SSP 算法依赖于算法 8 中第 5 行的相关运算，即

$$C_l\triangleq\sum_{t=1}^{G}\left|\left(\boldsymbol{y}^{(t)}\right)^*\boldsymbol{H}'^{(t)}_{l}\right|^2=\sum_{t=1}^{G}\left|\left(\alpha^{(t)}\boldsymbol{H}'^{(t)}_{m}+\boldsymbol{w}^{(t)}\right)^*\boldsymbol{H}'^{(t)}_{l}\right|^2=\sum_{t=1}^{G}\left|F^{(t)}_{m,l}\right|^2 \tag{7–5}$$

式中，对于 $1 \leqslant l \leqslant N_t$，$F_{m,l}^{(t)} = \left(\alpha^{(t)}\boldsymbol{H}'^{(t)}_m + \boldsymbol{w}^{(t)}\right)^* \boldsymbol{H}'^{(t)}_l$。由于实际中 N_r 很大，根据中心极限定理 [133] 可以得到 $\mathrm{Re}\left\{F_{m,m}^{(t)}\right\} \sim \mathcal{N}(\mu_1, \sigma_1^2)$，$\mu_1 = 0$，$\sigma_1^2 = \dfrac{(N_r^2 + N_r)\sigma_s^2}{2 - \delta(M=2)} + \dfrac{N_r\sigma_w^2}{2}$，$\mathrm{Im}\left\{F_{m,m}^{(t)}\right\} \sim \mathcal{N}(\mu_2, \sigma_2^2)$，$\mu_2 = 0$，$\sigma_2^2 = \dfrac{(1-\delta(M=2))(N_r^2 + N_r)\sigma_s^2}{2} + \dfrac{N_r\sigma_w^2}{2}$。同样地，$\mathrm{Re}\left\{F_{m,l}^{(t)}\right\}$ 和 $\mathrm{Im}\left\{F_{m,l}^{(t)}\right\}$ 都服从高斯分布 $\mathcal{N}(\mu_3, \sigma_3^2)$，其中，$l \neq m$，$\mu_3 = 0$，$\sigma_3^2 = \dfrac{N_r\sigma_s^2}{2} + \dfrac{N_r\sigma_w^2}{2}$。注意，$\sigma_s^2 = \mathrm{Tr}\left\{\mathrm{E}\left\{\boldsymbol{x}^{(t)}\left(\boldsymbol{x}^{(t)}\right)^{\mathrm{T}}\right\}\right\}$，$\mathrm{Re}\left\{F_{m,l}^{(t)}\right\}$ 和 $\mathrm{Im}\left\{F_{m,l}^{(t)}\right\}$，$\forall l$ 是相互独立的。此外，还可以得到 $C_m \sim \sigma_2^2\chi_G^2 + \sigma_1^2\chi_G^2$ 和 $C_l \sim \sigma_3^2\chi_{2G}^2$，其中，$l \neq m$，$\chi_n^2$ 是自由度为 n 的中心卡方分布 [133]。由于算法 8 只有一次迭代并且在第一次迭代中 $|\Gamma| = |\Xi| = 2$，考虑 $P_{\mathrm{GMMV}}\left(C_m - C_l^{[2]} > 0 | l \neq m\right)$ 为正确活跃天线检测概率，其中 $C_l^{[1]} > C_l^{[2]} > \cdots > C_l^{[N_t - N_a]}$（$l \neq m$）是序列统计特性。$C_m$ 和 C_l 的概率密度函数分别可以表示为 $f_1(x)$ 和 $f_2(x)$。$C_l{}^{[2]}$ 的概率密度函数为 $f_2^{[2]}(x) = \dfrac{(N_t - N_a)!}{(N_t - N_a - 2)!}(F_2(x))^{N_t - N_a - 2}(1 - F_2(x))f_2(x)$，式中，$F_2(x)$ 为 $f_2(x)$ 的累积密度函数。这样，就有了

$$P_{\mathrm{GMMV}}\left(C_m - C_l^{[2]} > 0 | l \neq m\right) = \int_0^{\infty}\int_{-\infty}^{\infty} f(x)\, f_2^{[2]}(x - z)\,\mathrm{d}x\mathrm{d}z \tag{7-6}$$

对于具有相同信道矩阵的传统 MMV 问题，与前面的分析类似，有 $C_m \sim G\sigma_2^2\chi_1^2 + G\sigma_1^2\chi_1^2$ 和 $C_l \sim G\sigma_3^2\chi_2^2$（$l \neq m$）。同样，也可以得到 $P_{\mathrm{MMV}}\left(C_m - C_l^{[2]} > 0 | l \neq m\right)$。

为了直观地比较信号检测概率，当 $\sigma_s^2/\sigma_w^2 \to \infty$ 并且 G 足够大时，本节比较了 $P_{\mathrm{MMV}}(C_m - C_l > 0 | l \neq m)$ 和 $P_{\mathrm{GMMV}}(C_m - C_l > 0 | l \neq m)$。此时，可以用 $\mu_4 = G(\mu_1^2 + \mu_2^2 - 2\mu_3^2 + \sigma_1^2 + \sigma_2^2 - 2\sigma_3^2)$ 且 $\sigma_4^2 = G\sum_{i=1}^{3} 2\sigma_i^4 + 4\mu_i^2\sigma_i^2$ 的高斯分布 $\mathcal{N}(\mu_4, \sigma_4^2)$ 近似 $C_m - C_l$。由此可得 $P_{\mathrm{GMMV}}(C_m - C_l > 0 | l \neq m) \approx Q(-\mu_4/\sigma_4)$，其中 Q 函数为标准正态分布 [133] 的尾部概率。相比之下，在传统 MMV 情况下，可以得到 $P_{\mathrm{MMV}}(C_m - C_l > 0 | l \neq m) \approx Q(-\mu_4/(\sqrt{G}\sigma_4))$。可以看出，由于 $\mu_4 > 0$ 和 $G > 1$ 的存在，P_{MMV} 比 P_{GMMV} 更大，这说明适当的 SM 信号交织可以提高信号检测性能。为了达到 $\boldsymbol{H}'^{(t)}_l$，$\forall l$ 相互独立的目的，本节考虑采用伪随机排列矩阵 $\boldsymbol{\Pi}^{(t)}$。在仿真部分中，仿真结果证实了交织处理能带来良好的信道分集增益，其性能增益接近于同一组内信道矩阵相互独立的情况。

7.4.3 计算复杂度

最优的 ML 信号检测器复杂度为 $\mathcal{O}(M^{N_a}2^{\lfloor\log_2\binom{N_t}{N_a}\rfloor})$；对于 N_a，N_t 或 M 值较大的 ML 信号检测器，其复杂度较高；传统的信号检测器 [19,126,131] 具有 $\mathcal{O}(N_t^3)$ 的计算复杂度，在具有大 N_t 的大规模 SM-MIMO 系统中仍然很高。相比之下，所提出的信号检测器的主要计算复杂度来自最小二乘步骤，其复杂度为 $\mathcal{O}(G(2N_rN_a^2+N_a^3))$[127]，或等效为每个 SM 信号在每个时隙中的复杂度 $\mathcal{O}(2N_rN_a^2+N_a^3)$。这表明本章节提出的基于 SCS 的信号检测器与基于 CS 的信号检测器 [130] 具有相同的复杂度。

7.5 仿真结果

本节通过仿真比较了基于 SCS 的信号检测器、传统基于 LMMSE 的信号检测器 [19] 和基于 CS 的信号检测器 [131] 的性能，并给出了最优 ML 检测器 [125] 的性能作为比较的基准。

图 7.3 在不相关瑞利衰落 MIMO 信道情况下对比了基于 SCS 的信号检测器在不同情况下的仿真和分析的 SCSER，其中考虑了 $N_t=64$，$N_r=16$，$N_a=1$ 和 8-PSK。对于 GMMV 的情况，“i.i.d.”表示 $\boldsymbol{H}'^{(t)}=\boldsymbol{H}^{(t)}$，$\forall t$，并且 $\boldsymbol{H}^{(t)}$ 为独立生成的情况，而“交织”则表示 $\boldsymbol{H}^{(1)}=\boldsymbol{H}^{(2)}=\cdots=\boldsymbol{H}^{(G)}$，并且 $\boldsymbol{H}'^{(t)}=\boldsymbol{H}^{(t)}\boldsymbol{\Pi}^{(t)}$ 的情况（排列矩阵 $\boldsymbol{\Pi}^{(t)}$ 是不同的）。可见，上一节推导的理论分析 SCSER 与仿真结果具有良好的一致性。此外，由于利用了多个稀疏 SM 信号的结构化稀疏性，本章提出的基于 SCS 的信号检测器的性能优于传统的基于 CS 的信号检测器。此外，由于信道分集也可以利用，如果考虑 SCSER 为 10^{-3}，信道矩阵相互独立的基于 SCS 的信号检测器要比信道矩阵相同的信号检测器高出 4 dB 以上。最后，采用 SM 信号交织的 SCS 信号检测器的性能接近于具有相互独立的信道矩阵的 SCS 信号检测器，这表明所提出的 SM 信号交织可以充分利用信道分集。

图 7.4 给出了不同信号检测器在不相关瑞利衰落 MIMO 信道情况下的 SCSER 比较，其中考虑了 $r_t=r_r=0.4$，$N_t=64$，$N_r=16$，$N_a=1$ 和 8-PSK。传统基于 LMMSE 的信号检测器受 $N_r\ll N_t$ 的影响而性能不佳，有交织的 SCS 信号检测器的性能优于传统的 CS 信号检测器和无交织的 SCS 信号检测器。此外，它与具有相互独立的信道矩阵（即 $\boldsymbol{H}'^{(t)}=\boldsymbol{H}^{(t)}$，$\forall t$ 且 $\boldsymbol{H}^{(t)}$ 为独立生成）的 SCS 检测器具有相似的性能，这表明即使在相关的 MIMO 信道情况下，交织也能获得良好的信道分集增益。

图 7.5 给出了传统 CS 信号检测器与本章提出的有交织 SCS 信号检测器的

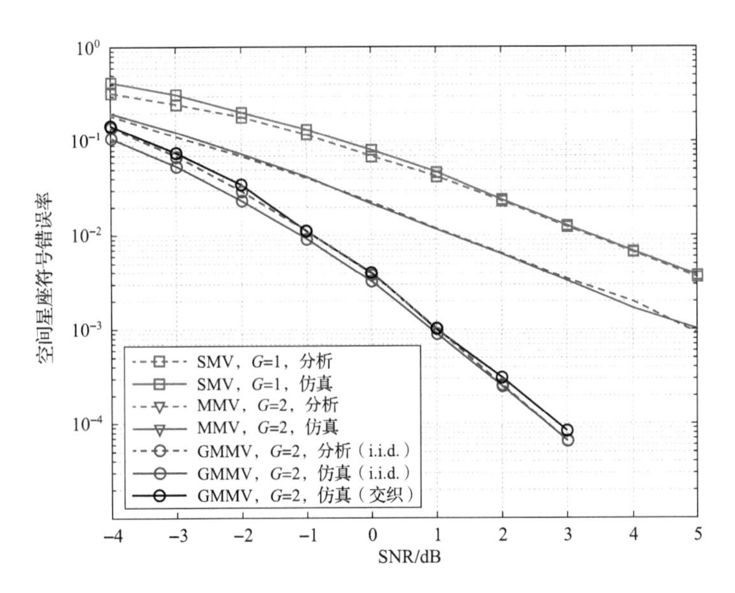

图 7.3　在不相关瑞利衰落 MIMO 信道情况下，比较基于 SCS 的信号检测器在不同情况下的仿真和分析的 SCSER，其中考虑了 $N_t = 64$，$N_r = 16$，$N_a = 1$ 和 8-PSK

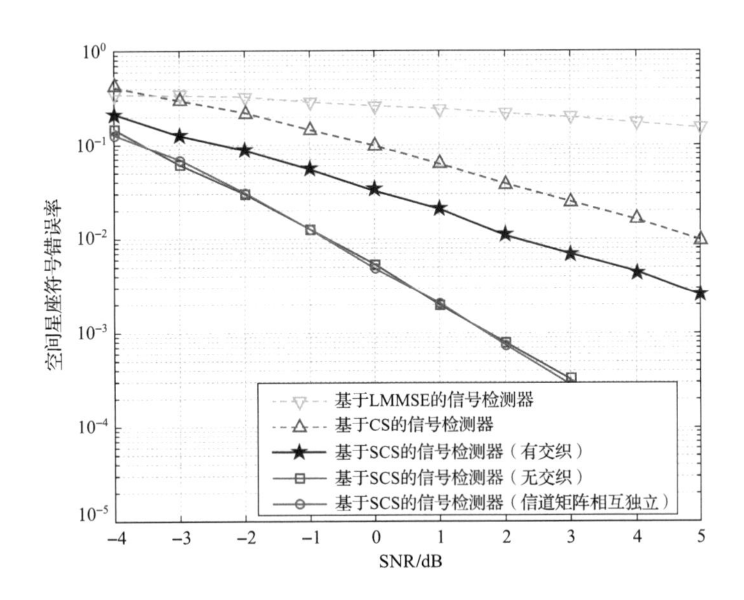

图 7.4　在不相关瑞利衰落 MIMO 信道情况下，不同信号检测器的 SCSER，其中考虑了 $r_t = r_r = 0.4$，$N_t = 64$，$N_r = 16$，$N_a = 1$ 和 8-PSK

BER 性能比较，其中考虑了 $r_t = r_r = 0.4$ 且 $N_r = 16$ 的相关瑞利衰落 MIMO 信道。传统方案采用两种传输方式：① $N_t = 64$，$N_a = 1$，BPSK，7 bpcu 和

② $N_t = 65$，$N_a = 2$，无信号星座符号，11 bpcu。而 $N_t = 65$，$N_a = 2$，$G = 2$ 的基于 SCS 的信号检测器分别采用 QPSK 和 8-PSK，对应的数据速率分别为 9.5 bpcu 和 11.5 bpcu。从图 7.5 可以看出，在 bpcu 更高的情况下，本章提出的基于 SCS 的信号检测器比传统的 CS 信号检测器具有更好的误码率性能。

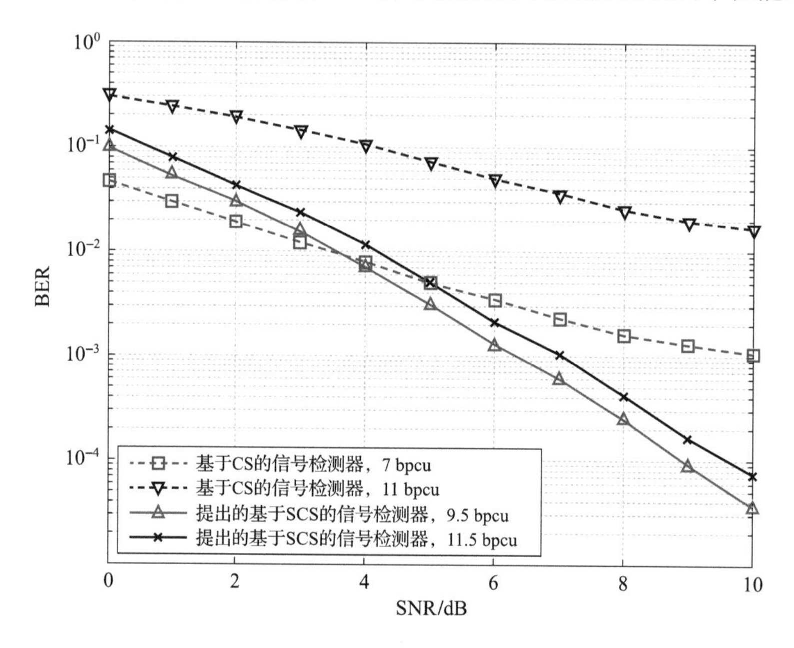

图 7.5 考虑 $r_t = r_r = 0.4$，$N_r = 16$ 的相关瑞利衰落 MIMO 信道下，传统 CS 信号检测器与本章提出的 SCS 信号检测器的 BER 比较

图 7.6 对比了本章提出的 SCS 信号检测器和最优 ML 信号检测器的误码率性能，其中考虑了 $r_t = r_r = 0.4$，$N_t = 65$，$N_r = 16$，$N_a = 2$ 和 8-PSK。可以发现，随着 G 的增大，基于 SCS 的信号检测器与最优 ML 信号检测器之间的误码率性能差距变小。当 $G \geqslant 2$ 时，SCS 信号检测器接近于最优 ML 信号检测器，性能损失较小。例如，如果考虑 10^4 的误码，$G = 3$ 的 SCS 信号检测器与最优 ML 检测器之间的性能差距小于 0.2 dB。因此，可以验证所提出的基于 SCS 的信号检测器接近最优性能。

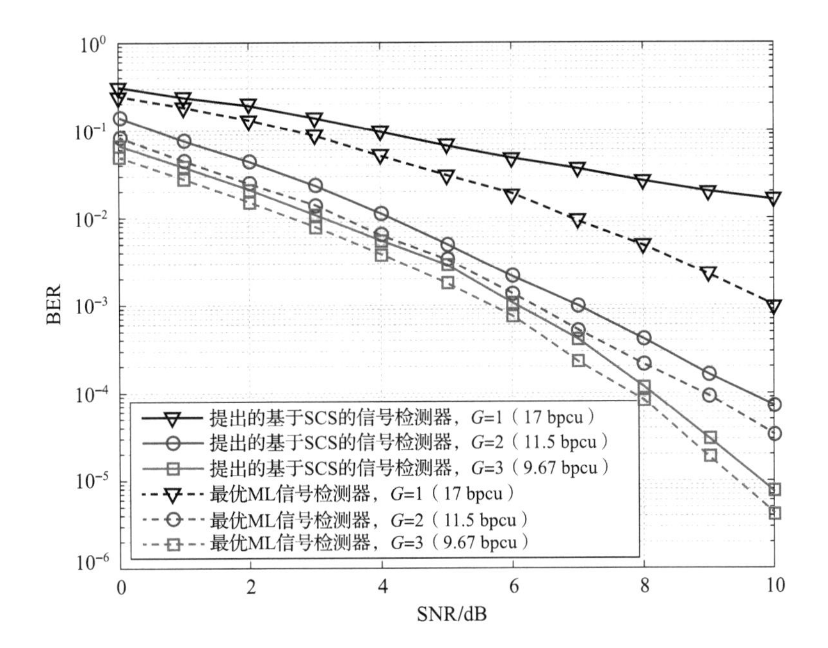

图 7.6　考虑 $r_t = r_r = 0.4$，$N_t = 65$，$N_r = 16$，$N_a = 2$ 和 8-PSK 下，对比本章提出的 SCS 信号检测器和最优 ML 信号检测器的 BER 性能

7.6　本章小结

针对大规模 SM-MIMO，本章提出了一种低复杂度、接近最优的基于 SCS 的信号检测器。首先，分组传输方案可以在同一传输组中引入多个 SM 信号的结构化稀疏性，从而提高信号检测性能。其次，SSP 算法可以联合检测多个 SM 信号，复杂度低。最后，利用 SM 信号交织，可以充分利用信道分集进一步提高信号检测性能，SM 信号交织的增益可以接近同一传输组中信道矩阵相互独立的理想情况。此外，本章还分析了 SM 信号交织的增益。仿真结果表明，该方案的性能接近最优。

第 8 章

大规模媒介调制 MIMO 系统基于压缩感知的多用户信号检测

8.1 本章简介与内容安排

人们对 5G 移动通信系统的一个广泛共识是其在能量效率和频谱效率上的显著提升 [19,134]。在这一背景下，大规模 MIMO、媒介调制等技术被提出并被认为是未来 5G 关键的物理层技术 [7,19,134]。大规模 MIMO 系统可以利用基站处布置数以百计的天线来明显提高系统的频谱效率。然而，在大规模 MIMO 系统的收发机结构中，由于每一个天线需要一个射频链路，这种收发机结构会导致较高的能耗和硬件成本 [7]。媒介调制采用单射频链路、单个发射天线，以及多个低成本低能耗的射频镜面 [135,136]。其中，每个射频镜面有 ON/OFF 两种状态，多个射频镜面的不同 ON/OFF 状态组合作用于发射天线的发送信号，从而产生不同的辐射图样。因此，空间信息可以编码在射频镜面的 ON/OFF 状态组合上，接收端通过检测不同辐射图样即可解调出空间信息。由于其高的能效和低的成本，媒介调制颇受关注 [136,137]。然而，传统的媒介调制通常考虑小规模 MIMO 系统中的下行链路传输，因而媒介调制所带来额外的频谱效率提升是有限的。显然，无论是大规模 MIMO 系统还是媒介调制系统，它们都有各自的优点和缺点。但是，如果将二者有机地结合起来，则可以获得一个双赢的局面。一方面，对于传统的大规模 MIMO 系统而言，媒介调制系统的单个射频链路可以降低传统大规模 MIMO 系统的功耗和硬件成本。另一方面，对于媒介调制而言，大规模 MIMO 系统大量的天线可以提高媒介调制系统的吞吐率。这种互惠性使得大规模 MIMO 技术和媒介调制技术有着天然的兼容性。

本章通过对大规模 MIMO 技术和媒介调制技术的有机结合，提出了频率选择衰落信道下的大规模媒介调制 MIMO 方案。在本方案中，每个配置单射频多个射频镜面的用户通过使用媒介调制来提高上行链路的吞吐率，其中 CPSC 传输方案用来对抗多径信道 [138]。基站处配置数以百计的天线和相对小数目的射频链路用于同时服务多个用户，其中直接天线选择方案用来改善相关瑞利衰落 MIMO 信道下系统的性能 [139]。该方案可以作为一种具体的上行链路传输方式来降低传统的大规模 MIMO 系统的功耗。当然，该方案可以通过结合预编码 [140]、天线选择 [139] 和信道估计 [132] 等作为一个独立的能量有效和成本有效的大规模媒介调制 MIMO 系统。总之，提出的大规模媒介调制 MIMO 方案继承了大规模 MIMO 技术和媒介调制技术的优点，同时，还降低了功耗和硬件成本。

本书所提出的上行链路大规模媒介调制 MIMO 系统方案中一个挑战性的难题是如何以较低复杂度实现可靠的 MUD。最优的 ML 信号检测器具有过高的复杂度。传统的球形译码检测器很难直接用于多用户场景，而对于大规模媒介调制 MIMO 系统，仍然可能会呈现较高的计算复杂度 [141]。已有的较低复杂度线性信号检测器，比如基于最小均方误差的信号检测器在传统的大规模 MIMO 系统下性能优异 [142]。但是，它们并不能直接用于这里提出的大规模媒介调制 MIMO 系统。这是因为基站处较小数目的有效接收天线和具有多个信道状态信息的大量用户会导致基站处的多用户信号检测问题是一个大规模欠定问题。文献 [128,130,131] 提出了基于压缩感知的信号检测器，但是这类信号检测器只考虑了下行链路传输中的单用户小规模媒介调制 MIMO 系统。

在这一背景下，本章的贡献在于挖掘并利用了提出的大规模媒介调制 MIMO 系统上行链路中多用户信号独特的稀疏性，这里每个用户在一个时隙只激活一个镜面辐射图样。因此，每个上行链路用户的媒介调制信号的稀疏度为 1，进而在一个 CPSC 块内，包括多个上行链路用户的媒介调制信号的等效媒介调制信号具有分块稀疏性，而该分块稀疏性可以被用来提高信号检测的性能。此外，本章还提出了基站处的联合媒介调制传输方案和基站处对应的基于压缩感知的多用户信号检测器。提出的基于压缩感知的多用户信号检测器通过利用等效媒介调制信号的内在分块稀疏性和联合媒介调制传输所引入的成组稀疏性来获得更加鲁棒的信号检测性能。仿真结果表明，提出的基于压缩感知的多用户信号检测器甚至可以在更高的上行链路吞吐率下优于传统的信号检测器。

8.2　大规模媒介调制 MIMO 系统上行传输方案

如图 8.1 所示，本章从基站和用户两个方面来考虑提出的大规模媒介调制 MIMO 系统。对于传统的大规模 MIMO 系统来说，基站处的天线数量与它的射频链路数量相一致。然而，如图 8.1 所示，在大规模媒介调制 MIMO 系统中，基站处配置的射频链路的数量比天线的总数 M 小得多，也就是说，$M_{\mathrm{RF}} \ll M$。传统的大规模 MIMO 系统通常假定单天线用户。相比之下，在本书提出的方案中，每个用户配备单射频链路、N_{RF} 个射频镜面和 $n_t = 2^{N_{\mathrm{RF}}}$ 个辐射图样（即信道状态），而媒介调制被用来作为上行链路的传输方案，在每个时隙的数据传输中只激活一个信道状态。大量的研究表明，蜂窝网络中主要功耗和硬件成本来自无线接入网络。因此，对于运营商来说，在基站处布置小于天线数目的昂贵射频链路能够大幅度降低系统的功耗和硬件成本。同时，在手持终端配置多个射频镜面和单个射频链路也是切实可行的。因此，这种额外引入的空域自由度可以被用来改善上行链路的吞吐率。

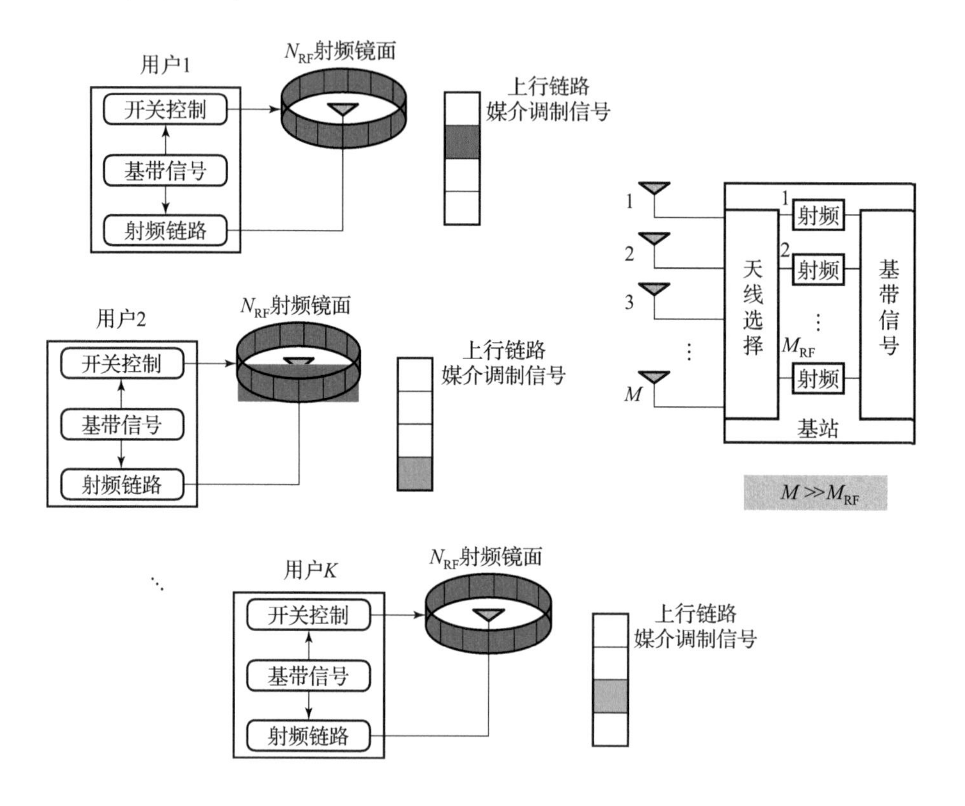

图 8.1 在本节提出的大规模媒介调制 MIMO 系统方案的上行链路中，基站处配置 M 个天线和 M_{RF} 个射频链路并同时服务 K 个用户，这里 $M \gg M_{\mathrm{RF}} > K$，每个用户装备有 N_{RF} 个射频镜面和单个射频链路，每个用户有 $n_t = 2^{N_{\mathrm{RF}}}$ 个信道状态。利用改善的空域自由度，多个用户能同时利用媒介调制来提高上行链路的吞吐率

本方案可看作是一种传统大规模 MIMO 系统可选的上行链路传输模式，其中天线选择方案可以用来挑选出基站处最合适的一组天线，以接收上行链路的媒介调制信号。当然，本方案也可以和预编码、接收天线选择以及信道估计相结合，作为大规模媒介调制 MIMO 系统的上行链路传输方案。

首先，考虑用户端媒介调制信号的生成。在一个时隙内，第 k 个用户传输的媒介调制信号 $\boldsymbol{x}_k = \boldsymbol{e}_k s_k$ 包含两个部分：空间星座符号 $\boldsymbol{e}_k \in \mathbb{C}^{n_t}$ 和信号星座符号 $s_k \in \mathbb{C}$。$\boldsymbol{e}_k \in \mathbb{C}^{n_t}$ 是通过将 $\lfloor \log_2(n_t) \rfloor$ 比特信息映射到活跃镜面激活图样的索引生成。由于每个用户只有单个射频链路，$\boldsymbol{e}_k$ 中与激活天线有关的元素等于 1，而其余元素等于 0，即

$$\operatorname{supp}(\boldsymbol{e}_k) \in \mathbb{A},\ \ \|\boldsymbol{e}_k\|_0 = 1,\ \ \|\boldsymbol{e}_k\|_2 = 1 \tag{8-1}$$

式中，$\mathbb{A} = \{1, 2, \cdots, n_t\}$ 为空间星座符号集合。信号星座符号来自 L 阶调制的星座，即 $s_k \in \mathbb{L}$，这里的 $\mathbb{L}$ 是阶数为 L 的信号星座符号集合（譬如，64-QAM）。因此，每个用户上行链路的吞吐率为 $\log_2(L) + N_{\mathrm{RF}}$ bpcu，而总的上行链路吞吐率是 $K\big(\log_2(L) + N_{\mathrm{RF}}\big)$ bpcu。用户采用 CPSC 方案来传输信号。具体来说，每个 CPSC 块都包含一个长度为 $P-1$ 的 CP 和一个长度为 Q 的数据块。因此，每个 CPSC 块的长度为 $Q+P-1$。这里，循环前缀能够对抗最大延时扩展为 P 的多径信道。

在接收端，由于基站处较小数目的射频链路只有 M_{RF} 个接收天线能被用来接收信号。这里可以通过现有的接收天线选择方案来预先选择 M_{RF} 个接收天线来提高信号检测器的性能。由于基站能同时服务 K 个用户，在移除循环前缀之后，某个 CPSC 块第 q（$1 \leqslant q \leqslant Q$）个时隙对应的接收信号 $\boldsymbol{y}_q \in \mathbb{C}^{M_{\mathrm{RF}}}$ 可以表示为

$$\begin{aligned}
\boldsymbol{y}_q &= \sum_{k=1}^{K} \boldsymbol{y}_{k,q} + \boldsymbol{w}_q \\
&= \sum_{p=0}^{P-1} \sum_{k=1}^{K} \boldsymbol{H}_{k,p}\big\rangle_{\Theta} \boldsymbol{x}_{k,\ \mathrm{mod}\ (q-p,Q)} + \boldsymbol{w}_q \\
&= \sum_{p=0}^{P-1} \sum_{k=1}^{K} \tilde{\boldsymbol{H}}_{k,p} \boldsymbol{x}_{k,\ \mathrm{mod}\ (q-p,Q)} + \boldsymbol{w}_q
\end{aligned} \tag{8-2}$$

式中，$\boldsymbol{H}_{k,p} \in \mathbb{C}^{M \times n_t}$ 是与第 p 个多径分量相关的第 k 个用户的 MIMO 信道矩阵；$\boldsymbol{H}_{k,p}\big\rangle_{\Theta} = \tilde{\boldsymbol{H}}_{k,p} \in \mathbb{C}^{M_{\mathrm{RF}} \times n_t}$ 是由矩阵 $\boldsymbol{H}_{k,p}$ 根据集合 Θ 选择行构成的矩阵；集合 Θ 是由使用的天线选择方案来决定的，集合 Θ 中的元素是从集合 $\{1, 2, \cdots, M\}$ 中唯一地挑选出来，元素个数为 M_{RF}；$\boldsymbol{x}_{k,q}$ 只有一个非零元素；$\boldsymbol{w}_q \in \mathbb{C}^{M_{\mathrm{RF}}}$ 是加性高斯白噪声，其每个元素服从独立同分布的循环对称复高斯分布 $\mathcal{CN}(0, \sigma_w^2)$。上式中，$\boldsymbol{H}_{k,p} = \boldsymbol{R}_{\mathrm{BS}}^{1/2} \bar{\boldsymbol{H}}_{k,p} \boldsymbol{R}_{\mathrm{US}}^{1/2}$，其中，$\bar{\boldsymbol{H}}_{k,p}$ 的每个元素服从独立同分布的 $\mathcal{CN}(0,1)$；$\boldsymbol{R}_{\mathrm{US}}$ 是相关系数为 ρ_{US} 的用户端信道相关矩阵；$\boldsymbol{R}_{\mathrm{BS}}$ 是相关系数为 ρ_{BS} 的基站端信道相关矩阵。$\boldsymbol{R}_{\mathrm{BS}}$ 中第 m 行第 n 列所对应的元素是 $\rho_{\mathrm{BS}}^{|m-n|}$，

$\boldsymbol{R}_{\mathrm{US}}$ 中第 m 行第 n 列所对应的元素是 $\rho_{\mathrm{US}}^{|m-n|}$，如果 $y \neq 0$ 且 $x-\lfloor x/y \rfloor y \neq 0$ 则 $\bmod(x,y)=x-\lfloor x/y \rfloor y$，而如果 $y \neq 0$ 且 $x-\lfloor x/y \rfloor y=0$，则 $\bmod(x,y)=y$。对于相关瑞利衰落 MIMO 信道而言，具体的 Θ 或者是接收天线选择方案对系统性能有着重要的影响。本章采用了直接天线选择方案，这种方案可以最大化选中天线中任意两个天线之间的最小距离 [139]。对于线性阵列天线，这种接收天线选择方案可得 $\Theta=\{\varphi+m_{\mathrm{RF}}\lfloor M/M_{\mathrm{RF}} \rfloor\}_{m_{\mathrm{RF}}=0}^{M_{\mathrm{RF}}-1}$，其中 $1 \leqslant \varphi \leqslant \lfloor M/M_{\mathrm{RF}} \rfloor -1$。进一步，式（8–2）还可表达为

$$\boldsymbol{y}_q=\sum_{p=0}^{P-1} \tilde{\boldsymbol{H}}_p \boldsymbol{x}_{\bmod(q-p,Q)}+\boldsymbol{w}_q \tag{8–3}$$

在上述式子中，$\tilde{\boldsymbol{H}}_p=\left[\tilde{\boldsymbol{H}}_{1,p} \tilde{\boldsymbol{H}}_{2,p} \cdots \tilde{\boldsymbol{H}}_{K,p}\right] \in \mathbb{C}^{M_{\mathrm{RF}} \times (n_t K)}$；$\boldsymbol{x}_q=\left[(\boldsymbol{x}_{1,q})^{\mathrm{T}} (\boldsymbol{x}_{2,q})^{\mathrm{T}} \cdots (\boldsymbol{x}_{K,q})^{\mathrm{T}}\right]^{\mathrm{T}} \in \mathbb{C}^{(n_t K)}$。通过联合考虑一个 CPSC 块 Q 个媒介调制信号，进一步可得

$$\boldsymbol{y}=\tilde{\boldsymbol{H}}\boldsymbol{x}+\boldsymbol{w} \tag{8–4}$$

式中，$\boldsymbol{y}=\left[(\boldsymbol{y}_1)^{\mathrm{T}}(\boldsymbol{y}_2)^{\mathrm{T}} \cdots (\boldsymbol{y}_Q)^{\mathrm{T}}\right]^{\mathrm{T}} \in \mathbb{C}^{(M_{\mathrm{RF}} Q)}$；等效媒介调制信号 $\boldsymbol{x}=\left[(\boldsymbol{x}_1)^{\mathrm{T}}(\boldsymbol{x}_2)^{\mathrm{T}} \cdots (\boldsymbol{x}_Q)^{\mathrm{T}}\right]^{\mathrm{T}} \in \mathbb{C}^{(K n_t Q)}$，$\boldsymbol{w}=\left[(\boldsymbol{w}_1)^{\mathrm{T}}(\boldsymbol{w}_2)^{\mathrm{T}} \cdots (\boldsymbol{w}_Q)^{\mathrm{T}}\right]^{\mathrm{T}}$，

$$\tilde{\boldsymbol{H}}=\begin{bmatrix} \tilde{\boldsymbol{H}}_0 & \mathbf{0} & \mathbf{0} & \cdots & \tilde{\boldsymbol{H}}_2 & \tilde{\boldsymbol{H}}_1 \\ \tilde{\boldsymbol{H}}_1 & \tilde{\boldsymbol{H}}_0 & \mathbf{0} & \cdots & \vdots & \tilde{\boldsymbol{H}}_2 \\ \vdots & \tilde{\boldsymbol{H}}_1 & \tilde{\boldsymbol{H}}_0 & \cdots & \tilde{\boldsymbol{H}}_{P-1} & \vdots \\ \tilde{\boldsymbol{H}}_{P-1} & \vdots & \tilde{\boldsymbol{H}}_1 & \cdots & \mathbf{0} & \tilde{\boldsymbol{H}}_{P-1} \\ \mathbf{0} & \tilde{\boldsymbol{H}}_{P-1} & \vdots & \vdots & \vdots & \mathbf{0} \\ \vdots & \mathbf{0} & \tilde{\boldsymbol{H}}_{P-1} & \vdots & \vdots & \vdots \\ \vdots & \vdots & \mathbf{0} & \vdots & \mathbf{0} & \vdots \\ \vdots & \vdots & \vdots & \vdots & \tilde{\boldsymbol{H}}_0 & \mathbf{0} \\ \mathbf{0} & \mathbf{0} & \mathbf{0} & \cdots & \tilde{\boldsymbol{H}}_1 & \tilde{\boldsymbol{H}}_0 \end{bmatrix} \tag{8–5}$$

接收端的信噪比定义为 $\mathrm{SNR}=E\{\|\widetilde{\boldsymbol{H}}\boldsymbol{x}\|_2^2\}/E\{\|\boldsymbol{w}\|_2^2\}$。

为了从式（8–4）中检测等效媒介调制信号 $\boldsymbol{x}$，最优的信号检测器可以由最

大似然检测算法来获得，即

$$\min_{\hat{\boldsymbol{x}}} \left\| \boldsymbol{y} - \tilde{\boldsymbol{H}} \hat{\boldsymbol{x}} \right\|_2 = \min_{\{\hat{\boldsymbol{x}}_{k,q}\}_{k=1,q=1}^{K,Q}} \left\| \boldsymbol{y} - \tilde{\boldsymbol{H}} \hat{\boldsymbol{x}} \right\|_2$$

$$\text{s.t. supp}\left(\hat{\boldsymbol{x}}_{k,q}\right) \in \mathbb{A},\ \hat{\boldsymbol{x}}_{k,q}\rangle_{\text{supp}\left(\hat{\boldsymbol{x}}_{k,q}\right)} \in \mathbb{L},\ 1 \leqslant k \leqslant K, 1 \leqslant q \leqslant Q \tag{8-6}$$

式中，$\cdot\rangle_i$ 指对矢量取第 i 个元素。对最大似然检测器而言，由于其搜索的维度为 $(n_t \cdot L)^{KQ}$，最大似然检测器的复杂程度随着用户的数量呈指数递增。这种过高的计算复杂度在实际上是无法接受的。为了降低复杂程度，文献 [141] 提出了逼近最优的球形译码检测器，但是这种检测器的复杂程度依然很高，尤其对于支持较大数值 K，Q，n_t 及 L 的系统而言。在传统的大规模 MIMO 系统中，低复杂度线性信号检测器（比如，基于线性最小均方误差信号检测器）具有逼近最优的性能。这是因为 $M = M_{\text{RF}} \gg K$ 和 $n_t = 1$ 情况下，多用户信号检测器是一个过定问题[142]。然而，在提出的方案中，$M_{\text{RF}} < Kn_t$，式（8–6）中的多用户信号检测问题是一个大规模欠定问题。因此，传统的线性信号检测器在本书提出的大规模媒介调制 MIMO 系统方案性能会很差。通过利用媒介调制信号的稀疏性，文献 [128,130,131] 提出了单用户小规模媒介调制 MIMO 下行链路中基于压缩感知理论的信号检测器。然而，这种信号检测器并不适用于本书提出的多用户情形。从式（8–1）中可观察到 $\boldsymbol{x}_{k,q}$ 是一个具有稀疏度为 1 的稀疏信号。因此，在 Q 个时隙内包含多个用户媒介调制信号的等效媒介调制信号 $\boldsymbol{x}$ 呈现稀疏度为 KQ 的分块稀疏性。$\boldsymbol{x}$ 的这种分块稀疏性促使本章利用分块稀疏压缩感知理论来解决多用户信号检测问题。为了更进一步提高信号检测性能并提高系统的吞吐率，本章提出了联合媒介调制传输方案和对应的基于分块稀疏压缩感知理论的多用户信号检测器。

8.3　大规模媒介调制 MIMO 系统上行链路基于压缩感知的多用户信号检测器

为了解决上行链路大规模媒介调制 MIMO 系统的多用户信号检测问题，本节首先提出了用户端的联合媒介调制传输方案。相应地，通过利用等效媒介调制信号的分块稀疏性和多个等效媒介调制信号的成组稀疏性，本节提出了基站处基于压缩感知理论的低复杂度多用户信号检测器。最后，本节还讨论了这种信号检测器的计算复杂度。

8.3.1 用户端联合媒介调制传输方案

对于第 q 个时隙的第 k 个用户，每连续 J 个 CPSC 块被认为一个组，并且它们享有相同的空间星座符号，也就是说，

$$\text{supp}\left(\boldsymbol{x}_{k,q}^{(1)}\right) = \text{supp}\left(\boldsymbol{x}_{k,q}^{(2)}\right) = \cdots = \text{supp}\left(\boldsymbol{x}_{k,q}^{(J)}\right), 1 \leqslant k \leqslant K, 1 \leqslant q \leqslant Q \quad (8\text{–}7)$$

这里引入上标 (j) 代表第 j 个 CPSC 块，通常，J 取值较小，如 $J=2$。在压缩感知理论中，$\boldsymbol{x}_{k,q}^{(1)}, \boldsymbol{x}_{k,q}^{(2)}, \cdots, \boldsymbol{x}_{k,q}^{(J)}$ 具有共同的支撑集，这种特殊的信号结构也被称为成组稀疏性。同理，包含着 K 个用户媒介调制信号的等效媒介调制信号也呈现成组稀疏性，即

$$\text{supp}\left(\boldsymbol{x}^{(1)}\right) = \text{supp}\left(\boldsymbol{x}^{(2)}\right) = \cdots = \text{supp}\left(\boldsymbol{x}^{(J)}\right) \quad (8\text{–}8)$$

尽管这种联合媒介调制传输方案中成组稀疏性会降低空间星座符号携带的信息量，但是根据分块稀疏压缩感知理论，这种分块稀疏性可以用来减少所需的射频链路的数量，甚至可以以更高的上行链路吞吐率改善整个系统的总体 BER。此结论将在仿真中得到证实。

8.3.2 基站端基于压缩感知理论的多用户信号检测器

根据式（8–4），基站中同一传输组的接收信号可表达为

$$\boldsymbol{y}^{(j)} = \widetilde{\boldsymbol{H}}^{(j)}\boldsymbol{x}^{(j)} + \boldsymbol{w}^{(j)},\ 1 \leqslant j \leqslant J \quad (8\text{–}9)$$

式中，$\boldsymbol{y}^{(j)}$ 表示第 j 个 CPSC 块接收到的信号；$\widetilde{\boldsymbol{H}}^{(j)}$ 和 $\boldsymbol{w}^{(j)}$ 分别是等效的 MIMO 信道矩阵和加性高斯白噪声向量。

$\boldsymbol{x}^{(j)}$ 内在的分块稀疏性和式（8–9）的欠定特性启示本章利用压缩感知理论来求解信号检测问题。此外，由于 $\{\boldsymbol{x}^{(j)}\}_{j=1}^{J}$ 的成组稀疏性，式（8–9）中 J 个不同的等效媒介调制信号能被联合利用来提高信号检测的性能。因此，通过综合考虑等效媒介调制信号的分块稀疏性和成组稀疏性，基站处多用户信号检测问题可以表达为如下的优化问题

$$\begin{aligned} &\min_{\{\widehat{\boldsymbol{x}}^{(j)}\}_{j=1}^{J}} \sum_{j=1}^{J} \left\| \boldsymbol{y}^{(j)} - \widetilde{\boldsymbol{H}}^{(j)}\widehat{\boldsymbol{x}}^{(j)} \right\|_2^2 = \min_{\{\widehat{\boldsymbol{x}}_{k,q}^{(j)}\}_{j=1,k=1,q=1}^{J,K,Q}} \sum_{j=1}^{J} \left\| \boldsymbol{y}^{(j)} - \widetilde{\boldsymbol{H}}^{(j)}\widehat{\boldsymbol{x}}^{(j)} \right\|_2^2 \\ &\text{s.t.} \left\| \widehat{\boldsymbol{x}}_{k,q}^{(j)} \right\|_0 = 1,\ 1 \leqslant j \leqslant J,\ 1 \leqslant q \leqslant Q,\ 1 \leqslant k \leqslant K \end{aligned} \quad (8\text{–}10)$$

提出的基于分块稀疏压缩感知的多用户信号检测器通过如下两个步骤来求解式（8–10）中的优化问题。第一步，估算空间星座符号，即 J 个连续 CPSC 块中 K

个用户激活天线的索引。第二步，推断 J 个连续 CPSC 块中 K 个用户的信号星座符号。

步骤 1：空间星座符号的估算。提出一个由经典的 SP 算法 [57] 改进的 GSP 算法来获取式（8–10）中大规模欠定问题的稀疏解。这里先验的稀疏信息（如 $\left\|\boldsymbol{x}_{k,q}^{(j)}\right\|_0=1$）和 $\boldsymbol{x}^{(1)},\boldsymbol{x}^{(2)},\cdots,\boldsymbol{x}^{(J)}$ 的成组稀疏性被用于提高多用户信号检测性能。这里提出的 GSP 算法如算法 9 所示，可以求解媒介调制信号 $\left\{\widehat{\boldsymbol{x}}_{k,q}^{(j)}\right\}_{k=1,j=1,q=1}^{K,J,Q}$。因此，最终求解的空间星座符号为 $\left\{\operatorname{supp}\left(\widehat{\boldsymbol{x}}_{k,q}^{(j)}\right)\right\}_{k=1,j=1,q=1}^{K,J,Q}$。

算法 9: 提出的 GSP 算法

输入: 有噪的接收信号 $\boldsymbol{y}^{(j)}$ 和等效的信道矩阵 $\widetilde{\boldsymbol{H}}^{(j)}$（$1\leqslant j\leqslant J$）

输出: 待估计的 $\widehat{\boldsymbol{x}}^{(j)}=\left[\left(\widehat{\boldsymbol{x}}_1^{(j)}\right)^{\mathrm{T}}\ \left(\widehat{\boldsymbol{x}}_2^{(j)}\right)^{\mathrm{T}}\cdots\left(\widehat{\boldsymbol{x}}_Q^{(j)}\right)^{\mathrm{T}}\right]^{\mathrm{T}}$，其中

$\widehat{\boldsymbol{x}}_q^{(j)}=\left[\left(\widehat{\boldsymbol{x}}_{1,q}^{(j)}\right)^{\mathrm{T}}\ \left(\widehat{\boldsymbol{x}}_{2,q}^{(j)}\right)^{\mathrm{T}}\cdots\left(\widehat{\boldsymbol{x}}_{K,q}^{(j)}\right)^{\mathrm{T}}\right]^{\mathrm{T}}$，$1\leqslant q\leqslant Q$

1: $\boldsymbol{r}^{(j)}=\boldsymbol{y}^{(j)}$，$1\leqslant j\leqslant J$ {初始化}
2: $\Omega^0=\varnothing$ {清空支撑集}
3: $t=1$ {迭代索引}
4: **repeat**
5: $\quad\boldsymbol{a}_{k,q}^{(j)}=\left(\widetilde{\boldsymbol{H}}_{k,q}^{(j)}\right)^{\mathrm{H}}\boldsymbol{r}^{(j)}$，$1\leqslant k\leqslant K$，$1\leqslant q\leqslant Q$，以及 $1\leqslant j\leqslant J$ {相关操作}
6: $\quad\tau_{k,q}=\arg\max\limits_{\widetilde{\tau}_{k,q}}\sum\limits_{j=1}^{J}\left\|\left.\boldsymbol{a}_{k,q}^{(j)}\right\rangle_{\widetilde{\tau}_{k,q}}\right\|_2^2$，$1\leqslant k\leqslant K$，$1\leqslant q\leqslant Q$ {识别支撑集}
7: $\quad\Gamma=\{\tau_{k,q}+[k-1+K(q-1)]n_t\}_{k=1,q=1}^{K,Q}$ {整理支撑集}
8: $\quad\boldsymbol{b}^{(j)}\big|_{\Omega^{t-1}\cup\Gamma}=\left(\widetilde{\boldsymbol{H}}^{(j)}\big|_{\Omega^{t-1}\cup\Gamma}\right)^{\dagger}\boldsymbol{y}^{(j)}$，$1\leqslant j\leqslant J$ {最小二乘估计}
9: $\quad\omega_{k,q}=\arg\max\limits_{\widetilde{\omega}_{k,q}}\sum\limits_{j=1}^{J}\left\|\left.\boldsymbol{b}_{k,q}^{(j)}\right\rangle_{\widetilde{\omega}_{k,q}}\right\|_2^2$，$1\leqslant k\leqslant K$，$1\leqslant q\leqslant Q$ {精简支撑集}
10: $\quad\Omega^t=\{\omega_{k,q}+[k-1+K(q-1)]n_t\}_{k=1,q=1}^{K,Q}$ {整理支撑集}
11: $\quad\boldsymbol{c}^{(j)}\big|_{\Omega^t}=\left(\widetilde{\boldsymbol{H}}^{(j)}\big|_{\Omega^t}\right)^{\dagger}\boldsymbol{y}^{(j)}$，$1\leqslant j\leqslant J$ {最小二乘估计}
12: $\quad\boldsymbol{r}^{(j)}=\boldsymbol{y}^{(j)}-\widetilde{\boldsymbol{H}}^{(j)}\boldsymbol{c}^{(j)}$，$1\leqslant j\leqslant J$ {计算残差}
13: $\quad t=t+1$ {更新迭代索引}
14: **until** $\Omega^t=\Omega^{t-1}$ 或者 $t\geqslant Q$

与经典的 SP 算法相比，这里提出的 GSP 算法利用了 $\left\{\boldsymbol{x}^{(j)}\right\}_{j=1}^{J}$ 的分块稀疏性和成组稀疏性。更明确地说，$\boldsymbol{x}^{(j)}\in\mathbb{C}^{(KQn_t)}$ 包含了 KQ 个低维稀疏向量 $\boldsymbol{x}_{k,q}^{(j)}\in\mathbb{C}^{n_t}$，其中每个 $\boldsymbol{x}_{k,q}^{(j)}$ 的稀疏度为 1，而等效媒介调制信号 $\boldsymbol{x}^{(1)},\boldsymbol{x}^{(2)},\cdots,\boldsymbol{x}^{(J)}$ 呈现成组稀疏性。在算法中，$\boldsymbol{a}|_{\Gamma}$ 是由矢量 $\boldsymbol{a}$ 根据集合 Γ 选择元素构成的矢量，$\boldsymbol{A}|_{\Gamma}$ 是由矩阵 $\boldsymbol{A}$ 根据集合 Γ 选择列构成的矩阵，具体而言，本书提出的 GSP 算法与经典的 SP 算法的不同之处在于以下两个方面：算法 9 中支撑集的识别和

$\boldsymbol{y}^{(1)}, \boldsymbol{y}^{(2)}, \cdots, \boldsymbol{y}^{(J)}$ 的联合处理。首先，就支撑集的选择而言，以算法 9 中的行 7 为例，当选择支撑集时，经典的 SP 算法选择的支撑集是与前最大 KQ 个全局相关结果 $\left(\widetilde{\boldsymbol{H}}^{(j)}\right)^{\mathrm{H}} \boldsymbol{r}^{(j)}$ 有关。相比之下，这里提出的 GSP 算法选择的支撑集与每一个局部相关结果 $\left(\widetilde{\boldsymbol{H}}_{k,q}^{(j)}\right)^{\mathrm{H}} \boldsymbol{r}^{(j)}$ 的最大值有关。通过提出的支撑集选择，等效媒介调制信号的分块稀疏性被用来改善信号的检测性能。其次，与经典的 SP 算法相比，提出的 GSP 算法联合地利用了 J 个具有成组稀疏性的媒介调制信号，而这种方式能进一步提高信号检测性能。

值得注意的是，即使是在 $J=1$ 的特殊情况下，也就是在没有使用联合媒介调制传输方案时，提出的 GSP 算法在处理等效媒介调制信号方面仍然能获得比经典的 SP 算法更好的信号检测性能。

步骤 2: 获取信号星座符号。根据步骤 1，已经获得了各个时隙内每个用户信号星座符号的粗略估计。通过搜索信号星座符号的粗略估计与星座符号集 $\mathbb{L}$ 之间的最小欧式距离，能获得信号星座符号的最终估计值。

8.3.3 计算复杂度分析

由式（8–6）可知，最优的最大似然信号检测器具有过高的计算复杂度，因为它的计算复杂度的阶数为 $\mathcal{O}\big((L \cdot n_t)^{(K \cdot Q)}\big)$。球形译码检测器 [141] 确实能够降低计算的复杂度，但这类检测器的复杂程度依然很高，尤其对于具有较大数值的 K，Q，L 以及 n_t 系统而言。相比之下，传统大规模 MIMO 系统的线性最小均方误差检测器和用于小规模媒介调制 MIMO 系统中基于压缩感知的信号检测器分别具有 $\mathcal{O}\big(M_{\mathrm{RF}} \cdot (n_t \cdot Q \cdot K)^2 + (n_t \cdot Q \cdot K)^3\big)$ 和 $\mathcal{O}\big(2M_{\mathrm{RF}} \cdot (Q \cdot K)^2 + (Q \cdot K)^3\big)$ 的低复杂度。而本书提出的基于压缩感知的多用户信号检测器中大部分的计算量来自最小二乘法操作，而该操作的计算复杂度为 $\mathcal{O}\big(J \cdot (2M_{\mathrm{RF}} \cdot (Q \cdot K)^2 + (Q \cdot K)^3)\big)$ [61]。因此，由于算法是联合对 J 个连续的等效媒介调制信号联合处理，故每个 CPSC 块的计算复杂度为 $\mathcal{O}\big(2M_{\mathrm{RF}} \cdot (Q \cdot K)^2 + (Q \cdot K)^3\big)$。相比于传统的信号检测器，这里提出的基于压缩感知的多用户信号检测器，一方面，比最大似然信号检测器或球形译码检测器的复杂度大大降低；另一方面，它有着与传统的线性最小均方误差检测器和基于压缩感知的信号检测器相似的低复杂度。

8.4 仿真结果

在仿真中，本节对比了提出的基于压缩感知的多用户信号检测器、传统的线性最小均方误差信号检测器及传统的基于压缩感知的信号检测器的性能。在考虑的大规模媒介调制 MIMO 系统中，基站采用线性阵列天线，天线数目为 M，射频链路数目为 M_{RF}，并且 $M \gg M_{\mathrm{RF}}$，而 K 个用户利用 N_{RF} 个射频镜面和单射频链路采用参数为 $P=8$ 和 $Q=64$ 的 CPSC 传输方案同时向基站传输媒介调制信号。在仿真中，本节主要考察包括空间星座符号和信号星座符号在内的总体误比特率。

图 8.2 对比了提出的基于压缩感知理论的多用户信号检测器在不同接收天线选择方案的总体误比特率性能。这里考虑 $K=8$，$J=2$，64-QAM，$M_{\mathrm{RF}}=18$，$N_{\mathrm{RF}}=2$，$n_t=4$，以及 $\rho_{\mathrm{US}}=0$。连续天线选择方案意味着选择了 M_{RF} 个邻近的天线，也就是说，$\Theta=\{\varphi+m_{\mathrm{RF}}\}_{m_{\mathrm{RF}}=0}^{M_{\mathrm{RF}}-1}$，其中，$1\leqslant\varphi\leqslant M-M_{\mathrm{RF}}+1$。相比之下，随机天线选择方案意味着集合 Θ 中的元素是从集合 $\{1,2,\cdots,M\}$ 中随机且互不重复地选出。直接天线选择方案的具体选择方法在 8.3.2 节中已经给出了详细介绍。此外，本节也给出了 $\rho_{\mathrm{BS}}=0$ 情况下提出的基于压缩感知的多用户信号检测器的误比特率性能作为性能界，因为 $\rho_{\mathrm{BS}}=0$ 和 $\rho_{\mathrm{US}}=0$ 意味着不相关的瑞利衰落 MIMO 信道。由图 8.2 可观察到，直接天线选择方案要优于其他的天线选择方案。而且，对于某特定的天线选择方案来说，当 M_{RF}/M 或者 ρ_{BS} 增加时，误比特率性能将降低。对于直接天线选择方案来说，情况 $\rho_{\mathrm{BS}}=0.8$，$M=128$ 和情况 $\rho_{\mathrm{BS}}=0.5$，$M=64$ 的误比特率性能逼近不相关瑞利衰落 MIMO 信道时获得的误比特率性能，这也证实了直接天线选择方案逼近最优的性能。

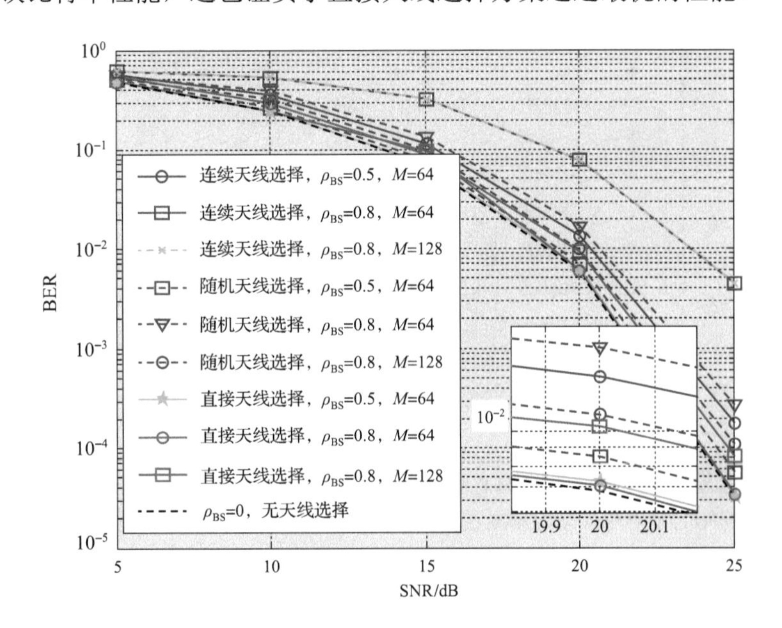

图 8.2　提出的基于压缩感知的信号检测器在不同接收天线选择方案下的总体误比特率性能，这里考虑 $K=8$，$J=2$，64-QAM，$M_{\mathrm{RF}}=18$，$n_t=4$，以及 $\rho_{\mathrm{US}}=0$

图 8.3 对比了大规模媒介调制 MIMO 系统在不同的信噪比下，传统的基于压缩感知的信号检测器和提出的基于压缩感知的多用户信号检测器的误比特率性能。这里，考虑 $K=8$，$M_{\mathrm{RF}}=18$，$M=64$，$\rho_{\mathrm{BS}}=0.5$，基站处使用直接天线选择方案。通过利用等效媒介调制信号的分块稀疏特性，提出的基于压缩感知的多用户信号检测器甚至在 $J=1$ 的情况下都要优于传统的基于压缩感知的信号检测器。对于提出的基于压缩感知的多用户信号检测器，其误比特率性能随着 J 的增加而提高，但会带来上行链路吞吐率的损失。为了克服这一问题，在用户处采用更多的天线数目可以提高信号星座符号的调制阶数，从而提高上行链路的吞吐率。具体而言，通过将 n_t 从 4 增加到 8，提出的基于压缩感知的多用户信号检测器的上行链路吞吐速率可以增加。但是用户处更多的天线数也意味着更大的 ρ_{US}。当 n_t 增加时，提出的基于压缩感知的多用户信号检测器在 $J=1$ 下的误比特率性能会明显下降。相比之下，当 n_t 增加时，提出的基于压缩感知的多用户信号检测器在 $J=2$ 情况下的误比特率性能损失可以忽略不计，即便是对于更大的 n_t 所导致更大的 ρ_{US} 的情况也相同。

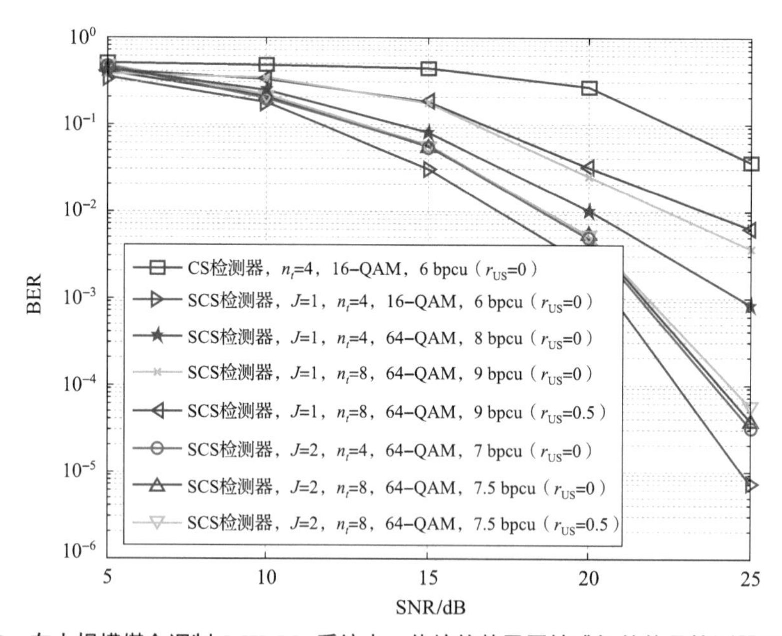

图 8.3　在大规模媒介调制 MIMO 系统中，传统的基于压缩感知的信号检测器和提出的基于压缩感知的多用户信号检测器在不同信噪比下的误比特率性能，这里考虑 $K=8$，$M_{\mathrm{RF}}=18$，$M=64$，$\rho_{\mathrm{BS}}=0.5$ 以及直接天线选择方案

图 8.4 给出了在提出的大规模媒介调制 MIMO 系统下不同信号检测器在不同信噪比下的误比特率性能，这里考虑 $K=8$，$M_{\mathrm{RF}}=18$，$M=64$，$n_t=4$，

$\rho_{\rm BS}=0.5$，$\rho_{\rm US}=0$，基站处采用直接天线选择方案。在图 8.4 中，也提供了采用 $J=2$，64-QAM 的大规模媒介调制 MIMO 系统下基站处精确已知信号星座符号的先验最小二乘信号检测器和采用 64-QAM 的传统大规模 MIMO 系统下的线性最小均方误差信号检测器的性能。这里，上述两种信号检测器都仅仅考虑信号星座符号的误比特率。在传统的大规模 MIMO 系统中，考虑基站在非相关瑞利衰落信道下采用相同数目的射频链路同时服务 8 个单天线用户。从图中可以看出，相比于传统的线性最小均方误差信号检测器和传统的基于压缩感知的信号检测器，提出的基于压缩感知的多用户信号检测器的性能优势是明显的。进一步，具有 7 bpcu 的先验最小二乘信号检测器和具有 7 bpcu 的基于压缩感知的多用户信号检测器的性能差距为 0.5 dB。需要指出的是，先验最小二乘信号检测器仅仅考虑了信号星座符号的误比特率性能，而提出的基于压缩感知的多用户信号检测器考虑了包括信号星座符号和空间星座符号在内的总体误比特率性能。最后，相比于传统大规模 MIMO 系统中线性最小均方误差信号检测器（6 bpcu），提出的大规模媒介调制 MIMO 系统上行链路传输方案及其对应的基于压缩感知的多用户信号检测器（7 bpcu）的误比特率性能损失几乎可以忽略不计。这也验证了提出的大规模媒介调制 MIMO 系统确实可以改善上行链路的吞吐率。

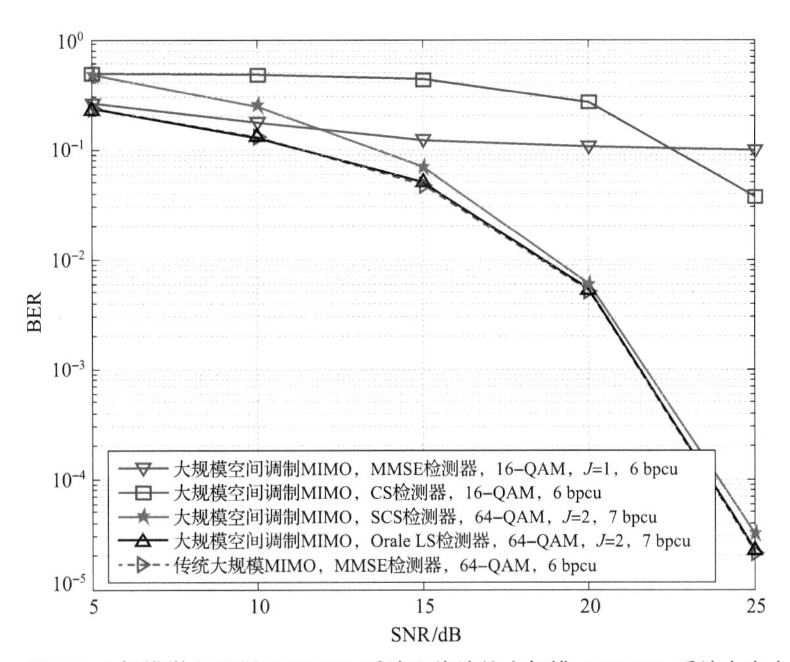

图 8.4　提出的大规模媒介调制 MIMO 系统和传统的大规模 MIMO 系统方案中，对于不同的 SNR，由不同的信号检测器所获得的总误比特率性能对比

8.5 本章小结

本章讨论了大规模媒介调制 MIMO 系统中上行链路的传输方案。在该方案中，基站处布置大量的天线和相对少量的射频链路，其中简单的接收天线选择方案用来提高系统的性能。每个用户采用多个射频镜面单射频，CPSC 传输方案用来对抗多径信道。媒介调制可以用来提高上行链路的吞吐率。提出的方案非常适用于可以布置大量廉价射频镜面但对射频链路所决定的功耗和硬件成本十分敏感的通信系统。由于基站处布置较小数目的射频链路和所需同时服务的大量多个信道维度的用户，在该系统中，上行链路多用户信号检测是一个挑战性的大规模欠定问题。为此，本章提出了用户端的联合媒介调制方案来引入多个等效媒介调制信号的成组稀疏特性。进一步，本章还提出了基站处与之对应的基于压缩感知的多用户信号检测器。该多用户信号检测器可以利用等效媒介调制信号的分块稀疏性和多个等效媒介调制信号的成组稀疏性来获得可靠的多用户信号检测性能。提出的基于压缩感知的多用户信号检测器具有低的计算复杂度。同时，仿真结果也表明，提出的信号检测器甚至在更优的上行链路吞吐率下也能比传统的对比方案获得更好的性能。

第 9 章

媒介调制辅助的物联网机器类型通信中压缩感知海量接入技术

9.1　本章简介与内容安排

mMTC 被认为是在新兴 IoT 中实现 MTD 海量接入的不可或缺的组成部分 [143]。与传统的以人为中心的移动通信形成鲜明对比的是，mMTC 专注于面向上行链路的通信，服务于海量 MTD，并表现出需要低延迟和高可靠性海量接入的零星流量通信 [143]。

传统的基于授权的接入方法在数据传输之前依赖于复杂的时域和频域资源分配，这会对大规模 mMTC 造成巨大的信令开销和延迟 [143]。为了在低延迟下支持低功耗 MTD，新兴的免授权海量接入方法吸引了大量的关注，因为它通过直接发送数据而无须调度来简化接入过程 [141−149]。具体地说，通过利用 mMTC 的块稀疏性，文献 [145] 和文献 [146] 的作者提出了用于联合活跃用户与数据检测的 CS 解决方案，而文献 [144] 提出了基于最大后验概率的方案来提高性能。

此外，活跃性变化缓慢的 MTD 往往表现出部分块稀疏性，因此文献 [147] 提出了改进的正交匹配追踪解决方案，而文献 [148] 提出了改进的子空间追踪算法。结果表明，可以利用先前检测到的结果来增强后续检测。然而，文献 [144-148] 只考虑在 MTD 和 BS 上的单天线配置。为了实现更高效和更可靠的检测，文献 [149,150] 考虑使用 SM 的多天线 MTD 和大规模 MIMO 基站，其中，文献 [149] 和文献 [150] 分别提出了 TLSSC 检测器和 SCS 检测器。然而，将空间调制的数据速率提高 1 bit 需要将发射天线的数量增加 1 倍 [151,152]，这违反了 MTD 的低成本要求。为了在低成本和低功耗情况下提高上行链路吞吐量，文献 [153,154] 的作者提出在 MTD 处采用媒介调制，其中文献 [153] 和文献 [154] 中分别使用迭代干扰消除检测器和 CS 检测器进行多用户检测。然而，这些作者没有考虑 AUD。综上所述，本章在表 9.1 中对相关文献进行了简要比较。

在此背景下，本章提出在 MTD 处采用媒介调制以提高上行吞吐量，并在基

表 9.1　相关文献简要比较

内容		文献				
		[144-148]	[149]	[150]	[153]	[154]
BS	单天线	✓				
	大规模 MIMO		✓	✓	✓	✓
MTD	单天线	✓				
	空间调制		✓	✓		
	媒介调制				✓	✓
活跃用户检测		✓	✓			
信号检测		✓	✓	✓	✓	✓

站处采用大规模 MIMO 方案。此外，通过利用 mMTC 的零星流量、块稀疏性及媒介调制符号的结构化稀疏性，本章提出了一种基于 CS 的活跃用户和数据检测解决方案。具体来说，本章首先提出了一种用于活跃用户检测的 StrOMP 算法，其中利用了上行接入信号在连续时隙中的块稀疏性和媒介调制符号的结构化稀疏性。此外，本章提出了一种 SIC-SSP 算法，用于解调检测到的活跃 MTD，其中利用了每个时隙中媒介调制符号的结构化稀疏性来提高解调性能。需要指出的是，所提出的 StrOMP 和 SIC-SSP 算法属于贪婪类算法。由于其能在低复杂度下获得接近最优的性能，贪婪类算法已广泛用于 mMTC 场景 [144−149,155]。最后，仿真结果验证了所提出的方案优于现有的基线方案。

9.2　系统模型与所提基于压缩感知的海量接入方案

首先介绍所提出的基于媒介调制的 mMTC 方案，然后重点介绍在基站端联合活跃用户和数据检测的海量接入技术。

9.2.1　提出的基于媒介调制的 mMTC 方案

如图 9.1 所示，本章提出所有 K 个 MTD 采用媒介调制，以提升上行吞吐量，并且基站采用具有 N_r 个接收天线阵元的大规模 MIMO，以实现可靠的海量接入。在上行链路中，每个符号包括传统调制符号和媒介调制符号，并且每个 MTD 依赖于单个传统天线和 M_r 个额外射频镜面 [134]。通过调整 M_r 个射频镜面的二进制开/关状态，得到了 $N_t = 2^{M_r}$ 种 MAP，并且通过将 $\log_2(N_t) = M_r$ 比特映射到其中一种 MAP 来获得媒介调制符号。因此，如果采用传统的 M-QAM 符号，则 MTD 的总体上行吞吐量是 $\eta = M_r + \log_2 M$ bpcu。相比之下，为了传输额外比特，依赖于单个射频链和多个发射天线的空间调制则激活其中一个发射天线进行上行传输 [151,152]。此外，为了实现相同的额外吞吐量，媒介调制只需要单个上行发射天线和线性增加的射频镜片数量，而空间调制则需要指数增加的发射天线数量 [134−136,151−154]。显然，媒体调制对于 mMTC 更具吸引力，因为它增加了上行吞吐量，这是在可忽略的功耗和硬件成本下实现的 [134−136]。此外，使用颇具前景的大规模 MIMO 上行技术作为上行接收机可进一步提高系统性能。通过利用从数百个天线上收集到的信号，大规模 MIMO 基站有望利用分集增益在 mMTC 环境下实现高可靠性上行多用户检测。通过将 MTD 处的媒介调制和基站处的大规模 MIMO 接收的互补优势集成到 mMTC 中，本章提供了一个相得益彰的解决方案。

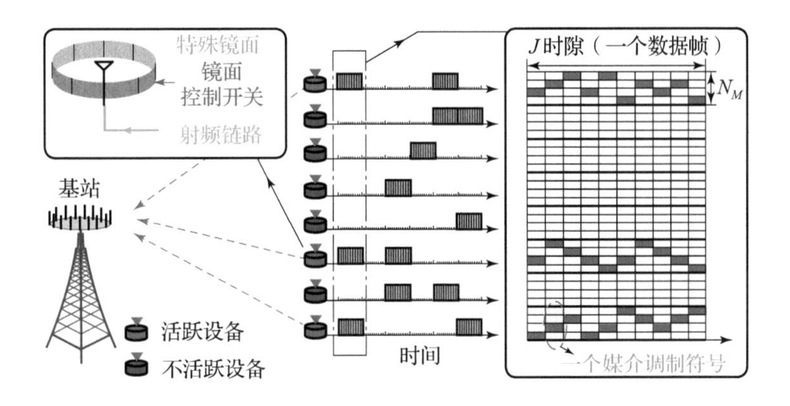

图 9.1　提出的基于媒介调制的 mMTC 方案，其中上行接入信号在帧中表现出块稀疏性，在每个时隙中表现出结构化稀疏性

9.2.2　提出的 mMTC 方案中的海量接入

如图 9.1 所示，本章假设 K 个 MTD 的活跃模式在由 J 个连续时隙组成的帧中保持不变。因此，本章只关注给定帧的大规模接入。具体地，第 j（$\forall j \in [J]$）个时隙基站接收的信号，用 $\boldsymbol{y}^j \in \mathbb{C}^{N_r}$ 表示，可写成

$$\boldsymbol{y}^j = \sum_{k=1}^{K} a_k g_k^j \boldsymbol{H}_k \boldsymbol{d}_k^j + \boldsymbol{w}^j = \sum_{k=1}^{K} \boldsymbol{H}_k \boldsymbol{x}_k^j + \boldsymbol{w}^j = \boldsymbol{H}\widetilde{\boldsymbol{x}}^j + \boldsymbol{w}^j \tag{9-1}$$

式中，活跃因子 a_k 设置为 1（0），对应于 MTD 活跃（不活跃）；$g_k^j \in \mathbb{C}$，$\boldsymbol{d}_k^j \in \mathbb{C}^{N_t}$，$\boldsymbol{x}_k^j = a_k g_k^j \boldsymbol{d}_k^j \in \mathbb{C}^{N_t}$，分别是传统调制符号、媒介调制符号和第 k 个 MTD 在第 j 个时隙的等效上行接入信号；$\boldsymbol{H}_k \in \mathbb{C}^{N_r \times N_t}$ 是第 k 个 MTD 的 MIMO 信道；$\boldsymbol{w}^j \in \mathbb{C}^{N_r}$ 是噪声并且服从独立同分布的复高斯分布 $\mathcal{CN}(0, \sigma_w^2)$；

$\boldsymbol{H}=[\boldsymbol{H}_1,\boldsymbol{H}_2,...,\boldsymbol{H}_K]\in\mathbb{C}^{N_r\times(KN_t)}$ 和 $\widetilde{\boldsymbol{x}}^j=[(\boldsymbol{x}_1^j)^{\mathrm{T}},(\boldsymbol{x}_2^j)^{\mathrm{T}},...,(\boldsymbol{x}_K^j)^{\mathrm{T}}]^{\mathrm{T}}\in\mathbb{C}^{(KN_t)}$ 分别是第 j 个时隙中的总体 MIMO 信道和上行接入信号。

需要指出的是，对于任意 $\boldsymbol{d}_k^j$（$\forall j\in[J]$，$\forall k\in[K]$），只有一个元素是 1 并且其他元素都是 0，即

$$\operatorname{supp}\left\{\boldsymbol{d}_k^j\right\}\in[N_t],\left\|\boldsymbol{d}_k^j\right\|_0=1,\left\|\boldsymbol{d}_k^j\right\|_2=1 \tag{9–2}$$

式中，$\operatorname{supp}\{\cdot\}$ 是其输入参数的支撑集。此外，本章考虑瑞利 MIMO 信道模型，因此 $\boldsymbol{H}_k$，$\forall k\in[K]$ 中的元素服从独立同分布的复高斯分布 $\mathcal{CN}(0,1)$。假设在典型的物联网场景中，信道在相对较长的时间内保持不变，因此 $\{\boldsymbol{H}_k\}_{k=1}^K$ 可以通过基站定期更新获得准确的估计。

9.2.3 提出的基于 CS 的大规模接入方案

在典型的物联网场景中，MTD 会产生零星流量的通信 [144–149]，这表明 $\boldsymbol{a}=[a_1,a_2,...,a_K]^{\mathrm{T}}\in\mathbb{C}^K$ 是一个稀疏矢量并且 $K_a=\|\boldsymbol{a}\|_0\ll K$。此外，这种模式呈现块稀疏性，因为 $\boldsymbol{a}$ 通常在一个帧内的 J 个连续时隙内保持不变 [144–146,149]。由于式（9–2）中所呈现的媒介调制符号的稀疏特性，$\boldsymbol{x}_k^j=a_kg_k^j\boldsymbol{d}_k^j$（$\forall j\in[J]$）表现出了结构化稀疏性。上行信号的块稀疏性和结构化稀疏性启发本章基于 CS 理论来检测活跃设备并在基站处解调数据。

为了利用活跃 MTD 模式的块稀疏性，首先将接收到一帧的信号重写为

$$\boldsymbol{Y}=\boldsymbol{H}\boldsymbol{X}+\boldsymbol{W} \tag{9–3}$$

式中，有 $\boldsymbol{Y}=[\boldsymbol{y}^1,\boldsymbol{y}^2,...,\boldsymbol{y}^J]\in\mathbb{C}^{N_r\times J}$；$\boldsymbol{H}\in\mathbb{C}^{N_r\times(KN_t)}$；$\boldsymbol{X}=[\widetilde{\boldsymbol{x}}^1,\widetilde{\boldsymbol{x}}^2,...,\widetilde{\boldsymbol{x}}^J]\in\mathbb{C}^{(KN_t)\times J}$，以及 $\boldsymbol{W}=[\boldsymbol{w}^1,\boldsymbol{w}^2,...,\boldsymbol{w}^J]\in\mathbb{C}^{N_r\times J}$。因此，这个海量接入问题可以被建模为如下优化问题

$$\begin{aligned}\min\nolimits_{\boldsymbol{X}}\|\boldsymbol{Y}-\boldsymbol{H}\boldsymbol{X}\|_F^2&=\min\nolimits_{\{\widetilde{\boldsymbol{x}}^j\}_{j=1}^J}\sum\nolimits_{j=1}^J\left\|\boldsymbol{y}^j-\boldsymbol{H}\widetilde{\boldsymbol{x}}^j\right\|_2^2\\&=\min\nolimits_{\{a_k,\boldsymbol{d}_k^j,g_k^j\}_{j=1,k=1}^{J,K}}\sum\nolimits_{j=1}^J\left\|\boldsymbol{y}^j-\sum\nolimits_{k=1}^K a_kg_k^j\boldsymbol{H}_k\boldsymbol{d}_k^j\right\|_2^2\\&\quad\text{s.t. }(9\text{–}2)\ ,\ \|\boldsymbol{a}\|_0\ll K\end{aligned} \tag{9–4}$$

下节将首先利用提出的 StrOMP 算法来进行活跃设备检测。在此基础上，基于所提出的 SIC-SSP 算法进一步检测相关数据。最后将讨论所提出算法的计算复杂度。

9.2.4　针对活跃用户检测提出的 StrOMP 算法

算法 10 中提出的 StrOMP 算法是从文献 [149] 的 OMP 算法演变而来的 [156]。具体而言，行 2 计算了与每个 MTD 的 J 个时隙中的所有 N_t 个 MAP 相关联的相关性之和 $\boldsymbol{m}$；行 4 将 k^*（即最可能的活跃 MTD）与 $\Gamma^{(i-1)}$ 相合，并以更新可能支撑集 Λ；在行 5 中，通过 LS 算法获得粗略信号估计；行 6 ∼ 8 利用媒介调制符号的结构化稀疏性，基于粗略估计的信号 $\boldsymbol{B}$ 估计可能的 MAP，然后在行 8 获得精细信号估计，以增强对噪声的鲁棒性；行 9 使用精细估计的信号 $\boldsymbol{A}$ 更新残差；在行 10 中，如果相邻迭代中残差的能量差 $\left\|\boldsymbol{R}^{(i-1)}\right\|_F - \left\|\boldsymbol{R}^{(i)}\right\|_F$ 低于预定义的阈值，则跳出循环，否则迭代将继续。经典的 OMP 算法需要稀疏度 K_a，而提出的 StrOMP 算法在不知道 K_a 的情况下能够自适应地获取活跃 MTD 的数量。与 OMP 算法相比，该算法利用了块稀疏性（行 2）和结构化稀疏性（行 6），提高了上行信号检测性能。

算法 10: 提出的 StrOMP 算法

输入： $\boldsymbol{Y} \in \mathbb{C}^{N_r \times J}$，$\boldsymbol{H} \in \mathbb{C}^{N_r \times (KN_t)}$ 和门限 P_{th}

输出： 估计的活跃 MTD 索引集 $\Gamma \subseteq [K]$，$\widehat{K_a} = |\Gamma|_c$

初始化： 迭代索引 $i=1$，残差矩阵 $\boldsymbol{R}^{(0)} = \boldsymbol{Y}$, $\Gamma^{(0)} = \varnothing$

预定义： $\boldsymbol{m} \in \mathbb{C}^K$ 为一个中间块相关变量，Λ 为可能活跃用户的临时索引集，其 MAP 索引集为 $\widetilde{\Lambda} = \{\widetilde{\Lambda}_n\}_{n=1}^{|\Lambda|_c}$，其中，$\widetilde{\Lambda}_n = \{N_t(\Lambda[n]-1)+u\}_{u=1}^{N_t}$ 是第 n 个在 Λ 中的 MTD 的 MAP 索引集

while 1 **do**

1. $[\boldsymbol{m}]_k = \sum_{l=(k-1)N_t+1}^{kN_t} \sum_{j=1}^{J} |(\boldsymbol{H}_{[:,l]})^H \boldsymbol{R}_{[:,j]}^{(i-1)}|^2$ ，$k \in [K]$
2. $k^* = \arg\max_{\widehat{k} \in [K]} [\boldsymbol{m}]_{\widehat{k}}$
3. $\Lambda = \Gamma^{(i-1)} \cup k^*$ {可能支撑集估计}
4. $\boldsymbol{B}_{[\widetilde{\Lambda},:]} = (\boldsymbol{H}_{[:,\widetilde{\Lambda}]})^\dagger \boldsymbol{Y}$，$\boldsymbol{B}_{[[KN_t]\setminus\widetilde{\Lambda},:]} = 0$ {LS 粗信号估计}
5. $\eta_{n,j}^* = \arg\max_{\widehat{\eta}_{n,j} \in \widetilde{\Lambda}_n} |\boldsymbol{B}_{[\widehat{\eta}_{n,j},j]}|^2$ ，$n \in [|\Lambda|_c]$ 以及 $j \in [J]$
6. $\Omega^{(j)} = \{\eta_{n,j}^*\}_{n=1}^{|\Lambda|_c}$ ，$j \in [J]$
7. $\boldsymbol{A}_{[\Omega^{(j)},j]} = (\boldsymbol{H}_{[:,\Omega^{(j)}]})^\dagger \boldsymbol{Y}_{[:,j]}$，$\boldsymbol{A}_{[[KN_t]\setminus\Omega^{(j)},j]} = 0$ ，$j \in [J]$ {LS 精细信号估计}
8. $\boldsymbol{R}^{(i)} = \boldsymbol{Y} - \boldsymbol{H}\boldsymbol{A}$ {残差更新}
9. **if** $\left\|\boldsymbol{R}^{(i-1)}\right\|_F - \left\|\boldsymbol{R}^{(i)}\right\|_F < P_{\text{th}}$ **then**
   - **break** {终止 while 循环}

   else
   - $\Gamma^{(i)} = \Lambda$ {支撑集估计更新}
   - $i = i+1$

   end

end

Result: $\Gamma = \Gamma^{(i-1)}$，$\widehat{K_a} = |\Gamma|_c$

9.2.5 提出的用于数据检测的 SIC-SSP 算法

基于从算法 10 获得的活跃 MTD 估计 Γ，式（9–4）中的数据检测问题简化为与文献 [150] 中相同的 CS 问题（即文献 [150] 中 $J=1$ 的等式（10）），可通过文献 [150] 中的 GSP 算法来解决。为了进一步提高性能，算法 11 中提出的 SIC-SSP 算法将 SIC 的思想与 GSP 算法相结合。具体来说，外循环分别恢复每一帧的上行接入信号 $\{\widetilde{\boldsymbol{x}}^j\}_{j=1}^J$。对于每一个 $\widetilde{\boldsymbol{x}}^j$，内循环使用 SIC 恢复稀疏度为 $\widehat{K_a}$ 的结构化稀疏信号。与现有的 GSP 算法相比，提出的算法的内循环包含了 SIC 操作（行 17~22 ）。具体地，行 18 选择精细估计信号 $\boldsymbol{e}$ 的最大元素的索引，随后行 19 将其从观测矢量 $\boldsymbol{v}$ 中消除；行 20 记录了 $\widetilde{\boldsymbol{x}}^j$（$j\in[J]$）中的最大元素并将剩余的活跃 MTD 集的大小减小 1，这对应于在下一次迭代中减小信道矩阵的列维数，以提高数据检测性能。此外，行 9 和行 13 通过利用信号的结构化稀疏性来提高性能。最后，当 $\boldsymbol{X}$ 完全重建时，算法终止。

9.2.6 计算复杂度

提出的 StrOMP 算法（算法 10）在第 i 次迭代中的计算复杂度主要取决于以下操作：

信号相关（行 2）：使用的矩阵乘法的复杂度为 $\mathcal{O}(JKN_tN_r)$；

通过 LS 粗略信号估计（行 5）：粗 LS 求解的复杂度为 $\mathcal{O}[J(2N_r(iN_t)^2+(iN_t)^3)]$；

通过 LS 精细信号估计（行 9）：精细 LS 求解的复杂度为 $\mathcal{O}[J(2N_ri^2+i^3)]$；

残差更新（行 9）：由于行 8 中获取的信号 $\boldsymbol{A}$ 由稀疏矩阵表示，因此计算残差的复杂度为 $\mathcal{O}(JN_ri)$。

提出的 SIC-SSP 算法（算法 11）在第 s 个内循环中的计算复杂度主要取决于以下操作:

相关（行 8）：所涉及的矩阵乘法的复杂度为 $\mathcal{O}[(\widehat{K_a}-s+1)N_tN_r]$；

粗 LS（行 12）：粗 LS 的复杂度为 $\mathcal{O}[2N_r(2(\widehat{K_a}-s+1))^2+(2(\widehat{K_a}-s+1))^3]$；

精细 LS（行 15）：精细 LS 的复杂度为 $\mathcal{O}[2N_r(\widehat{K_a}-s+1)^2+(\widehat{K_a}-s+1)^3]$；

残差更新（行 16）：计算残差的复杂度为 $\mathcal{O}[(\widehat{K_a}-s+1)N_r]$。

算法 11: 提出的 SIC-SSP 算法

输入： $\boldsymbol{Y}=[\boldsymbol{y}^1,\boldsymbol{y}^2,...,\boldsymbol{y}^J]\in\mathbb{C}^{N_r\times J}$，$\boldsymbol{H}\in\mathbb{C}^{N_r\times(KN_t)}$，以及算法 10 的输出：$\varGamma$, $\widehat{K_a}$

输出： 重构的上行信号 $\boldsymbol{X}=[\widetilde{\boldsymbol{x}}^1,\widetilde{\boldsymbol{x}}^2,...,\widetilde{\boldsymbol{x}}^J]$

for $j=1:J$ **do**
- **for** $s=1:\widehat{K_a}$ **do**
  - **if** $s=1$ **then**
    - $\boldsymbol{v}=\boldsymbol{y}^j$，$\Lambda=\varGamma$，其中 $\boldsymbol{v}$ 是观测矢量，Λ 是待解调的 MTD 剩余集合，并且 $\widetilde{\Lambda}$ 和 $\widetilde{\Lambda}_n$ 的定义与算法 10 中的定义相同 {初始化}
  - **end**
  - $i=1$，$\varPsi^{(0)}=\varnothing$，$\boldsymbol{r}^{(0)}=\boldsymbol{v}$ {初始化}
  - **while** 1 **do**
    - $[\boldsymbol{p}]_{\widetilde{\Lambda}}=(\boldsymbol{H}_{[:,\widetilde{\Lambda}]})^H\boldsymbol{r}^{(i-1)}$，$[\boldsymbol{p}]_{[KN_t]\backslash\widetilde{\Lambda}}=0$ {相关}
    - $\tau_n^\star=\arg\max_{\widehat{\tau}_n\in\widetilde{\Lambda}_n}|[\boldsymbol{p}]_{\widehat{\tau}_n}|^2$ ，$n\in[|\Lambda|_c]$
    - $\Omega=\{\tau_n^\star+(\Lambda[n]-1)N_t\}_{n=1}^{|\Lambda|_c}$ $\{|\Lambda|_c$ 个最有可能的 MAP$\}$
    - $\Omega'=\Omega\cup\varPsi^{(i-1)}$ {初步支撑集估计}
    - $[\boldsymbol{e}]_{\Omega'}=(\boldsymbol{H}_{[:,\Omega']})^\dagger\boldsymbol{r}^{(0)}$，$[\boldsymbol{e}]_{[KN_t]\backslash\Omega'}=0$ {粗略 LS 估计}
    - $\eta_n^\star=\arg\max_{\widehat{\eta}_n\in\widetilde{\Lambda}_n}|[\boldsymbol{e}]_{\widehat{\eta}_n}|^2$ ，$n\in[|\Lambda|_c]$
    - $\varPsi^{(i)}=\{\eta_n^\star+(\Lambda[n]-1)N_t\}_{n=1}^{|\Lambda|_c}$ {修剪支撑集}
    - $[\boldsymbol{e}]_{\varPsi^{(i)}}=(\boldsymbol{H}_{[:,\varPsi^{(i)}]})^\dagger\boldsymbol{r}^{(0)}$，$[\boldsymbol{e}]_{[KN_t]\backslash\varPsi^{(i)}}=0$ {精细化 LS 估计}
    - $\boldsymbol{r}^{(i)}=\boldsymbol{r}^{(0)}-\boldsymbol{He}$ {残差更新}
    - **if** $i\geqslant\widehat{K_a}$ 或者 $\varPsi^{(i)}=\varPsi^{(i-1)}$ **then**
      - $\varPsi=\varPsi^{(i)}$，$n^\star=\arg\max_{\widehat{n}\in[|\Lambda|_c]}|[\boldsymbol{e}]_{\varPsi[\widehat{n}]}|^2$
      - $\boldsymbol{v}=\boldsymbol{v}-\boldsymbol{H}_{[:,\varPsi[n^\star]]}[\boldsymbol{e}]_{\varPsi[n^\star]}$ {观测矢量更新}
      - $[\widetilde{\boldsymbol{x}}^j]_{\varPsi[n^\star]}=[\boldsymbol{e}]_{\varPsi[n^\star]}$，$\Lambda=\Lambda\backslash\{\Lambda[n^\star]\}$
      - **break** {终止 while 循环}
    - **end**
    - $i=i+1$
  - **end**
- **end**

end

结果： $\boldsymbol{X}=[\widetilde{\boldsymbol{x}}^1,\widetilde{\boldsymbol{x}}^2,...,\widetilde{\boldsymbol{x}}^J]$

9.3　仿真结果

现在评估所提出的基于 CS 的海量接入解决方案的 AUD 错误率（P_e）和 BER。这里有 $P_e=\dfrac{E_u+E_f}{K}$ 和 $\text{BER}=\dfrac{E_uJ\eta+B_m+B_c}{K_aJ\eta}$，其中 E_u 是活跃检测错过的活跃 MTD 的数量，E_f 是错误检测到的非活跃 MTD 的数量，B_m 和 B_c 分别是一帧内检测到的活跃 MTD 的媒介调制符号和传统调制符号中的错误比特总数，$K_aJ\eta$ 是一帧内 K_a 个活跃 MTD 传输的比特总数。在仿真中，总 MTD 数为 $K=100$，活跃 MTD 数为 $K_a=8$。此外，每个基于媒介调制的 MTD 采用 $M_r=2$ 个射频镜面和 4-QAM（$M=4$），因此总吞吐量为 $\eta=M_r+\log_2 M=4$ bpcu。最后，所提出的 StrOMP 算法中的门限 P_{th} 设置为 2，这是通过经验选取的。

为了进行比较，考虑以下基线。**基线 1**：用于传统大规模 MIMO 的上行迫零多用户检测器 [150]，支持采用 16-QAM 的 K_a 个单天线用户实现相同的 4 bpcu。**TLSSCS**：文献 [149] 中的 TLSSC 检测器，使用 $\alpha=4$ 的比例因子（即文献 [149] 中的等式（6））。**StrOMP+GSP**：本章提出的 StrOMP 算法和文献 [150] 中已有的 GSP 算法分别用于活跃 MTD 和数据检测。**AUD 下界**：一种假设 K_a 完美已知的改进 StrOMP 算法，它执行 K_a 次包括行 2~9 和行 13、14 的迭代，输出的估计支撑集是包含 K_a 个元素的 $\Gamma^{(K_a)}$。**BER 下界**：基于 Oracle-LS 的检测器依赖于活跃 MTD 的完美已知索引集和媒介调制符号的支撑集，可以认为是所提出的 mMTC 方案的误码率下限。

从图 9.2（b）、图 9.3（b）和图 9.4（b）可以明显看出，由于媒介调制引入的额外比特，当 P_e 足够小时，对于相同的吞吐量，所提出的 mMTC 方案的 BER 性能优于传统大规模 MIMO 上行信号检测（基线 1）。需要指出的是，这里所提方案与基线 1 的 BER 性能对比实际上是不公平的，因为后者不考虑 AUD 错误。

图 9.2（a）和图 9.2（b）分别比较了不同 SNR 下的 AUD 和 BER 性能。显然，所提出的 StrOMP 算法的 AUD 性能优于 TLSSCS 算法，因此更接近 AUD 下限。可以发现，提出的“StrOMP SIC-SSP”解决方案的误码率性能优于 TLSSCS 检测器和“StrOMP GSP”解决方案，这证明了所提出的解决方案的有效性。此外，与“StrOMP GSP”解决方案相比，提出的“StrOMP SIC-SSP”解决方案的误码率性能随着 SNR 的提高越来越好，这证明了 SIC 操作的有效性。

图 9.3（a）和图 9.3（b）分别比较了 AUD 性能和 BER 性能与帧长度 J 的关系。由于利用了块稀疏性，可以看出，所提出的 StrOMP 的 AUD 性能随着 J 的增加而提高。此外，在 AUD 性能方面，随着 J 的增加，提出的 StrOMP 算法相对于 TLSSCS 算法的优势变得更加明显。还可以发现，除了 Oracle-LS（BER 下界）外，对于足够大的 J，提出的“StrOMP SIC-SSP”解决方案具有最低的误码率下限。

图 9.4（a）和图 9.4（b）分别比较了 AUD 性能和 BER 性能与接收天线数量 N_r 的关系。从图中可以看出，当 N_r 变大时，提出的“StrOMP SICSSP”解决方案的 AUD 或 BER 性能优于 TLSSCS 检测器和“StrOMP GSP”解决方案。这表明所提出的解决方案在大规模 MIMO 部署方面的优越性。

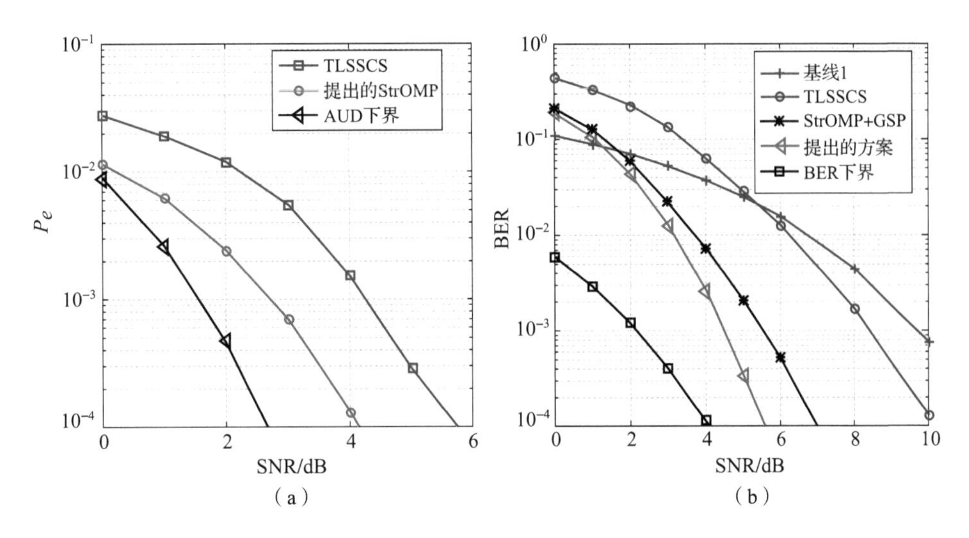

图 9.2　不同解决方案在不同 SNR 下的性能对比（$N_r = 50$，$J = 12$）

（a）AUD 性能；（b）BER 性能

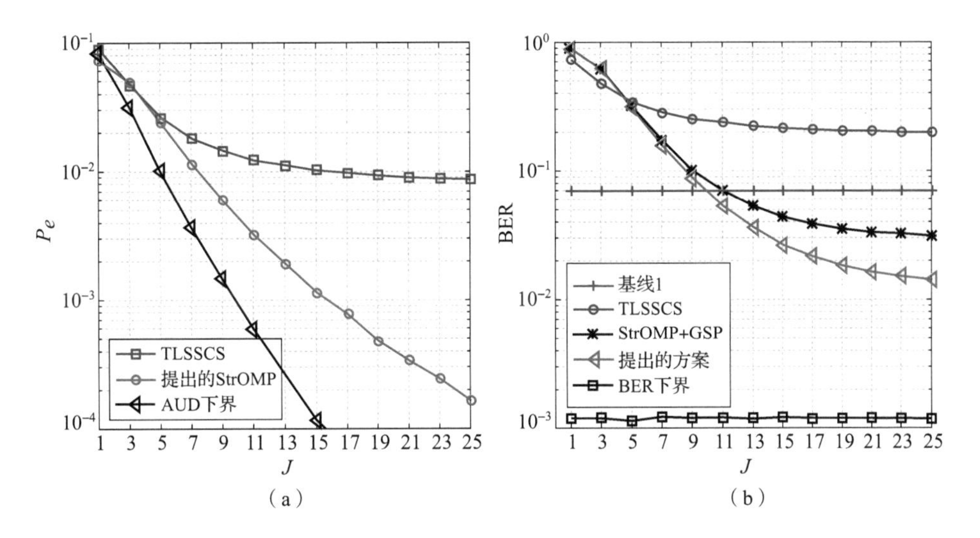

图 9.3　不同解决方案在不同帧长度 J 下的性能对比（$N_r = 50$，$\mathrm{SNR} = 2\,\mathrm{dB}$）

（a）AUD 性能；（b）BER 性能

表 9.2 比较了仿真中不同解决方案的计算复杂度，其中不同算法根据其功能分为两部分（即 AUD 或数据检测）。显然，当 $N_r = 50$ 时，所提出的 StrOMP 算法的复数乘法次数略低于 TLSSCS 算法的 AUD 部分（即文献 [149] 中算法 1 的第 $1 \sim 14$ 行）。如果 N_r 增加一倍，则所提出的 StrOMP 算法的复数乘法数随 N_r 线性增加，而 TLSSCS 算法的 AUD 部分的复杂度几乎与 N_r 的平方成正比。

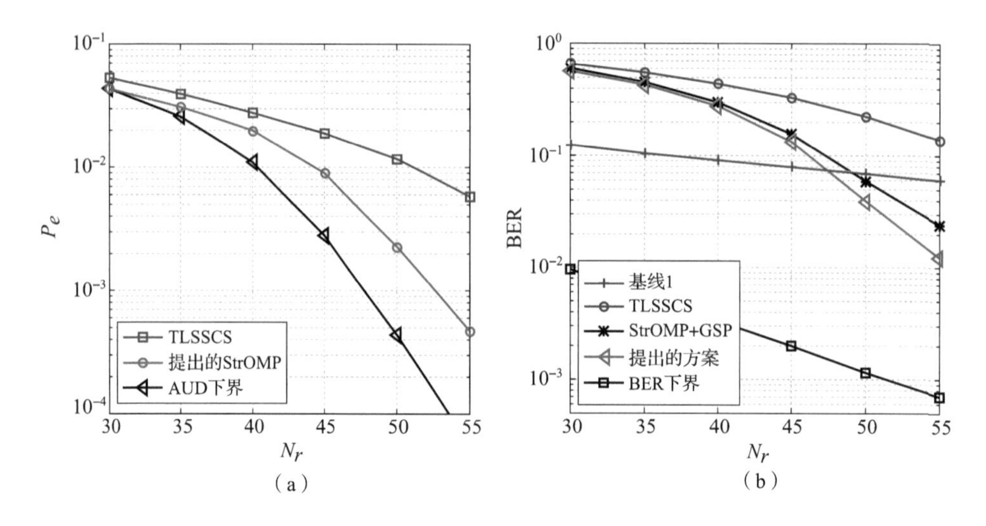

图 9.4 不同解决方案在不同接收天线数量 N_r 下的性能对比（$J = 12$，SNR = 2 dB）

（a）AUD 性能；（b）BER 性能

表 9.2 不同算法的计算复杂度比较

算法		计算复杂度	复数乘法①/($\times 10^6$)	
			$N_r = 50$	$N_r = 100$
AUD	提出的 StrOMP	$\mathcal{O}\{(K_a+1)JKN_tN_r+\sum_{s=1}^{K_a+1}[JN_r(s+2s^2+2(sN_t)^2)+J(s^3+(sN_t)^3)]\}$	9.6	17.6
	TLSSCS [149]	$\mathcal{O}\{(K_a+1)[N_r{}^2(KN_t+J)+N_rJKN_t]+\sum_{s=1}^{K_a+1}[N_r{}^2+2N_r(sN_t)^2+(sN_t)^3]\}$	12.5	44.2
	AUD 下界	$\mathcal{O}\{K_aJKN_tN_r+\sum_{s=1}^{K_a}[JN_r(s+2s^2+2(sN_t)^2)+J(s^3+(sN_t)^3)]\}$	7.1	13.2
数据检测	提出的 SIC-SSP	$\mathcal{O}\{J\sum_{s=1}^{K_a}[2sN_r(N_t+1)+14N_rs^2+11s^3]\}$	2.1	4.0
	TLSSCS [149]	$\mathcal{O}[JN_rK_aN_t+2N_r(K_aN_t)^2+(K_aN_t)^3]$	0.15	0.28
	StrOMP+GSP[150]	$\mathcal{O}\{J[2sN_r(N_t+1)+14N_rK_a{}^2+11K_a{}^3]\}$	0.65	1.2
	BER 下界	$\mathcal{O}(JN_rK_a+2N_rK_a{}^2+K_a{}^3)$	0.01	0.02
	基线 1	$\mathcal{O}(JN_rK_a+2N_rK_a{}^2+K_a{}^3)$	0.01	0.02

① 在参数 $J = 12$，$N_t = 4$，$K = 100$，$K_a = 8$ 下计算复数乘法次数。

因此，很明显，提出的 StrOMP 算法更适合与大规模 MIMO 等大型天线阵列结合。此外，在获得活跃 MTD 之后，TLSSCS 算法的数据检测部分变为 LS 操作（即文献 [149] 中算法 1 的第 15 行），导致媒介调制信号的 BER 性能受限。因此，提出的 SIC-SSP 算法以更高的计算复杂度为代价，获得了更好的数据检测性能。

9.4 本章小结

本章提出了一种基于媒介调制的上行 mMTC 方案，该方案依赖于基站的大规模 MIMO 检测，以实现可靠的海量接入，同时提高吞吐量。mMTC 流量的稀疏性促使本章提出了一种基于 CS 的解决方案。首先，本章提出了一种 StrOMP 算法来检测具有上行信号块稀疏性和结构化稀疏性的活跃 MTD，从而提高了 AUD 检测性能。然后，本章提出了一种 SIC-SSP 算法，利用媒介调制符号的结构化稀疏性来检测活跃 MTD 的数据，以提高 BER 性能。此外，本章还分析了所提出算法的计算复杂度。最后，仿真验证了所提出的解决方案的优势。

第 10 章

TDS-OFDM 系统基于压缩感知理论的时变信道估计

10.1　本章简介与内容安排

OFDM 技术目前正广泛应用于高速宽带无线通信系统 [157]。在 DTTB 领域，DVB-T2[158] 和 DTMB[159] 均采用 OFDM 作为关键调制技术。DVB-T2 使用基于 CP 的 OFDM，其中 CP 作为保护间隔被插入连续的 OFDM 数据块之间，以消除多径信道引起的 IBI[160]。与 DVB-T2 不同，DTMB 使用 TDS-OFDM，它用时域训练序列 TS 代替 CP。与经典的基于 CP 的 OFDM 相比，TDS-OFDM 在快速同步和 CE 方面具有优越的性能，并且它还实现了更高的频谱效率 [161−163]。由于 TDS-OFDM 的良好性能，DTMB 已被正式批准为国际 DTTB 标准，并已在中国和其他几个国家成功部署 [161]。

然而，由于 TS 和 OFDM 数据块之间的相互干扰，TDS-OFDM 系统需要使用迭代干扰消除来解耦 TS 和 OFDM 数据块，以进行信道估计和频域解调 [162]。在时频双选择性衰落信道下，这种迭代干扰消除将会导致性能恶化，因此 IBI 的完美消除是很难实现的。多种方案 [163−165] 已经被提出以解决这个问题。在这些解决方案中，DPN-OFDM 因其简便性和在不施加复杂迭代干扰消除的情况下提供准确信道估计的能力而吸引了更多的关注 [163]，其代价是牺牲一些频谱效率。文献 [166] 针对当前 DTMB 系统提出了一种基于 CS 的信道估计方法，通过 CS 的贪婪信号恢复算法，用接收 TS 中较短的无 IBI 区域来估计较长的多径信道，例如 SP 算法 [57] 和 CoSaMP 算法 [127]。然而，由于所需的矩阵求逆运算，这种方法存在计算复杂度高的缺点，并且在具有很长延迟扩展的严重多径信道的不利条件下，该方案会呈现不可避免的性能退化。

在此背景下，本章针对 TDS-OFDM 系统提出了一种低复杂度、高准确度的基于 CS 的信道估计方案。首先，本章提出了 TS 的重叠加法，以获得无线信道的信道长度、路径延迟和路径增益的粗略估计，从而利用多个连续 TDS-OFDM 符号之间的多径延迟和多径增益的时间相关性。更具体地说，将由多径信道引起的 TS 拖尾部分叠加在前面的 TS 主体部分上，然后将该重叠相加结果与本地 PN 序列循环相关，以获得一些粗略的 CSI。此外，多个连续 TDS-OFDM 符号之间的多径延迟和增益的时间相关性被联合利用，以提高信道粗估计的鲁棒性和准确性。借助于重叠加法获得的无线信道的先验粗估计信息，提出的基于 CS 的信道估计方法能够获得准确的信道估计，同时，其计算复杂度也较低，本章将提出的方法称为 PA-IHT。特别指出的是，与经典 IHT 算法 [167] 不同，经典 IHT 算法的收敛要求测量矩阵的 ℓ_2 范数小于 1，提出的 PA-IHT 算法利用无线信道的可用先验信息来消除此类限制，并减少了所需的迭代次数。与现有的基于 CS 的信道估计方法（如文献 [166] 中的改进的 CoSaMP 算法）相比，提出的 PA-IHT 算法还受益于通过粗估计获得的无线信道的先验信息，显著提高了信号恢复精度，并大大降低了计算复杂度。此外，在具有很长时延扩展的严重多径信道下，改进的 CoSaMP 算法会出现明显的信道估计性能下降，而提出的 PA-IHT 算法在这种不利的信道条件下仍然具有鲁棒性和准确性。

10.2　系统模型

在时域中，TDS-OFDM 信号按照符号进行分组，并且每个 TDS-OFDM 符号包含一个 TS，这是一个已知的长度为 M 的 PN 序列 $\boldsymbol{c}=\left[c_0\ c_1 \cdots c_{M-1}\right]^{\mathrm{T}}$，紧接着是长度为 N 的 OFDM 数据块，它可以被表示为 $\boldsymbol{x}_i=\left[x_{i,0}\ x_{i,1}\cdots\ x_{i,N-1}\right]^{\mathrm{T}}$（$i$ 表示 TDS-OFDM 符号索引）。因此，第 i 个 TDS-OFDM 符号表示为 $\boldsymbol{s}_i=\left[\boldsymbol{c}^{\mathrm{T}}\ \boldsymbol{x}_i^{\mathrm{T}}\right]^{\mathrm{T}}=\left[\boldsymbol{c}^{\mathrm{T}}\ \left(\boldsymbol{F}_N^{\mathrm{H}}\boldsymbol{X}_i\right)^{\mathrm{T}}\right]^{\mathrm{T}}$，其中 $\boldsymbol{F}_N$ 是维度为 $N\times N$ 的 DFT 矩阵，$\boldsymbol{X}_i=\left[X_{i,0}\ X_{i,1}\cdots X_{i,N-1}\right]^{\mathrm{T}}$ 是第 i 个频域 OFDM 数据块。

在接收端，接收到的第 i 个 OFDM 符号可以被写为 $\boldsymbol{r}_i=\boldsymbol{s}_i*\boldsymbol{h}_i+\boldsymbol{n}_i$，其中 $\boldsymbol{n}_i$ 是具有零均值的信道 AWGN 矢量，而 $\boldsymbol{h}_i=\left[h_{i,0}\ h_{i,1}\cdots h_{i,L-1}\right]^{\mathrm{T}}$ 是长度为 L 的时变 CIR，$\boldsymbol{h}_i$ 在第 i 个 TDS-OFDM 符号的时间段内可以认为是准静态的。由于无线信道具有稀疏性 [31]，其 CIR 仅包括 P 个可分解的传播路径，其中 $P\ll L$。换言之，$\boldsymbol{h}_i$ 中只有 P 个系数是非零的，因此 CIR 的系数可以用以下模型表示 [168,169]

$$h_{i,l}=\sum_{p=0}^{P-1}\alpha_{i,p}\delta\left(l-\tau_{i,p}\right),\ 0\leqslant l\leqslant L-1 \tag{10–1}$$

式中，$\alpha_{i,p}$ 表示第 p 条路径的增益；$\tau_{i,p}$ 表示第 p 条路径的延迟。显然，有

$$h_{i,l}=\begin{cases}\alpha_{i,p}, & l=\tau_{i,p}\\ 0, & \text{其他}\end{cases} \tag{10-2}$$

对于 TDS-OFDM 系统中的信道估计和数据解调，现有的解调方案可能无法达到令人满意的性能，特别是在严重的多径信道下。图 10.1 展示了几种现有的 TDS-OFDM 系统的信道估计方案。如图 10.1（a）所示，采用单 PN 序列的 TDS-OFDM 的传统信道估计方案具有保持高频谱效率的优势。但是，这种方法存在 PN 序列与 OFDM 数据块相互干扰的问题。因此，在双选择性衰落信道中，需要采用迭代干扰消除来解耦干扰 [162]，而这会降低信道估计的精度 [161]。在 DPN-OFDM 方案中，如图 10.1（b）所示，插入了一个额外的 PN 序列用来防止第二个 PN 序列被前面的 OFDM 数据块污染。这样，DPN-OFDM 方案避免了复杂的迭代干扰消除，提高了信道估计性能，但代价是降低了频谱效率。

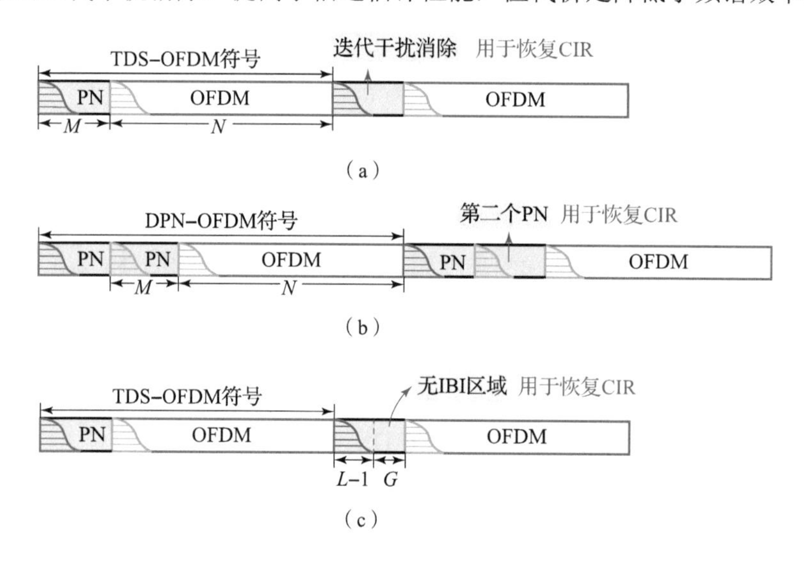

图 10.1　现有的 TDS-OFDM 信道估计方案

（a）基于迭代干扰消除的方案；（b）基于双 PN 序列的方案；（c）基于压缩感知的方案

为了保证系统性能的可靠性，TDS-OFDM 系统的 PN 序列长度被设计为大于最大 CIR 长度。考虑到在无线场景中，实际 CIR 长度小于甚至远远低小于保护间隔的长度 M，因此有一个无 IBI 的长度为 $G=M-L+1$ 的区域，如图 10.1（c）所示。在这个无 IBI 区域，接收信号 $\boldsymbol{y}=\left[y_{L-1}\ y_L \cdots y_{M-1}\right]^{\mathrm{T}}$ 可以被表示为

$$\boldsymbol{y}=\boldsymbol{\Phi h}+\boldsymbol{n}' \tag{10-3}$$

式中，$\boldsymbol{n}'$ 为相关信道的 AWGN 矢量，并且

$$\boldsymbol{\Phi}=\begin{bmatrix} c_{L-1} & c_{L-2} & \cdots & c_0 \\ c_L & c_{L-1} & \cdots & c_1 \\ \vdots & \vdots & \vdots & \vdots \\ c_{M-1} & c_{M-2} & \cdots & c_{M-L} \end{bmatrix}_{G\times L} \tag{10–4}$$

是一个大小为 $G\times L$ 的托普利兹矩阵，完全由 TS 决定。

一般来说，图 10.1（c）所示的无 IBI 区域通常很小。因此式（10–3）中的未知信道 $\boldsymbol{h}$ 很难得到唯一解，因为观测维数 G 通常小于 CIR 维数 L。幸运的是，压缩感知理论 [127] 已经证明，如果目标信号是稀疏或近似稀疏的，那么低维不相关的观测数据可以准确地重建高维信号。无线信道在本质上是稀疏的 [31]，可解析的路径的实际数量通常满足 $P\ll L$。因此，即使 CIR 维度 L 大于甚至远远大于观测维度 G，也可能有 $P\leqslant G$。在文献 [166] 中，一种改进的 CoSaMP 算法被提出，用来求解式（10–3）中的欠定方程。该方案在不改变现有 TDS-OFDM 信号结构的前提下，继承了高频谱效率的优点。此外，该方案在不需要迭代干扰消除的情况下提高了信道估计性能。然而，由于 CS 算法需要进行矩阵求逆操作，因此计算复杂度较高，而且在严重的多径信道下，时延扩展较长，观测维度 G 可能会太小，从而导致性能下降。

10.3　基于 PA-IHT 的信道估计

本节提出了基于 PA-IHT 算法的 TDS-OFDM 系统信道估计方案，并且本节对提出的方案进行了复杂度分析。

10.3.1　提出的基于 PA-IHT 的信道估计方法

提出的信道估计方法包括四个步骤，如图 10.2 所示。具体来说，在第一步中，估计粗略的 CIR 长度和路径时延；在第二步中，获得粗略的信道增益；借助前两步获得的无线信道的粗略信息，所提出的 PA-IHT 算法在第三步估计精确的路径时延；最后在第四步，基于 ML 准则获得精确的路径增益。

在前两步中，利用无线信道的时间相关性来估计粗略的 CIR 长度、路径时延和路径增益。对于时变信道，路径时延的变化通常比路径增益的变化缓慢 [32]。即使对于移动场景，尽管路径增益在相邻 TDS-OFDM 符号上会发生改变，但路径时延可能保持相对不变。这是因为导致特定的一条路径的时延改变一个抽头所需时间 T_{delay} 与信号带宽 f_s 成反比，而路径增益的相干时间 T_{gain} 则与载波频率

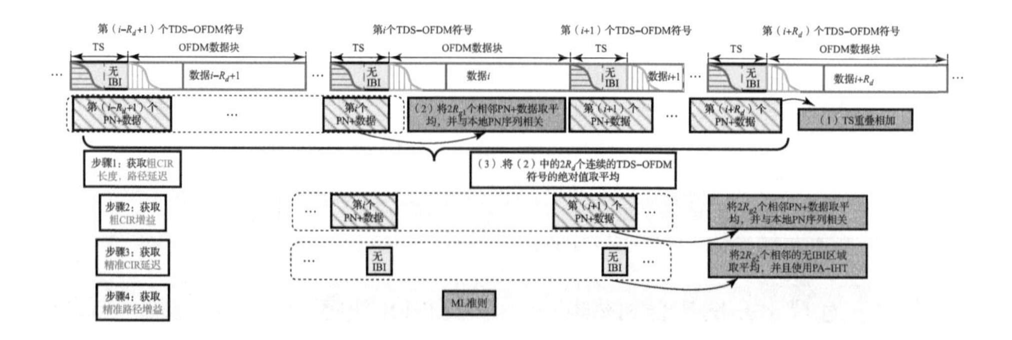

图 10.2 所提出的基于 PA-IHT 的信道估计包括四个步骤。前两个步骤使用所提出的 TS 重叠相加方法，由此利用无线信道的时间相关性来获得无线信道的一些先验信息；在剩下的两个步骤中，使用所提出的 PA-IHT 算法和 ML 准则来获得准确的信道估计

f_c 成反比 [32,170]。由于对于所有实际的通信系统，存在 $f_s \ll f_c$，路径时延的变化比路径增益慢得多，即 $T_{\text{gain}} \ll T_{\text{delay}}$。图 10.3 描绘了 ITU-VB 信道 [171] 上四个相邻 TDS-OFDM 符号的 CIR，其中接收机速度为 120 km/h。从图 10.3 中可以观察到，尽管相邻 TDS-OFDM 符号中的路径增益不同，但路径时延几乎保持不变。因此，可以利用多个 TDS-OFDM 符号上的时变信道特性来辅助信道粗估计。

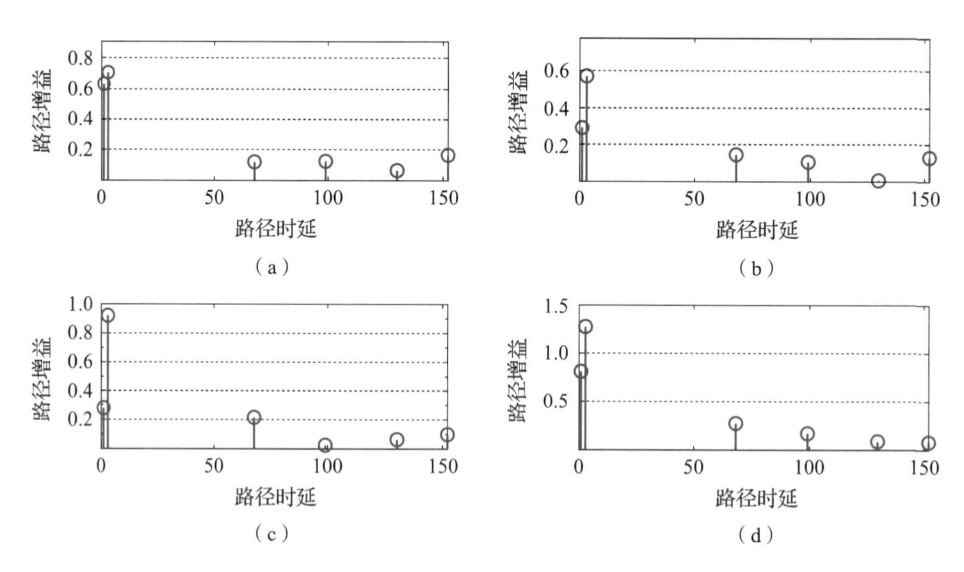

图 10.3 接收器速度为 120 km/h 的 ITU-VB 信道上四个相邻 TDS-OFDM 符号的 CIR。DTTB 载波频率 $f_c = 634\,\text{MHz}$，符号速率 $1/T_s = 7.56\,\text{MHz}$

这里进一步阐述这一点。首先，对于时变信道，信道的路径延迟在 T_{delay} 的时间间隔内，或在 $\left\lfloor \dfrac{T_{\text{delay}}}{T_s(M+N)} \right\rfloor$ 个 TDS-OFDM 符号的持续时间内可以认为几乎保持不变 [32,170]。换言之，可以认为 $2R_d-1$ 个 TDS-OFDM 符号内 CIR 共享相同的稀疏模式 [172]，其中，$R_d=\left\lfloor \dfrac{T_{\text{delay}}}{2T_s(M+N)} \right\rfloor$，或者说，在 T_{delay} 的持续时间之内无线信道的延时公共稀疏性得到保证 [170]。实际上，由于 $T_{\text{delay}} \propto \dfrac{T_s c}{v}=\dfrac{c}{f_s v}$，$R_d$ 可能非常大，其中，c 是光速，v 是移动接收器的速度，而 T_s 是数据符号持续时间，也可以视为延迟的分辨率。因此，可以得到 $R_d \approx \left\lfloor \dfrac{c}{2v(M+N)f_s T_s} \right\rfloor$。以 $v=100$ m/s 且 $M+N=256+4\ 096$ 为例，可以认为 R_d 在 DTMB 系统中的一个超帧期间是不变的，其中一个 DTMB 超帧由多个 TDS-OFDM 符号组成。

其次，在路径增益的相干时间 T_{gain} 内，路径增益可以被表示为 $|\alpha_{i,p}|\exp\left(\phi_0+2\pi f_d t\right)$，其中，$\phi_0$ 是初始相位，t 是时间，f_d 是可以在接收端估计得到的多普勒频偏 [173]。因此，在 $\dfrac{1}{2f_d}$ 的时间间隔长度内，或者说在 $R_{g1}=\left\lfloor \dfrac{1}{2f_d T_s(M+N)} \right\rfloor$ 个 TDS-OFDM 符号的持续时间内，复路径增益的相位变化是不超过 π 的。换言之，信道路径增益在 $R_{g1}=\left\lfloor \dfrac{1}{2f_d T_s(M+N)} \right\rfloor$ 个 TDS-OFDM 符号内是高度相关的。因此，通过对 R_{g1} 个相邻 TDS-OFDM 符号上的 CIR 估计进行平均，可以减少接收机 AWGN 的影响，提高路径时延估计的准确性和可靠性。显然，为了使这种平均有效，必须使 $R_{g1}>1$。

众所周知，$f_d \propto \dfrac{f_c v}{c}$，因此，可以得到 $R_{g1} \approx \left\lfloor \dfrac{c}{2v(M+N)f_c T_s} \right\rfloor$。由于 $f_s \ll f_c$，显然有 $2R_d-1>R_{g1}>1$。事实上，接收机可以根据时变信道的信道状态和估计的 f_d 自适应地选择 R_d 与 R_{g1} 的大致值。

此外，为了在 R_{g1} 个相邻 TDS-OFDM 符号期间发生瞬时信道深衰落的情况下实现可靠的信道粗估计，本章联合利用 $2R_d-1$ 个相邻 TDS-OFDM 符号的 CIR 估计值来进一步改善信道长度和路径时延的粗估计。

最后，定义无线信道在 $2R_{g2}-1$ 个符号内是准静态的。通常，必须假设无线信道的路径延迟和路径增益至少在一个 TDS-OFDM 符号期间保持不变。因此，对于时变信道，可以选择 $R_{g2}=1$。

对于 $f_d=0$ 的静态信道，路径时延和路径增益都是时不变的。可以简单地选择所需的 $R_{g1}>1$ 进行平均，并进一步设置 $2R_{g2}-1=R_{g1}$。现在详细介绍提出的 PA-IHT 算法。

算法 12: PA-IHT 算法

输入： 1）初始路径时延集合 D_0，信道粗估计 $\bar{\boldsymbol{h}}'$，信道稀疏度 S

2）含噪观测 $\bar{\boldsymbol{y}}$，观测矩阵 $\boldsymbol{\Phi}$

输出： S 稀疏估计 $\widehat{\boldsymbol{h}}$

1: $\boldsymbol{x}^0\big|_{D_0} \leftarrow \bar{\boldsymbol{h}}'\big|_{D_0}$

2: $u_{\text{current}} = \left\|\bar{\boldsymbol{y}} - \boldsymbol{\Phi}\boldsymbol{x}^0\right\|_2$

3: $u_{\text{previous}} = 0$

4: **while** $u_{\text{previous}} \leqslant u_{\text{current}}$ **do**

5: $\quad k \leftarrow k+1$

6: $\quad \boldsymbol{z} = \boldsymbol{x}^{k-1} + \boldsymbol{\Phi}^{\mathrm{H}}\left(\bar{\boldsymbol{y}} - \boldsymbol{\Phi}\boldsymbol{x}^{k-1}\right)$

7: $\quad \Gamma = \sup\left\{\text{abs}\{z\}\rangle_S\right\}$

8: $\quad \boldsymbol{x}^k \leftarrow \boldsymbol{x}^{k-1}$

9: $\quad \boldsymbol{x}^k\big|_{\Gamma} \leftarrow \bar{\boldsymbol{h}}'\big|_{\Gamma}$

10: $\quad \boldsymbol{x}^k \leftarrow \boldsymbol{x}^k\rangle_S$

11: $\quad u_{\text{previous}} = u_{\text{current}}$

12: $\quad u_{\text{current}} = \left\|\bar{\boldsymbol{y}} - \boldsymbol{\Phi}\boldsymbol{x}^k\right\|_2$

13: **end while**

14: $\widehat{\boldsymbol{h}} \leftarrow \boldsymbol{x}^{k-1}$

步骤 1：获取信道长度和路径时延粗估计。本书作者提出了 TS 的重叠相加方法，该方法联合使用从第（$i-R_d+1$）到第（$i+R_d$）个 TDS-OFDM 符号接收的 TS 来利用无线信道的时域相关性。所提出的 TS 重叠相加方法如图 10.4 所示，其操作可以表示为

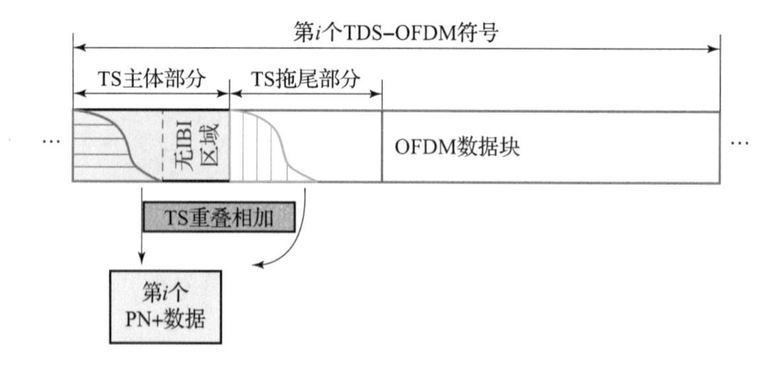

图 10.4 第 i 个 TDS-OFDM 符号中的 TS 重叠相加。需要指出的是，在步骤 1 中，TS 拖尾部分的长度是 M，而在步骤 2 中，TS 拖尾部分的长度是估计的 CIR 长度

$$\boldsymbol{r}_k = \boldsymbol{r}_{k,\mathrm{main}} + \boldsymbol{r}_{k,\mathrm{tail}},\ i - R_d + 1 \leqslant k \leqslant i + R_d \tag{10–5}$$

式中，TS 主体部分 $\boldsymbol{r}_{k,\mathrm{main}}$ 和 TS 拖尾部分 $\boldsymbol{r}_{k,\mathrm{tail}}$ 分别可以表示为

$$\boldsymbol{r}_{k,\mathrm{main}} = \boldsymbol{\Psi}_k \boldsymbol{h}_k + \boldsymbol{n}_{k,\mathrm{main}},\ i - R_d + 1 \leqslant k \leqslant i + R_d \tag{10–6}$$

$$\boldsymbol{r}_{k,\mathrm{tail}} = \boldsymbol{\Theta}_k \boldsymbol{h}_k + \boldsymbol{n}_{k,\mathrm{tail}},\ i - R_d + 1 \leqslant k \leqslant i + R_d \tag{10–7}$$

式中，$\boldsymbol{n}_{k,\mathrm{main}}$ 和 $\boldsymbol{n}_{k,\mathrm{tail}}$ 是相应的 AWGN 矢量，而

$$\boldsymbol{\Psi}_k = \begin{bmatrix} c_0 & x_{k-1,N-1} & x_{k-1,N-2} & \cdots & x_{k-1,N-L+1} \\ c_1 & c_0 & x_{k-1,N-1} & \cdots & x_{k-1,N-L+2} \\ \vdots & \vdots & \vdots & \ddots & \vdots \\ c_{L-1} & c_{L-2} & c_{L-3} & \cdots & c_0 \\ \vdots & \vdots & \vdots & \ddots & \vdots \\ c_{M-1} & c_{M-2} & c_{M-3} & \cdots & c_{M-L} \end{bmatrix}_{M\times L} \tag{10–8}$$

$$\boldsymbol{\Theta}_k = \begin{bmatrix} x_{k,0} & c_{M-1} & c_{M-2} & \cdots & c_{M-L+1} \\ x_{k,1} & x_{k,0} & c_{M-1} & \cdots & c_{M-L+2} \\ \vdots & \vdots & \vdots & \ddots & \vdots \\ x_{k,L-1} & x_{k,L-2} & x_{k,L-3} & \cdots & x_{k,0} \\ \vdots & \vdots & \vdots & \ddots & \vdots \\ x_{k,M-1} & x_{k,M-2} & x_{k,M-3} & \cdots & x_{k,M-L} \end{bmatrix}_{M\times L} \tag{10–9}$$

然后，将 R_{g1} 个相邻的 TDS-OFDM 符号的 TS 重叠相加的结果平均，再利用 TS 良好的自相关和循环互相关特性与已知的 TS 进行循环相关。具体来说，有

$$\widetilde{\boldsymbol{h}}_q = \frac{1}{MR_{g1}}\left(\boldsymbol{c} \otimes \sum_{k=q}^{q+R_{g1}-1} \boldsymbol{r}_k\right) = \frac{1}{R_{g1}} \sum_{k=q}^{q+R_{g1}-1} \boldsymbol{h}_k + \boldsymbol{v}_k,$$
$$i - R_d + 1 \leqslant q \leqslant i + R_d - R_{g1} \tag{10–10}$$

式中，$\boldsymbol{v}_k$ 表示干扰加上接收机 AWGN 与 PN 序列的循环相关在 R_{g1} 个相邻 TDS-OFDM 符号上的 TS 的平均。需要指出的是，通过对 R_{g1} 个相邻的 TDS-OFDM 符号进行平均，AWGN 的影响将显著降低。因此，信道粗估计结果 $\bar{\boldsymbol{h}}$ 可以表示为

$$\bar{\boldsymbol{h}} = \frac{1}{2R_d - R_{g1}} \sum_{q=i-R_d+1}^{i+R_d-R_{g1}} \text{abs}\{\widetilde{\boldsymbol{h}}_q\} \tag{10–11}$$

对于时变信道，利用 $(2R_d - R_{g1}) > 1$ 个估计的 $\boldsymbol{h}_q$ 来获得信道粗估计结果 $\boldsymbol{h}_q$，这能够减小特定 TDS-OFDM 符号持续时间内发生的瞬时信道深衰落的影响。对于静态信道，$2R_d - R_{g1} = 1$，由于信道延迟和增益在相邻的 TDS-OFDM 符号上是恒定的，所以仅使用单个估计结果 $\boldsymbol{h}_q$ 来获得信道粗估计结果 $\bar{\boldsymbol{h}}$。最后，只有最大的一些抽头的传播路径延迟

$$D_0 = \left\{\tau_1 : \left|\bar{h}_{\tau_1}\right| \geqslant E_{\text{th}}\right\}_{\tau_1=0}^{L-1} \tag{10–12}$$

被保留，其中 E_{th} 是根据文献 [56] 确定的功率阈值。由此，信道长度粗估计可以根据信道粗估计结果得到

$$\widehat{L} = \max_{\tau_1 \in D_0} \tau_1 + a \tag{10–13}$$

式中，a 是一个变量，用于定义包含接收 TS 的最后 G 个样本的无 IBI 区域，该区域可根据文献 [170] 确定。

初始信道稀疏度由 $S_0 = |D_0|_c$ 确定，然后由 $S = S_0 + b$ 确定信道稀疏度，式中，b 是一个用来抗干扰的正数，这是因为有些低功率路径可能被视为噪声，而 b 的值可以根据文献 [170] 计算。实际上，S 是可分解的传播路径个数为 P 的粗估计。

步骤 2：获取信道路径增益粗估计。使用第（$i - R_{g2} + 1$）到第（$i + R_{g2}$）个接收 TDS-OFDM 符号来获取路径增益的粗略估计

$$\bar{\boldsymbol{h}}' = \boldsymbol{c} \otimes \frac{1}{2R_{g2}M} \sum_{k=i-R_{g2}+1}^{i+R_{g2}} \left(\boldsymbol{r}_{k,\text{main}} + \boldsymbol{r}'_{k,\text{tail}}\right) \tag{10–14}$$

式中，$\boldsymbol{r}'_{k,\text{tail}}$ 矢量的前 $\widehat{L}$ 个元素是 $\boldsymbol{r}_{k,\text{tail}}$ 的前 $\widehat{L}$ 个元素，而它剩余的元素均为 0。

在步骤 1 和 2 中获得的信道长度、信道路径时延和路径增益的粗估计能够提供无线信道的先验信息，从而帮助在接下来两个步骤中使用 PA-IHT 算法进行精确的信道估计。

步骤 3：获取准确的路径延迟估计。这一步提出了 PA-IHT 算法，该算法利用信道粗估计的先验信息来提高信号恢复精度并降低计算复杂度。将观测矢量定义为

$$\bar{\boldsymbol{y}} = \frac{1}{2R_{g2}} \sum_{k=i-R_{g2}+1}^{i+R_{g2}} \boldsymbol{y}_k \tag{10–15}$$

式中，$\boldsymbol{y}_k$ 是式（10–3）中所给出的第 k 个 TDS-OFDM 符号的无 IBI 区域中的接收信号矢量，但其长度为 $\widehat{G} = M - \widehat{L} + 1$。相应地，大小为 $\widehat{G} \times \widehat{L}$ 的托普利兹矩阵 $\boldsymbol{\Phi}$ 可以根据式（10–4）生成。算法 12 总结了所提出的 PA-IHT 算法的伪代码。最终估计的信道路径时延为 $D = \left\{\tau_2 : \left|\widehat{h}_{\tau_2}\right| > 0\right\}_{\tau_2=0}^{L-1}$，其中，$\left\{\widehat{h}_{\tau_2}\right\}_{\tau_2=0}^{L-1}$ 是 $\widehat{\boldsymbol{h}}$ 的元素。

与经典的 IHT 算法或其他基于 CS 的算法相比，提出的 PA-IHT 算法具有如下优点。首先，PA-IHT 算法利用路径时延和增益的粗估计（或等效目标信号中能量较大分量的位置和值）等可用先验信息作为初始条件，这显著提高了信号恢复精度并减少了所需的迭代次数。其次，与改进的 CoSaMP 算法 [166] 不同，无 IBI 区域和测量矩阵的大小由信道长度的粗估计 $\widehat{L}$ 自适应确定。最后，路径增益粗估计作为目标信号在每次迭代中的非零元素取值。相比之下，为了获得这些值，改进的 CoSaMP 算法必须采用具有高复杂度矩阵求逆运算的最小二乘估计，而经典的 IHT 算法使用测量矩阵和残差的相关结果，其收敛条件要求 $\|\boldsymbol{\Phi}\|_2 < 1$[167]。

步骤 4：基于 ML 的精确路径增益估计。最终信道估计通过 ML 估计获得 [166]

$$\widehat{\boldsymbol{h}}'\Big|_D = \left(\boldsymbol{\Phi}|_D\right)^{\dagger}\bar{\boldsymbol{y}} = \left(\left(\boldsymbol{\Phi}|_D\right)^{\mathrm{H}}\boldsymbol{\Phi}|_D\right)^{-1}\left(\boldsymbol{\Phi}|_D\right)^{\mathrm{H}}\bar{\boldsymbol{y}} \tag{10–16}$$

式中，$\widehat{\boldsymbol{h}}'$ 是长度为 M 的向量，其在集合 D 之外的元素为零。本节还给出了所提出的信道估计方法的克拉美罗下界 [166]

$$\mathrm{Var}_{\mathrm{CRLB}} = E\left\{\left\|\bar{\boldsymbol{h}}' - \boldsymbol{h}\right\|_2\right\} = \frac{S}{2R_{g2}G\rho} \tag{10–17}$$

式中，ρ 是 SNR。

10.3.2 收敛性

与 CS 的传统贪婪算法 [127] 不同，后者通常用于解决

$$\min_{\boldsymbol{x}}\left\{\boldsymbol{x}\ \text{是一个稀疏度为}S\ \text{的矢量} : \|\boldsymbol{y} - \boldsymbol{\Phi}\boldsymbol{x}\|_2\right\}$$

而步骤 3 中提出的 PA-IHT 算法则用于支撑集检测。这种支撑集检测可以写成

$$\min_{D}\left\{D : \left\|\boldsymbol{y} - \boldsymbol{\Phi}|_D\,\bar{\boldsymbol{h}}'\Big|_D\right\|_2\right\} \tag{10–18}$$

式中，D 是一个 S 维集合，其元素按升序排列，指代 $\bar{\boldsymbol{h}}'$ 中非零元素的索引。显然，当 $\boldsymbol{y}$，$\boldsymbol{\Phi}$ 和 $\bar{\boldsymbol{h}}'$ 给定时，D 是唯一确定的。提出的算法以贪婪的方式解决了式（10–18）的问题。当迭代过程满足停止条件时，算法至少收敛到局部最优解。

此外，从式（10–14）中可以清楚地看出，$\bar{\boldsymbol{h}}'$ 是信道的无偏估计，因为 TS 的重叠相加结果中混合的数据部分可被视为具有零平均值的噪声。因此，步骤 3

中的信道时延的粗估计有很大概率包含真实信道路径时延 [56]。通过利用信道路径时延粗估计的先验信息，可以减少所需的迭代次数，并且检测到的支撑集往往是全局最优解。

10.3.3 计算复杂度

步骤 1 和 2 使用 FFT 实现 M 点循环相关，其复杂度为 $\mathcal{O}\big((M\log_2 M)/2\big)$。在步骤 3 中，由于获得的信道增益粗估计的先验信息，提出的算法避免了矩阵求逆操作。在步骤 4 中，ML 估计需要复杂度为 $\mathcal{O}\big(GS^2+S^3\big)$ 的矩阵求逆运算。显然，主要的计算复杂度来自步骤 4，因此提出的算法的复杂度是 $C_{\text{PA-IHT}}=\mathcal{O}\big(GS^2+S^3\big)$。

传统的 CoSaMP 算法和改进的 CoSaMP 算法的计算复杂度分别为 $C_{\text{CoSaMP}}=\mathcal{O}\big(4GS^3+8S^4\big)$ 和 $C_{\text{mCoSaMP}}=\mathcal{O}\big((S-S_0)(4GS^2+8S^3)\big)$ [166]。这两种算法的主要计算负担来自获取目标信号中的稀疏信息或非零元素值所需的矩阵求逆操作。相比之下，提出的算法以极低的计算复杂度 $\mathcal{O}\big((M\log_2 M)/2\big)$ 来获取这些信息。

考虑 ITU-VB 信道的典型情况 [171]，其中有 $S=6$，$G=104$ 和 $S_0=3$。三种方案的计算复杂度分别为 $C_{\text{PA-IHT}}=\mathcal{O}(3\,960)$，$C_{\text{CoSaMP}}=\mathcal{O}(100\,224)$ 和 $C_{\text{mCoSaMP}}=\mathcal{O}(50\,112)$。这样，就有 $C_{\text{PA-IHT}}/C_{\text{CoSaMP}}\approx 4\%$ 和 $C_{\text{PA-IHT}}/C_{\text{mCoSaMP}}\approx 8\%$。

10.4 仿真结果

本节通过仿真将所提出的 PA-IHT 方案的性能与 TDS-OFDM 系统的现有方法的性能进行对比，包括基于改进的 CoSaMP 算法的 TDS-OFDM 方案 [166] 和基于 DPN-OFDM 的方案 [163]。仿真系统参数设置为：常规 TDS-OFDM 传输的 $f_c=643\,\text{MHz}$、$1/T_s=7.56\,\text{MHz}$、$N=2\,048$ 和 $M=256$，以及 DPN-OFDM 传输的 $M=2\times256$，并且假设完全同步。仿真采用了 ITU-VB 信道 [171] 和 CDT-8 信道 [56]，其中研究了静态和移动场景。参数 R_{g1} 和 R_{g2} 是根据信道状态自适应设置的，并且在移动和静态场景中都考虑了 $R_d=40$。本节使用 MATLAB R2012a 工具进行仿真。在仿真中，式（10–13）中的变量参数 a 被近似选择为 $a\approx 0.1\max_{\tau_1\in D_0}\tau_1$，而确定信道稀疏度 S 的正数 b 则根据经验设置为 $b\in[0,\ 5]$，其中选择的 b 值与 SNR 成反比。

图 10.5 展示了在给定 SNR = 20 dB 的情况下，针对静态 ITU-VB 信道，目标信号恢复概率与四种方案获得的无 IBI 区域大小的关系。在本仿真中，如果信号估计的 MSE 小于 10^{-2}，恢复结果被认为是正确的 [166]，因此假设信号恢复概

率为 1。从图 10.5 可以清楚地看出，所提出的 PA-IHT 算法明显优于其他三种算法。原始的 IHT 算法在这种情况下无法工作，因为其收敛性要求 $\|\boldsymbol{\Phi}\|_2 < 1$[167]，但式（10–4）中测量矩阵不满足此条件。与分别需要大小为 40 和 30 的无 IBI 区域才能以概率 1 正确恢复信号的 CoSaMP 算法及改进的 CoSaMP 算法相比，所提出的 PA-IHT 算法只需要大小为 7 的无 IBI 区域。这意味着 PA-IHT 算法与 CoSaMP 算法及改进的 CoSaMP 算法相比，所需的观测样本分别减少了 82.5% 和 76.7%。因此，提出的 PA-IHT 算法在对抗具有更长延迟扩展的 CIR 方面特别有效，而现有的基于 CS 的方案在这种不利的信道条件下可能呈现严重的性能退化。

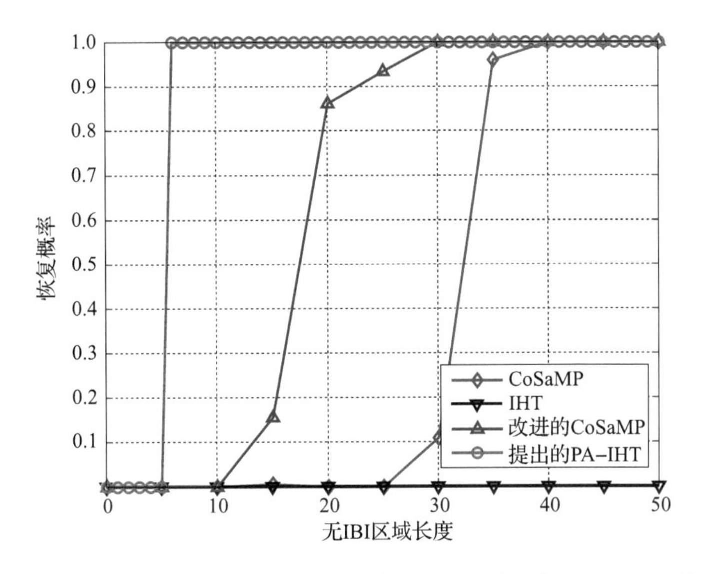

图 10.5 在给定 SNR = 20 dB 的情况下，针对静态 ITU-VB 信道，目标信号恢复概率与四种方案获得的无 IBI 区域大小的关系

图 10.6 比较了在给定 SNR = 10 dB 的情况下，通过三种方案获得的时变 CDT-8 信道的 CIR 估计值，接收机速度为 120 km/h。从图 10.6（b）中显然可以看出基于改进的 CoSaMP 的方案性能较差。该方案提供的 CIR 估计中缺少四个实际信道路径抽头，包括具有长时延扩展的最强回波路径。相比之下，如图 10.6（c）所示，用所提出的方案获得的 CIR 估计中仅缺少一个相对不重要的信道路径抽头。这是因为 CDT-8 信道具有非常强的 0 dB 回波，延迟扩展极长。文献 [166] 中改进的 CoSaMP 方案中的信道粗估计方法仅使用 TS 主体部分，而丢弃了 TS 拖尾部分（图 10.4 ）。因此，它不能有效地检测具有长时延扩展的路径时延。相比之下，提出的 TS 重叠相加方法有效地解决了这一问题。此外，通过利

用无线信道的时域相关性，所提出的 PA-IHT 方案显著提高了信道粗估计的鲁棒性。由于改进的 CoSaMP 方案 [166] 仅使用当前 OFDM 数据块前后的 TS，其路径时延粗估计可能无法在瞬时信道深衰落情况下正常工作。从图 10.6（a）可以观察到，由基于 DPN-OFDM 的方案估计的第一条和第四条路径的增益低于噪声门限。因此，根据获得的 CIR 估计，无法确定第一条和第四条路径的时延。与改进的 CoSaMP 方案类似，基于 DPN-OFDM 的方案在瞬时信道深衰落情况下会出现严重的性能下降，因为一些估计的信道抽头可能会被噪声淹没。此外，基于 DPN-OFDM 的方案还有一个额外的缺点，即频谱效率较低。

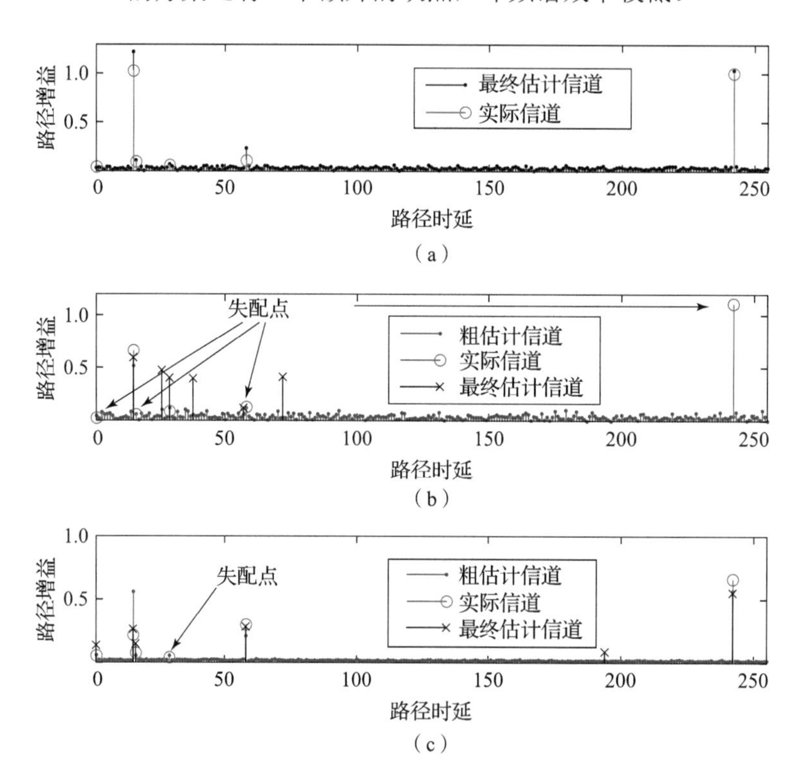

图 10.6　对于移动速度为 120 km/h 且给定 SNR = 10 dB 的 CDT-8 信道，三种不同方案的时域 CIR 估计

（a）基于 DPN-OFDM 的方案；（b）基于改进 CoSaMP 算法的方案；

（c）提出的基于 PA-IHT 的方案

图 10.7 和图 10.8 分别对比了三种方案的信道估计 MSE 性能和数据解调 BER 性能，其中动态信道指移动速度为 120 km/h 的 CDT-8 或 ITU-VB 信道。采用的调制方案是 QPSK。显然，对于 ITU-VB 信道，现有的基于改进 CoSaMP 的方案比现有的基于 DPN-OFDM 的方案实现了更好的性能，但对于 CDT-8 信

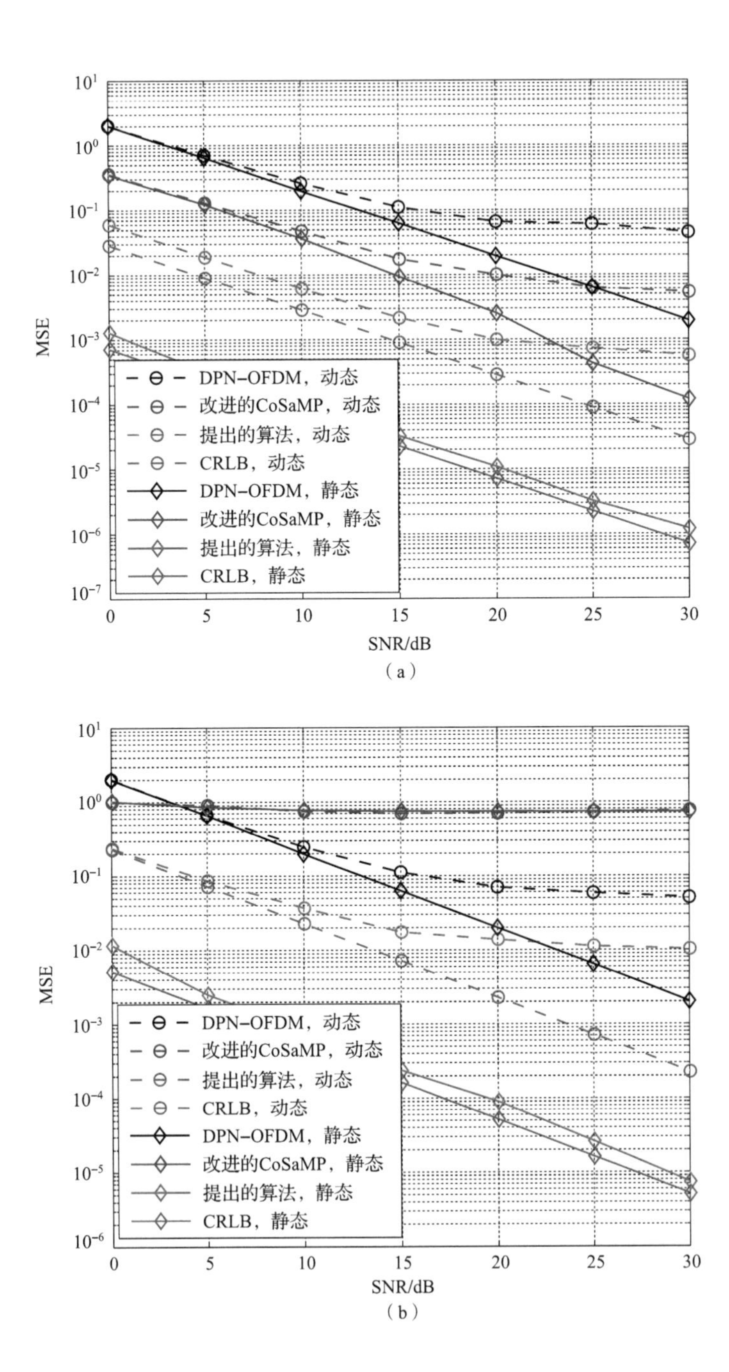

图 10.7　提出的 PA-IHT 方案与现有基于 DPN-OFDM 及改进的 CoSaMP 方案的 MSE 性能比较

(a) ITU-VB 信道；(b) CDT-8 信道

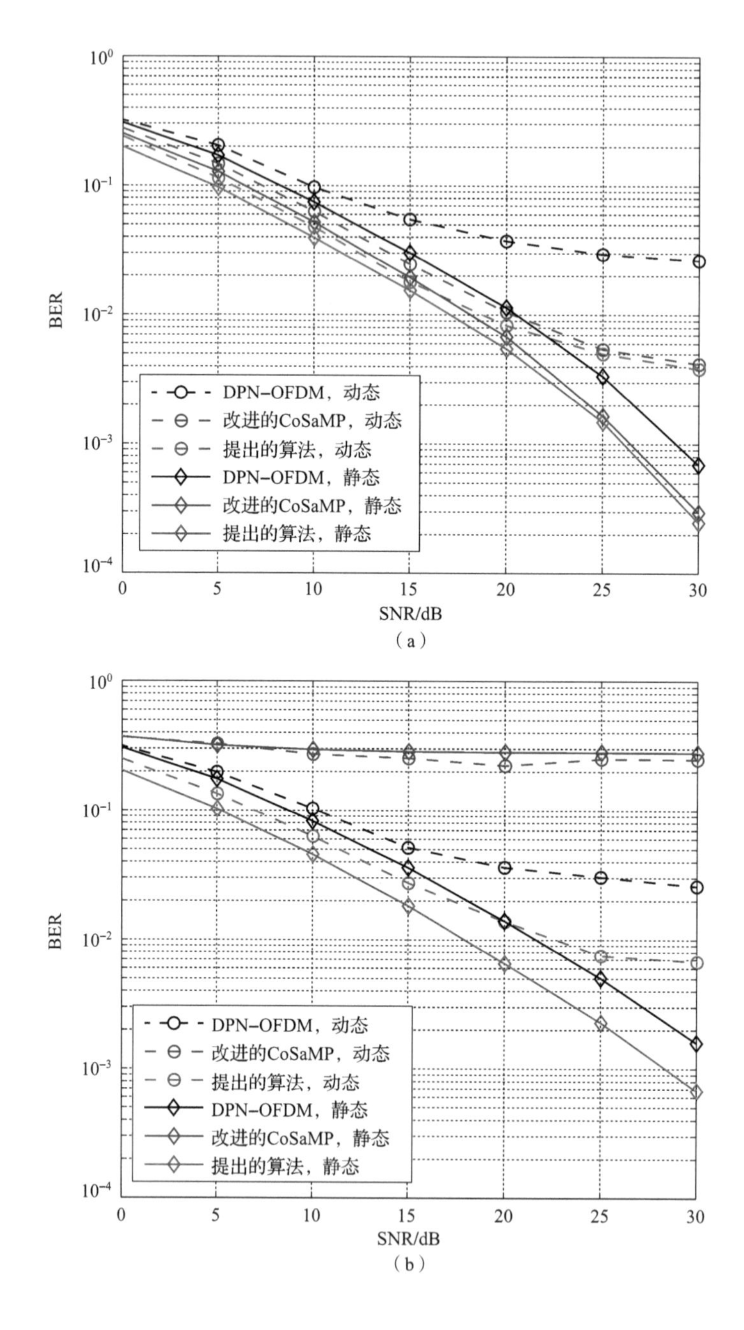

图 10.8　提出的 PA-IHT 方案与现有基于 DPN-OFDM 及改进的 CoSaMP 方案的 BER 性能比较（所采用的调制方案是 QPSK）

（a）ITU-VB 信道；（b）CDT-8 信道

道，基于改进的 CoSaMP 的方案完全失败。这再次证实了改进的 CoSaMP 方案在严重的多径传播环境下会出现严重的性能下降。图 10.7 和图 10.8 的结果清楚地表明，提出的基于 PA-IHT 的方案在各种无线场景中，尤其是在快速时变和严重多径传播场景中，例如接收速度为 120 km/h 的 CDT-8 信道中，显著优于两个现有方案。更具体地说，对于静态 ITU-VB 信道，所提出的基于 PA-IHT 的方案的 MSE 性能分别比改进的 CoSaMP 和基于 DPN-OFDM 的方案高出 20 dB 和 30 dB 以上，而对于动态 ITU-VB 信道，其性能分别比其他两个方案高出约 8 dB 和 15 dB。对于动态和静态 CDT-8 信道，提出的方法获得的 MSE 性能分别比基于 DPN-OFDM 的方法高 5 dB 和 20 dB 以上。此外，对于两种静态信道，提出的方法的 MSE 性能非常接近理论克拉美罗下界。就可实现的误码率而言，从图 10.8 中显然可知提出的方案优于两个现有方案的性能，其中提出的方法相对于现有方法的性能增益在双选择性衰落信道环境下尤其明显。这主要归功于以下原因：基于多个连续 TDS-OFDM 符号的 TS 重叠相加方法显著提高了信道长度和路径时延粗估计的鲁棒性和准确性，这为 PA-IHT 算法提供了准确的先验信息；此外，无 IBI 区域和测量矩阵的大小是自适应的，这进一步提高了 PA-IHT 算法的信道估计精度；同样值得再次指出的是，所提出的方案不会改变当前的 TDS-OFDM 信号结构，并且它实现了比现有 DPN-OFDM 方案更高的频谱效率。

10.5　本章小结

本章针对广泛部署的 TDS-OFDM 系统提出了一种低复杂度和高精度的基于压缩感知的信道估计方法，称为 PA-IHT 算法，该算法在估计精度和计算复杂度方面都显著优于现有的技术。TDS-OFDM 的经典 IHT 算法要求测量矩阵的 ℓ_2 范数小于 1，以保证收敛。相比之下，提出的 PA-IHT 算法消除了这种限制，并且只需要很少的迭代。本章还证明了提出的方案明显优于传统的基于 DPN-OFDM 的方案。与 DPN-OFDM 方案相比，提出的基于 PA-IHT 的方案具有实现更高频谱效率的额外优势，并且不会改变当前的 TDS-OFDM 信号结构。与现有的基于 CS 的方法（如 TDS-OFDM 中的改进 CoSaMP 算法）相比，提出的 PA-IHT 算法显著提高了信道估计的准确性，同时大大降低了计算复杂度。最重要的是，提出的方案在快速时变的严重多径环境下保持了其有效性。在这种不利的信道条件下，现有的基于 CS 的 TDS-OFDM 方案完全无法工作。

第 11 章
总结与大规模 MIMO 技术展望

随着移动互联网业务的指数增长和物联网技术的迅猛发展，未来移动通信系统的数据流量将继续呈现爆发式的增长。这种容量需求的爆发式增长正挑战着目前商用部署的 4G/5G 网络。为了解决这一问题，世界各大通信公司和相关组织在对能量效率和频谱效率要求更高的第五代移动通信标准上开始了广泛的研究。为了实现 5G 甚至 6G 挑战性的愿景，大规模 MIMO 技术被认为是未来下一代移动通信中颇具竞争力的关键物理层技术。

通过在基站处使用大规模的天线阵列，大规模 MIMO 技术具有大的天线增益。通过波束赋形，大规模 MIMO 系统中下行链路信号可以进行有方向性的传输。正是由于这种优势，大规模 MIMO 技术可以极大地提高系统的吞吐率和能量效率。此外，理论分析表明，大规模 MIMO 信道矩阵具有渐近正交性。这意味着当基站处的天线数趋于无穷大时，不同用户的信道矢量彼此正交，那么传统低复杂度的线性预编码和线性信号检测器具有逼近最优的性能。在理论分析方面，大规模 MIMO 技术有着上述诸多优点，然而这些理论分析往往基于各种理想的假设。事实上，随着 5G 标准化和商用化的发展，由于对现有 FDD 系统后向兼容，不可忽视的射频链路功耗等各种实际因素的约束，大规模 MIMO 技术从理论走向广泛商用仍然面临着重要的挑战。另外，目前大规模 MIMO 技术所面临的重要挑战往往源于大量天线所引入的高维度信号处理。在传统的香农-奈奎斯特采样框架下，这种高维度的信号处理会导致过高的训练序列开销、计算复杂度、成本和功耗。为了解决这一问题，本书通过挖掘和利用大规模 MIMO 系统中信号或信道存在的稀疏特性，借助压缩感知工具提出了一系列基于压缩感知理论的技术解决方案。这些方案比传统香农-奈奎斯特采样框架下设计的方案具有更好的性能，从而为大规模 MIMO 技术从理论走向实践提供了相关的理论支撑和具体的实现方案。

本章首先对本书中的创新性贡献进行总结，然后对未来潜在的大规模 MIMO 方向进行展望。

11.1　本书总结

本书的主要贡献包括以下几个方面：

第 2 章讨论了大规模 MIMO 系统在有限散射体信道下不同用户信道矢量具有渐近正交性。相比之下，已有关于大规模 MIMO 系统的理论分析及优越性能的结论通常基于具有渐近正交性的理想高斯信道矩阵模型，而该信道模型是基于信道中具有丰富散射体的假设。通过对有限散射体信道下大规模 MIMO 系统中不同用户信道矢量的渐近正交性分析，本书论证了有限散射体下的稀疏多径信道也能为大规模 MIMO 系统提供良好的信道传播条件。进而，当基站天线数目趋于无穷大时，传统基于理想高斯信道矩阵理论分析所得关于大规模 MIMO 系统的诸多优秀性能在有限散射体的稀疏多径信道下仍然成立。通过对大规模 MIMO 系统信道的稀疏性进行挖掘和利用，本书还提出了如下基于压缩感知理论的信道估计方案和信道反馈方案。

在大规模 MIMO 系统的信道估计方面，由于用户需要估计高维度的下行链路信道，传统的基于香农-奈奎斯特采样框架的信道估计会呈现过高的导频开销。为此，通过利用延时域大规模 MIMO 信道的稀疏性，第 2 章和第 3 章分别讨论了基于有限新息率理论的稀疏信道估计方案和基于结构化压缩感知理论的信道估计方案。相比于传统的信道估计方案，基于有限新息率理论的稀疏信道估计方案可以明显低的导频开销获得对信道多径延时超分辨率的估计。然而，这种信道估计方案通常需要接收端也配备大量天线，因而更加适用于收发端都配置大量天线的点对点大规模 MIMO 系统。为此，本书进一步提出了基于结构化压缩感知理论的信道估计方案。通过利用延时域大规模 MIMO 信道的空时二维结构化稀疏性，本书在结构化压缩感知框架下设计了基站处重叠导频和用户处稀疏信道估计器。理论和仿真证明了基于结构化压缩感知理论的信道估计方案可以使单天线用户以低的导频开销获得对基站处数以百计天线的下行链路信道鲁棒的估计性能。

在 FDD 大规模 MIMO 系统中，用户处估计的下行链路信道还要反馈至基站做包括预编码在内的后续信号处理。然而，传统基于码本的信道反馈方案难以对大规模 MIMO 高维度的信道进行有效的量化、编码和匹配。为此，在第 4 章，通过挖掘和利用角度域大规模 MIMO 信道空频二维分布式稀疏性，本书在分布式压缩感知理论框架下设计了非正交训练序列和基站处可靠的下行链路信道状态信息重构算法。相比于传统基于码本的信道反馈方案，提出的方案可以明显降低的反馈开销在基站端获得更好的信道反馈性能；相比于传统基于压缩感知理论的信道反馈方案仅考虑窄带系统中固定反馈开销下的信道反馈，提出的方案可以根据角度域信道的稀疏度自适应地调节所需信道反馈开销，并利用空频二维分布式稀疏性以更低的反馈开销在基站处获得宽带系统中多个子载波的信道状态信息。

第 5 章针对采用模数混合预编码架构的毫米波大规模 MIMO-OFDM 系统，设计了一种新的混合预编码算法，包括基站和用户终端的混合预编码器/合并器。在设计数字基带预编码器/合并器时考虑 GMD 算法，因为该算法已被证明是避免复杂比特/功率分配的有效方法，并且可以实现比 SVD 预编码更好的 BER 性能。对于模拟部分，则采用 SOMP 算法，以利用毫米波信道的稀疏特性提升性能，用于从预定义码本中选择多个最佳波束。此外，还考虑过采样二维 DFT 码本来应对采用 UPA 的基站端和用户端，同时，有效避免传统基于 CS 的混合波束赋形设计所需的 MIMO 信道的所有导向矢量的实际先验信息。相比于现有基于 PCA 混合预编码方案，这里提出的混合预编码方案方法具有更好的性能。另外，针对多用户毫米波大规模 MIMO 系统上行链路中基于自适应压缩感知的频率选择性衰落信道估计问题，利用毫米波近直射传播的特性，在自适应压缩感知理论下设计了毫米波信道估计算法的参考信号和接收端自适应格点匹配追踪算法。所提出的信道估计算法可以有效解决由于连续分布的入射角和出射角所导致的能量扩散问题，并以低的参考信号开销精确地估计宽带频率选择性衰落信道。

为了避免基于压缩感知理论的信道估计方案在考虑离散化的到达角/离开角时所引入的量化误差，第 6 章讨论了毫米波大规模 MIMO 系统基于谱估计理论的稀疏信道估计问题，通过引入经典的空间谱估计算法来准确地获得窄带/宽带毫米波 MIMO 信道中稀疏多径成分所对应的诸如到达角/离开角、时延等信息，可以极大地降低所需导频开销。具体来说，对于窄带平坦衰落信道，所提出的基于二维酉 ESPRIT 的窄带稀疏信道估计方案首先对信道估计问题进行数学建模，并在发射端和接收端分别设计出合适的波束赋形矩阵来获得一个低维等效信道。利用该低维等效信道和所设计的改进二维酉 ESPRIT 算法，可获得已配对好的到达角和离开角的超分辨率估计值。然后，通过最小二乘估计器便可计算出对应于各路径的信道复增益。最后，由估计到的以上参数可重构出高维度的毫米波 MIMO 信道。对于宽带频率选择性衰落信道，所设计的基于三维酉 ESPRIT 的宽带稀疏信道估计方案首先对该信道估计问题进行数学建模。其次，利用收发端设计出的波束赋形矩阵（量化的模拟波束赋形矩阵的相位值）所获得的低维等效信道和三维酉 ESPRIT 算法来估计已配对好的到达角、离开角以及多径时延的超分辨率估计值。然后，各路径的信道复增益利用最小二乘估计器获得。最后，由估计到的信道参数来重构出高维度的宽带毫米波 MIMO 信道。仿真结果表明，与基于压缩感知的信道估计方案相比，这里设计的窄带/宽带信道估计方案能在更少的导频开销下获得更好的信道估计性能。

第 7 章讨论了大规模 SM-MIMO 系统下行链路中基于结构化压缩感知的信号检测问题。大规模 SM-MIMO 系统利用较小数目的射频链路，并通过空间调制大规模 MIMO 来激活部分天线，以在空域传输额外的信息。为解决用户接收天线数量少、基站发射天线数量多而造成的大规模欠定信号检测问题，本章通过将多个连续的 SM 信号分组携带共同的空间星座符号，从而引入结构化稀疏性，所提出的基于准最优 SCS 的低复杂度大规模 SM-MIMO 信号检测器能够以低计算复杂度逼近最优的 ML 信号检测器性能。

在大规模媒介调制 MIMO 系统中，基站处布置大量的天线和相对少量的射频链路，其中简单的接收天线选择方案用来提高系统的性能。第 8 章讨论了大规模媒介调制 MIMO 系统中上行链路的传输方案，这里每个用户采用媒介调制来提高上行链路的吞吐率，采用 CPSC 传输方案来对抗多径信道。该方案解决的是由于基站处布置的射频链路数目有限而待服务的用户数目较大所造成的大规模欠定的上行链路多用户信号检测问题。为此，本章针对用户端所提出的联合媒介调制方案引入了多个等效媒介调制信号的成组稀疏特性。通过利用等效媒介调制信号的分块稀疏性和多个等效媒介调制信号的成组稀疏性，本章还进一步提出了基站处与之对应的基于压缩感知的多用户信号检测器来获得可靠的多用户信号检测性能，同时该方案具有较低的计算复杂度。

第 9 章讨论了媒介调制辅助的 mMTC 中基于压缩感知的海量接入技术。针对新兴的免授权海量接入方法，本章所提出的 StrOMP 算法通过利用上行接入信号在连续时隙中的块稀疏性和媒介调制符号的结构化稀疏性来进行活跃用户检测。同时，所提出的 SIC-SSP 算法用于解调检测到的活跃 MTD，其中利用了每个时隙中媒介调制符号的结构化稀疏性来提高解调性能。所提出的基于 CS 的活跃用户和数据检测解决方案通过利用 mMTC 的零星流量特征和块稀疏性以及媒介调制符号的结构化稀疏性，能在低复杂度情况下获得接近最优的性能。

相比于经典的基于 CP 的 OFDM 及 TDS-OFDM 的优越性能体现在快速的同步、准确的信道估计，以及更高的频谱效率等多个方面。第 10 章讨论了 TDS-OFDM 系统中基于压缩感知理论的时变信道估计问题。为了解决时频双选择性衰落信道下迭代干扰消除 TS 和 OFDM 数据块之间相互干扰时 IBI 残留问题，本章所提出的 TS 重叠加法利用多个连续 TDS-OFDM 符号之间的多径延迟和多径增益的时域相关性来获得无线信道的信道长度、路径延迟和路径增益的粗略估计。此外，联合利用多个连续 TDS-OFDM 符号之间的多径延迟和增益的时域相关性可以提高信道粗估计的鲁棒性和准确性。所提出的基于 CS 的信道估计方法通过重叠加法获得的无线信道的粗估计先验信息，可以在较低的计算复杂度情况下获得准确的信道估计。

11.2 未来方向展望

随着大规模 MIMO 技术从理论走向实践，大规模 MIMO 技术仍然有很多重要的问题需要进一步研究：

• one-bit 压缩感知理论框架下基于低分辨率 ADC 的大规模 MIMO 系统参考信号和信道估计算法设计: 在现有的大规模 MIMO 系统的理论分析和具体技术解决方案中，通常考虑接收端经过 ADC 采样后的数字信号具有高的精度。这实际上是基于系统采用了高分辨率 ADC 的假设。在大规模 MIMO 系统中，由于每一个天线需要一个包括混频器、ADC、滤波器等在内的射频链路，大量的天线需要大量的射频链路，尤其是大量高分辨率的 ADC，这会极大增加系统的功耗和成本。为此，采用低分辨率的 ADC 来降低系统的功耗和成本成为最近研究的热点。然而，在基于低分辨率 ADC 的大规模 MIMO 系统中，由于数字信号的有限量化精度，传统基于高分辨率 ADC 的信号处理技术（如信道估计中的参考信号设计和信道估计器）可能不再适用。为此，需要探索在有限数字信号量化精度下设计如信道估计等关键技术。在压缩感知理论中，one-bit 压缩感知理论可能为基于低分辨率 ADC 的大规模 MIMO 系统参考信号和相应信道估计算法设计提供指导。

• 动态压缩感知理论框架下毫米波 MIMO 系统中有效的动态信道估计和波束跟踪算法设计: 毫米波 MIMO 系统中，由于存在大量的天线和少量的射频链路，会使该系统信道估计问题变得极为棘手。虽然包括本书在内已有大量关于低训练序列开销的信道估计方案，但是这些信道估计方案通常考虑静态的毫米波 MIMO 系统。对于实际的毫米波 MIMO 系统，由于用户端位置的变化，毫米波 MIMO 信道具有时变特性，因此，在不同的信道相干时间内，信道需要重新估计才能进行后续可靠的信号处理。然而，频繁的信道估计可能会导致极高的训练/导频开销和计算复杂度，这可能会极大限制毫米波 MIMO 系统的数据传输速率。为了解决这个问题，可利用无线信道的时域相关性来完成低开销毫米波时变信道的估计，进而完成波束的跟踪。总之，在毫米波 MIMO 系统中，一个有效的动态信道估计方案和波束跟踪算法对毫米波 MIMO 系统至关重要，而这些方案可能在动态压缩感知理论框架下进行设计。

• 基于非正交多址接入的大规模 MIMO 系统预编码和信号检测算法设计: 除了大规模 MIMO 技术，NOMA 也是 5G/6G 的一项颇具前景的物理层关键技术。相比于传统的正交多址技术，NOMA 可以在非正交资源服务更多的用户，以显著提高系统的频谱效率。然而，传统的 NOMA 技术往往考虑单天线系统的码本设计和信号检测算法。另外，当大规模 MIMO 系统同时服务多个空域彼此较近的用户时，有限基站天线数目带来的有限空域分辨率可能会降低下行链路的吞吐率。为此，可以将大规模 MIMO 技术和 NOMA 有效结合，利用 NOMA 技术来提高大规模 MIMO 系统对多个空域彼此较近用户的传输性能。因此，如何设计基于 NOMA 的大规模 MIMO 系统下行链路预编码和信号检测算法是一个非常值得探索的问题。在该方向中，如何在压缩感知理论框架下，对 NOMA 技术中码本信号的稀疏性进行挖掘和设计可能非常有前景（华为公司提出的 NOMA 方案 Sparse Code Multiple Access 中的码本呈现稀疏特性）。

• 近场传输条件下超大规模 MIMO 系统的信道建模、信道估计以及波束赋形设计: 超大规模 MIMO 是在大规模 MIMO 基础上的进一步演进。通过部署基于新材料和新工具的超大规模的天线阵列，超大规模 MIMO 技术可以获得更高的频谱效率与能量效率。在尺寸、重量和功耗可控的条件下，超大规模 MIMO 有利于进一步扩展，将提供具有极高空间分辨率和处理增益的空间波束，提高网络的多用户复用能力和干扰抑制能力。在超大规模 MIMO 系统中，基站天线有可能分布在一个较大的区域，从而形成超大孔径天线阵列。在超大孔径天线阵列下，终端处于天线阵列的近场，此时接收到的电磁波不能近似为平面波，而且具有非平稳特性，现有系统的远场建模方式不再适用。因此，有必要对超大规模 MIMO 系统进行空间非平稳的信道建模，例如，信道中的一些散射体只对部分天线阵元可见；增加各部分天线阵元之间散射体的生灭接续的过程。此外，相比于大规模 MIMO 系统，超大规模 MIMO 系统更为海量的天线阵元将为通信系统的信道估计和波束赋形设计带来更为严峻的挑战，如何充分发掘近场条件下的信道稀疏特性，利用压缩感知技术有效地对超大规模 MIMO 系统进行信道估计和波束赋形，是超大规模 MIMO 得以实际应用的先决条件之一。

• 太赫兹频段的大规模 MIMO 关键技术研究 [174]: 太赫兹波是指位于 $0.1 \sim 10$ THz 频率范围的电磁波，在整个电磁波谱中位于微波和红外波频段之间。太赫兹既具有微波频段的穿透性和吸收性，又具有光谱分辨特性。由于太赫兹频段具有超大带宽的频段资源可供利用，支持超高的通信速率。因此，太赫兹通信被认为是达成未来 6G 通信的超高要求的重要空口技术备选方案。然而，太赫兹通信技术面临着硬件设备昂贵复杂、传输链路损耗极大、对多普勒效应极为敏感等现实问题。为了平衡通信效率、硬件复杂度与功率消耗，更多大规模 MIMO 架构需要针对太赫兹的特点进行专门设计，包括子连接结构、动态子连接结构以及动态子阵结构等。在宽带太赫兹 MIMO 系统中，波束偏移现象较为严重。为解决波束偏移造成的波束赋形增益降低的问题，TTDL 常常代替移相器实现模拟波束赋形矩阵。然而 TTDL 的高功耗导致其很难部署在每一根天线上。用移相器和时延器件相结合来实现模拟波束赋形，是在太赫兹频段更为现实的一种大规模 MIMO 架构。

• 基于大规模 MIMO 的通信感知一体化结合研究 [175]: 一方面，无线通信频段向毫米波、太赫兹和可见光等更高频段发展。在相同频谱实现通信与感知，避免干扰，提升频谱利用率，是技术与产业发展的优选路径。另一方面，无线通信与无线感知在系统设计、信号处理与数据处理等方面呈现越来越多的相似性。利用同一套设备或共享部分设备器件实现通信与感知，同样是产品的优选形态。以上业务需求与技术发展趋势催生了通信感知一体化技术，可以有效提升系统频谱效率、硬件效率和信息处理效率。在 5G/6G 网络中，大规模 MIMO 系统得到广泛的应用，移动通信系统与雷达系统在频谱应用、MIMO 传输、数字和模拟波束赋形技术方案上有很大相似性，而 5G/6G 的大规模 MIMO 和相控阵雷达在设备形态上也具有趋同性，因此，基于大规模 MIMO 的通信与感知的融合已经被认为是 B5G/6G 的一个重要的技术演进方向。在这个研究方向下，如何确定通信与感知的一体化评估准则、如何设计或使用现有的通信信号框架进行感知、通信/雷达收发机一体化设计、联合雷达感知与信道估计算法设计、无线通感联合波束赋形方案设计等研究内容，引发了学术界和工业界的广泛关注，预计在未来仍将是推动 6G 新技术革命的重点研究方向。

• 基于人工智能/机器学习的大规模 MIMO 技术研究 [176]: 伴随着 AI 三大驱动力——算力、算法和数据相关技术的不断发展，AI 技术正在人类社会中掀起新一轮的技术革命。特别地，作为 AI 技术的一个重要研究方向，机器学习利用了深度神经网络的非线性处理能力，成功地解决了一系列从前难以处理的问题。在 AI 技术与无线通信的结合方面，已有的研究工作表明，AI 在复杂未知环境建模、学习，信道预测，智能信号处理，网络状态跟踪、调度、优化部署等许多方面具有重要的应用潜力，有望促进未来通信范式的演变和网络架构的变革，对未来 6G 技术研究具有十分重要的意义和价值。大规模 MIMO 的优势需要收发端具有较为完整的 CSI 时才能发挥，而大规模 MIMO 的海量天线数，特别是在 FDD 模式下，将为 CSI 的获取和反馈带来挑战，因此，AI 技术与大规模 MIMO 结合，降低 CSI 获取和反馈的开销，是 6G 物理层技术的一个主要研究方向。目前基于机器学习的 CSI 获取方法可分为两类：数据驱动（Data-Driven）和模型驱动（Model-Driven）；基于机器学习的 CSI 反馈方法也可分为两类：隐式反馈（Implicit Feedback）和显式反馈（Explicit Feedback）。如何在不同的应用场景中应用不同的机器学习技术、生成可靠的训练数据并优化神经网络的输出，是研究者未来需要重点关注的问题。

• 可重构智能表面与大规模 MIMO 的协作技术研究: RIS 是一种由大量低成本无源反射元件构成的反射平面，每个反射单元由具有微观结构的超材料制成，并能独立地对反射信号实现相位和/或幅度调控，从而实现绿色的智能无线通信。RIS 在通信盲区覆盖、物理层安全、小区边缘用户服务增强、大规模物联网等通信场景具有广泛的应用前景。因此，RIS 被认为是 B5G/6G 移动通信物理层关键技术的重要组成部分。从信号处理角度上来说，RIS 的结构与大规模 MIMO 十分相似，两者间的算法一般可以通用。然而 RIS 的一些独有特点仍然值得在研究过程中充分关注。一方面，RIS 的无源特性使得 RIS 与收发端之间的多段信道估计变得困难，更多时候，研究者会仅考虑估计包含 RIS 影响在内的等效信道，这也大大限制了 RIS 波束赋形的自由度。随着压缩感知技术的发展，一种基于双线性模型的压缩感知估计方法 [177] 被用于 RIS 信道估计，可以在无源 RIS 的条件下分别估计出发射端-RIS 和 RIS-接收端的信道，为 RIS 信道估计带来了全新的范式。另一方面，不同于目前大部分研究所考虑的单 RIS 情况，复杂环境下多 RIS 辅助的大规模 MIMO 通信是一个亟待研究的热点问题。如何在基站端设计服务多个 RIS 的波束赋形方案、如何为用户分配最佳的 RIS 以保证通信性能、如何设计多个 RIS 之间的多跳通信框架，都是 RIS 与大规模 MIMO 协作通信中的关键问题。

• 基于大规模 MIMO 的近地轨道卫星辅助通信设计: 传统的地面无线蜂窝网络设施具有一些固有的局限性，例如接入平等性、可用性和可靠性。随着人类活动范围的扩大以及 IoT 的蓬勃发展，包括山区、极地、沙漠以及远海在内的偏远地区都将产生高可靠的通信需求，而此时地面无线蜂窝网络将无法对这些地区的用户和设备提供有效的服务。在此背景下，面对无处不在的连接需求，低轨卫星通信应运而生，以补充和扩展地面网络的功能。凭借其全球范围内的视距覆盖能力和相对较低的往返延迟，低轨卫星通信被认为是弥合不断扩大的数字鸿沟的关键技术之一。面对卫星通信具有通信距离远、路径损耗大的特点，此时在卫星上部署大规模 MIMO 系统实现精准的波束赋形和波束跟踪，以提高能量利用效率，补偿严重的路径损耗，就显得尤为重要。此外，由于卫星的高移动性，其带来的多普勒效应在通信系统设计中是不可忽视的。近期，一种全新的 OTFS 调制方式因其高速移动场景下优越的性能而受到广泛关注。将 OTFS 技术应用到大规模 MIMO 系统中，通过将时频域快速变化的星地链路转化到延时多普勒域进行处理，可以有效地对抗多普勒效应，实现时-频双选择性信道下的高可靠通信。MIMO-OTFS 技术在低轨卫星通信中的应用将会带来广阔的研究与应用前景，如何充分挖掘 MIMO-OTFS 系统中可用的自由度，以实现高效、低复杂度的波束赋型和信号检测，是研究者未来需要重点关注的问题。

参考文献

[1] Andrews J G, Buzzi S, Choi W, et al. What will 5G be? [J]. IEEE Journal on Selected Areas in Communications, 2014, 32(6): 1065-1082.

[2] Gao Z, Dai L, Mi D, et al. MmWave massive-MIMO-based wireless backhaul for the 5G ultra-dense network [J]. IEEE Wireless Communications, 2015, 22(5): 13-21.

[3] Wang C X, Haider F, Gao X, et al. Cellular architecture and key technologies for 5G wireless communication networks [J]. IEEE Communications Magazine, 2014, 52(2): 122-130.

[4] Lu L, Li G Y, Swindlehurst A L, et al. An overview of massive MIMO: Benefits and challenges [J]. IEEE Journal of Selected Topics in Signal Processing, 2014, 8(5): 742-758.

[5] Larsson E G, Edfors O, Tufvesson F, et al. Massive MIMO for next generation wireless systems [J]. IEEE Communications Magazine, 2014, 52(2): 186-195.

[6] Bjornson E, Larsson E G, Marzetta T L. Massive MIMO: Ten myths and one critical question [J]. IEEE Communications Magazine, 2016, 54(2): 114-123.

[7] Rusek F, Persson D, Lau B K, et al. Scaling up MIMO: Opportunities and challenges with very large arrays [J]. IEEE Signal Processing Magazine, 2013, 30(1): 40-60.

[8] Sesia S, Toufik I, Baker M. LTE, The UMTS Long Term Evolution: From Theory to Practice[C]. Wiley Publishing, 2009.

[9] Boccardi F, Heath R W, Lozano A, et al. Five disruptive technology directions for 5G [J]. IEEE Communications Magazine, 2014, 52(2):74-80.

[10] Rappaport T S, Sun S, Mayzus R, et al. Millimeter Wave Mobile Communications for 5G Cellular: It Will Work! [J]. IEEE Access, 2013(1): 335-349.

[11] Marzetta T L. Noncooperative Cellular Wireless with Unlimited Numbers of Base Station Antennas [J]. IEEE Transactions on Wireless Communications, 2010, 9(11): 3590-3600.

[12] Ngo H Q, Larsson E G, Marzetta T L. Energy and Spectral Efficiency of Very Large Multiuser MIMO Systems [J]. IEEE Transactions on Communications, 2013, 61(4): 1436-1449.

[13] GreenTouch Consortium. GreenTouch 2010—2011. Technical report [R]. GreenTouch Consortium, 2011.

[14] Shepard C, Zhong L. Argos: Practical many-antenna base stations [C]. Proceedings of the 18th annual international conference on Mobile computing and networking (MobiCom'12), Istanbul, Turkey, 2012: 53-64.

[15] Shepard C, Hang Y, Zhong L. ArgosV2: A flexible many-antenna research platform [C]. Proceedings of the 19th Annual International Conference on Mobile Computing and Networking(MobiCom'13), New York, USA, 2013: 163-166.

[16] Gao Z, Dai L, Wang Z, et al. Spatially Common Sparsity Based Adaptive Channel Estimation and Feedback for FDD Massive MIMO [J]. IEEE Transactions on Signal Processing, 2015, 63(23): 6169-6183.

[17] Rao X, Lau V K N. Distributed Compressive CSIT Estimation and Feedback for FDD Multi-User Massive MIMO Systems [J]. IEEE Transactions on Signal Processing, 2014, 62(12): 3261-3271.

[18] Bjornson E, Matthaiou M, Debbah M. Massive MIMO with Non-Ideal Arbitrary Arrays: Hardware Scaling Laws and Circuit-Aware Design [J]. IEEE Transactions on Wireless Communications, 2015, 14(8): 4353-4368.

[19] Renzo M D, Haas H, Ghrayeb A, et al. Spatial Modulation for Generalized MIMO: Challenges, Opportunities, and Implementation [J]. Proceedings of the IEEE, 2014, 102(1): 56-103.

[20] Alkhateeb A, Mo J, Gonzalez-Prelcic N, et al. MIMO Precoding and Combining Solutions for Millimeter-Wave Systems [J]. IEEE Communications Magazine, 2014, 52(12): 122-131.

[21] Alkhateeb A, Ayach O E, Leus G, et al. Channel Estimation and Hybrid Precoding for Millimeter Wave Cellular Systems [J]. IEEE Journal of Selected Topics in Signal Processing, 2014, 8(5): 831-846.

[22] Eldar Y C, Kutyniok G. Compressed Sensing: Theory and Applications

[M]. Cambridge University Press，2012.

[23] Pitarokoilis A，Mohammed S K，Larsson E G. On the Optimality of Single-Carrier Transmission in Large-Scale Antenna Systems [J]. IEEE Wireless Communications Letters，2012，1(4): 276-279.

[24] Masouros C，Matthaiou M. Space-Constrained Massive MIMO: Hitting the Wall of Favorable Propagation [J]. IEEE Communications Letters，2015，19(5): 771-774.

[25] Santos T，Karedal J，Almers P，et al.Modeling the ultra-wideband outdoor channel: Measurements and parameter extraction method [J]. IEEE Transactions on Wireless Communications，2010，9(1): 282-290.

[26] Kolomvakis N，Matthaiou M，Coldrey M. Massive MIMO in sparse channels [C]. Proceedings of Signal Processing Advances in Wireless Communications(SPAWC), 2014 IEEE 15th International Workshop on，2014: 21-25.

[27] Barbotin Y，Vetterli M. Estimation of Sparse MIMO Channels with Common Support [J]. IEEE Transactions on Communications，2012，60(12): 3705-3716.

[28] Qi C，Wu L. Uplink channel estimation for massive MIMO systems exploring joint channel sparsity [J]. Electronics Letters，2014，50(23): 1770-1772.

[29] Gao Z，Dai L，Lu Z，et al. Super-Resolution Sparse MIMO-OFDM Channel Estimation Based on Spatial and Temporal Correlations [J]. IEEE Communications Letters，2014，18(7): 1266-1269.

[30] Barhumi I，Leus G，Moonen M. Optimal training design for MIMO OFDM systems in mobile wireless channels [J]. IEEE Transactions on Signal Processing，2003，51(6): 1615-1624.

[31] Bajwa W U，Haupt J，Sayeed A M，et al. Compressed Channel Sensing: A New Approach to Estimating Sparse Multipath Channels [J]. Proceedings of the IEEE，2010，98(6): 1058-1076.

[32] Telatar I E，Tse D N C. Capacity and mutual information of wideband multipath fading channels [J]. IEEE Transactions on Information Theory，2000，46(4): 1384-1400.

[33] Dai L，Wang J，Wang Z，et al. Spectrum- and Energy-Efficient OFDM Based on Simultaneous Multi-Channel Reconstruction [J]. IEEE Transactions on Signal Processing，2013，61(23): 6047-6059.

[34] Dragotti P L，Vetterli M，Blu T. Sampling Moments and Reconstructing Signals of Finite Rate of Innovation: Shannon Meets Strang-Fix[J]. IEEE Transactions on Signal Processing，2007(55):1741-1757.

[35] 3GPP Technical Specification [S]. 36.211，1999.

[36] Abramowitz M，Stegun I A. Handbook of Mathematical Functions with Formulas，Graphs，and，Mathematical Tables [M]. U.S. Government Printing Office，1964.

[37] Gedalyahu K，Eldar Y C. Time-Delay Estimation From Low-Rate Samples: A Union of Subspaces Approach [J] . IEEE Transactions on Signal Processing，2010，58(6): 3017-3031.

[38] Roy R，Kailath T. ESPRIT-estimation of signal parameters via rotational invariance techniques [J] . IEEE Transactions on Acoustics，Speech，and Signal Processing，1989，37(7): 984-995.

[39] Stuber G L，Barry J R，McLaughlin S W，et al. Broadband MIMO-OFDM wireless communications [J] . Proceedings of the IEEE，2004，92(2): 271-294.

[40] Dai L，Wang Z，Yang Z. Spectrally Efficient Time-Frequency Training OFDM for Mobile Large-Scale MIMO Systems [J] . IEEE Journal on Selected Areas in Communications，2013，31(2): 251-263.

[41] Zhang J，Zhang B，Chen S，et al. Pilot Contamination Elimination for Large-Scale Multiple-Antenna Aided OFDM Systems [J] . IEEE Journal of Selected Topics in Signal Processing，2014，8(5): 759-772.

[42] Bjrnson E，Hoydis J，Kountouris M，et al. Massive MIMO Systems With Non-Ideal Hardware:Energy Efficiency，Estimation，and Capacity Limits [J] . IEEE Transactions on Information Theory，2014，60(11): 7112-7139.

[43] Cho Y W Y，Kang C. MIMO-OFDM Wireless Communications with MATLAB [M] . John Wiley & Sons(Asia)Pte Ltd，2010.

[44] Xu Y，Yue G，Mao S. User Grouping for Massive MIMO in FDD Systems: New Design Methods and Analysis [J] . IEEE Access，2014(2): 947-959.

[45] Minn H，Al-Dhahir N. Optimal training signals for MIMO OFDM channel estimation [J] . IEEE Transactions on Wireless Communications，2006，5(5): 1158-1168.

[46] Nam Y H，Akimoto Y，Kim Y，et al. Evolution of reference signals for LTE-advanced systems [J] . IEEE Communications Magazine，2012，50(2):

132-138.

[47] Hassibi B, Hochwald B M. How much training is needed in multiple-antenna wireless links? [J]. IEEE Transactions on Information Theory, 2003, 49(4): 951-963.

[48] Bjonson E, Ottersten B. A framework for training-based estimation in arbitrarily correlated Rician MIMO channels with Rician distrubance [J]. IEEE Transactions on Signal Processing, 2010, 58(3): 1807-1820.

[49] Correia L M. Mobile Broadband Multimedia Networks Techniques, Models and Tools for 4G [C]. International Conference on Antennas & Propagation, IET, 2006.

[50] Gao Z, Dai L, Wang Z. Structured compressive sensing based superimposed pilot design in downlink large-scale MIMO systems [J]. Electronics Letters, 2014, 50(12): 896-898.

[51] Nguyen S L H, Ghrayeb A. Compressive sensing-based channel estimation for massive multiuser MIMO systems [C]. Proceedings of Wireless Communications and Networking Conference(WCNC), 2013 IEEE, 2013: 2890-2895.

[52] Shen W, Dai L, Shim B, et al. Joint CSIT Acquisition Based on Low-Rank Matrix Completion for FDD Massive MIMO Systems [J]. IEEE Communications Letters, 2015, 19(12): 2178-2181.

[53] Choi J, Love D J, Bidigare P. Downlink Training Techniques for FDD Massive MIMO Systems: Open-Loop and Closed-Loop Training With Memory [J]. IEEE Journal of Selected Topics in Signal Processing, 2014, 8(5): 802-814.

[54] Gui G, Adachi F. Stable adaptive sparse filtering algorithms for estimating multiple-input multiple-output channels [J]. IET Communications, 2014, 8(7): 1032-1040.

[55] Gao Z, Zhang C, Wang Z, et al. Priori-Information Aided Iterative Hard Threshold: A Low-Complexity High-Accuracy Compressive Sensing Based Channel Estimation for TDS-OFDM [J]. IEEE Transactions on Wireless Communications, 2015, 14(1): 242-251.

[56] Wan F, Zhu W P, Swamy M N S. Semi-Blind Most Significant Tap Detection for Sparse Channel Estimation of OFDM Systems [J]. IEEE Transactions on Circuits and Systems I: Regular Papers, 2010, 57(3): 703-713.

[57] Dai W, Milenkovic O. Subspace Pursuit for Compressive Sensing Signal Reconstruction [J]. IEEE Transactions on Information Theory, 2009, 55(5): 2230-2249.

[58] Asaei A, Bourlard H, Cevher V. Model-based compressive sensing for multiparty distant speech recognition [C]. Proceedings of Acoustics, Speech and Signal Processing(ICASSP), 2011 IEEE International Conference on, 2011: 4600-4603.

[59] Fernandes F, Ashikhmin A, Marzetta T L.Inter-Cell Interference in Noncooperative TDD Large Scale Antenna Systems [J]. IEEE Journal on Selected Areas in Communications, 2013, 31(2): 192-201.

[60] T Cormen L R, Stein C. Introduction to Algorithms [M]. 2nd ed. Cambridge, MA: MIU Press, 2001.

[61] Bjorck A. Numerical Methods for Matrix Computations [M]. Springer International Publishing, 2014.

[62] Hoydis J, Brink S, Debbah M. Massive MIMO in the UL/DL of Cellular Networks: How Many Antennas Do We Need? [J]. IEEE Journal on Selected Areas in Communications, 2013, 31(2): 160-171.

[63] Yin H, Gesbert D, Filippou M, et al. A Coordinated Approach to Channel Estimation in Large-Scale Multiple-Antenna Systems [J]. IEEE Journal on Selected Areas in Communications, 2013, 31(2): 264-273.

[64] Angelosante D, Biglieri E, Lops M. Sequential Estimation of Multipath MIMO-OFDM Channels [J]. IEEE Transactions on Signal Processing, 2009, 57(8):3167-3181.

[65] Simko M, Diniz P S R, Wang Q, et al. Adaptive Pilot-Symbol Patterns for MIMO-OFDM Systems [J]. IEEE Transactions on Wireless Communications, 2013, 12(9): 4705-4715.

[66] Noh S, Zoltowski M D, Sung Y, et al. Pilot Beam Pattern Design for Channel Estimation in Massive MIMO Systems [J]. IEEE Journal of Selected Topics in Signal Processing, 2014, 8(5): 787-801.

[67] Cheng P, Chen Z. Multidimensional Compressive Sensing Based Analog CSI Feedback for Massive MIMO-OFDM Systems [C]. Proceedings of Vehicular Technology Conference(VTC Fall), 2014 IEEE 80th, 2014: 1-6.

[68] Rao X, Lau V K N, Kong X. CSIT estimation and feedback for FDD multi-user massive MIMO systems [C]. Proceedings of Acoustics, Speech

and Signal Processing(ICASSP), 2014 IEEE International Conference on, 2014: 3157-3161.

[69] Nam J, Adhikary A, Ahn J Y, et al. Joint Spatial Division and Multiplexing: Opportunistic Beamforming, User Grouping and Simplified Downlink Scheduling [J]. IEEE Journal of Selected Topics in Signal Processing, 2014, 8(5): 876-890.

[70] Hu A, Lv T, Gao H, et al. An ESPRIT-Based Approach for 2-D Localization of Incoherently Distributed Sources in Massive MIMO Systems [J]. IEEE Journal of Selected Topics in Signal Processing, 2014, 8(5): 996-1011.

[71] Zhou Y A M S, Bonek E. Experimental study of MIMO channel statistics and capacity via the virtual channel representation [R]. Technical Report, February, 2007.

[72] Tse D, Viswanath P. Fundamentals of Wireless Communication [M]. Cambridge University Press, 2005.

[73] Do T T, Gan L, Nguyen N, et al. Sparsity adaptive matching pursuit algorithm for practical compressed sensing [C]. Proceedings of Signals, Systems and Computers, 2008 42nd Asilomar Conference on, 2008: 581-587.

[74] Kay S M. Fundamentals of Statistical Signal Processing, Volume Ⅱ: Detection Theory [M]. Prentice Hall, 1998.

[75] Billingsley P. Probability and Measure [M]. Wiley, 1979.

[76] Chen J, Huo X. Theoretical Results on Sparse Representations of Multiple-Measurement Vectors [J]. IEEE Transactions on Signal Processing, 2006, 54(12): 4634-4643.

[77] Couillet R, Debbah M. Random Matrix Methods for Wireless Communications [M]. Cambridge University Press, 2011.

[78] Alkhateeb A, Leus G, Heath R W. Limited Feedback Hybrid Precoding for Multi-User Millimeter Wave Systems [J]. IEEE Transactions on Wireless Communications, 2015, 14(11): 6481-6494.

[79] Brady J, Behdad N, Sayeed A M. Beamspace MIMO for Millimeter-Wave Communications:System Architecture, Modeling, Analysis, and Measurements [J]. IEEE Transactions on Antennas and Propagation, 2013, 61(7): 3814-3827.

[80] Han S I C L, Xu Z, et al. Reference Signals Design for Hybrid Analog and Digital Beamforming [J]. IEEE Communications Letters, 2014, 18(7):

1191-1193.

[81] Ghauch H, Bengtsson M, Kim T, et al. Subspace estimation and decomposition for hybrid analog-digital millimetre-wave MIMO systems [C]. Proceedings of Signal Processing Advances in Wireless Communications(SPAWC), 2015 IEEE 16th International Workshop on, 2015: 395-399.

[82] Park S, Heath R W. Frequency selective hybrid precoding in millimeter wave OFDMA systems [C]. Proceedings of 2015 IEEE Global Communications Conference(GLOBECOM), 2015: 1-6.

[83] Xiao Z, He T, Xia P, et al. Hierarchical codebook design for beamforming training in millimeter-wave communication [J]. IEEE Transactions on Wireless Communications, 2016, 15(5): 3380-3392.

[84] Sohrabi F, Yu W. Hybrid digital and analog beamforming design for large-scale antenna arrays [J] .IEEE Journal of Selected Topics in Signal Processing, 2016, 10(3): 501-513.

[85] Yu X, Shen J C, Zhang J, et al. Alternating minimization algorithms for hybrid precoding in millimeter wave MIMO systems [J]. IEEE Journal of Selected Topics in Signal Processing, 2016, 10(3): 485-500.

[86] Sun Y, Gao Z, Wang H, et al. Principal component analysis-based broadband hybrid precoding for millimeter-wave massive MIMO systems [J]. IEEE Transactions on Wireless Communications, 2020, 19(10): 6331-6346.

[87] Alkhateeb A, Heath R W. Frequency selective hybrid precoding for limited feedback millimeter wave systems [J]. IEEE Transactions on Communications, 2016, 64(5): 1801-1818.

[88] Xie T, Dai L, Gao X, et al. Geometric mean decomposition based hybrid precoding for millimeter-wave massive MIMO [J]. China Communications, 2018, 15(5): 229-238.

[89] El Ayach O, Rajagopal S, Abu-Surra S, et al. Spatially sparse precoding in millimeter wave MIMO systems [J]. IEEE Transactions on Wireless Communications, 2014, 13(3): 1499-1513.

[90] Tropp J A, Gilbert A C, Strauss M J. Algorithms for simultaneous sparse approximation. Part Ⅰ: Greedy pursuit [J]. Signal Processing, 2006, 86(3): 572-588.

[91] Heath R W, Gonzalez-Prelcic N, Rangan S, et al. An overview of signal processing techniques for millimeter wave MIMO systems [J]. IEEE

Journal of Selected Topics in Signal Processing, 2016, 10(3): 436-453.
[92] Wang J, Lan Z, Pyo C, et al. Beam codebook based beamforming protocol for multi-Gbps millimeter-wave WPAN systems [J]. IEEE Journal on Selected Areas in Communications, 2009, 27(8): 1390-1399.
[93] Zhao L, Ng D W K, Yuan J. Multi-user precoding and channel estimation for hybrid millimeter wave systems [J]. IEEE Journal on Selected Areas in Communications, 2017, 35(7): 1576-1590.
[94] Zhao L, Geraci G, Yang T, et al. A tone-based AoA estimation and multiuser precoding for millimeter wave massive MIMO [J]. IEEE Transactions on Communications, 2017, 65(12): 5209-5225.
[95] Lee J, Gil G T, Lee Y H. Channel estimation via orthogonal matching pursuit for hybrid MIMO systems in millimeter wave communications [J]. IEEE Transactions on Communications, 2016, 64(6): 2370-2386.
[96] Ghauch H, Kim T, Bengtsson M, et al. Subspace estimation and decomposition for large millimeter-wave MIMO systems [J]. IEEE Journal of Selected Topics in Signal Processing, 2016, 10(3): 528-542.
[97] Zhou Z, Fang J, Yang L, et al. Channel estimation for millimeter-wave multiuser MIMO systems via PARAFAC decomposition [J]. IEEE Transactions on Wireless Communications, 2016, 15(11): 7501-7516.
[98] Zhu D, Choi J, Heath R W. Auxiliary beam pair enabled AoD and AoA estimation in closed-loop large-scale millimeter-wave MIMO systems [J]. IEEE Transactions on Wireless Communications, 2017, 16(7): 4770-4785.
[99] Liu S, Yang F, Ding W, et al. Two-dimensional structured-compressed-sensing-based NBI cancelation exploiting spatial and temporal correlations in MIMO systems [J]. IEEE Transactions on Vehicular Technology, 2016, 65(11): 9020-9028.
[100] Gao Z, Hu C, Dai L, et al. Channel estimation for millimeter-wave massive MIMO with hybrid precoding over frequency-selective fading channels [J]. IEEE Communications Letters, 2016, 20(6): 1259-1262.
[101] Venugopal K, Alkhateeb A, Prelcic N G, et al. Channel estimation for hybrid architecture-based wideband millimeter wave systems [J]. IEEE Journal on Selected Areas in Communications, 2017, 35(9): 1996-2009.
[102] Rodríguez-Fernández J, González-Prelcic N, Venugopal K, et al. Frequency-domain compressive channel estimation for frequency-selective

hybrid millimeter wave MIMO systems [J]. IEEE Transactions on Wireless Communications, 2018, 17(5): 2946-2960.
[103] Zhou Z, Fang J, Yang L, et al. Low-rank tensor decomposition-aided channel estimation for millimeter wave MIMO-OFDM systems [J]. IEEE Journal on Selected Areas in Communications, 2017, 35(7): 1524-1538.
[104] Sulyman A I, Nassar A T, Samimi M K, et al. Radio propagation path loss models for 5G cellular networks in the 28 GHz and 38 GHz millimeter-wave bands [J]. IEEE Communications Magazine, 2014, 52(9): 78-86.
[105] Haardt M, Nossek J A. Unitary ESPRIT: How to obtain increased estimation accuracy with a reduced computational burden [J]. IEEE Transactions on Signal Processing, 1995, 43(5): 1232-1242.
[106] Liao A, Gao Z, Wu Y, et al. 2D unitary ESPRIT based super-resolution channel estimation for millimeter-wave massive MIMO with hybrid precoding [J]. IEEE Access, 2017(5): 24747-24757.
[107] Liao A, Gao Z, Wang H, et al.Closed-loop sparse channel estimation for wideband millimeter-wave full-dimensional MIMO systems [J]. IEEE Transactions on Communications, 2019, 67(12): 8329-8345.
[108] Liao A, Gao Z, Wu Y, et al.Multi-user wideband sparse channel estimation for aerial BS with hybrid full-dimensional MIMO [C]. Proceedings of 2019 IEEE International Conference on Communications Workshops(ICC Workshops), IEEE, 2019: 1-6.
[109] Gao X, Dai L, Sayeed A M. Low RF-complexity technologies to enable millimeter-wave MIMO with large antenna array for 5G wireless communications [J]. IEEE Communications Magazine, 2018, 56(4): 211-217.
[110] Mumtaz S, Rodriguez J, Dai L. MmWave massive MIMO: A paradigm for 5G [M]. London, UK:Academic Press, 2016.
[111] Méndez-Rial R, Rusu C, González-Prelcic N, et al. Hybrid MIMO architectures for millimeter wave communications: Phase shifters or switches? [J]. IEEE Access, 2016(4): 247-267.
[112] Gao X, Dai L, Han S, et al. Energy-efficient hybrid analog and digital precoding for mmWave MIMO systems with large antenna arrays [J]. IEEE Journal on Selected Areas in Communications, 2016, 34(4): 998-1009.
[113] Zoltowski M D, Haardt M, Mathews C P. Closed-form 2-D angle esti-

mation with rectangular arrays in element space or beamspace via unitary ESPRIT [J]. IEEE Transactions on Signal Processing，1996，44(2): 316-328.

[114] Veen A J，Vanderveen M C，Paulraj A. Joint angle and delay estimation using shift-invariance techniques [J]. IEEE Transactions on Signal Processing，1998，46(2): 405-418.

[115] Renna F，Laurenti N，Poor H V. Physical-layer secrecy for OFDM transmissions over fading channels [J]. IEEE Transactions on Information Forensics and Security，2012，7(4): 1354-1367.

[116] Busari S A，Huq K M S，Mumtaz S，et al. Millimeter-wave massive MIMO communication for future wireless systems: A survey [J]. IEEE Communications Surveys & Tutorials，2017，20(2): 836-869.

[117] Golub G H，Van Loan C F. Matrix computations [M]. 4th ed.Baltimore: Johns Hopkins University Press，2013.

[118] Tulino A M，Verdú S，Verdu S. Random matrix theory and wireless communications [M]. Now Publishers Inc，2004.

[119] Vanderveen M C，Veen A J，Paulraj A. Estimation of multipath parameters in wireless communications [J]. IEEE Transactions on Signal Processing，1998，46(3): 682-690.

[120] Haardt M，Nossek J A. Simultaneous Schur decomposition of several nonsymmetric matrices to achieve automatic pairing in multidimensional harmonic retrieval problems [J]. IEEE Transactions on Signal Processing，1998，46(1): 161-169.

[121] Younis A，Mesleh R，Renzo M D，et al. Generalised spatial modulation for large-scale MIMO [C]. Proceedings of Signal Processing Conference(EUSIPCO), 2014 Proceedings of the 22nd European，2014: 346-350.

[122] Zheng J. Signal vector based list detection for spatial modulation [J]. IEEE Wireless Communications Letters，2012，1(4): 265-267.

[123] Wang J，Jia S，Song J. Generalised spatial modulation system with multiple active transmit antennas and low complexity detection scheme [J]. IEEE Transactions on Wireless Communications，2012，11(4): 1605-1615.

[124] Legnain R M，Hafez R H，Legnain A M. Improved spatial modulation for high spectral efficiency [J]. International Journal of Distributed and

Parallel Systems, 2012, 3(2): 13.
[125] Legnain R M, Hafez R H, Marsland I D, et al. A novel spatial modulation using MIMO spatial multiplexing [C]. Proceedings of 2013 1st international conference on communications, signal processing, and their applications(ICCSPA). IEEE, 2013: 1-4.
[126] Cal-Braz J A, Sampaio-Neto R. Low-complexity sphere decoding detector for generalized spatial modulation systems [J]. IEEE Communications Letters, 2014, 18(6): 949-952.
[127] Duarte M F, Eldar Y C. Structured compressed sensing: From theory to applications [J]. IEEE Transactions on Signal Processing, 2011, 59(9): 4053-4085.
[128] Shim B, Kwon S, Song B. Sparse Detection With Integer Constraint Using Multipath Matching Pursuit [J]. IEEE Communications Letters, 2014, 18(10): 1851-1854.
[129] Garcia-Rodriguez A, Masouros C. Low-complexity compressive sensing detection for spatial modulation in large-scale multiple access channels [J]. IEEE Transactions on Communications, 2015, 63(7): 2565-2579.
[130] Yu C M, Hsieh S H, Liang H W, et al. Compressed Sensing Detector Design for Space Shift Keying in MIMO Systems [J]. IEEE Communications Letters, 2012, 16(10): 1556-1559.
[131] Liu W, Wang N, Jin M, et al. Denoising Detection for the Generalized Spatial Modulation System Using Sparse Property [J]. IEEE Communications Letters, 2014, 18(1):22-25.
[132] Wu X, Claussen H, Renzo M D, et al. Channel Estimation for Spatial Modulation [J]. IEEE Transactions on Communications, 2014, 62(12): 4362-4372.
[133] Steven M K. Fundamentals of statistical signal processing [C]. PTR Prentice-Hall, Englewood Cliffs, NJ, 1993(10): 151045.
[134] Khandani A K. Media-based modulation: A new approach to wireless transmission [C]. Proceedings of 2013 IEEE international symposium on information theory, IEEE, 2013: 3050-3054.
[135] Naresh Y, Chockalingam A. On media-based modulation using RF mirrors [J]. IEEE Transactions on Vehicular Technology, 2016, 66(6): 4967-4983.
[136] Basar E. Media-based modulation for future wireless systems: A tutorial

[J]. IEEE Wireless Communications，2019，26(5): 160-166.
[137] Qiao L，Zhang J，Gao Z，et al. Compressive sensing based massive access for IoT relying on media modulation aided machine type communications [J]. IEEE Transactions on Vehicular Technology，2020，69(9): 10391-10396.
[138] Som P，Chockalingam A. Spatial modulation and space shift keying in single carrier commu-nication [C]. Proceedings of Personal Indoor and Mobile Radio Communications(PIMRC), 2012 IEEE 23rd International Symposium on，2012: 1962-1967.
[139] Wu X，Renzo M D，Haas H. Adaptive Selection of Antennas for Optimum Transmission in Spatial Modulation [J]. IEEE Transactions on Wireless Communications，2015，14(7): 3630-3641.
[140] Narayanan S，Chaudhry M J，Stavridis A，et al. Multi-user spatial modulation MIMO [C]. Proceed-ings of Wireless Communications and Networking Conference(WCNC), 2014 IEEE，2014: 671-676.
[141] Younis A，Sinanovic S，Renzo M D，et al. Generalised Sphere Decoding for Spatial Modula-tion [J]. IEEE Transactions on Communications，2013，61(7): 2805-2815.
[142] Serafimovski N，Younis A，Mesleh R，et al. Practical Implementation of Spatial Modulation [J]. IEEE Transactions on Vehicular Technology，2013，62(9): 4511-4523.
[143] Bockelmann C，Pratas N，Nikopour H，et al. Massive machine-type communications in 5G:Physical and MAC-layer solutions [J]. IEEE Communications Magazine，2016，54(9): 59-65.
[144] Jeong B K，Shim B，Lee K B. MAP-based active user and data detection for massive machine-type communications [J]. IEEE Transactions on Vehicular Technology，2018，67(9): 8481-8494.
[145] Wang B，Dai L，Mir T，et al. Joint user activity and data detection based on structured com-pressive sensing for NOMA[J]. IEEE Communications Letters，2016，20(7): 1473-1476.
[146] Du Y，Cheng C，Dong B，et al. Block-sparsity-based multiuser detection for uplink grant-free NOMA [J]. IEEE Transactions on Wireless Communications，2018，17(12): 7894-7909.
[147] Wang B，Dai L，Zhang Y，et al. Dynamic compressive sensing-based multi-user detection for uplink grant-free NOMA [J]. IEEE Communications

Letters，2016，20(11): 2320-2323.

[148] Du Y，Dong B，Chen Z，et al. Efficient multi-user detection for uplink grant-free NOMA: Prior-information aided adaptive compressive sensing perspective [J]. IEEE Journal on Selected Areas in Communications，2017，35(12): 2812-2828.

[149] Ma X，Kim J，Yuan D，et al. Two-level sparse structure-based compressive sensing detector for uplink spatial modulation with massive connectivity [J]. IEEE Communications Letters，2019，23(9): 1594-1597.

[150] Gao Z，Dai L，Wang Z，et al. Compressive-sensing-based multiuser detector for the large-scale SM-MIMO uplink [J]. IEEE Transactions on Vehicular Technology，2015，65(10): 8725-8730.

[151] Xiao L，Yang P，Xiao Y，et al. Efficient compressive sensing detectors for generalized spatial modulation systems [J]. IEEE Transactions on Vehicular Technology，2016，66(2): 1284-1298.

[152] Xiao L，Xiao Y，Yang P，et al. Space-time block coded differential spatial modulation[J]. IEEE Transactions on Vehicular Technology，2017，66(10): 8821-8834.

[153] Zhang L，Zhao M，Li L. Low-complexity multi-user detection for MBM in uplink large-scale MIMO systems [J]. IEEE Communications Letters，2018，22(8): 1568-1571.

[154] Shamasundar B，Jacob S，Theagarajan L N，et al. Media-based modulation for the uplink in massive MIMO systems [J]. IEEE Transactions on Vehicular Technology，2018，67(9): 8169-8183.

[155] Choi J W，Shim B，Ding Y，et al. Compressed sensing for wireless communications: Useful tips and tricks [J]. IEEE Communications Surveys & Tutorials，2017，19(3): 1527-1550.

[156] Tropp J A，Gilbert A C. Signal recovery from random measurements via orthogonal matching pursuit [J]. IEEE Transactions on Information Theory，2007，53(12): 4655-4666.

[157] Bingham J A. Multicarrier modulation for data transmission: An idea whose time has come [J]. IEEE Communications Magazine，1990，28(5): 5-14.

[158] ETSI. Digital video broadcasting (DVB) : Frame structure，channel coding and modulation for digital terrestrial television (DVB-T)[J]. ESTI，2009.

[159] Structure F. Channel coding and modulation for digital television terrestrial broadcasting sys-tem [S]. Chinese National Standard GB, 2006, 20600.

[160] Van Waterschoot T, Le Nir V, Duplicy J, et al. Analytical expressions for the power spectral density of CP-OFDM and ZP-OFDM signals [J]. IEEE Signal Processing Letters, 2010, 17(4): 371-374.

[161] Dai L, Wang Z, Yang Z. Next-generation digital television terrestrial broadcasting systems:Key technologies and research trends [J]. IEEE Communications Magazine, 2012, 50(6): 150-158.

[162] Wang J, Yang Z X, Pan C Y, et al. Iterative padding subtraction of the PN sequence for the TDS-OFDM over broadcast channels [J]. IEEE Transactions on Consumer Electronics, 2005, 51(4): 1148-1152.

[163] Fu J, Wang J, Song J, et al. A simplified equalization method for dual PN-sequence padding TDS-OFDM systems [J]. IEEE Transactions on Broadcasting, 2008, 54(4): 825-830.

[164] Huemer M, Onic A, Hofbauer C. Classical and Bayesian linear data estimators for unique word OFDM [J]. IEEE Transactions on Signal Processing, 2011, 59(12): 6073-6085.

[165] Dai L, Wang Z, Yang Z. Time-frequency training OFDM with high spectral efficiency and reliable performance in high speed environments [J]. IEEE Journal on Selected Areas in Communications, 2012, 30(4): 695-707.

[166] Dai L, Wang Z, Yang Z. Compressive sensing based time domain synchronous OFDM transmission for vehicular communications [J]. IEEE Journal on Selected Areas in Communications, 2013, 31(9): 460-469.

[167] Blumensath T, Davies M E. Iterative thresholding for sparse approximations [J]. Journal of Fourier analysis and Applications, 2008, 14(5-6): 629-654.

[168] Yang B, Letaief K B, Cheng R S, et al. Channel estimation for OFDM transmission in multipath fading channels based on parametric channel modeling [J]. IEEE transactions on communications, 2001, 49(3): 467-479.

[169] Iyer A, Rosenberg C, Karnik A. What is the right model for wireless channel interference? [J]. IEEE Transactions on Wireless Communications, 2009, 8(5): 2662-2671.

[170] Dai L, Wang J, Wang Z, et al. Spectrum and energy-efficient OFDM based on simultaneous multi-channel reconstruction [J]. IEEE Transactions on Signal Processing, 2013, 61(23): 6047-6059.

[171] Zhang C, Wang Z, Pan C, et al. Low-complexity iterative frequency domain decision feedback equalization [J]. IEEE Transactions on Vehicular Technology, 2011, 60(3): 1295-1301.

[172] Van Den Berg E, Friedlander M P. Theoretical and empirical results for recovery from multiple measurements [J]. IEEE Transactions on Information Theory, 2010, 56(5): 2516-2527.

[173] Cai J, Song W, Li Z. Doppler spread estimation for mobile OFDM systems in Rayleigh fading channels [J]. IEEE Transactions on Consumer Electronics, 2003, 49(4): 973-977.

[174] 中国联通. 中国联通太赫兹通信技术白皮书 [R]. Technical report, 06, 2020.

[175] IMT-2030(6G) 推进组. 通信感知一体化技术研究报告 [R]. Technical report, 09, 2021.

[176] IMT-2030(6G) 推进组. 无线人工智能 (AI) 技术研究报告 [R]. Technical report, 09, 2021.

[177] He Z Q, Yuan X. Cascaded channel estimation for large intelligent metasurface assisted massive MIMO [J]. IEEE Wireless Communications Letters, 2019, 9(2): 210-214.

附录 A
定理 3.1 证明

首先给出在问题 $\boldsymbol{Y}=\boldsymbol{\Psi}\boldsymbol{D}+\boldsymbol{W}$ 中 $\boldsymbol{\Psi}$ 的 SRIP 定义，其中 $\boldsymbol{D}$ 具有结构化的稀疏性。具体来说，SRIP 可以表达为

$$\sqrt{1-\delta}\,\|\boldsymbol{D}_{\Omega}\|_F \leqslant \|\boldsymbol{\Psi}_{\Omega}\boldsymbol{D}_{\Omega}\|_F \leqslant \sqrt{1+\delta}\,\|\boldsymbol{D}_{\Omega}\|_F \tag{A–1}$$

式中，$\delta\in[0,1)$；Ω 是具有 $|\Omega|_c\leqslant P$ 的任意集合；δ_P 是满足式（A–1）所有 δ 的下确界。需要指出的是，对于式（A–1），$\boldsymbol{\Psi}=[\boldsymbol{\Psi}_1,\boldsymbol{\Psi}_2,\cdots,\boldsymbol{\Psi}_L]\in\mathbb{C}^{N_p\times ML}$，其中 $\boldsymbol{\Psi}_l\in\mathbb{C}^{N_p\times M}$，$1\leqslant l\leqslant L$，$\boldsymbol{D}=[\boldsymbol{D}_1^{\mathrm{T}},\boldsymbol{D}_2^{\mathrm{T}},\cdots,\boldsymbol{D}_L^{\mathrm{T}}]^{\mathrm{T}}\in\mathbb{C}^{ML\times R}$，其中 $\boldsymbol{D}_l\in\mathbb{C}^{M\times R}$，$1\leqslant l\leqslant L$，$\boldsymbol{\Psi}_{\Omega}=\left[\boldsymbol{\Psi}_{\Omega(1)},\boldsymbol{\Psi}_{\Omega(2)},\cdots,\boldsymbol{\Psi}_{\Omega(|\Omega|_c)}\right]$；$\boldsymbol{D}_{\Omega}=\left[\boldsymbol{D}_{\Omega(1)}^{\mathrm{T}},\boldsymbol{D}_{\Omega(2)}^{\mathrm{T}},\cdots,\boldsymbol{D}_{\Omega(|\Omega|_c)}^{\mathrm{T}}\right]^{\mathrm{T}}$，且 $\Omega(1)<\Omega(2)<\cdots<\Omega(|\Omega|_c)$ 是集合 Ω 中的元素。显然，对于两个不同稀疏度 P_1 和 P_2 且有 $P_1<P_2$，可得 $\delta_{P_1}\leqslant\delta_{P_2}$。进一步，对于两个 $\Omega_1\cap\Omega_2=\varnothing$ 以及结构化稀疏矩阵 $\boldsymbol{D}$，其支撑集为 Ω_2，可得

$$\left\|\boldsymbol{\Psi}_{\Omega_1}^{\mathrm{H}}\boldsymbol{\Psi}\boldsymbol{D}\right\|_F=\left\|\boldsymbol{\Psi}_{\Omega_1}^{\mathrm{H}}\boldsymbol{\Psi}_{\Omega_2}\boldsymbol{D}_{\Omega_2}\right\|_F\leqslant\delta_{|\Omega_1|_c+|\Omega_2|_c}\|\boldsymbol{D}\|_F \tag{A–2}$$

$$\begin{aligned}\left(1-\frac{\delta_{|\Omega_1|_c+|\Omega_2|_c}}{\sqrt{(1-\delta_{|\Omega_1|_c})(1-\delta_{|\Omega_2|_c})}}\right)\|\boldsymbol{\Psi}_{\Omega_2}\boldsymbol{D}_{\Omega_2}\|_F&\leqslant\left\|(\boldsymbol{I}-\boldsymbol{\Psi}_{\Omega_1}\boldsymbol{\Psi}_{\Omega_1}^{\dagger})\boldsymbol{\Psi}_{\Omega_2}\boldsymbol{D}_{\Omega_2}\right\|_F\\&\leqslant\|\boldsymbol{\Psi}_{\Omega_2}\boldsymbol{D}_{\Omega_2}\|_F\end{aligned} \tag{A–3}$$

这可以通过附录 B 和附录 C 分别证明。

为了证明式（3–21），需要考察 $\left\|\boldsymbol{D}-\hat{\boldsymbol{D}}\right\|_F$ 的上界，这可以表达为

$$\begin{aligned}\left\|\boldsymbol{D}-\hat{\boldsymbol{D}}\right\|_F&\leqslant\left\|\boldsymbol{D}_{\hat{\Omega}}-\boldsymbol{\Psi}_{\hat{\Omega}}^{\dagger}\boldsymbol{Y}\right\|_F+\left\|\boldsymbol{D}_{\Omega_T/\hat{\Omega}}\right\|_F\\&=\left\|\boldsymbol{D}_{\hat{\Omega}}-\boldsymbol{\Psi}_{\hat{\Omega}}^{\dagger}(\boldsymbol{\Psi}_{\Omega_T}\boldsymbol{D}_{\Omega_T}+\boldsymbol{W})\right\|_F+\left\|\boldsymbol{D}_{\Omega_T/\hat{\Omega}}\right\|_F\\&\leqslant\left\|\boldsymbol{D}_{\hat{\Omega}}-\boldsymbol{\Psi}_{\hat{\Omega}}^{\dagger}\boldsymbol{\Psi}_{\Omega_T}\boldsymbol{D}_{\Omega_T}\right\|_F+\left\|\boldsymbol{\Psi}_{\hat{\Omega}}^{\dagger}\boldsymbol{W}\right\|_F+\left\|\boldsymbol{D}_{\Omega_T/\hat{\Omega}}\right\|_F\\&=\left\|\boldsymbol{\Psi}_{\hat{\Omega}}^{\dagger}\boldsymbol{\Psi}_{\Omega_T/\hat{\Omega}}\boldsymbol{D}_{\Omega_T/\hat{\Omega}}\right\|_F+\left\|\boldsymbol{\Psi}_{\hat{\Omega}}^{\dagger}\boldsymbol{W}\right\|_F+\left\|\boldsymbol{D}_{\Omega_T/\hat{\Omega}}\right\|_F\end{aligned} \tag{A–4}$$

式中，$\hat{\Omega}$ 是估计的支撑集；Ω_T 是正确的支撑集；$\Omega_T/\hat{\Omega}$ 是指元素属于 Ω_T 但不属于 $\hat{\Omega}$ 的集合。上式中，第一个不等式是由于 $\|\boldsymbol{D}\|_F^2=\|\boldsymbol{D}_{\hat{\Omega}}\|_F^2+\left\|\boldsymbol{D}_{\Omega_T/\hat{\Omega}}\right\|_F^2$，第二个等式是由于 $\boldsymbol{\Psi}_{\Omega_T}\boldsymbol{D}_{\Omega_T}=\boldsymbol{\Psi}_{\Omega_T/\hat{\Omega}}\boldsymbol{D}_{\Omega_T/\hat{\Omega}}+\boldsymbol{\Psi}_{\Omega_T\cap\hat{\Omega}}\boldsymbol{D}_{\Omega_T\cap\hat{\Omega}}$ 和 $\boldsymbol{D}_{\hat{\Omega}}=\boldsymbol{\Psi}_{\hat{\Omega}}^{\dagger}\boldsymbol{\Psi}_{\Omega_T\cap\hat{\Omega}}\boldsymbol{D}_{\Omega_T\cap\hat{\Omega}}$。

对于 $\left\|\boldsymbol{\Psi}_{\hat{\Omega}}^{\dagger}\boldsymbol{\Psi}_{\Omega_T/\hat{\Omega}}\boldsymbol{D}_{\Omega_T/\hat{\Omega}}\right\|_F$，可得

$$\begin{aligned}\left\|\boldsymbol{\Psi}_{\hat{\Omega}}^{\dagger}\boldsymbol{\Psi}_{\Omega_T/\hat{\Omega}}\boldsymbol{D}_{\Omega_T/\hat{\Omega}}\right\|_F&=\left\|\left(\boldsymbol{\Psi}_{\hat{\Omega}}^{\mathrm{H}}\boldsymbol{\Psi}_{\hat{\Omega}}\right)^{-1}\boldsymbol{\Psi}_{\hat{\Omega}}^{\mathrm{H}}\boldsymbol{\Psi}_{\Omega_T/\hat{\Omega}}\boldsymbol{D}_{\Omega_T/\hat{\Omega}}\right\|_F\\&\leqslant\frac{\delta_{2P}}{1-\delta_P}\left\|\boldsymbol{D}_{\Omega_T/\hat{\Omega}}\right\|_F\end{aligned}\tag{A–5}$$

其中不等式（A–5）是由于式（A–2）和式（A–3）。同理，也可得到 $\left\|\boldsymbol{\Psi}_{\hat{\Omega}}^{\dagger}\boldsymbol{W}\right\|_F\leqslant\dfrac{\sqrt{1+\delta_P}}{1-\delta_P}\|\boldsymbol{W}\|_F$。因此，可得

$$\left\|\boldsymbol{D}-\hat{\boldsymbol{D}}\right\|_F\leqslant\frac{1-\delta_P+\delta_{2P}}{1-\delta_P}\left\|\boldsymbol{D}_{\Omega_T/\hat{\Omega}}\right\|_F+\frac{\sqrt{1+\delta_P}}{1-\delta_P}\|\boldsymbol{W}\|_F\tag{A–6}$$

然后考察 $\left\|\boldsymbol{D}_{\Omega_T/\hat{\Omega}}\right\|_F$ 和 $\|\boldsymbol{W}\|_F$ 之间的关系。需要指出的是，在获得 $\hat{\Omega}$ 后，可得 $\|\boldsymbol{R}^{k-1}\|_F\leqslant\|\boldsymbol{R}^k\|_F$，这促使本章首先研究 $\|\boldsymbol{R}^k\|_F$ 和 $\|\boldsymbol{R}^{k-1}\|_F$ 之间的关系。

对于 $\|\boldsymbol{R}^k\|_F$，可得

$$\begin{aligned}\|\boldsymbol{R}^k\|_F&=\left\|\boldsymbol{\Psi}\boldsymbol{D}+\boldsymbol{W}-\boldsymbol{\Psi}_{\tilde{\Omega}^k}\boldsymbol{\Psi}_{\tilde{\Omega}^k}^{\dagger}(\boldsymbol{\Psi}\boldsymbol{D}+\boldsymbol{W})\right\|_F\\&\leqslant\left\|(\boldsymbol{I}-\boldsymbol{\Psi}_{\tilde{\Omega}^k}\boldsymbol{\Psi}_{\tilde{\Omega}^k}^{\dagger})\boldsymbol{\Psi}_{\Omega_T/\tilde{\Omega}^k}\boldsymbol{D}_{\Omega_T/\tilde{\Omega}^k}\right\|_F+\left\|\boldsymbol{W}-\boldsymbol{\Psi}_{\tilde{\Omega}^k}\boldsymbol{\Psi}_{\tilde{\Omega}^k}^{\dagger}\boldsymbol{W}\right\|_F\\&\leqslant\left\|\boldsymbol{\Psi}_{\Omega_T/\tilde{\Omega}^k}\boldsymbol{D}_{\Omega_T/\tilde{\Omega}^k}\right\|_F+\|\boldsymbol{W}\|_F\\&\leqslant\sqrt{1+\delta_P}\left\|\boldsymbol{D}_{\Omega_T/\tilde{\Omega}^k}\right\|_F+\|\boldsymbol{W}\|_F\end{aligned}\tag{A–7}$$

式中，$\boldsymbol{\Psi}\boldsymbol{D}=\boldsymbol{\Psi}_{\Omega_T\cap\tilde{\Omega}^k}\boldsymbol{D}_{\Omega_T\cap\tilde{\Omega}^k}+\boldsymbol{\Psi}_{\Omega_T/\tilde{\Omega}^k}\boldsymbol{D}_{\Omega_T/\tilde{\Omega}^k}$，$\boldsymbol{\Psi}_{\Omega_T\cap\tilde{\Omega}^k}\boldsymbol{D}_{\Omega_T\cap\tilde{\Omega}^k}=\boldsymbol{\Psi}_{\tilde{\Omega}^k}\boldsymbol{\Psi}_{\tilde{\Omega}^k}^{\dagger}\boldsymbol{\Psi}_{\Omega_T\cap\tilde{\Omega}^k}\cdot\boldsymbol{D}_{\Omega_T\cap\tilde{\Omega}^k}$，第二个不等式是由于式（A–3）和 $\left\|\boldsymbol{W}-\boldsymbol{\Psi}_{\tilde{\Omega}^k}\boldsymbol{\Psi}_{\tilde{\Omega}^k}^{\dagger}\boldsymbol{W}\right\|_F\leqslant\|\boldsymbol{W}\|_F$。

另外，考虑 $\|\boldsymbol{R}^{k-1}\|_F$，它可以表达为

$$\begin{aligned}\|\boldsymbol{R}^{k-1}\|_F&\geqslant\left\|(\boldsymbol{I}-\boldsymbol{\Psi}_{\tilde{\Omega}^k}\boldsymbol{\Psi}_{\tilde{\Omega}^k}^{\dagger})\boldsymbol{\Psi}_{\Omega_T/\tilde{\Omega}^{k-1}}\boldsymbol{D}_{\Omega_T/\tilde{\Omega}^{k-1}}\right\|_F-\|\boldsymbol{W}\|_F\\&\geqslant\frac{1-\delta_P-\delta_{2P}}{1-\delta_P}\left\|\boldsymbol{\Psi}_{\Omega_T/\tilde{\Omega}^{k-1}}\boldsymbol{D}_{\Omega_T/\tilde{\Omega}^{k-1}}\right\|_F-\|\boldsymbol{W}\|_F\\&\geqslant\frac{1-\delta_P-\delta_{2P}}{\sqrt{1-\delta_P}}\left\|\boldsymbol{D}_{\Omega_T/\tilde{\Omega}^{k-1}}\right\|_F-\|\boldsymbol{W}\|_F\end{aligned}\tag{A–8}$$

其中第二个不等式是由于式（A–3）。

为了进一步考察式（A–7）和式（A–8）之间的关系，需要推导 $\left\|\boldsymbol{D}_{\Omega_T/\tilde{\Omega}^k}\right\|_F$ 和 $\left\|\boldsymbol{D}_{\Omega_T/\tilde{\Omega}^{k-1}}\right\|_F$ 之间的关系。方便起见，将算法 3.1 中步骤 2.2 记为 $\Omega_\Delta = \Pi^s\left(\{\|\boldsymbol{Z}_l\|_F\}_{l=1}^L\right)$，进而可得

$$
\begin{aligned}
\left\|\boldsymbol{\Psi}_{\Omega_\Delta}^{\mathrm{H}}\boldsymbol{R}^{k-1}\right\|_F &= \left\|\boldsymbol{\Psi}_{\Omega_\Delta}^{\mathrm{H}}(\boldsymbol{Y}-\boldsymbol{\Psi}_{\tilde{\Omega}^{k-1}}\boldsymbol{\Psi}_{\tilde{\Omega}^{k-1}}^{\dagger}\boldsymbol{Y})\right\|_F \\
&= \left\|\boldsymbol{\Psi}_{\Omega_\Delta}^{\mathrm{H}}(\boldsymbol{\Psi}\boldsymbol{D}+\boldsymbol{W}-\boldsymbol{\Psi}_{\tilde{\Omega}^{k-1}}\boldsymbol{\Psi}_{\tilde{\Omega}^{k-1}}^{\dagger}(\boldsymbol{\Psi}\boldsymbol{D}+\boldsymbol{W}))\right\|_F \\
&\leqslant \left\|\boldsymbol{\Psi}_{\Omega_\Delta}^{\mathrm{H}}(\boldsymbol{\Psi}\boldsymbol{D}-\boldsymbol{\Psi}_{\tilde{\Omega}^{k-1}}\boldsymbol{\Psi}_{\tilde{\Omega}^{k-1}}^{\dagger}\boldsymbol{\Psi}\boldsymbol{D})\right\|_F + \left\|\boldsymbol{\Psi}_{\Omega_\Delta}^{\mathrm{H}}(\boldsymbol{W}-\boldsymbol{\Psi}_{\tilde{\Omega}^{k-1}}\boldsymbol{\Psi}_{\tilde{\Omega}^{k-1}}^{\dagger}\boldsymbol{W})\right\|_F
\end{aligned}
\tag{A–9}
$$

在不等式（A–9）中右侧的第一个部分，记 $\boldsymbol{R'}^{k-1}=\boldsymbol{\Psi}\boldsymbol{D}-\boldsymbol{\Psi}_{\tilde{\Omega}^{k-1}}\boldsymbol{\Psi}_{\tilde{\Omega}^{k-1}}^{\dagger}\boldsymbol{\Psi}\boldsymbol{D}$，并且

$$
\begin{aligned}
\boldsymbol{R'}^{k-1} &= (\boldsymbol{I}-\boldsymbol{\Psi}_{\tilde{\Omega}^{k-1}}\boldsymbol{\Psi}_{\tilde{\Omega}^{k-1}}^{\dagger})(\boldsymbol{\Psi}_{\Omega_T/\tilde{\Omega}^{k-1}}\boldsymbol{D}_{\Omega_T/\tilde{\Omega}^{k-1}}+\boldsymbol{\Psi}_{\Omega_T\cap\tilde{\Omega}^{k-1}}\boldsymbol{D}_{\Omega_T\cap\tilde{\Omega}^{k-1}}) \\
&= [\boldsymbol{\Psi}_{\Omega_T/\tilde{\Omega}^{k-1}},\boldsymbol{\Psi}_{\tilde{\Omega}^{k-1}}]\begin{pmatrix}\boldsymbol{D}_{\Omega_T/\tilde{\Omega}^{k-1}} \\ -\boldsymbol{\Psi}_{\tilde{\Omega}^{k-1}}^{\dagger}\boldsymbol{\Psi}_{\Omega_T/\tilde{\Omega}^{k-1}}\boldsymbol{D}_{\Omega_T/\tilde{\Omega}^{k-1}}\end{pmatrix} \\
&= \boldsymbol{\Psi}_{\Omega_T\cup\tilde{\Omega}^{k-1}}\tilde{\boldsymbol{D}}^{k-1}
\end{aligned}
\tag{A–10}
$$

其中 $\boldsymbol{\Psi}_{\Omega_T\cup\tilde{\Omega}^{k-1}}=[\boldsymbol{\Psi}_{\Omega_T/\tilde{\Omega}^{k-1}},\boldsymbol{\Psi}_{\tilde{\Omega}^{k-1}}]$，以及 $\tilde{\boldsymbol{D}}^{k-1}=[\boldsymbol{D}_{\Omega_T/\tilde{\Omega}^{k-1}}^{\mathrm{T}},-(\boldsymbol{\Psi}_{\tilde{\Omega}^{k-1}}^{\dagger}\boldsymbol{\Psi}_{\Omega_T/\tilde{\Omega}^{k-1}}\boldsymbol{D}_{\Omega_T/\tilde{\Omega}^{k-1}})^{\mathrm{T}}]^{\mathrm{T}}$。式（A–10）中第二个等式是由于 $\boldsymbol{\Psi}_{\Omega_T\cap\tilde{\Omega}^{k-1}}\boldsymbol{D}_{\Omega_T\cap\tilde{\Omega}^{k-1}}-\boldsymbol{\Psi}_{\tilde{\Omega}^{k-1}}\boldsymbol{\Psi}_{\tilde{\Omega}^{k-1}}^{\dagger}\boldsymbol{\Psi}_{\Omega_T\cap\tilde{\Omega}^{k-1}}\boldsymbol{D}_{\Omega_T\cap\tilde{\Omega}^{k-1}}=\boldsymbol{0}$。需要指出的是，如果 $\boldsymbol{W}=\boldsymbol{0}$，可得 $\boldsymbol{R'}^{k-1}=\boldsymbol{R}^{k-1}$。对于不等式（A–9）的右侧，则有

$$
\left\|\boldsymbol{\Psi}_{\Omega_\Delta}^{\mathrm{H}}(\boldsymbol{W}-\boldsymbol{\Psi}_{\tilde{\Omega}^{k-1}}\boldsymbol{\Psi}_{\tilde{\Omega}^{k-1}}^{\dagger}\boldsymbol{W})\right\|_F = \left\|\boldsymbol{\Psi}_{\Omega_\Delta}^{\mathrm{H}}(\boldsymbol{I}-\boldsymbol{\Psi}_{\tilde{\Omega}^{k-1}}\boldsymbol{\Psi}_{\tilde{\Omega}^{k-1}}^{\dagger})\boldsymbol{W}\right\|_F \leqslant \sqrt{1+\delta_P}\|\boldsymbol{W}\|_F
\tag{A–11}
$$

将式（A–10）和式（A–11）代入式（A–9），可得

$$
\begin{aligned}
\left\|\boldsymbol{\Psi}_{\Omega_\Delta}^{\mathrm{H}}\boldsymbol{R}^{k-1}\right\|_F &\leqslant \left\|\boldsymbol{\Psi}_{\Omega_\Delta}^{\mathrm{H}}\boldsymbol{\Psi}_{\Omega_T\cup\tilde{\Omega}^{k-1}}\tilde{\boldsymbol{D}}^{k-1}\right\|_F+\sqrt{1+\delta_P}\|\boldsymbol{W}\|_F \\
&= \left\|\boldsymbol{\Psi}_{\Omega_\Delta}^{\mathrm{H}}\boldsymbol{R'}^{k-1}\right\|_F+\sqrt{1+\delta_P}\|\boldsymbol{W}\|_F
\end{aligned}
\tag{A–12}
$$

另外，可得

$$
\begin{aligned}
\left\|\boldsymbol{\Psi}_{\Omega_\Delta}^{\mathrm{H}}\boldsymbol{R}^{k-1}\right\|_F &\geqslant \left\|\boldsymbol{\Psi}_{\Omega_T}^{\mathrm{H}}\boldsymbol{R}^{k-1}\right\|_F \\
&\geqslant \left\|\boldsymbol{\Psi}_{\Omega_T}^{\mathrm{H}}(\boldsymbol{\Psi}\boldsymbol{D}-\boldsymbol{\Psi}_{\tilde{\Omega}^{k-1}}\boldsymbol{\Psi}_{\tilde{\Omega}^{k-1}}^{\dagger}\boldsymbol{\Psi}\boldsymbol{D})\right\|_F-\left\|\boldsymbol{\Psi}_{\Omega_T}^{\mathrm{H}}(\boldsymbol{W}-\boldsymbol{\Psi}_{\tilde{\Omega}^{k-1}}\boldsymbol{\Psi}_{\tilde{\Omega}^{k-1}}^{\dagger}\boldsymbol{W})\right\|_F \\
&\geqslant \left\|\boldsymbol{\Psi}_{\Omega_T}^{\mathrm{H}}\boldsymbol{R'}^{k-1}\right\|_F-\sqrt{1+\delta_P}\|\boldsymbol{W}\|_F
\end{aligned}
\tag{A–13}
$$

通过结合式（A–12）和式（A–13），可得

$$\left\|\boldsymbol{\Psi}_{\Omega_\Delta}^{\mathrm{H}}\boldsymbol{R}'^{k-1}\right\|_F \geqslant \left\|\boldsymbol{\Psi}_{\Omega_T}^{\mathrm{H}}\boldsymbol{R}'^{k-1}\right\|_F - 2\sqrt{1+\delta_P}\|\boldsymbol{W}\|_F \tag{A–14}$$

由于如下的不等式

$$\left\|\boldsymbol{\Psi}_{\Omega_\Delta}^{\mathrm{H}}\boldsymbol{R}'^{k-1}\right\|_F \geqslant \left\|\boldsymbol{\Psi}_{\Omega_T}^{\mathrm{H}}\boldsymbol{R}'^{k-1}\right\|_F \geqslant \left\|\boldsymbol{\Psi}_{\Omega_T/\tilde{\Omega}^{k-1}}^{\mathrm{H}}\boldsymbol{R}'^{k-1}\right\|_F \tag{A–15}$$

通过将共同集合 Ω_Δ 和 $\Omega_T/\tilde{\Omega}^{k-1}$ 移除，式（A–14）可以进一步表达为如下不等式，即

$$\left\|\boldsymbol{\Psi}_{\Omega_\Delta/\Omega_T}^{\mathrm{H}}\boldsymbol{R}'^{k-1}\right\|_F \geqslant \left\|\boldsymbol{\Psi}_{\{\Omega_T/\tilde{\Omega}^{k-1}\}/\Omega_\Delta}^{\mathrm{H}}\boldsymbol{R}'^{k-1}\right\|_F - 2\sqrt{1+\delta_P}\|\boldsymbol{W}\|_F \tag{A–16}$$

这里 $\left\|\boldsymbol{\Psi}_{\{\Omega_T/\tilde{\Omega}^{k-1}\}/\Omega_\Delta}^{\mathrm{H}}\boldsymbol{R}'^{k-1}\right\|_F$ 可以表达为

$$\begin{aligned}
\left\|\boldsymbol{\Psi}_{\{\Omega_T/\tilde{\Omega}^{k-1}\}/\Omega_\Delta}^{\mathrm{H}}\boldsymbol{R}'^{k-1}\right\|_F &= \left\|\boldsymbol{\Psi}_{\Omega_T/\tilde{\Omega}'^k}^{\mathrm{H}}\boldsymbol{R}'^{k-1}\right\|_F \\
&= \left\|\boldsymbol{\Psi}_{\Omega_T/\tilde{\Omega}'^k}^{\mathrm{H}}\boldsymbol{\Psi}_{\Omega_T\cup\tilde{\Omega}^{k-1}}\tilde{\boldsymbol{D}}^{k-1}\right\|_F \\
&= \left\|\boldsymbol{\Psi}_{\Omega_T/\tilde{\Omega}'^k}^{\mathrm{H}}(\boldsymbol{\Psi}_{\{\Omega_T\cup\tilde{\Omega}^{k-1}\}/\{\Omega_T/\tilde{\Omega}'^k\}}\tilde{\boldsymbol{D}}_{\{\Omega_T\cup\tilde{\Omega}^{k-1}\}/\{\Omega_T/\tilde{\Omega}'^k\}}^{k-1} + \right. \\
&\quad \left.\boldsymbol{\Psi}_{\Omega_T/\tilde{\Omega}'^k}\tilde{\boldsymbol{D}}_{\Omega_T/\tilde{\Omega}'^k}^{k-1})\right\|_F \\
&\geqslant \left\|\boldsymbol{\Psi}_{\Omega_T/\tilde{\Omega}'^k}^{\mathrm{H}}\boldsymbol{\Psi}_{\Omega_T/\tilde{\Omega}'^k}\tilde{\boldsymbol{D}}_{\Omega_T/\tilde{\Omega}'^k}^{k-1}\right\|_F - \\
&\quad \left\|\boldsymbol{\Psi}_{\Omega_T/\tilde{\Omega}'^k}^{\mathrm{H}}\boldsymbol{\Psi}_{\{\Omega_T\cup\tilde{\Omega}^{k-1}\}/\{\Omega_T/\tilde{\Omega}'^k\}}\tilde{\boldsymbol{D}}_{\{\Omega_T\cup\tilde{\Omega}^{k-1}\}/\{\Omega_T/\tilde{\Omega}'^k\}}^{k-1}\right\|_F \\
&\geqslant (1-\delta_P)\left\|\tilde{\boldsymbol{D}}_{\Omega_T/\tilde{\Omega}'^k}^{k-1}\right\|_F - \delta_{3P}\left\|\tilde{\boldsymbol{D}}^{k-1}\right\|_F \\
&= (1-\delta_P)\left\|\boldsymbol{D}_{\Omega_T/\tilde{\Omega}'^k}\right\|_F - \delta_{3P}\left\|\tilde{\boldsymbol{D}}^{k-1}\right\|_F
\end{aligned} \tag{A–17}$$

其中第一不等式是由于 $\Omega_\Delta \cap \tilde{\Omega}^{k-1} = \varnothing$ 和 $\Omega_\Delta \cup \tilde{\Omega}^{k-1} = \tilde{\Omega}'^k$，第二个不等式是由于式（A–10），最后一个等式是由于 $\tilde{\boldsymbol{D}}^{k-1}$ 的定义。由于 $\left\|\boldsymbol{\Psi}_{\Omega_\Delta/\Omega_T}^{\mathrm{H}}\boldsymbol{R}'^{k-1}\right\|_F = \left\|\boldsymbol{\Psi}_{\Omega_\Delta/\Omega_T}^{\mathrm{H}}\boldsymbol{\Psi}_{\Omega_T\cup\tilde{\Omega}^{k-1}}\tilde{\boldsymbol{D}}^{k-1}\right\|_F \leqslant \delta_{3P}\left\|\tilde{\boldsymbol{D}}^{k-1}\right\|_F$，将式（A–17）代入式（A–16），可得

$$(1-\delta_P)\left\|\boldsymbol{D}_{\Omega_T/\tilde{\Omega}'^k}\right\|_F \leqslant 2\delta_{3P}\left\|\tilde{\boldsymbol{D}}^{k-1}\right\|_F + 2\sqrt{1+\delta_P}\|\boldsymbol{W}\|_F \tag{A–18}$$

需要指出的是，对于 $\left\|\tilde{\boldsymbol{D}}^{k-1}\right\|_F$，进一步可得

$$\begin{aligned}
\left\|\tilde{\boldsymbol{D}}^{k-1}\right\|_F &\leqslant \left\|\boldsymbol{D}_{\Omega_T/\tilde{\Omega}^{k-1}}\right\|_F + \left\|\boldsymbol{\Psi}^{\dagger}_{\tilde{\Omega}^{k-1}}\boldsymbol{\Psi}_{\Omega_T/\tilde{\Omega}^{k-1}}\boldsymbol{D}_{\Omega_T/\tilde{\Omega}^{k-1}}\right\|_F \\
&= \left\|\boldsymbol{D}_{\Omega_T/\tilde{\Omega}^{k-1}}\right\|_F + \left\|\left(\boldsymbol{\Psi}^{\mathrm{H}}_{\tilde{\Omega}^{k-1}}\boldsymbol{\Psi}_{\tilde{\Omega}^{k-1}}\right)^{-1}\boldsymbol{\Psi}^{\mathrm{H}}_{\tilde{\Omega}^{k-1}}\boldsymbol{\Psi}_{\Omega_T/\tilde{\Omega}^{k-1}}\boldsymbol{D}_{\Omega_T/\tilde{\Omega}^{k-1}}\right\|_F \\
&\leqslant \left\|\boldsymbol{D}_{\Omega_T/\tilde{\Omega}^{k-1}}\right\|_F + \frac{\delta_{2P}}{1-\delta_P}\left\|\boldsymbol{D}_{\Omega_T/\tilde{\Omega}^{k-1}}\right\|_F \\
&= \frac{1-\delta_P+\delta_{2P}}{1-\delta_P}\left\|\boldsymbol{D}_{\Omega_T/\tilde{\Omega}^{k-1}}\right\|_F
\end{aligned} \tag{A–19}$$

其中第一个不等式是由于 $\tilde{\boldsymbol{D}}^{k-1}$ 的定义。将式（A–18）代入式（A–19），可得

$$\left\|\boldsymbol{D}_{\Omega_T/\tilde{\Omega}^{k-1}}\right\|_F \geqslant \frac{(1-\delta_P)^2}{2\delta_{3P}(1-\delta_P+\delta_{2P})}\left\|\boldsymbol{D}_{\Omega_T/\tilde{\Omega}'^k}\right\|_F - \frac{\sqrt{1+\delta_P}(1-\delta_P)}{\delta_{3P}(1-\delta_P+\delta_{2P})}\|\boldsymbol{W}\|_F \tag{A–20}$$

接着考察 $\boldsymbol{D}_{\Omega_T/\tilde{\Omega}^k}$，其可以表达为

$$\begin{aligned}
\left\|\boldsymbol{D}_{\Omega_T/\tilde{\Omega}^k}\right\|_F &= \left\|\boldsymbol{D}_{\Omega_T\cap\{\tilde{\Omega}'^k/\tilde{\Omega}^k\}+\Omega_T/\tilde{\Omega}'^k}\right\|_F \\
&\leqslant \left\|\boldsymbol{D}_{\Omega_T\cap\{\tilde{\Omega}'^k/\tilde{\Omega}^k\}}\right\|_F + \left\|\boldsymbol{D}_{\Omega_T/\tilde{\Omega}'^k}\right\|_F \\
&= \left\|\boldsymbol{D}_{\tilde{\Omega}'^k/\tilde{\Omega}^k}\right\|_F + \left\|\boldsymbol{D}_{\Omega_T/\tilde{\Omega}'^k}\right\|_F
\end{aligned} \tag{A–21}$$

这里利用了 $\tilde{\Omega}^k \subset \tilde{\Omega}'^k$ 这一事实。对于 $\left\|\boldsymbol{D}_{\tilde{\Omega}'^k/\tilde{\Omega}^k}\right\|_F$，进一步可得

$$\begin{aligned}
\left\|\boldsymbol{D}_{\tilde{\Omega}'^k/\tilde{\Omega}^k}\right\|_F &= \left\|\breve{\boldsymbol{D}}_{\tilde{\Omega}'^k\cap\{\tilde{\Omega}'^k/\tilde{\Omega}^k\}} + \boldsymbol{E}_{\tilde{\Omega}'^k/\tilde{\Omega}^k}\right\|_F \\
&\leqslant \left\|\breve{\boldsymbol{D}}_{\tilde{\Omega}'^k\cap\{\tilde{\Omega}'^k/\tilde{\Omega}^k\}}\right\|_F + \left\|\boldsymbol{E}_{\tilde{\Omega}'^k/\tilde{\Omega}^k}\right\|_F \\
&\leqslant \left\|\breve{\boldsymbol{D}}_{\tilde{\Omega}'^k\cap\Omega'}\right\|_F + \left\|\boldsymbol{E}_{\tilde{\Omega}'^k/\tilde{\Omega}^k}\right\|_F \\
&= \left\|\boldsymbol{D}_{\tilde{\Omega}'^k\cap\Omega'} - \boldsymbol{E}_{\Omega'}\right\|_F + \left\|\boldsymbol{E}_{\tilde{\Omega}'^k/\tilde{\Omega}^k}\right\|_F \\
&\leqslant \|\boldsymbol{D}_{\Omega'}\|_F + \|\boldsymbol{E}_{\Omega'}\|_F + \left\|\boldsymbol{E}_{\tilde{\Omega}'^k/\tilde{\Omega}^k}\right\|_F \\
&= \boldsymbol{0} + \|\boldsymbol{E}_{\Omega'}\|_F + \left\|\boldsymbol{E}_{\tilde{\Omega}'^k/\tilde{\Omega}^k}\right\|_F \\
&\leqslant 2\|\boldsymbol{E}\|_F
\end{aligned} \tag{A–22}$$

这里引入了误差变量 $\boldsymbol{E} = \boldsymbol{D}_{\tilde{\Omega}'^k} - \breve{\boldsymbol{D}}_{\tilde{\Omega}'^k}$（$\breve{\boldsymbol{D}}_{\tilde{\Omega}'^k}$ 是从算法 3.1 中步骤 2.3 得到的），Ω' 是一个任意满足 $|\Omega'|_c = P$ 的集合，$\Omega' \subset \tilde{\Omega}'^k$，$\Omega' \cap \Omega_T = \varnothing$。式（A–22）中的第二个不等式是基于如下事实：$\tilde{\Omega}'^k/\tilde{\Omega}^k$ 是算法 3.1 中支撑集精简步骤中被舍

弃的支撑集。根据 $\boldsymbol{E}$ 的定义，进一步可得

$$\begin{aligned}
\|\boldsymbol{E}\|_F &= \left\|\boldsymbol{D}_{\tilde{\Omega}'^k} - \breve{\boldsymbol{D}}_{\tilde{\Omega}'^k}\right\|_F = \left\|\boldsymbol{D}_{\tilde{\Omega}'^k} - \boldsymbol{\Psi}^{\dagger}_{\tilde{\Omega}'^k}\boldsymbol{Y}\right\|_F \\
&= \left\|\boldsymbol{D}_{\tilde{\Omega}'^k} - \boldsymbol{\Psi}^{\dagger}_{\tilde{\Omega}'^k}(\boldsymbol{\Psi}\boldsymbol{D} + \boldsymbol{W})\right\|_F \\
&\leqslant \left\|\boldsymbol{D}_{\tilde{\Omega}'^k} - \boldsymbol{\Psi}^{\dagger}_{\tilde{\Omega}'^k}\boldsymbol{\Psi}\boldsymbol{D}\right\|_F + \left\|\boldsymbol{\Psi}^{\dagger}_{\tilde{\Omega}'^k}\boldsymbol{W}\right\|_F \\
&= \left\|\boldsymbol{D}_{\tilde{\Omega}'^k} - \boldsymbol{\Psi}^{\dagger}_{\tilde{\Omega}'^k}\boldsymbol{\Psi}_{\Omega_T}\boldsymbol{D}_{\Omega_T}\right\|_F + \left\|\boldsymbol{\Psi}^{\dagger}_{\tilde{\Omega}'^k}\boldsymbol{W}\right\|_F
\end{aligned} \tag{A–23}$$

对于 $\left\|\boldsymbol{D}_{\tilde{\Omega}'^k} - \boldsymbol{\Psi}^{\dagger}_{\tilde{\Omega}'^k}\boldsymbol{\Psi}_{\Omega_T}\boldsymbol{D}_{\Omega_T}\right\|_F$，可得

$$\begin{aligned}
&\left\|\boldsymbol{D}_{\tilde{\Omega}'^k} - \boldsymbol{\Psi}^{\dagger}_{\tilde{\Omega}'^k}\boldsymbol{\Psi}_{\Omega_T}\boldsymbol{D}_{\Omega_T}\right\|_F \\
&= \left\|\boldsymbol{D}_{\tilde{\Omega}'^k} - \boldsymbol{\Psi}^{\dagger}_{\tilde{\Omega}'^k}(\boldsymbol{\Psi}_{\Omega_T\cap\tilde{\Omega}'^k}\boldsymbol{D}_{\Omega_T\cap\tilde{\Omega}'^k} + \boldsymbol{\Psi}_{\Omega_T/\tilde{\Omega}'^k}\boldsymbol{D}_{\Omega_T/\tilde{\Omega}'^k})\right\|_F \\
&= \left\|(\boldsymbol{D}_{\tilde{\Omega}'^k} - \boldsymbol{\Psi}^{\dagger}_{\tilde{\Omega}'^k}\boldsymbol{\Psi}_{\Omega_T\cap\tilde{\Omega}'^k}\boldsymbol{D}_{\Omega_T\cap\tilde{\Omega}'^k}) - \boldsymbol{\Psi}^{\dagger}_{\tilde{\Omega}'^k}\boldsymbol{\Psi}_{\Omega_T/\tilde{\Omega}'^k}\boldsymbol{D}_{\Omega_T/\tilde{\Omega}'^k}\right\|_F \\
&= \left\|(\boldsymbol{D}_{\tilde{\Omega}'^k} - \boldsymbol{\Psi}^{\dagger}_{\tilde{\Omega}'^k}\boldsymbol{\Psi}_{\tilde{\Omega}'^k}\boldsymbol{D}_{\tilde{\Omega}'^k}) - \boldsymbol{\Psi}^{\dagger}_{\tilde{\Omega}'^k}\boldsymbol{\Psi}_{\Omega_T/\tilde{\Omega}'^k}\boldsymbol{D}_{\Omega_T/\tilde{\Omega}'^k}\right\|_F \\
&= \left\|\boldsymbol{D}_{\tilde{\Omega}'^k} - \boldsymbol{D}_{\tilde{\Omega}'^k} - \boldsymbol{\Psi}^{\dagger}_{\tilde{\Omega}'^k}\boldsymbol{\Psi}_{\Omega_T/\tilde{\Omega}'^k}\boldsymbol{D}_{\Omega_T/\tilde{\Omega}'^k}\right\|_F \\
&= \left\|\boldsymbol{\Psi}^{\dagger}_{\tilde{\Omega}'^k}\boldsymbol{\Psi}_{\Omega_T/\tilde{\Omega}'^k}\boldsymbol{D}_{\Omega_T/\tilde{\Omega}'^k}\right\|_F \\
&\leqslant \frac{\delta_{3P}}{1-\delta_{2P}}\left\|\boldsymbol{D}_{\Omega_T/\tilde{\Omega}'^k}\right\|_F
\end{aligned} \tag{A–24}$$

其中，最后一个不等式是由于 $|\tilde{\Omega}'^k|_c = 2P$。对于式（A–23）中的 $\left\|\boldsymbol{\Psi}^{\dagger}_{\tilde{\Omega}'^k}\boldsymbol{W}\right\|_F$，进一步可得

$$\left\|\boldsymbol{\Psi}^{\dagger}_{\tilde{\Omega}'^k}\boldsymbol{W}\right\|_F \leqslant \delta_{2P}/\sqrt{1-\delta_{2P}}\|\boldsymbol{W}\|_F \tag{A–25}$$

将式（A–22）～ 式（A–25）代入式（A–21），可得

$$\left\|\boldsymbol{D}_{\Omega_T/\tilde{\Omega}'^k}\right\|_F \geqslant \frac{(1-\delta_{2P})\left\|\boldsymbol{D}_{\Omega_T/\tilde{\Omega}^k}\right\|_F - 2\delta_P\sqrt{1-\delta_{2P}}\|\boldsymbol{W}\|_F}{1-\delta_{2P} + 2\delta_{3P}} \tag{A–26}$$

进一步，将式（A–26）代入式（A–20），可得

$$\begin{aligned}
\left\|\boldsymbol{D}_{\Omega_T/\tilde{\Omega}^{k-1}}\right\|_F \geqslant\; & \underbrace{\frac{(1-\delta_P)^2(1-\delta_{2P})}{2\delta_{3P}(1-\delta_P+\delta_{2P})(1-\delta_{2P}+\delta_{3P})}}_{C_1}\left\|\boldsymbol{D}_{\Omega_T/\tilde{\Omega}^k}\right\|_F \\
& - \underbrace{\frac{(1-\delta_P)}{\delta_{3P}(1-\delta_P+\delta_{2P})}\left[\frac{\delta_P(1-\delta_P)\sqrt{1-\delta_{2P}}}{1-\delta_{2P}+2\delta_{3P}} + \sqrt{1+\delta_P}\right]}_{C_2}\|\boldsymbol{W}\|_F
\end{aligned} \tag{A–27}$$

正如讨论的，如果 $\left\|\boldsymbol{R}^{k-1}\right\|_F \leqslant \left\|\boldsymbol{R}^{k}\right\|_F$，则迭代终止，这表明 P-稀疏矩阵 $\boldsymbol{D}$ 的估计已经完成，且 $\hat{\Omega} = \tilde{\Omega}^{k-1}$。然后，联合考虑式（A–7)、式（A–8）和式（A–27）可得

$$\left\|\boldsymbol{D}_{\Omega_T/\hat{\Omega}}\right\|_F \leqslant C_3\|\boldsymbol{W}\|_F \tag{A–28}$$

式中，$C_3 = \dfrac{2C_1\sqrt{1-\delta_P} + C_2\sqrt{1-\delta_P^2}}{C_1(1-\delta_P-\delta_{2P}) - \sqrt{1-\delta_P^2}}$。将式（A–6）代入式（A–28)，可得

$$\left\|\boldsymbol{D} - \hat{\boldsymbol{D}}\right\|_F \leqslant C_4\|\boldsymbol{W}\|_F \tag{A–29}$$

式中，$C_4 = \dfrac{C_3(1-\delta_P+\delta_{2P}) + \sqrt{1+\delta_P}}{1-\delta_P}$。因此，式（3–21）得到证明。最后，在迭代过程中，可得 $\left\|\boldsymbol{R}^{k-1}\right\|_F > \left\|\boldsymbol{R}^{k}\right\|_F$，通过将式（A–7）和式（A–8）代入式（A–27)，获得

$$\left\|\boldsymbol{R}^{k-1}\right\|_F > \frac{C_1(1-\delta_P-\delta_{2P})}{\sqrt{1-\delta_P^2}}\left\|\boldsymbol{R}^{k}\right\|_F - \left(1 + \frac{(1-\delta_P-\delta_{2P})(C_1 + C_2\sqrt{1+\delta_P})}{\sqrt{1-\delta_P^2}}\right)\|\boldsymbol{W}\|_F \tag{A–30}$$

至此, 证明了式（3–22）。

附录 B

附录 A 中（A-2）的证明

考虑两个具有如式（3–9）所述的结构化稀疏性矩阵 $\boldsymbol{D}'$ 和 $\boldsymbol{D}$，且它们都具有各自的结构化支撑集 Ω_1 和 Ω_2，其中 $\Omega_1 \cap \Omega_2 = \varnothing$。进一步，考虑 $\bar{\boldsymbol{D}}' = \boldsymbol{D}'/\|\boldsymbol{D}'\|_F$ 和 $\bar{\boldsymbol{D}} = \boldsymbol{D}/\|\boldsymbol{D}\|_F$。根据式（A–2），可得

$$\begin{aligned}
2(1-\delta_{|\Omega_1|_c+|\Omega_2|_c}) \leqslant \left\| [\boldsymbol{\Psi}_{\Omega_1}, \boldsymbol{\Psi}_{\Omega_2}] \begin{bmatrix} \bar{\boldsymbol{D}}'_{\Omega_1} \\ \bar{\boldsymbol{D}}_{\Omega_2} \end{bmatrix} \right\|_F^2 \leqslant 2(1+\delta_{|\Omega_1|_c+|\Omega_2|_c}) \\
2(1-\delta_{|\Omega_1|_c+|\Omega_2|_c}) \leqslant \left\| [\boldsymbol{\Psi}_{\Omega_1}, \boldsymbol{\Psi}_{\Omega_2}] \begin{bmatrix} \bar{\boldsymbol{D}}'_{\Omega_1} \\ -\bar{\boldsymbol{D}}_{\Omega_2} \end{bmatrix} \right\|_F^2 \leqslant 2(1+\delta_{|\Omega_1|_c+|\Omega_2|_c})
\end{aligned} \tag{B–1}$$

由式（B–1），可得

$$-\delta_{|\Omega_1|_c+|\Omega_2|_c} \leqslant \mathrm{Re}\{ \left\langle \boldsymbol{\Psi}_{\Omega_1} \bar{\boldsymbol{D}}'_{\Omega_1}, \boldsymbol{\Psi}_{\Omega_2} \bar{\boldsymbol{D}}_{\Omega_2} \right\rangle \} \leqslant \delta_{|\Omega_1|_c+|\Omega_2|_c} \tag{B–2}$$

其中对于两个矩阵 $\boldsymbol{A}$ 和 $\boldsymbol{B}$，有 $\langle \boldsymbol{A}, \boldsymbol{B} \rangle = \mathrm{Tr}\left\{\boldsymbol{A}^{\mathrm{H}}\boldsymbol{B}\right\}$，$\mathrm{Re}\{\langle \boldsymbol{A}, \boldsymbol{B} \rangle\} = \dfrac{\|\boldsymbol{A}+\boldsymbol{B}\|_F^2 - \|\boldsymbol{A}-\boldsymbol{B}\|_F^2}{4}$。进一步，可以利用 Cauchy-Schwartz 不等式 $\|\boldsymbol{A}\|_F \|\boldsymbol{B}\|_F \geqslant |\langle \boldsymbol{A}, \boldsymbol{B} \rangle|$，其中该等式仅在 $\boldsymbol{A} = c\boldsymbol{B}$ 及 c 是一个复常数下成立。具体来说，

$$\begin{aligned}
\left\| \bar{\boldsymbol{D}}'_{\Omega_1} \right\|_F \left\| \boldsymbol{\Psi}_{\Omega_1}^{\mathrm{H}} \boldsymbol{\Psi}_{\Omega_2} \bar{\boldsymbol{D}}_{\Omega_2} \right\|_F &= \max_{\bar{\boldsymbol{D}}'_{\Omega_1} = c' \boldsymbol{\Psi}_{\Omega_1}^{\mathrm{H}} \boldsymbol{\Psi}_{\Omega_2} \bar{\boldsymbol{D}}_{\Omega_2}} \left| \left\langle \boldsymbol{\Psi}_{\Omega_1} \bar{\boldsymbol{D}}'_{\Omega_1}, \boldsymbol{\Psi}_{\Omega_2} \bar{\boldsymbol{D}}_{\Omega_2} \right\rangle \right| \\
&= \max_{\bar{\boldsymbol{D}}'_{\Omega_1} = c' \boldsymbol{\Psi}_{\Omega_1}^{\mathrm{H}} \boldsymbol{\Psi}_{\Omega_2} \bar{\boldsymbol{D}}_{\Omega_2}} \left(\left| \mathrm{Re}\{ \left\langle \boldsymbol{\Psi}_1 \bar{\boldsymbol{D}}'_1, \boldsymbol{\Psi}_2 \bar{\boldsymbol{D}}_2 \right\rangle \} \right| \right) \\
&\leqslant \delta_{|\Omega_1|_c+|\Omega_2|_c}
\end{aligned} \tag{B–3}$$

式中，c' 是一个常数，式（B–3）中第二个不等式是由于 $\mathrm{Im}\left\{\left\langle \boldsymbol{\Psi}_{\Omega_1} \bar{\boldsymbol{D}}'_{\Omega_1}, \boldsymbol{\Psi}_{\Omega_2} \bar{\boldsymbol{D}}_{\Omega_2} \right\rangle\right\} = c' \mathrm{Im}\left\{\left\langle \boldsymbol{\Psi}_{\Omega_1}^{\mathrm{H}} \boldsymbol{\Psi}_{\Omega_2} \bar{\boldsymbol{D}}_{\Omega_2}, \boldsymbol{\Psi}_{\Omega_1}^{\mathrm{H}} \boldsymbol{\Psi}_{\Omega_2} \bar{\boldsymbol{D}} \boldsymbol{v}_{\Omega_2} \right\rangle\right\} = 0$。因此，可得

$$\left\| \boldsymbol{\Psi}_{\Omega_1}^{\mathrm{H}} \boldsymbol{\Psi}_{\Omega_2} \boldsymbol{D}_{\Omega_2} \right\|_F \leqslant \delta_{|\Omega_1|_c+|\Omega_2|_c} \|\boldsymbol{D}_{\Omega_2}\|_F \tag{B–4}$$

因而式（A–2）得到证明。

附录 C
附录 A 中（A-3）的证明

显然有

$$\left\|(\boldsymbol{I}-\boldsymbol{\Psi}_{\Omega_1}\boldsymbol{\Psi}_{\Omega_1}^{\dagger})\boldsymbol{\Psi}_{\Omega_2}\boldsymbol{D}_{\Omega_2}\right\|_F \geqslant \|\boldsymbol{\Psi}_{\Omega_2}\boldsymbol{D}_{\Omega_2}\|_F-\left\|\boldsymbol{\Psi}_{\Omega_1}\boldsymbol{\Psi}_{\Omega_1}^{\dagger}\boldsymbol{\Psi}_{\Omega_2}\boldsymbol{D}_{\Omega_2}\right\|_F \tag{C-1}$$

对于 $\left\|\boldsymbol{\Psi}_{\Omega_1}\boldsymbol{\Psi}_{\Omega_1}^{\dagger}\boldsymbol{\Psi}_{\Omega_2}\boldsymbol{D}_{\Omega_2}\right\|_F^2$，可得

$$\begin{aligned}
\left\|\boldsymbol{\Psi}_{\Omega_1}\boldsymbol{\Psi}_{\Omega_1}^{\dagger}\boldsymbol{\Psi}_{\Omega_2}\boldsymbol{D}_{\Omega_2}\right\|_F^2 &= \left\langle \boldsymbol{\Psi}_{\Omega_1}\boldsymbol{\Psi}_{\Omega_1}^{\dagger}\boldsymbol{\Psi}_{\Omega_2}\boldsymbol{D}_{\Omega_2}, \boldsymbol{\Psi}_{\Omega_1}\boldsymbol{\Psi}_{\Omega_1}^{\dagger}\boldsymbol{\Psi}_{\Omega_2}\boldsymbol{D}_{\Omega_2} \right\rangle \\
&= \mathrm{Re}\{\left\langle \boldsymbol{\Psi}_{\Omega_1}\boldsymbol{\Psi}_{\Omega_1}^{\dagger}\boldsymbol{\Psi}_{\Omega_2}\boldsymbol{D}_{\Omega_2}, \boldsymbol{\Psi}_{\Omega_1}\boldsymbol{\Psi}_{\Omega_1}^{\dagger}\boldsymbol{\Psi}_{\Omega_2}\boldsymbol{D}_{\Omega_2} \right\rangle\} \\
&= \mathrm{Re}\{\left\langle \boldsymbol{\Psi}_{\Omega_1}\boldsymbol{\Psi}_{\Omega_1}^{\dagger}\boldsymbol{\Psi}_{\Omega_2}\boldsymbol{D}_{\Omega_2}, \boldsymbol{\Psi}_{\Omega_1}\boldsymbol{\Psi}_{\Omega_1}^{\dagger}\boldsymbol{\Psi}_{\Omega_2}\boldsymbol{D}_{\Omega_2}+ \right. \\
&\quad \left. \boldsymbol{\Psi}_{\Omega_2}\boldsymbol{D}_{\Omega_2}-\boldsymbol{\Psi}_{\Omega_1}\boldsymbol{\Psi}_{\Omega_1}^{\dagger}\boldsymbol{\Psi}_{\Omega_2}\boldsymbol{D}_{\Omega_2} \right\rangle\} \\
&= \mathrm{Re}\{\left\langle \boldsymbol{\Psi}_{\Omega_1}\boldsymbol{\Psi}_{\Omega_1}^{\dagger}\boldsymbol{\Psi}_{\Omega_2}\boldsymbol{D}_{\Omega_2}, \boldsymbol{\Psi}_{\Omega_2}\boldsymbol{D}_{\Omega_2} \right\rangle\} \\
&\leqslant \delta_{|\Omega_1|_c+|\Omega_2|_c}\left\|\boldsymbol{\Psi}_{\Omega_1}^{\dagger}\boldsymbol{\Psi}_{\Omega_2}\boldsymbol{D}_{\Omega_2}\right\|_F\|\boldsymbol{D}_{\Omega_2}\|_F \\
&\leqslant \delta_{|\Omega_1|_c+|\Omega_2|_c}\frac{\left\|\boldsymbol{\Psi}_{\Omega_1}\boldsymbol{\Psi}_{\Omega_1}^{\dagger}\boldsymbol{\Psi}_{\Omega_2}\boldsymbol{D}_{\Omega_2}\right\|_F}{\sqrt{1-\delta_{|\Omega_1|_c}}}\frac{\|\boldsymbol{\Psi}_{\Omega_2}\boldsymbol{D}_{\Omega_2}\|_F}{\sqrt{1-\delta_{|\Omega_2|_c}}}
\end{aligned} \tag{C-2}$$

其中式（C–2）中第一个不等式是由于式（B–3），而式（C–2）中第三个等式是由于如下等式

$$\begin{aligned}
&\left\langle \boldsymbol{\Psi}_{\Omega_1}\boldsymbol{\Psi}_{\Omega_1}^{\dagger}\boldsymbol{\Psi}_{\Omega_2}\boldsymbol{D}_{\Omega_2}, \boldsymbol{\Psi}_{\Omega_2}\boldsymbol{D}_{\Omega_2}-\boldsymbol{\Psi}_{\Omega_1}\boldsymbol{\Psi}_{\Omega_1}^{\dagger}\boldsymbol{\Psi}_{\Omega_2}\boldsymbol{D}_{\Omega_2} \right\rangle \\
&\quad = \boldsymbol{D}_{\Omega_2}^{\mathrm{H}}\boldsymbol{\Psi}_{\Omega_2}^{\mathrm{H}}(\boldsymbol{\Psi}_{\Omega_1}^{\dagger})^{\mathrm{H}}(\boldsymbol{\Psi}_{\Omega_1}^{\mathrm{H}}\boldsymbol{\Psi}_{\Omega_2}\boldsymbol{D}_{\Omega_2}-\boldsymbol{\Psi}_{\Omega_1}^{\mathrm{H}}\boldsymbol{\Psi}_{\Omega_1}\boldsymbol{\Psi}_{\Omega_1}^{\dagger}\boldsymbol{\Psi}_{\Omega_2}\boldsymbol{D}_{\Omega_2}) \\
&\quad = \boldsymbol{D}_{\Omega_2}^{\mathrm{H}}\boldsymbol{\Psi}_{\Omega_2}^{\mathrm{H}}(\boldsymbol{\Psi}_{\Omega_1}^{\dagger})^{\mathrm{H}}(\boldsymbol{\Psi}_{\Omega_1}^{\mathrm{H}}\boldsymbol{\Psi}_{\Omega_2}\boldsymbol{D}_{\Omega_2}-\boldsymbol{\Psi}_{\Omega_1}^{\mathrm{H}}\boldsymbol{\Psi}_{\Omega_2}\boldsymbol{D}_{\Omega_2}) \\
&\quad = 0
\end{aligned} \tag{C-3}$$

这里 $\boldsymbol{\Psi}_{\Omega_1}^{\dagger}=(\boldsymbol{\Psi}_{\Omega_1}^{\mathrm{H}}\boldsymbol{\Psi}_{\Omega_1})^{-1}\boldsymbol{\Psi}_{\Omega_1}^{\mathrm{H}}$。进一步，式（C−2）还可以表达为

$$\left\|\boldsymbol{\Psi}_{\Omega_1}\boldsymbol{\Psi}_{\Omega_1}^{\dagger}\boldsymbol{\Psi}_{\Omega_2}\boldsymbol{D}_{\Omega_2}\right\|_F \leqslant \frac{\delta_{|\Omega_1|_c+|\Omega_2|_c}\|\boldsymbol{\Psi}_{\Omega_2}\boldsymbol{D}_{\Omega_2}\|_F}{\sqrt{(1-\delta_{|\Omega_1|_c})(1-\delta_{|\Omega_2|_c})}} \tag{C−4}$$

将式（C−4）代入式（C−1），进一步得到

$$\left\|(\boldsymbol{I}-\boldsymbol{\Psi}_{\Omega_1}\boldsymbol{\Psi}_{\Omega_1}^{\dagger})\boldsymbol{\Psi}_{\Omega_2}\boldsymbol{D}_{\Omega_2}\right\|_F \geqslant \left[1-\frac{\delta_{|\Omega_1|_c+|\Omega_2|_c}}{\sqrt{(1-\delta_{|\Omega_1|_c})(1-\delta_{|\Omega_2|_c})}}\right]\|\boldsymbol{\Psi}_{\Omega_2}\boldsymbol{D}_{\Omega_2}\|_F \tag{C−5}$$

因此，不等式（A−3）的右侧得到证明。最后，由于式（C−3），可得

$$\|\boldsymbol{\Psi}_{\Omega_2}\boldsymbol{D}_{\Omega_2}\|_F^2=\left\|\boldsymbol{\Psi}_{\Omega_1}\boldsymbol{\Psi}_{\Omega_1}^{\dagger}\boldsymbol{\Psi}_{\Omega_2}\boldsymbol{D}_{\Omega_2}\right\|_F^2+\left\|(\boldsymbol{I}-\boldsymbol{\Psi}_{\Omega_1}\boldsymbol{\Psi}_{\Omega_1}^{\dagger})\boldsymbol{\Psi}_{\Omega_2}\boldsymbol{D}_{\Omega_2}\right\|_F^2 \tag{C−6}$$

这表明

$$\|\boldsymbol{\Psi}_{\Omega_2}\boldsymbol{D}_{\Omega_2}\|_F \geqslant \left\|(\boldsymbol{I}-\boldsymbol{\Psi}_{\Omega_1}\boldsymbol{\Psi}_{\Omega_1}^{\dagger})\boldsymbol{\Psi}_{\Omega_2}\boldsymbol{D}_{\Omega_2}\right\|_F \tag{C−7}$$

因此不等式（A−3）的左侧得到证明。

附录 D

移不变性说明

ESPRIT 的全称是借助旋转不变技术估计信号参数（Estimating Signal Parameters via Rotational Invariance Techniques），这里需要对其中的移不变性（也称旋转不变性）特征进行适当的解释说明。

ESPRIT 之类算法的基本思想是利用由天线阵列中阵列响应的移不变性引起的信号子空间的旋转不变性。对于一个具有 M 个阵元的均匀线性阵列而言，如图 D.1 所示，假设 L 个独立的远场信号同时以平面波的形式到达该阵列，在第 n 个时隙（或称快拍）的接收信号向量 $\boldsymbol{y}_n \in \mathbb{C}^M$ 为

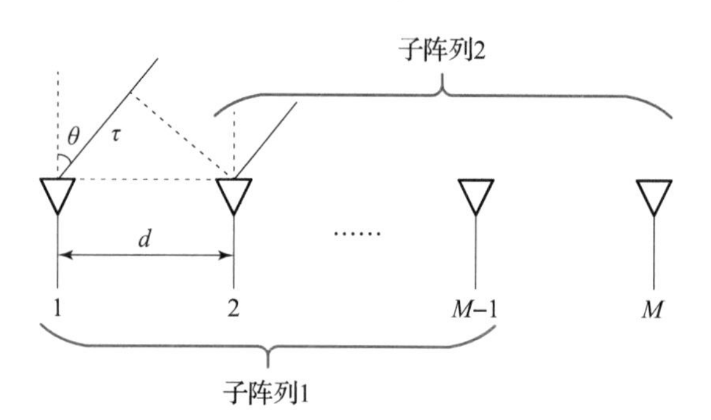

图 D.1　具有 M 个阵元的均匀线性阵列示意图

$$\boldsymbol{y}_n = \boldsymbol{A}\boldsymbol{s}_n + \boldsymbol{w}_n \tag{D–1}$$

式中，$\boldsymbol{s}_n \in \mathbb{C}^L$ 和 $\boldsymbol{w}_n$ 分别为入射信号向量和相应的高斯白噪声向量；$\boldsymbol{A} = [\boldsymbol{a}_1, \boldsymbol{a}_2, \cdots, \boldsymbol{a}_L] \in \mathbb{C}^{M\times L}$ 是导向矢量矩阵（或称阵列流型），它由 L 个导向矢量（或称阵列响应矢量）$\{\boldsymbol{a}_l\}_{l=1}^{L}$ 组成，并且导向矢量 $\boldsymbol{a}_l \in \mathbb{C}^M$ 的表达式为

$$\boldsymbol{a}_l = \left[1, \mathrm{e}^{\mathrm{j}2\pi\frac{d}{\lambda}\sin(\theta_l)}, \cdots, \mathrm{e}^{\mathrm{j}2\pi(M-1)\frac{d}{\lambda}\sin(\theta_l)}\right]^{\mathrm{T}} \tag{D–2}$$

同时，考虑 $n = 1, 2, \cdots, N$ 的 N 个时隙下，则接收信号矩阵 $\boldsymbol{Y} = [\boldsymbol{y}_1, \boldsymbol{y}_2, \cdots, \boldsymbol{y}_N] \in \mathbb{C}^{M\times N}$ 表示为

$$
\begin{aligned}
\boldsymbol{Y} &= \boldsymbol{A}\left[\boldsymbol{s}_1, \boldsymbol{s}_2, \cdots, \boldsymbol{s}_N\right] + \left[\boldsymbol{w}_1, \boldsymbol{w}_2, \cdots, \boldsymbol{w}_N\right] \\
&= \boldsymbol{A}\boldsymbol{S} + \boldsymbol{W}
\end{aligned} \tag{D-3}
$$

图 D.1 中的天线阵列分为两个子阵列，即分别取均匀线性阵列中前 $M-1$ 个阵元和后 $M-1$ 个阵列来构成子阵列 1 和子阵列 2，那么，可定义两个选择矩阵 $\boldsymbol{J}_1 \in \mathbb{R}^{(M-1)\times M}$ 和 $\boldsymbol{J}_2 \in \mathbb{R}^{(M-1)\times M}$ 为

$$
\boldsymbol{J}_1 = \begin{bmatrix} \boldsymbol{I}_{M-1} & \boldsymbol{0} \end{bmatrix} \tag{D-4}
$$

$$
\boldsymbol{J}_2 = \begin{bmatrix} \boldsymbol{0} & \boldsymbol{I}_{M-1} \end{bmatrix} \tag{D-5}
$$

对接收信号矩阵 $\boldsymbol{Y}$ 进行选择后，有

$$
\boldsymbol{Y}_1 = \boldsymbol{J}_1\boldsymbol{Y} = \bar{\boldsymbol{A}}_1\boldsymbol{S} + \boldsymbol{W}_1 \tag{D-6}
$$

$$
\boldsymbol{Y}_2 = \boldsymbol{J}_2\boldsymbol{Y} = \bar{\boldsymbol{A}}_2\boldsymbol{S} + \boldsymbol{W}_2 \tag{D-7}
$$

式中，$\bar{\boldsymbol{A}}_1$ 是矩阵 $\boldsymbol{A}$ 的前 $M-1$ 行元素所构成的子矩阵，而 $\bar{\boldsymbol{A}}_2$ 是矩阵 $\boldsymbol{A}$ 的后 $M-1$ 行元素所构成的子矩阵，且 $\bar{\boldsymbol{A}}_2 = \bar{\boldsymbol{A}}_1\boldsymbol{\varPhi}$。因此，式（D–6）和式（D–7）中子阵列 1 和子阵列 2 所对应的导向矢量矩阵 $\bar{\boldsymbol{A}}_1$ 和 $\bar{\boldsymbol{A}}_2$ 只相差一个空间相位 $\boldsymbol{\varPhi} \in \mathbb{C}^{L\times L}$。$\boldsymbol{\varPhi}$ 被称为旋转算子，是一个对角矩阵，也是一个酉矩阵，可表示为

$$
\boldsymbol{\varPhi} = \mathrm{diag}\left(\mathrm{e}^{\mathrm{j}2\pi\frac{d}{\lambda}\sin(\theta_1)}, \cdots, \mathrm{e}^{\mathrm{j}2\pi\frac{d}{\lambda}\sin(\theta_L)}\right) \tag{D-8}
$$

于是，子阵列 1 的输出 $\boldsymbol{Y}_1$ 和子阵列 2 的输出 $\boldsymbol{Y}_2$ 通过该旋转算子 $\boldsymbol{\varPhi}$ 联系起来。从以上分析可以看出，两个子阵列的输出 $\boldsymbol{Y}_1$ 和 $\boldsymbol{Y}_2$ 相当于做了一次平移（平移可看作最简单的旋转），但它们所张成的 L 维信号子空间是不变的（只是相对地旋转了一个空间相位 $\boldsymbol{\varPhi}$），即都是导向矢量矩阵 $\boldsymbol{A}$ 的列向量所张成的空间。于是，两个子阵列的移不变性便形成了阵列响应之间的旋转不变性。因此，这种旋转不变性被称为阵列响应的移不变性。